普通高等教育"十二五"规划教材

模拟电子技术实用教程

主　编　孙　禾　苑庆军　朴琴兰
副主编　王　静　李　玲
参　编　陈亚光　王晓光

东南大学出版社
·南京·

内 容 简 介

本书是为满足应用型本科院校培养一批批合格工程技术人才和更多卓越工程师的需求,根据教育部高等学校电子电气基础课程教学指导分委员会对模拟电子技术课程的教学基本要求,并经过多年教学改革与实践后编写的。本书以现代模拟电子技术的基本知识、基本理论、基本技能为主线,针对本课程具有的工程性和实践性特点,突出理论教学与实践训练相结合;内容取舍上以应用为目的,尽量做到少而精,重点突出,淡化理论分析;叙述上简明扼要、深入浅出、层次分明、概念清楚;教学方法上力求将理论教学与技能训练优化组合,以利于激发学生的学习积极性,培养其实践应用能力。全书共分9章,内容包括:电路分析基础,半导体器件,基本放大电路,集成运算放大电路,负反馈放大电路,集成运放的应用电路,信号发生器,直流稳压电源,模拟电子系统综合实践指导。各章均配有典型例题和习题,书后附有习题答案。本书适用于高等院校电子电气信息类各专业和部分非电类专业本科和高职学生在学习模拟电子技术方面的教科书,也可作为自学考试和从事电子技术工程的工作人员自学用书。

图书在版编目(CIP)数据

模拟电子技术实用教程 / 孙禾,苑庆军,朴琴兰主编.
—南京:东南大学出版社,2014.2 (2019.2)重印
 ISBN 978-7-5641-2514-1

Ⅰ. ①模… Ⅱ. ①孙… ②苑… ③朴… Ⅲ. ①模拟电路—电子技术—高等学校—教材 Ⅳ. ①TN710

中国版本图书馆 CIP 数据核字(2014)第 015508 号

模拟电子技术实用教程

出版发行	东南大学出版社
社　　址	南京四牌楼2号　邮编:210096
出 版 人	江建中
网　　址	http//www.seupress.com
经　　销	全国各地新华书店
印　　刷	南京玉河印刷厂
开　　本	787mm×1092mm　1/16
印　　张	18.5
字　　数	435 千字
版　　次	2014年2月第1版
印　　次	2019年2月第2次印刷
印　　数	3001—4500 册
书　　号	ISBN 978-7-5641-2514-1
定　　价	37.50 元

本社图书若有印装质量问题,请直接与营销部联系。电话(传真):025-83791830

前言
PREFACE

　　"模拟电子技术"是电子电气信息类专业和部分非电类专业学生在模拟电子技术方面入门性质的学科基础课程之一，同时又是一门具有自身体系和很强实践性与应用性的技术基础课程。本书是为满足应用型本科院校培养一批批合格工程技术人才和更多卓越工程师的需求，根据教育部高等学校电子电气基础课程教学指导分委员会对模拟电子技术课程的教学基本要求并结合多年教学改革与实践经验编写的。

　　本书以现代模拟电子技术的基本知识、基本理论、基本技能为主线，针对本课程具有的工程性和实践性特点，突出理论教学与实践训练相结合；内容取舍上以应用为目的，尽量做到少而精，重点突出，淡化理论分析；叙述上简明扼要、深入浅出、层次分明、概念清楚；教学方法上力求将理论教学与技能训练优化组合，以利于激发学生的学习积极性，培养其实践应用能力。全书共分9章；内容包括：电路分析基础，半导体器件，基本放大电路，集成运算放大电路，负反馈放大电路，集成运放的应用电路，信号发生器，直流稳压电源，模拟电子系统综合实践指导。各章均配有典型例题和习题，书后附有习题答案。

　　本书适用于高等院校电子电气信息类各专业和部分非电类专业本科和高职学生在学习模拟电子技术方面的教科书，也可作为自学考试和从事电子技术工程的工作人员自学用书。

　　本书由辽宁科技学院孙禾、苑庆军、朴琴兰担任主编，王静、李玲担任副主编，陈亚光、王晓光参与编写。绪论、第6章、9.3节由孙禾编写，并负责全书的组织和定稿；第2、8章由苑庆军编写；第3、7章由朴琴兰编写；第4、5章由王静编写；第1章由陈亚光编写；9.1、9.2节由王晓光编写；本书的实验项目部分由李玲编写；附录由上述老师共同编写。

　　时间仓促，加之水平有限，书中难免有疏漏之处。恳请广大读者给以批评指正，以便今后再版时改进和提高。

编　者
2013 年 11 月

绪论	1
0.1 电子技术的发展与展望	1
0.2 本课程的性质与研究内容	2
0.3 "模拟电子技术"的课程特点和学习方法	3

第1章 电路分析基础 ········· 5
1.1 电路分析的基本知识 ········· 5
1.1.1 电路分析的基本物理量 ········· 6
1.1.2 电阻、电容、电感元件 ········· 9
1.1.3 基尔霍夫定律 ········· 13
1.1.4 电压源、电流源及其相互转换 ········· 14
1.1.5 叠加定理与戴维南定理 ········· 17
1.1.6 含受控源电路的分析 ········· 20
1.1.7 一阶电路的暂态分析 ········· 21
1.2 正弦交流电路分析 ········· 32
1.2.1 正弦交流电的基本概念及相量表示法 ········· 32
1.2.2 单一参数的正弦交流电路分析 ········· 37
1.2.3 正弦交流电路的分析方法及谐振现象分析 ········· 40
1.2.4 正弦交流电路的功率及功率因数的提高 ········· 46
1.2.5 三相正弦交流电路 ········· 49
本章习题 ········· 58

第2章 半导体器件 ········· 63
2.1 半导体的基本知识 ········· 63
2.1.1 本征半导体 ········· 63
2.1.2 杂质半导体 ········· 64
2.1.3 PN结及单向导电性 ········· 65
2.2 半导体二极管及其应用电路 ········· 66
2.2.1 半导体二极管的结构与种类 ········· 67
2.2.2 半导体二极管的伏安特性及主要参数 ········· 67
2.2.3 半导体二极管的型号、识别与检测 ········· 69
2.2.4 半导体二极管的应用 ········· 69

2.2.5 特殊二极管 ································· 71
2.3 双极型半导体三极管 ································· 73
　　2.3.1 晶体管的结构及特点 ································· 74
　　2.3.2 晶体三极管的电流放大原理 ································· 74
　　2.3.3 晶体管的伏安特性与工作状态 ································· 76
　　2.3.4 晶体管的使用常识 ································· 78
2.4 场效应管 ································· 80
　　2.4.1 结型场效应管简介 ································· 81
　　2.4.2 N 沟道增强型 MOS 管 ································· 82
　　2.4.3 N 沟道耗尽型 MOS 管 ································· 84
　　2.4.4 场效应管的主要参数 ································· 85
实验项目一 常用电子仪器的使用 ································· 86
实验项目二 二极管、三极管应用电路调试与分析 ································· 88
本章习题 ································· 90

第 3 章 基本放大电路 ································· 94

3.1 放大电路概述 ································· 94
　　3.1.1 放大的概念及放大电路的性能指标 ································· 94
　　3.1.2 三极管放大电路的基本工作原理 ································· 96
3.2 放大电路的分析方法 ································· 97
　　3.2.1 放大电路的直流通路与交流通路 ································· 97
　　3.2.2 图解分析法 ································· 98
　　3.2.3 微变等效电路分析法 ································· 101
3.3 三极管三种基本组态放大电路 ································· 104
　　3.3.1 静态工作点稳定电路 ································· 104
　　3.3.2 共集放大电路 ································· 107
　　3.3.3 共基放大电路 ································· 109
3.4 场效应管放大电路 ································· 110
　　3.4.1 场效应管偏置电路 ································· 110
　　3.4.2 场效应管放大电路分析 ································· 111
　　3.4.3 共漏和共源放大电路的比较 ································· 113
3.5 多级放大电路 ································· 114
　　3.5.1 多级放大电路的组成及耦合方式 ································· 114
　　3.5.2 多级放大电路技术指标的计算 ································· 115
3.6 放大电路的频率响应 ································· 117
　　3.6.1 频率响应的基本概念 ································· 117
　　3.6.2 晶体管的高频模型及频率参数 ································· 118

  3.6.3 共射放大电路的频率响应 ································· 119

 实验项目三 单管放大电路调试与分析 ································· 122

 本章习题 ································· 124

第4章 集成运算放大电路 ································· 127

 4.1 概述 ································· 127

  4.1.1 集成电路中元器件特点 ································· 128

  4.1.2 集成运放典型结构 ································· 128

  4.1.3 集成运放的种类及特点 ································· 130

 4.2 电流源电路 ································· 132

  4.2.1 镜像电流源电路 ································· 132

  4.2.2 比例电流源电路 ································· 133

  4.2.4 电流源电路的作用 ································· 135

 4.3 差分放大电路 ································· 136

  4.3.1 基本差分放大电路 ································· 136

  4.3.2 带恒流源的差分放大电路 ································· 139

  4.3.3 差分放大电路的四种接法 ································· 141

 4.4 复合管及复合管放大电路 ································· 144

  4.4.1 复合管的组成原则和作用 ································· 144

  4.4.2 复合管放大电路 ································· 145

 4.5 功率放大电路 ································· 146

  4.5.1 功率放大电路的基本要求及种类 ································· 147

  4.5.2 互补对称功率放大电路 ································· 148

  4.5.3 集成功率放大器 ································· 152

 4.6 通用集成运放简介 ································· 153

  4.6.1 双极型通用运放 ································· 153

  4.6.2 CMOS运放 ································· 155

 4.7 集成运放的主要技术指标及其选择 ································· 156

  4.7.1 集成运放的主要技术指标 ································· 156

  4.7.2 集成运算放大器的选择 ································· 158

  4.7.3 集成运算放大器的使用常识 ································· 159

 本章习题 ································· 161

第5章 负反馈放大电路 ································· 164

 5.1 反馈放大电路的基本类型 ································· 164

  5.1.1 反馈的基本概念 ································· 164

  5.1.2 反馈的分类 ································· 165

  5.1.3 反馈类型的判断方法 ································· 166

5.2 负反馈放大电路的分析 ·· 169
      5.2.1 负反馈放大电路的表示方法 ··· 169
      5.2.2 深度负反馈条件下放大电路的估算 ·· 172
   5.3 负反馈对放大电路性能的影响 ·· 174
      5.3.1 提高闭环放大倍数的稳定性 ··· 174
      5.3.2 展宽通频带 ··· 175
      5.3.3 减小非线性失真和抑制干扰、噪声 ·· 175
      5.3.4 改变输入电阻和输出电阻 ··· 176
      5.3.5 放大电路中引入负反馈的原则 ·· 179
   5.4 负反馈放大电路的自激振荡及消除方法 ··· 180
      5.4.1 产生自激振荡的原因及条件 ··· 180
      5.4.2 负反馈放大电路稳定性的判定 ·· 181
      5.4.3 负反馈放大电路中自激振荡的消除方法 ····································· 182
   实验项目四 负反馈放大电路设计与调测 ·· 183
   本章习题 ·· 185

第6章 集成运放的应用电路 ·· 189
   6.1 集成运算放大器的理想化及其分析方法 ··· 189
      6.1.1 集成运放的理想化及应用分类 ·· 189
      6.1.2 理想运放电路的分析方法 ··· 191
   6.2 基本运算电路 ·· 192
      6.2.1 比例运算电路 ·· 192
      6.2.2 加、减法运算电路 ·· 195
      6.2.3 积分电路与微分电路 ··· 197
   6.3 模拟乘法器及其应用 ··· 199
      6.3.1 模拟乘法器及集成芯片介绍 ··· 199
      6.3.2 模拟乘法器的应用分析 ··· 201
   6.4 信号处理电路 ·· 203
      6.4.1 有源滤波电路 ·· 203
      6.4.2 电压比较器 ··· 206
   实验项目五 集成运放放大电路的设计与测试 ·· 209
   本章习题 ·· 211

第7章 信号发生器 ·· 215
   7.1 正弦波信号发生器 ··· 215
      7.1.1 正弦波自激振荡的基本原理 ··· 215
      7.1.2 RC 桥式正弦波信号发生器 ·· 216
      7.1.3 LC 正弦波信号发生器 ··· 218

7.1.4　晶体振荡器 ·· 221
　7.2　非正弦波信号发生器 ·· 223
　　　7.2.1　矩形波发生器 ·· 223
　　　7.2.2　三角波和锯齿波发生器 ··· 225
　本章习题 ·· 227

第8章　直流稳压电源 ·· 229
　8.1　概述 ··· 229
　　　8.1.1　直流稳压电源的组成 ··· 229
　　　8.1.2　直流稳压电源的技术指标 ·· 230
　8.2　单相整流电路 ·· 231
　　　8.2.1　单相半波整流电路 ·· 231
　　　8.2.2　单相桥式整流电路 ·· 232
　　　8.2.3　倍压整流电路 ··· 234
　8.3　滤波电路 ·· 235
　　　8.3.1　电容滤波电路 ··· 235
　　　8.3.2　其他形式滤波电路简介 ··· 238
　8.4　直流稳压电路 ·· 240
　　　8.4.1　串联型直流稳压电路 ··· 240
　　　8.4.2　集成稳压电路 ··· 242
　本章习题 ·· 246

第9章　模拟电子系统综合实践指导 ··· 248
　9.1　模拟电子系统的设计步骤 ·· 248
　9.2　模拟电子电路制作基础 ··· 251
　　　9.2.1　模拟电子系统电子电路图的识读 ··· 251
　　　9.2.2　印刷线路板的设计与制作 ·· 254
　　　9.2.3　焊接工艺 ··· 257
　9.3　模拟电子系统设计制作实例 ··· 259
　　　9.3.1　项目1：直流稳压电源 ··· 259
　　　9.3.2　项目2：半导体调幅收音机 ·· 263
　　　9.3.3　项目3：电子脉搏计 ·· 271

附录　部分习题参考答案 ··· 280

参考文献 ·· 285

绪 论

本章导学

在现代生活中，电子技术无处不在，可以毫不夸张地说，只要有电器，就有电子技术的存在与应用。电子技术已经广泛用于社会生活及科学发展中，常用的手机、电脑、电视、收音机以及我们的身份证、乘车卡都有电子技术发挥的相关作用；利用电子技术制作的红外探测器、半导体激光器等在医学、工业、交通、勘探等领域替代人工所不能及的探测和控制能力。那么，什么是电子技术，它的发展和展望有哪些？模拟电子技术课程的性质、任务及主要学习内容又是什么？和前面学习的课程相比有什么不同之处，怎样学好这门课程？这些内容是绪论要讨论的几个问题。

0.1 电子技术的发展与展望

人们现在生活在电子世界中。电子技术无处不在：近至计算机、手机、数码相机、音乐播放器、彩电、音响等生活常用品，远至工业、航天、军事等领域都可看到电子技术的身影。电子技术是十九世纪末，二十世纪初开始发展起来的新兴技术，它在二十世纪的迅速发展大大推动了航空技术、遥测传感技术、通讯技术、计算机技术以及网络技术的迅速发展，因此它成为近代科学技术发展的一个重要标志。

电子技术是研究电子器件、电子电路及其应用的技术学科，包括信息电子技术和电力电子技术两大分支。信息电子技术包括 Analog（模拟）电子技术和 Digital（数字）电子技术。电子技术是对电子信号进行处理的技术，处理的方式主要有信号的发生、放大、滤波、转换等。从 1950 年起，电子技术经历了晶体管时代，集成电路时代，超大规模集成电路时代。目前电子技术的应用主要体现在微电子技术时代，纳米技术，EDA 技术，嵌入式技术等方面。

1. 电子技术的发展

（1）发展初期（电子管，晶体管时代）

起源于 20 世纪初，第一代电子技术的核心是电子管。然而，由于电子管存在体积大、笨重、能耗大、寿命短的缺点，使得人们迫切需要新的电子元件来替代电子管。

1947 年 12 月 23 日，贝尔实验室的巴丁和布拉顿制成了世界上第一个晶体管，它标志着电子技术从电子管时代进入到晶体管时代迈开第一步。与以前的电子管相比，晶体管体积小、能耗低、寿命长、更可靠，因此，随着半导体技术的进步，晶体管在众多领域逐步取代了电子管。更重要的是,体积微小的晶体管使集成电路的出现有了可能。

(2) 集成电路与超大规模集成电路时代

1959年德州仪器公司宣布发明集成电路,从此,电子技术进入集成电路时代。1962年,世界上第一块集成电路正式商品问世。与分立元件的电路相比,集成电路体积重量都大大减小,同时,功耗小,更可靠,更适合大批量生产。集成电路发明后,其发展非常迅速,其制作工艺不断进步,规模不断扩大,目前已进入超大规模集成电路发展阶段。

3. 现代电子技术的展望

随着超大规模集成电路的日益发展,目前电子技术的应用主要体现在微电子技术时代、纳米技术、EDA技术、嵌入式技术等方面。

(1) 微电子技术

微电子技术在近半个世纪以来得到迅猛发展,是现代电子工业的心脏和高科技的原动力。微电子技术与机械、光学等领域结合而诞生的微机电系统(MEMS)技术、与生物工程技术结合的DNA生物芯片成为新的研究热点。目前,微电子技术已经成为衡量一个国家科学技术和综合国力的重要标志。微电子技术的发展方向是高集成、高速度、低功耗和智能化。

(2) 纳米电子技术

从微电子技术到纳米电子器件将是电子器件发展的第二次变革,与从真空管到晶体管的第一次变革相比,它含有更深刻的理论意义和丰富的科技内容。在这次变革中,传统理论将不再适用,需要发展新的理论,并探索出相应的材料和技术。

(3) EDA技术

电子设计技术的核心就是EDA技术。EDA是指以计算机为工作平台,融合应用电子技术、计算机技术、智能化技术最新成果而研制成的电子CAD通用软件包,主要能辅助进行三方面的设计工作,即IC设计、电子电路设计、PCB设计和PLD设计。EDA技术应用广泛、工具多样、软件功能强大,开发的产品向超高速、高密度、低功耗、低电压和复杂的片上系统器件方向发展。

(4) 嵌入式技术

嵌入式系统的核心部件是各种类型的嵌入式处理器,一类是采用通用计算机的CPU处理器,另一类是采用微控制器,微控制器具有单片化、体积小、功耗低、可靠性高、芯片上的外设资源丰富等特点,成为嵌入式系统的主流器件。嵌入式处理器已经从单一的微处理器嵌入、发展到DSP和目前主要采用的32位嵌入式CPU,未来发展方向为片上系统。

0.2 本课程的性质与研究内容

1. 本课程的地位、作用和任务

"模拟电子技术"是电子电气信息类专业和部分非电类专业学生在模拟电子技术方面入门性质的学科基础课程之一,具有自身的体系和很强的实践性。本课程通过对常用半导体器件、模拟电子电路及其系统分析和设计的学习,获得必要的模拟电子技术方面的基本理论、基本知识和基本技能,为深入学习电子技术及其在专业中的应用打好基础。

2. 模拟信号与模拟电路

本课程主要研究模拟电路(Analog Circuit)(低频部分)及其应用。模拟电路则是产生和处理模拟信号的电子电路,模拟信号是时间上和数值上都是连续变化的信号,它能以电压或电流模拟真实世界的物理量(如声音、温度、压力等等),它的变化是连续的和平滑的。相应的在时间上和数值上都是断续变化的信号称为数字信号,常用离散量"0"或"1"表示;它体现了信号的逻辑状态。产生和处理数字信号的电子电路被称为数字电路(Digital Circuit)。数字电路的知识学习由数字电子技术课程完成。

3. "模拟电子技术"课程的研究内容

"模拟电子技术"课程的研究内容主要有以下四个方面:

(1) 半导体器件。

(2) 处理模拟信号的电子电路及其相关的基本功能:各种放大电路、运算电路、滤波电路、信号发生电路、电源电路等等。

(3) 模拟电子电路的分析方法。

(4) 不同模拟电子电路在电子系统中的作用。

0.3 "模拟电子技术"的课程特点和学习方法

1. 课程特点

模拟电子技术是一门具有较强工程性和实践性的入门性质的学科基础课,同时又是一门具有较强应用性的技术基础课。它的工程性主要体现在以下四方面:

(1) 实际工程需要证明其可行性,强调定性分析。我们在分析模拟电子电路时要养成"先看后算"的习惯。

(2) 实际工程在满足基本性能指标的前提下总是容许存在一定的误差范围的,因此我们把针对模拟电子电路所进行的定量分析称为"估算"。

(3) 我们针对模拟电子电路所进行的近似分析要"合理",要善于抓主要矛盾和矛盾的主要方面。注意:功能是近似分析,性能是详细分析。

(4) 模拟电子电路归根结底是电路。估算同一模拟电子电路的不同参数需采用不同的等效模型,可用电路分析的基本理论分析其等效模型。

实用的模拟电子电路几乎都需要进行调试才能达到预期的目标,因而本课程具有较强的实践性。同学在学习这门课时要掌握常用电子仪器的使用方法;电子电路的测试方法;故障的判断与排除方法;以及 EDA 软件的应用方法。

2. 课程学习方法

首先,应掌握好本课程的基本概念、基本电路和基本分析方法。

下面从概念,电路,方法三方面谈如何学习本课程。模拟电子电路的应用是灵活的,但"万变不离其宗",其基本概念是不变的,学好模拟电子技术的第一步是弄清概念;具体的模拟电子电路是多种多样的,但其构成原则是不变的,应先加强对基本电路的学习,再通过熟练习题,达到举一反三的效果;不同类型的模拟电子电路有不同的性能指标和描述方法,因而有不同的分析方法,应加强对各种基本分析方法的理解和应用。

其次,要学会辩证、全面地分析模拟电子电路中的问题。学习本课程时要在头脑里要牢固树立这样两个观念:根据需求,最适用的电路才是最好的电路;研究模拟电子电路要注意利弊关系,通常"有一利必有一弊",要顾此不失彼,将该电路的弊端降到最低。

最后,要注意电路中常用定理在模拟电子电路中的应用。

第1章 电路分析基础

本章导学

本章将介绍分析模拟电子电路所必需的电路分析基础知识。主要包括：电路分析的基本概念、基本模型和基本定律，电路基本分析方法和基本定理，以及正弦交流电路的相量分析法等内容。

1.1 电路分析的基本知识

电路是指为了实现某些预期目的，将各种电气设备或电路器件按照一定的方式连接起来，构成电流的通路。比如，在收音机、电视机、通信系统、电力系统中，可以看到各种各样的电路。复杂的电路也称为网络。

电路中提供电能的设备或器件称为电源；消耗电能并将电能转化为其他形式能量的设备或器件称为负载；把连接导线、控制开关和测量仪表等称为中间环节。最简单的典型实际电路是手电筒电路，如图1-1所示。电池是电源，灯泡是负载，导线和开关是中间环节。在电路中，有时把电源对电路的作用称为激励，把电源作用在电路中产生的电压、电流都统称为响应。

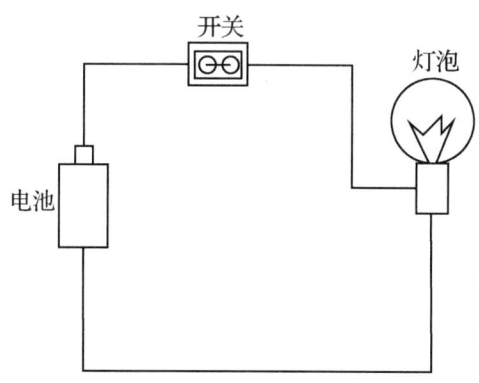

图1-1 手电筒照明电路

组成实际电路的每个元件所表现出的电磁性质往往是多样的。例如，一个实际的绕线电阻器有电流通过时，除了消耗电能外，它周围还会产生磁场，储存磁场能，而在各匝线圈之间还会产生电场，储存电场能，这使电路分析非常复杂。为了分析方便，常把实际电路元件用足以表征其主要电磁性质的理想电路元件替代。即用理想电路元件以及它们的组合来模拟不同的实际电路,构成电路模型。理想电路元件是组成电路模型的最小单元,它具有某种确定的电磁性质并有精确数学定义的基本结构。

常见的理想电路元件模型有电阻元件 R、电感元件 L、电容元件 C、电压源 U_S、电流源 I_S 等,其图形符号如图 1-2 所示。电阻元件表示只消耗电能的元件;电容元件表示产生电场、储存电场能量的元件;电感元件表示产生磁场、储存磁场能量的元件;电压源和电流源表示将其他形式的能量转变成电能的元件。元件都用规定的图形符号表示时,就得到实际电路的电路模型,即电路图。手电筒实际电路的电路模型如图 1-3 所示。

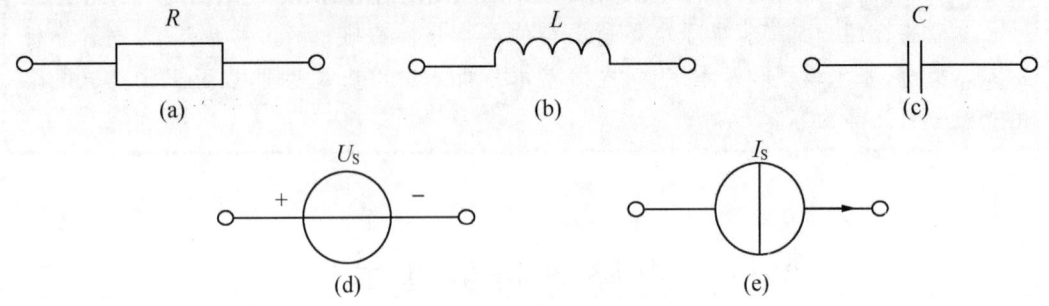

图 1-2 5 种理想电路元件

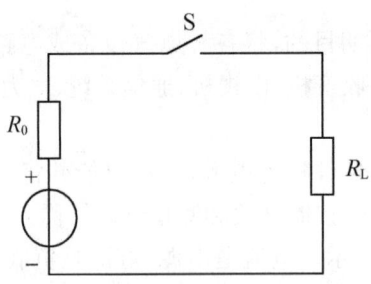

图 1-3 手电筒实际电路的电路模型

1.1.1 电路分析的基本物理量

电路分析的含义是在电路结构和元件参数给定的条件下,计算电路中的物理量。电路中的主要物理量有电流、电压、电功率、电能、磁通、磁通链等,本节重点介绍电流、电压和电功率等基本物理量。

一、电流

1. 电流的定义

电荷有规则的定向移动形成了电流,其大小用电流强度来表示。在工程上,电流强度简称电流,等于单位时间内通过导体横截面的电荷量,即

$$i = \frac{dq}{dt} \tag{1-1-1}$$

大小和方向都不随时间变化的电流称为恒定电流或直流电流,即

$$I = \frac{Q}{t}$$

在国际单位制(SI)中,电流的单位是安培,简称安(A)。此外,电流的单位还有千安

(kA)、毫安(mA)、微安(μA)等,它们的换算关系为:$1\text{ A}=10^{-3}\text{ kA}$,$1\text{ A}=10^3\text{ mA}=10^6\text{ μA}$。

2. 电流的参考方向

电路中,习惯上把正电荷运动的方向作为电流的实际方向,但在电路分析中,有时不容易直接判断电流的方向,比如,复杂的直流电路,交流电路等;而要计算电流的大小,必须先确定电流的方向,所以引入电流的参考方向。

电流的参考方向,是人们任意假定的电流方向,在电路图中用箭头或双下标表示。引入参考方向后,电流就变成代数量。当电流的参考方向与实际方向一致,电流为正值($I>0$);反之,电流为负值($I<0$),如图 1-4 所示。

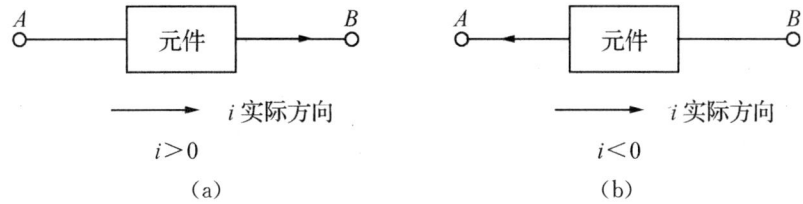

图 1-4 电流的参考方向与实际方向

二、电压、电位和电动势

1. 电压的定义

电场力将单位正电荷从某点移动到另一点所做的功定义为两点间的电压,若电荷 dq 在电路中从某点移到另一点电场力作功为 dW,则两点间的电压为

$$u=\frac{dW}{dq} \tag{1-1-2}$$

恒定电压或直流电压可表示为

$$U=\frac{W}{Q}$$

在 SI 中,电压的单位是伏特,简称伏(V)。此外,电压的单位还有千伏(kV)、毫伏(mV)和微伏(μV)等,它们的换算关系为:$1\text{ V}=10^{-3}\text{ kV}$,$1\text{ V}=10^3\text{ mV}=10^6\text{ μV}$。

2. 电压的参考方向

电压的实际方向规定为从高电位指向低电位,即电压降的方向。分析电路时,电压与电流相似,也需选取参考方向。电压的参考方向也是任意指定的,当电压的参考方向与实际方向一致时,电压为正值($U>0$);反之,电压为负值($U<0$)。电压的参考方向可用箭头、双下标或双极性来表示,如图 1-5 所示。

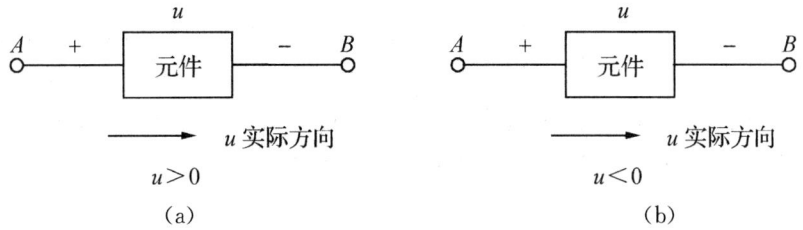

图 1-5 电压的参考方向与实际方向

3. 电压、电流的关联参考方向

电流和电压的参考方向是可以任意选定的。但为了分析方便,对于元件或支路,通常将

电流和电压选择相同的参考方向,称为关联参考方向。反之,称为非关联参考方向。

值得注意的是,参考方向是电路分析中十分重要的概念。在对电路进行分析计算时,首先必须在电路中标出参考方向。若未指明参考方向,电流和电压数值的正负将没有任何意义。

4. 电位

电位是分析电子电路时常用的基本物理量。在电路中任选一点作为参考点,参考点的电位为零(又称为零电位点),则某点的电位即该点到参考点之间的电压,用符号 V 表示。参考点的图形符号用"⊥"来表示。若参考点为 O,则 A 点电位为

$$V_A = U_{AO}$$

若 A、B 两点的电位分别为 V_A、V_B,则此两点间的电压为

$$u_{AB} = V_A - V_B$$

即两点间的电压等于这两点间的电位差,所以电压又称为电位差,两点间电压的实际方向是从高电位指向低电位。

电位的单位也是伏特。

分析电路时,参考点可以任意选定。一旦确定,电路中各点的电位即为定值;电位的大小是相对的,电路中各点的电位随参考点的不同而不同;而任意两点间的电压与参考点的选择无关。

5. 电动势

在实际电路中,电场力将正电荷从电源正极移至负极,即将正电荷从高电位移至低电位;为了维持电路中持续的电流,电源力(非电场力)将正电荷从电源负极移至正极,克服电场力做功。为了衡量电源力对电荷做功,引入电动势这一物理量。电动势在数量上等于电源力把单位正电荷从电源的负极移至正极所做的功,用符号 e 表示,单位与电压相同。

三、电功率和电能

1. 电功率

电功率,简称功率,是用来描述电路中电能转换或传递的速率,是指单位时间内电场力做功的大小,用符号 p 表示。设在 dt 时间内,有 dq 电荷通过电路元件,其能量的改变为 dW,元件的电压和电流分别为 u、i,则电功率 p 的大小为

$$p = \frac{dW}{dt} = \frac{udq}{dt} = ui \qquad (1-1-3)$$

当元件的电压、电流为关联参考方向时,所得功率 p 为吸收功率。当 $p>0$ 时,电路实际吸收功率;当 $p<0$ 时,电路实际发出功率。反之,若电压、电流为非关联参考方向时,所得的功率 p 为发出功率。当 $p>0$ 时,电路实际发出功率;当 $p<0$ 时,电路实际吸收功率。

在 SI 中,功率的单位是瓦特,简称瓦(W)。此外,功率的单位还有千瓦(kW)、兆瓦(MW)等,它们的换算关系为:$1\text{ W} = 10^{-3}\text{ kW} = 10^{-6}\text{ MW}$。

2. 电能

在 dt 时间内,转换或传递的电能为

$$dW = pdt$$

因此,从 t_1 到 t_2 这段时间内吸收或发出的电能为

$$W = \int_{t_1}^{t_2} p\,\mathrm{d}t \tag{1-1-4}$$

在直流电路中下,功率不随时间变化,所以在时间 t 内转换的电能为

$$W = pt$$

在 SI 中,电能的单位是焦耳,简称焦(J)。常用单位是千瓦时(kW·h),简称度。$1\ \text{kW·h} = 10^3\ \text{W} \times 3600\ \text{s} = 3.6 \times 10^6\ \text{J}$。

1.1.2 电阻、电容、电感元件

一、电阻元件

电阻器、电灯和电炉等实际器件在电路中要消耗电能,表征消耗电能这一电磁特性的理想电路元件是电阻元件。

1. 电阻元件的定义

在任一时刻,如果一个二端元件两端的电压 u 与通过它的电流 i 之间的关系(伏安关系)可用 $u\text{-}i$ 平面上的一条曲线来确定,则此二端元件称为电阻元件。如果电阻元件的伏安特性曲线是通过坐标原点的一条直线,且不随时间变化,则该元件称为线性时不变电阻元件,简称电阻元件。当电阻元件的伏安特性曲线不是一条直线时,则该电阻为非线性电阻。本书只讨论线性时不变电阻元件。

2. 电阻元件的伏安关系

电阻元件的符号、参数及其伏安特性曲线如图 1-6 所示。

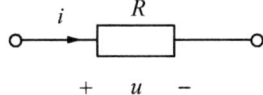

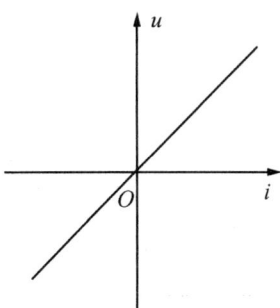

图 1-6　电阻元件及其伏安关系曲线

关联参考方向下,电阻元件的伏安关系为

$$u = Ri \tag{1-1-5}$$

或

$$i = Gu \tag{1-1-6}$$

式(1-1-5)表明电阻元件的端电压与通过它的电流成正比,比例常数 R 称为电阻,所以 R 既表示电阻元件,又表示元件的参数。

在 SI 中,电阻的基本单位是欧姆,简称欧(Ω)。常用的单位还有千欧($\text{k}\Omega$)和兆欧($\text{M}\Omega$),它们之间的换算关系为:$1\ \text{M}\Omega = 10^3\ \text{k}\Omega = 10^6\ \Omega$。

式(1-1-6)中的 G 称为电导,电导 $G=1/R$,单位为西门子,简称西(S)。
R 和 G 都是表征电阻元件特性的参数,均为正常数。

非关联参考方向下,电阻元件的伏安关系应为

$$u=-Ri \tag{1-1-7}$$

或

$$i=-Gu \tag{1-1-8}$$

3. 电阻元件的功率

电阻元件的功率计算公式为

$$p=ui=i^2R=\frac{u^2}{R} \tag{1-1-9}$$

式(1-9)表明:无论是关联参考方向,还是非关联参考方向,电阻元件的功率 p 总是正值,所以电阻元件总是吸收功率,因此电阻元既是耗能元件,也是无源元件。

二、电容元件

电容元件是表征电场储能的一种理想电路元件。

1. 电容元件的定义

在任一时刻,如果一个二端元件的电荷 q 与其端电压 u 之间的关系(库伏关系)可用 $q-u$ 平面上的一条曲线来确定,则此二端元件称为电容元件。如果 $q-u$ 平面上的特性曲线是通过原点的一条直线,且不随时间变化,则该元件称为线性时不变电容元件,简称电容元件。当电容元件的库伏特性曲线不是一条直线时,则该电容为非线性电容。本书只讨论线性时不变电容元件。

2. 电容元件的伏安关系

电容元件的符号、参数及其库伏特性曲线如图 1-7 所示。

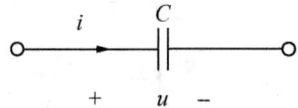

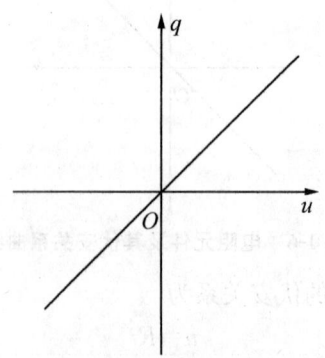

图 1-7 电容元件及其库伏特性曲线

电容元件的库伏关系为

$$C=\frac{q}{u} \tag{1-1-10}$$

式(1-1-10)表明电荷与电压的比值为正常数,称为电容;所以 C 既表示电容元件,又表

示元件的参数。

在 SI 中,电容的基本单位是法拉,简称法(F)。常用的单位还有微法(μF)和皮法(pF),它们之间的换算关系为:$1\text{ F}=10^6\ \mu\text{F}=10^{12}\text{ pF}$。

关联参考方向下,电容元件的伏安关系为

$$i=\frac{\mathrm{d}q}{\mathrm{d}t}=C\frac{\mathrm{d}u}{\mathrm{d}t} \qquad (1\text{-}1\text{-}11)$$

式(1-11)表明,电容电流的大小与其电压的变化率成正比,与电压的大小无关,体现了电容元件的动态特性,所以电容元件也称为动态元件。在直流稳态情况下,电容上电压恒定,则其电流为零,相当于开路。如果某时刻电容的电流为有限值,则其电压变化率必然为有限值,即电压在该时刻必然连续,而不能跃变。

同样,已知电容电流可求得电压

$$u=\frac{1}{C}\int_{-\infty}^{t}i\mathrm{d}\xi=\frac{1}{C}\int_{-\infty}^{t_0}i\mathrm{d}\xi+\frac{1}{C}\int_{t_0}^{t}i\mathrm{d}\xi=u(t_0)+\frac{1}{C}\int_{t_0}^{t}i\mathrm{d}\xi \qquad (1\text{-}1\text{-}12)$$

式(1-1-12)中,$u(t_0)=\frac{1}{C}\int_{-\infty}^{t_0}i\mathrm{d}\xi$ 称为电容的初始值。式(1-1-12)说明电容元件在 t 时刻的电压与 t 时刻以前电流变化的全部历史有关,即电容元件的电压记录了电流变化的全部信息,所以电容元件也称为记忆元件。

3. 电容元件的功率与储能

关联参考方向下,电容元件的瞬时功率为

$$p=ui=uC\frac{\mathrm{d}u}{\mathrm{d}t}$$

根据式(1-1-4),可得 t_0 到 t 时间段内电容吸收的电能为

$$W_C=\int_{t_0}^{t}p\mathrm{d}t=\int_{t_0}^{t}uC\frac{\mathrm{d}u}{\mathrm{d}t}\mathrm{d}t=\int_{u(t_0)}^{u(t)}Cu\mathrm{d}u=\frac{1}{2}Cu^2(t)-\frac{1}{2}Cu^2(t_0) \qquad (1\text{-}1\text{-}13)$$

若 $u(t_0)=0$,即电容无初始储能,从 t_0 到 t 这段时间内电容吸收的电能即为电容的储能,电容元件也称为储能元件。值得注意的是,电容能够释放的能量总是等于它原来储存的能量,因此电容元件也是无源元件。

三、电感元件

电感元件是表征磁场储能的一种理想电路元件。

1. 电感元件的定义

在任一时刻,如果一个二端元件的磁通链 ψ 与通过它的电流 i 之间的关系(韦安关系)可用 ψ-i 平面上的一条曲线来确定,则此二端元件称为电感元件。如果 ψ-i 平面上的特性曲线是通过原点的一条直线,且不随时间变化,该元件称为线性时不变电感元件,简称电感元件。当电感元件的韦安特性曲线不是一条直线时,则该电感为非线性电感。本书只讨论线性时不变电感元件。

2. 电感元件的伏安关系

电感元件的符号、参数及其韦安特性曲线如图 1-8 所示。

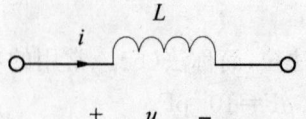
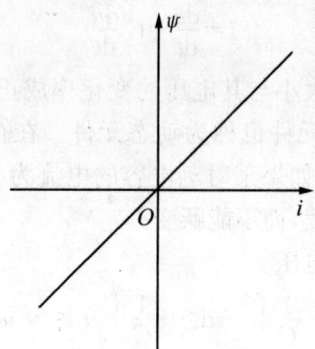

图 1-8 电感元件及其韦安特性曲线

电感元件的韦安关系为

$$L=\frac{\psi}{i} \tag{1-1-14}$$

式(1-1-14)表明磁通链与电流的比值为正常数,称为自感系数或电感系数,简称自感或电感;所以 L 既表示电感元件,又表示元件的参数。

在 SI 中,电感的基本单位是亨利,简称亨(H)。常用的单位还有毫亨(mH)和微亨(μH),它们之间的换算关系为:$1\ \text{H}=10^3\ \text{mH}=10^6\ \mu\text{H}$。

当通入电感的电流 i 随时间变化时,磁通链 ψ 也相应发生变化,于是在电感两端会产生感应电压。若电压和电流取关联参考方向、电流和磁通的参考方向符合右手螺旋定则,根据电磁感应定律,可得电感元件的伏安关系为

$$u=-e=\frac{\mathrm{d}\psi}{\mathrm{d}t}=L\frac{\mathrm{d}i}{\mathrm{d}t} \tag{1-1-15}$$

式(1-1-15)中,e 为电流 i 变化时,在电感两端产生的感应电动势。电感电压的大小与其电流变化率成正比,与电流大小无关,体现了电感元件的动态特性,所以电感元件也称为动态元件。在直流稳态情况下,电感中电流恒定,则其电压为零,相当于短路。如果某时刻电感的电压为有限值,则其电流变化率必然为有限值,即电流在该时刻必然连续,而不能跃变。

同样,已知电感电压可求得电流

$$i=\frac{1}{L}\int_{-\infty}^{t}u\mathrm{d}\xi=\frac{1}{L}\int_{-\infty}^{t_0}u\mathrm{d}\xi+\frac{1}{L}\int_{t_0}^{t}u\mathrm{d}\xi=i(t_0)+\frac{1}{L}\int_{t_0}^{t}u\mathrm{d}\xi \tag{1-1-16}$$

式(1-1-16)中,$i(t_0)=\frac{1}{L}\int_{-\infty}^{t_0}u\mathrm{d}\xi$ 称为电感的初始电流。式(1-1-16)说明电感元件在 t 时刻的电流与 t 时刻以前电压变化的全部历史有关,即电感元件的电流记录了电压变化的全部信息,所以电感元件也称为记忆元件。

3. 电感元件的功率与储能

关联参考方向下,电感元件的瞬时功率为

$$p=ui=L\frac{\mathrm{d}i}{\mathrm{d}t}i$$

根据式(1-1-4),可得 t_0 到 t 时间段内电感吸收的电能为

$$W_L = \int_{t_0}^{t} p\,dt = \int_{t_0}^{t} L\frac{di}{dt} i\,dt = \int_{i(t_0)}^{i(t)} Li\,di = \frac{1}{2}Li^2(t) - \frac{1}{2}Li^2(t_0) \quad (1\text{-}1\text{-}17)$$

若 $i(t_0)=0$,即电感无初始储能,从 t_0 到 t 这段时间内电感吸收的电能即为电感的储能,电感元件也称为储能元件。值得注意的是,电感能够释放的能量总是等于它原来储存的能量,因此电感元件也是无源元件。

1.1.3 基尔霍夫定律

任何电路中每个元件的电压和电流都遵循两类约束:一是元件本身性质所决定的约束,即元件的伏安关系(VAR);二是元件之间连接关系所形成的约束,称为拓扑约束。拓扑约束的体现就是基尔霍夫定律,是电路分析和计算的基本依据,它包括基尔霍夫电流定律(KCL)和基尔霍夫电压定律(KVL)。

一、名词解释

1. 支路:一个元件或多个元件的串联组合。图1-9所示电路中共有3条支路。
2. 节点:3条或3条以上支路的连接点称为节点。图1-9所示电路中共有2个节点,即 A 和 C。
3. 回路:由若干条支路所组成的闭合路径。图1-9所示电路中有3个回路。即 $ABCA$、$ACDA$、$ABCDA$。
4. 网孔:平面电路中,内部不包含其他支路的回路。图1-9所示电路中共有2个网孔,即 $ABCA$、$ACDA$。
5. 网络:由较多元件组成的电路,如二端网络、双口网络等。

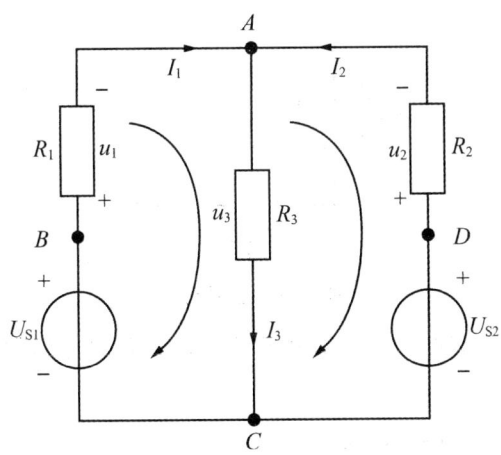

图1-9 基尔霍夫定律

二、基尔霍夫电流定律(KCL)

KCL又称基尔霍夫第一定律,其具体内容是:电路中,任一时刻,对任一节点,流入(或流出)该节点的所有支路电流的代数和恒等于零,即

$$\sum i = 0 \quad (1\text{-}1\text{-}18)$$

如图1-9所示的电路,规定流入节点电流为正,流出节点电流为负,根据KCL,有

$$I_1+I_2-I_3=0$$

KCL是电流连续性的表现,不仅适用于电路的节点,还可以推广应用到电路中任意假设的闭合面。如图1-10所示的三极管放大电路,B、C和E分别为三极管的基极、集电极和发射极,其电流分别为I_B、I_C和I_E,若用图中虚线所示的闭合面将三极管包围起来,根据KCL,可得$I_E=I_B+I_C$

三、基尔霍夫电压定律(KVL)

KVL又称为基尔霍夫第二定律,其具体内容是:电路中,任一时刻,沿任一闭合回路绕行一周,各部分元件压降的代数和等于零,即:

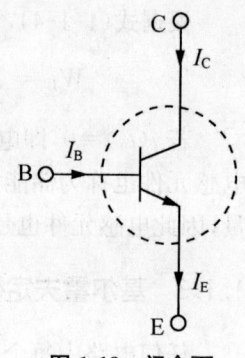

图1-10 闭合面

$$\sum u = 0 \qquad (1\text{-}1\text{-}19)$$

如图1-9所示的电路,选择回路$ABCA$,设回路绕行方向为顺时针,当元件电压方向与回路绕行方向一致时取"+"号,相反时取"−"号,根据KVL,有

$$u_1+u_3-U_S=0$$

KVL的依据是电位的单值性,不仅适用于闭合回路,还可推广应用于电路中的虚拟回路。电路如图1-11所示,设回路绕行方向为顺时针,根据KVL列方程,整理可得

$$U=U_{S1}-U_{S2}-u_1$$

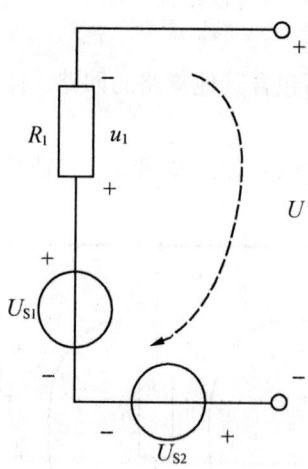

图1-11 虚拟回路

可以证明,对于有n个节点,b条支路的电路,KCL独立方程数为$(n-1)$,KVL独立方程数为$(b-n+1)$。

1.1.4 电压源、电流源及其相互转换

实际电路中有干电池、蓄电池、发电机等电源,根据实际电源的特点,常用电源模型有实际电压源和实际电流源。

一、电压源

1. 理想电压源

理想电压源是一个二端元件,具有恒定的电压或按一定规律随时间变化,即$u=u_S$,而流过它的电流及输出功率由外电路所决定。

理想电压源的图形符号及伏安特性曲线如图 1-12 所示,它是一条平行与横轴的直线,表明其端电压与电流的大小及方向无关。

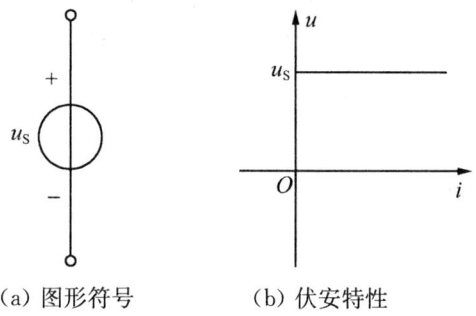

(a) 图形符号　　(b) 伏安特性

图 1-12　理想电压源的图形符号及伏安特性曲线

理想电压源不允许短路。

2. 理想电流源

理想电流源是一个二端元件,具有恒定的电流或按一定规律随时间变化,即 $i = i_S$,而其端电压及输出功率由外电路所决定。

理想电流源的图形符号及其伏安特性曲线如图 1-13 所示,它是一条平行与纵轴的直线,表明其输出电流与端电压的大小无关。

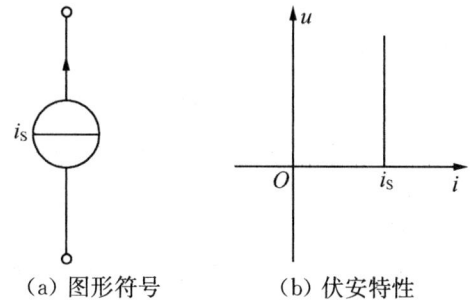

(a) 图形符号　　(b) 伏安特性

图 1-13　理想电流源的图形符号及其伏安特性曲线

理想电流源不允许开路。

3. 实际电源的两种模型

实际电源的电压源模型可以用一个理想电压源和一个电阻串联构成,如图 1-14(a)所示,电阻 R_0 为电源的内阻,其伏安特性曲线如图 1-14(b)所示,伏安关系为

$$u = u_S - R_0 i \tag{1-1-20}$$

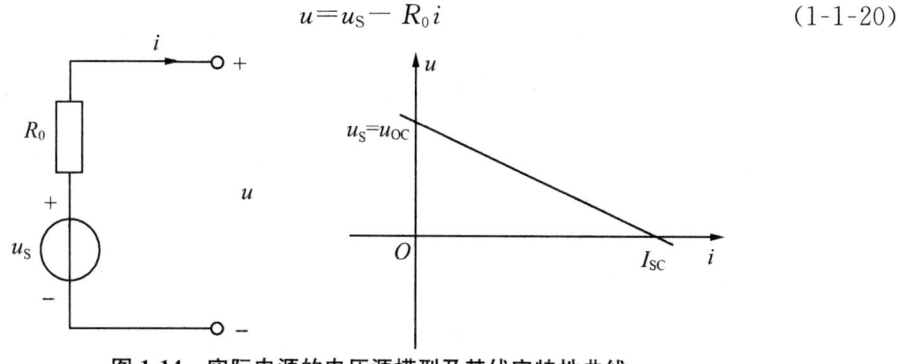

图 1-14　实际电源的电压源模型及其伏安特性曲线

图1-14(b)表明，实际电压源的输出电压随输出电流的增大而减小。当$i=0$(开路)时，$u=u_{OC}=u_S$，u_{OC}称为开路电压；当$u=0$(短路)时，$i=i_{SC}=\dfrac{u_S}{R_0}$，$i_{SC}$称为短路电流。例如，蓄电池的内阻$R_0$很小，一旦蓄电池短路，$i_{SC}$会很大，将损坏蓄电池。

式(1-1-20)两边同除以R_0，整理有

$$i=\dfrac{u_S}{R_0}-\dfrac{u}{R_0}=i_S-\dfrac{u}{R_0} \tag{1-1-21}$$

根据式(1-1-21)，得到实际电源的电流源模型如图1-15(a)所示，其伏安特性曲线如图1-15(b)所示。

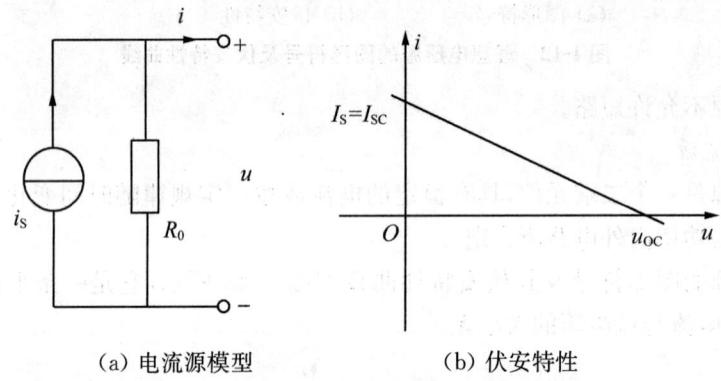

(a) 电流源模型　　　　　　　　(b) 伏安特性

图1-15　实际电源的电流源模型及其伏安特性曲线

式(1-1-20)、式(1-1-21)中R_0相等时，意味着两种电源模型的伏安关系曲线是完全相同的，即对外电路而言，实际电源的两种模型是互为等效的。

实际电源两种模型的等效变换时需要注意：

(1) 电流源电流的箭头方向指向电压源的正极性；

(2) 电压源与电流源的等效变换只对外电路等效，对内不等效；

(3) 理想电压源和理想电流源之间不能进行等效变换。

【例1-1】 电路如图1-16(a)所示，$U_{S1}=25$ V，$U_{S2}=2$ V，$U_{S3}=6$ V，$I_{S4}=0.5$ A，$R_1=6\ \Omega$，$R_2=2\ \Omega$，$R_3=6\ \Omega$，$R_4=4\ \Omega$，$R_5=3\ \Omega$，求流过R_5的电流I。

解：

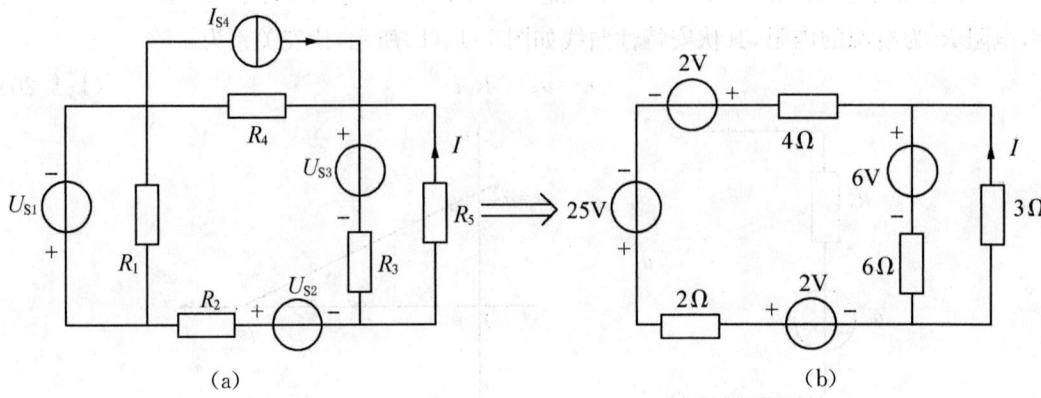

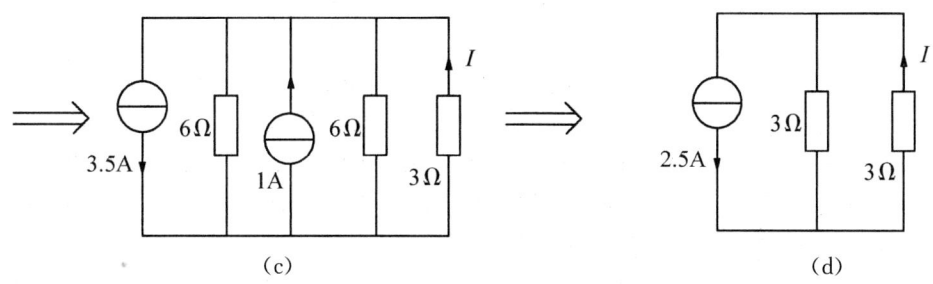

(c)　　　　　　　　　　　　　　　　(d)

图 1-16　例 1-1 图

图 1-16(a)所示电路,经过电源等效变换,最终得到图 1-16(d)所示电路,利用分流公式,求得

$$I=\frac{3}{3+3}\times 2.5\ \text{A}=1.25\ \text{A}$$

1.1.5　叠加定理与戴维南定理

完全由线性元件和理想电源构成的电路是线性电路,分析求解线性电路重要的定理有叠加定理与戴维南定理。

一、叠加定理

1. 内容

叠加定理的内容可表述为:线性电路中,多个激励共同作用时所产生的任一响应,等于各激励单独作用时所产生该响应的叠加。下面以图 1-17(a)所示的电路加以说明。电路中的 i_1 和电压 u_2 为待求量,其他为已知量。根据叠加定理,i_1 和 u_2 可以看成是电压源 u_S 和电流源 i_S 分别单独作用时所产生的分量代数和。

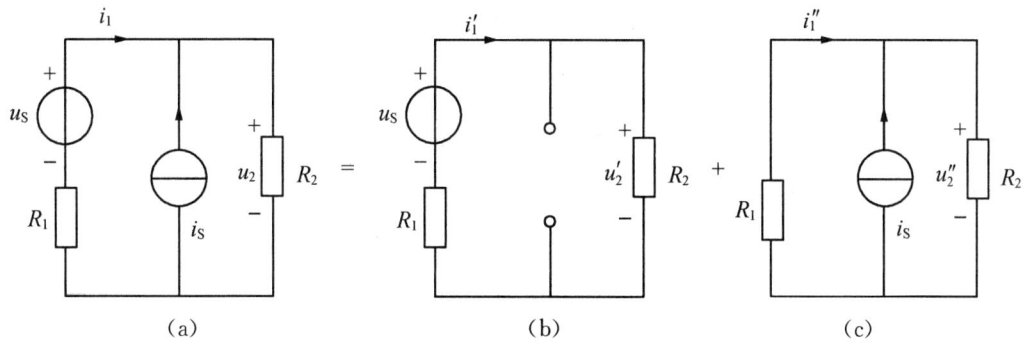

(a)　　　　　　　　　　(b)　　　　　　　　　　(c)

图 1-17　叠加定理

电压源 u_S 单独作用(i_S 置零)时,电路如图 1-17(b)所示,有

$$i_1'=\frac{1}{R_1+R_2}u_S,\ u_2'=\frac{R_2}{R_1+R_2}u_S$$

电流源 i_S 单独作用(u_S 置零)时,电路如图 1-17(c)所示,有

$$i_1''=-\frac{R_2}{R_1+R_2}i_S,\ u_2''=\frac{R_1R_2}{R_1+R_2}i_S$$

当电压源 u_S 和电流源 i_S 共同作用时,则有

$$i_1 = i_1' + i_1'' = -\frac{1}{R_1+R_2}u_S + \frac{R_2}{R_1+R_2}i_S$$

$$u_2 = u_2' + u_2'' = \frac{R_2}{R_1+R_2}u_S + \frac{R_1 R_2}{R_1+R_2}i_S$$

通过分析可知,在具有两个独立源的线性电路中,响应电流 i_1 和电压 u_2 由两部分组成,分别与 u_S、i_S 有关;而且每一部分的系数都是与电阻值有关的常数,这说明响应分量与对应的激励成线性关系,即线性电路的比例性。

叠加定理可以用来直接分析计算电路,但网络中有较多的独立电源时,运用叠加定理不方便。

在应用叠加定理时,需要注意以下几点:

(1) 叠加定理只适用于线性电路;

(2) 独立电源单独作用时,其他独立电源置零,即电压源用短路代替,电流源用开路代替。

(3) 计算各独立电源产生响应的叠加时,分量的参考方向与原量一致时取"+",否则取"—"。

(4) 叠加定理只适用于电压、电流的叠加,由于功率不是电流或电压的一次函数,所以对功率不适用。

【例 1-2】电路如图 1-18 所示,$u_S=1\text{ V}$,$i_S=1\text{ A}$,$u_2=0\text{ V}$;$u_S=10\text{ V}$,$i_S=0\text{ A}$,$u_2=1\text{ V}$;问当 $u_S=30\text{ V}$,$i_S=10\text{ A}$ 时,$u_2=?$

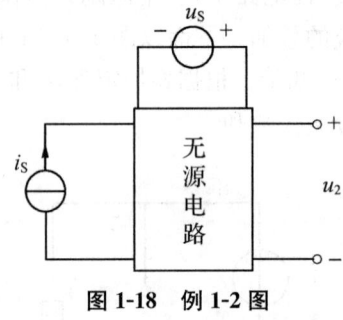

图 1-18 例 1-2 图

解: 令 $u_2' = k_1 u_S$,$u_2'' = k_2 i_S$

$$\therefore u_2 = u_2' + u_2'' = k_1 u_S + k_2 i_S$$

根据已知条件,有

$$k_1 \times 1 + k_2 \times 1 = 0$$
$$k_1 \times 10 + k_2 \times 0 = 1$$

解得:

$$k_1 = 0.1 \quad k_2 = -0.1 \text{ }\Omega$$

$$\therefore u_2 = 0.1 \times 30 - 0.1 \times 10 = 2 \text{ V}$$

二、戴维南定理

如图 1-19(a)所示,网络 N 向外引出两个端钮,构成了一个端口;根据 KCL,对于一个端口,一个端钮流入的电流等于从另一个端钮流出的电流。这种具有向外引出一对端钮的网络称为一端口(单口网络)或二端网络。

对于含独立电源的二端线性电阻网络,戴维南定理可表述为:一个含独立电源和线性电阻的二端网络,对其外电路可以等效为一个电压源和一个电阻的串联组合,如图 1-19(b)所示;其中,电压源的电压等于该网络的开路电压,而电阻等于该网络内所有独立源置零时的网络等效电阻,这个电压源与电阻的串联组合称为戴维南等效电路,等效电路中的电阻称为戴维南等效电阻,如图 1-19(c)所示。

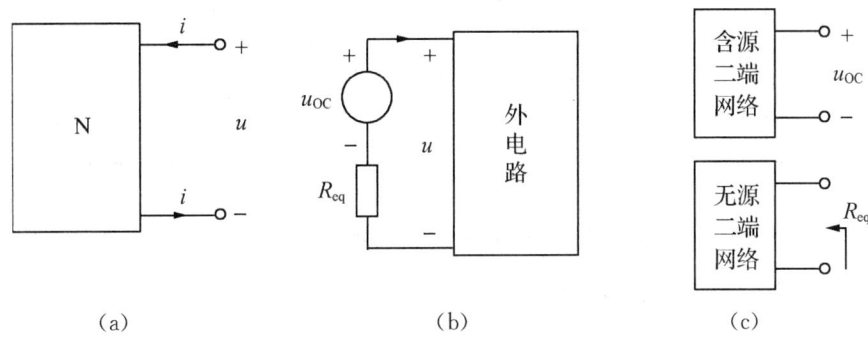

图 1-19 戴维南定理

【例 1-3】电路如图 1-20(a)所示,$U_S=6$ V,$I_S=10$ mA,$R_1=200$ Ω,$R_2=400$ Ω,$R_3=1.8$ kΩ,$R_4=100$ Ω,求电流 I。

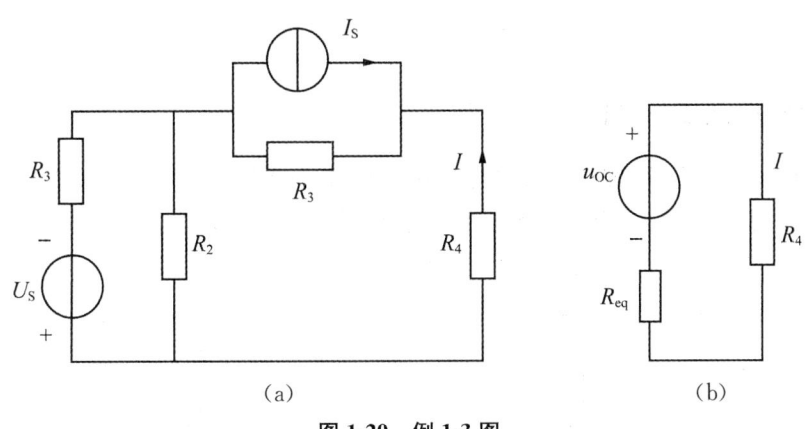

图 1-20 例 1-3 图

解:利用戴维南定理,原电路可以等效为图 1-20(b):

$$U_{OC}=\left(1.8\times 10-\frac{6}{0.2+0.4}\times 0.4\right)\text{V}=14\text{ V} \quad R_{eq}=(1.8+0.2//0.4)\text{kΩ}=1.93\text{ kΩ}$$

$$\therefore I=-\frac{14}{1.93+0.1}\text{A}=-6.90\text{ A}$$

通过分析可知,戴维南定理对于分析网络中某一条支路的电压、电流变化非常适用。

【例 1-4】电路如图 1-21(a)所示,$u_S=30$ V,$i_S=5$ A,$R_1=R_2=10$ Ω,利用戴维宁定理求解:R_L 为多大时可获得最大功率?并求此最大功率。

解:利用戴维南定理,原电路可以等效为图 1-21(b),R_L 获得功率 P_L 为

$$P_L=i^2 R_L=\left(\frac{u_{OC}}{R_L+R_{eq}}\right)^2 R_L$$

P_L 随 R_L 变化,在 $\frac{dP_L}{dR_L}=0$ 时,R_L 获得最大功率;即当 $R_L=R_{eq}$ 时,R_L 获得最大功率。最大

功率 P_{Lmax} 为

$$P_{Lmax} = \frac{u_{OC}^2}{4R_{eq}}$$

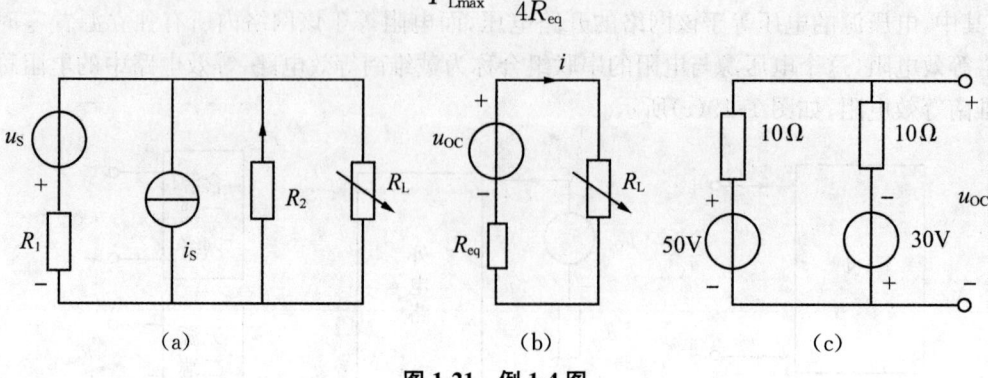

图 1-21 例 1-4 图

图 1-21(a)等效为图 1-21(c)，求得

$$u_{OC} = \left(\frac{50+30}{20} \times 10 - 30\right) \text{V} = 10 \text{ V}$$

$$R_{eq} = 10 // 10 = 5 \text{ }\Omega$$

所以，$R_L = R_{eq} = 5 \text{ }\Omega$ 时，电阻获得的功率最大；最大功率为：

$$P_{Lmax} = \frac{u_{OC}^2}{4R_{eq}} = 5 \text{ W}$$

1.1.6 含受控源电路的分析

前面讨论过理想电源，理想电源也称为独立电源；与受控电源相对。受控电源的电压或电流不是独立的，而是受电路中某个电压或电流控制的，它可以表征某些电子器件，如晶体管、运算放大器等。本书仅讨论线性受控电源。

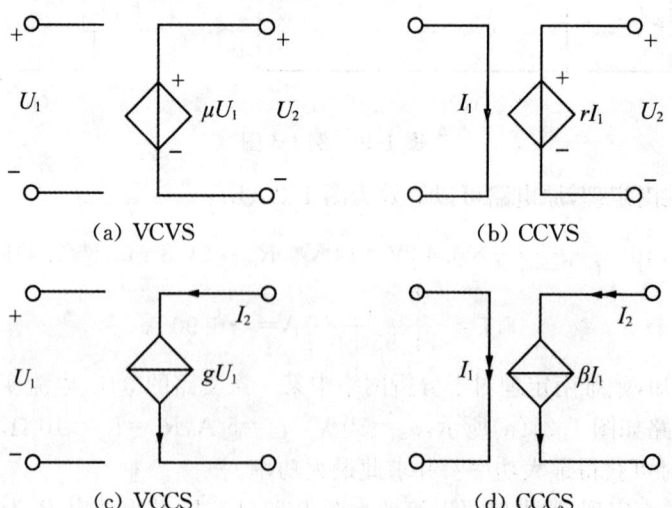

图 1-22 受控电源的种类

由于控制量有电压和电流，所以受控电源有四种，分别是(1) 电压控制的电压源(VCVS)；(2) 电流控制的电压源(CCVS)；(3) 电压控制的电流源(VCCS)；(4) 电流控制的

电流源(CCCS),如图 1-22 所示。图中 U_1 和 I_1 分别表示控制电压和控制电流,μ、r、g 和 β 分别是有关的控制系数,其中 μ 和 β 是无量纲,r 和 g 分别具有电阻和电导的量纲。这些系数为常数时,被控制量和控制量成正比,这种受控电源即为线性受控源。

受控电源与独立电源在电路中的作用不同,独立电源在电路中可以直接起激励作用;而受控源不能脱离控制量而独立存在。在分析和计算含有受控电源的电路时,可以把受控电源当作独立电源处理,但需要具体问题具体分析。比如对含有受控电源电路的等效变换时,应保持含有控制变量的支路不变,否则控制变量将受到影响。

【例 1-5】 电路如图 1-23(a)所示,$u_S=10$ V,$R_1=2$ Ω,$R_2=R_3=3$ Ω,求电流 I。

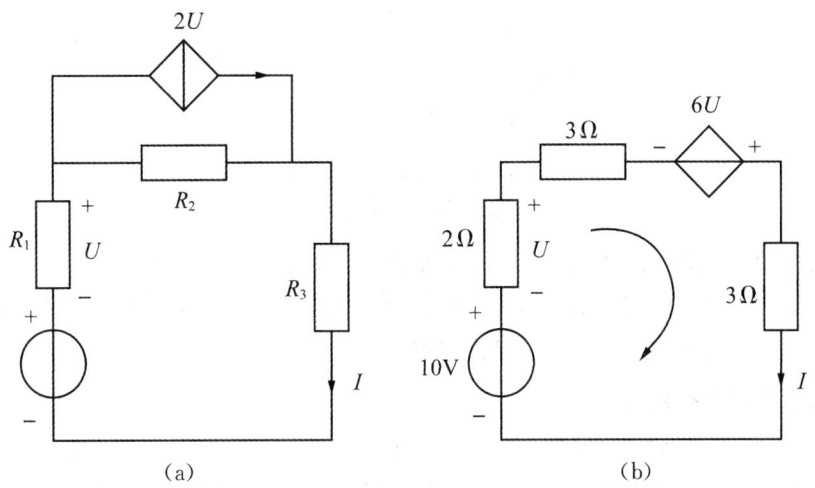

图 1-23　例 1-5 图

解:利用电源等效变换,电路如图 1-23(b)所示,列 KVL 方程,有
$$-10-U-6U+3I+3I=0$$
辅助方程
$$U=-2I$$
两式联立,解得
$$I=0.5 \text{ A}$$

1.1.7　一阶电路的暂态分析

一、动态电路及其方程

1. 动态电路的概念

前面所讨论的直流电路和正弦交流电路,都是对电路的稳定状态进行分析。稳定状态简称稳态,是指电路中的所有响应均为定值或随时间作周期规律变化。

电路的结构或元件的参数发生变化时称为换路。若电路含有动态元件,发生换路时,电路由一个状态转换为另一个状态,而动态元件所储存的能量不会立刻发生变化,需要一个过渡过程,这个过渡过程也称为动态过程,简称暂态。常把含有动态元件的电路称为动态电路。

2. 动态电路的微分方程

由于动态元件的伏安关系是微分形式,因此对动态电路所列写的是微分方程。以

图 1-24 为例,根据 KVL 可得

$$u_R + u_C = u_S \tag{1-1-22}$$

将 $u_R = Ri$ 和 $i = C\dfrac{du_C}{dt}$ 代入式(1-1-22),整理后可得

$$RC\dfrac{du_C}{dt} + u_C = u_S \tag{1-1-23}$$

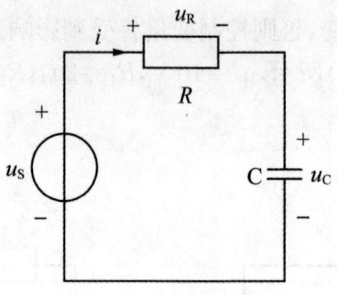

图 1-24 动态电路

当动态电路的无源元件都是线性、时不变元件时,式(1-1-23)则是以时间为自变量的线性常系数一阶微分方程。用一阶微分方程描述的电路称为一阶电路;当描述动态电路的微分方程是 n 阶微分方程时,相应的电路就称为 n 阶电路。

二、动态电路的初始值

若换路在 $t=0$ 时刻进行,用 $t=0_-$ 表示换路前的最后时刻,用 $t=0_+$ 表示换路后的初始时刻,则换路经过的时间是从 0_- 到 0_+。换路前后,动态元件的能量不能跃变。即 $t=0_-$ 与 $t=0_+$ 时,电路中动态元件的储能是相同的。

1. 换路定律

关联参考方向下,电容元件的伏安关系为

$$u_C(t) = u_C(t_0) + \dfrac{1}{C}\int_{t_0}^{t} i_C \, d\xi$$

令 $t_0 = 0_-$ 和 $t = 0_+$ 代入上式,可得

$$u_C(0_+) = u_C(0_-) + \dfrac{1}{C}\int_{0_-}^{0_+} i_C(\xi) \, d\xi$$

即

$$u_C(0_+) = u_C(0_-)$$

同理,对电感元件有

$$i_L(0_+) = i_L(0_-)$$

所以,在换路前后电容电流和电感电压为有限值的条件下,换路定律为

$$\left. \begin{array}{l} u_C(0_+) = u_C(0_-) \\ i_L(0_+) = i_L(0_-) \end{array} \right\} \tag{1-1-24}$$

2. 初始值的计算

换路后,$t=0_+$ 时电路中任一处的电压、电流值,称为初始值。利用换路定律可以确定 $u_C(0_+)$ 和 $i_L(0_+)$,称为独立初始值;由此可求出电路中其余电压、电流的初始值,即非独立初始值。

求解初始值的步骤归纳如下：
(1) 根据换路前的电路求出电容电压 $u_C(0_-)$ 或电感电流 $i_L(0_-)$；
(2) 应用换路定律，得到独立初始值电容电压 $u_C(0_+)$ 或电感电流 $i_L(0_+)$；
(3) 画出 $t=0_+$ 时原电路的等效电路，电感元件用电流值为 $i_L(0_+)$ 的电流源替代；电容元件用电压值为 $u_C(0_+)$ 的电压源替代；
(4) 根据 $t=0_+$ 时的等效电路，计算其他初始值。

【例 1-6】电路如图 1-25(a)所示，直流电压源电压 $U_S=40$ V，$R_1=8$ Ω，$R_2=6$ Ω，开关 S 闭合前电容电压 u_C 为零；$t=0$ 时开关 S 闭合，电路如图 1-25(b)所示，求电压 $u_1(0_+)$、$u_2(0_+)$ 和 $u_C(0_+)$，电流 $i_1(0_+)$、$i_2(0_+)$ 和 $i_C(0_+)$。

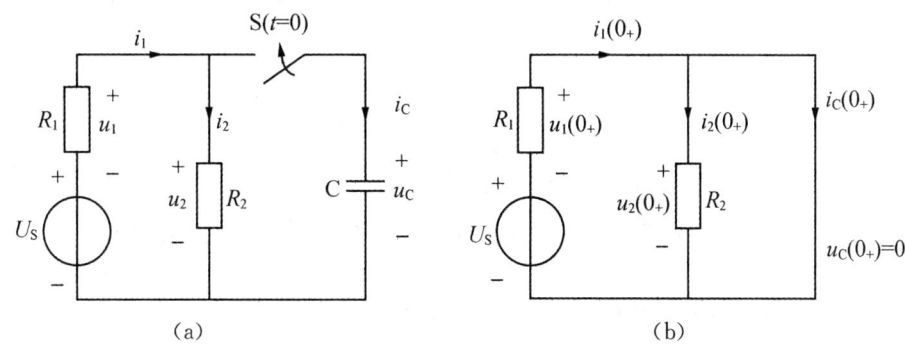

图 1-25　例 1-6 图

解：开关 S 闭合前电容电压 u_C 为零，有 $u_C(0_-)=0$；根据换路定律，有
$$u_C(0_+)=u_C(0_-)=0$$
所以
$$u_2(0_+)=u_C(0_+)=0 \quad u_1(0_+)=-U_S=-40 \text{ V}$$
$$i_1(0_+)=-\frac{u_1(0_+)}{R_1}=-\frac{-40}{8}\text{ A}=5\text{ A} \quad i_2(0_+)=\frac{u_2(0_+)}{R_2}=0\text{ A}$$
$$i_C(0_+)=i_1(0_+)-i_2(0_+)=(5-0)\text{ A}=5\text{ A}$$

求解电路的初始值时，若 $u_C(0_-)=0$，$i_L(0_-)=0$，则在 $t=0_+$ 时电容相当于短路，电感相当于开路。

三、一阶电路的零输入响应

零输入响应是指在没有外施激励的作用下，由动态元件的初始储能引起的响应。

1. RC 电路的零输入响应

RC 电路的零输入响应如图 1-26 所示。换路前，开关 S 合在位置 1 上，如图 1-26(a)所示，电源对电容元件充电，达到稳态时 $u_C(0_-)=U_0$。当 $t=0$ 时，开关从位置 1 合到位置 2，如图 1-26(b)所示。此时，电容电压的初始值 $u_C(0_+)=U_0$，电容已储存能量 $\frac{1}{2}CU_0^2$；于是电容元件经过电阻 R 开始放电，电阻不断消耗能量，电容电压下降；最后，储存在电容中的电场能量全部被电阻吸收而转换成热能。

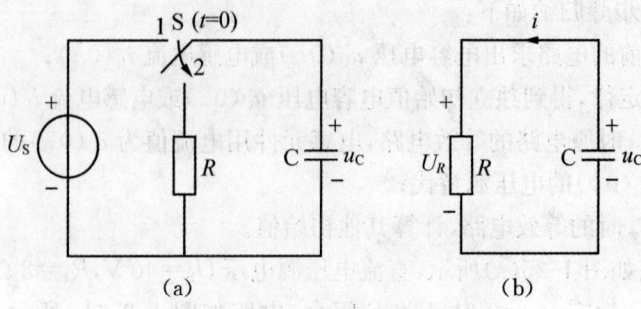

图 1-26 RC 电路的零输入响应

各元件电压与电流的参考方向如图 1-26(b)所示,由 KVL 列出换路后电路的方程:

$$u_R - u_C = 0$$

根据 $u_R = Ri$ 和 $i = -C\dfrac{du_C}{dt}$,有

$$RC\dfrac{du_C}{dt} + u_C = 0 \tag{1-1-25}$$

式(1-1-25)是以 u_C 为未知量的一阶常系数线性齐次微分方程,其通解为

$$u_C = Ae^{-pt} \tag{1-1-26}$$

式(1-1-26)中,A 为积分常数,由电路的初始值确定。

把式(1-1-26)代入式(1-1-25),有

$$(RCp + 1)Ae^{pt} = 0$$

相应的特征方程为

$$RCp + 1 = 0$$

特征根为

$$p = \dfrac{1}{RC}$$

根据换路定律,可得

$$A = u_C(0_+) = U_0$$

所以

$$u_C(t) = u_C(0_+)e^{-\frac{1}{RC}t} = U_0 e^{-\frac{1}{\tau}t}, t \geq 0 \tag{1-1-27}$$

式(1-1-27)是放电过程中电容电压的变化规律。此时,电路中的电流和电阻上的电压分别为

$$i = -C\dfrac{du_C}{dt} = \dfrac{U_0}{R}e^{-\frac{1}{\tau}t}, t \geq 0 \tag{1-1-28}$$

$$u_R = u_C = U_0 e^{-\frac{1}{\tau}t}, t \geq 0 \tag{1-1-29}$$

式(1-1-27)~式(1-1-29)中,$\tau = RC$,称为电路的时间常数;当电阻的单位为欧姆(Ω),电容的单位为法拉(F)时,τ 的单位为时间单位秒(s)。

根据式(1-1-27)、式(1-1-28),绘出零输入响应 u_C、i 随时间变化的曲线,如图 1-27 所示,可见零输入响应都是随时间按同一指数规律衰减的,其衰减快慢取决于时间常数 τ。τ 值越大,放电过程的时间就越长。可以计算:

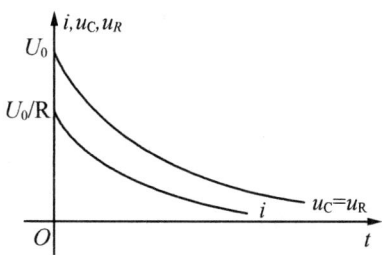

图 1-27 RC 电路的零输入响应波形

开始放电时,$t=0$ 时,$u_C(0)=U_0$;

经过一个时间常数 τ,$u_C(\tau)=U_0 e^{-1}=0.368U_0$;

所以,时间常数 τ 就是按指数规律衰减的量由初始值衰减到此值的 36.8% 时所需的时间。还可以算出经过 $2\tau、3\tau、4\tau$……时刻的电容电压值,如表 1-1。

表 1-1

t	0	τ	2τ	3τ	4τ	5τ	…	∞
$U_0 e^{-\frac{t}{\tau}}$	U_0	$0.368U_0$	$0.135U_0$	$0.0498U_0$	$0.0183U_0$	$0.00674U_0$	…	0

通过观察表 1-1 可知,u_C 要经过无限长的时间才能衰减为零;实际上,经过 5τ 的时间,u_C 已经衰减为初始值的 0.67%。所以,在工程上一般认为换路后,经过 $3\tau \sim 5\tau$ 时间,过渡过程结束。

2. RL 电路的零输入响应

RL 电路的零输入响应如图 1-28 所示。换路前,开关 S 合在位置 1 上,电感中有电流,达到稳态时 $i_L(0_-)=I_0$。当 $t=0$ 时,将开关从位置 1 合到位置 2。此时,电感电流的初始值 $i_L(0_+)=I_0$,电感已储存能量 $\frac{1}{2}LI_0^2$,于是电感 L 经过电阻 R 释放能量。

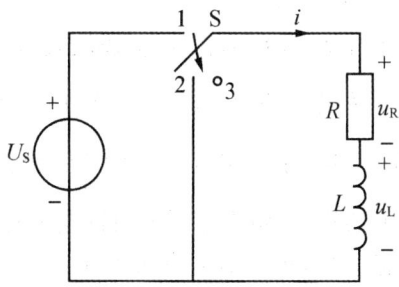

图 1-28 RL 电路的零输入响应

各元件电压与电流的参考方向如图 1-28 所示,由 KVL、VAR 列出换路后电路的方程:

$$L\frac{\mathrm{d}i}{\mathrm{d}t}+Ri=0 \tag{1-1-30}$$

式(1-1-30)是以 i 为未知量的一阶常系数线性齐次微分方程,令其通解为

$$i=Ae^{-pt}$$

相应的特征方程为

$$Lp+R=0$$

特征根为

$$p = -\frac{R}{L}$$

根据换路定律,可得

$$A = i(0_+) = I_0$$

所以

$$i(t) = i(0_+) e^{-\frac{R}{L}t} = I_0 e^{-\frac{t}{\tau}} \quad t \geq 0 \tag{1-1-31}$$

此时,电阻和电感上的电压分别为

$$u_R = Ri = RI_0 e^{-\frac{t}{\tau}} \quad t \geq 0 \tag{1-1-32}$$

$$u_L = L\frac{di}{dt} = -RI_0 e^{-\frac{t}{\tau}} \quad t \geq 0 \tag{1-1-33}$$

式(1-1-31)~式(1-1-33)中,$\tau = \frac{L}{R}$,称为电路的时间常数;当电阻的单位为欧姆(Ω),电感的单位为亨(H)时,τ 的单位为时间单位秒(s)。

i、u_R、u_L 随时间变化曲线如图 1-29 所示,都随时间按指数规律衰减而渐趋为零,衰减的快慢由时间常数 τ 决定。时间常数 τ 越大,过渡过程越长。

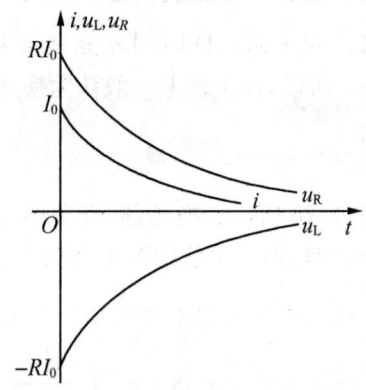

图 1-29 *RL* 电路的零输入响应波形

RL 串联电路实际为电感线圈的电路模型,电路如图 1-28 所示,开关 S 由位置 1 合到位置 3,电路中瞬间电流突然下降到零,而电感中的电流不能跃变,所以电路中电流的变化率 $\frac{di}{dt}$ 很大,线圈中的自感电动势可能会很大,将击穿开关两触点之间的空气造成电弧以延缓电流的中断,此时不仅触点会被电弧烧坏,也会对人身带来伤害。因此在具有大电感的电路中,不能随便拉闸,要采取防止拉闸产生电弧的措施。

【例 1-7】 电路如图 1-30 所示,已进入稳态,已知 $U_S = 15\text{ V}$, $R_1 = R_3 = 5\text{ }\Omega$, $R_2 = 10\text{ }\Omega$, $L = 0.6\text{ mH}$,开关 S 在 $t = 0$ 时断开,求 $t \geq 0$ 时的 $i(t)$、$u_L(t)$。

解:开关 S 断开前

$$i(0_-) = \frac{U_S}{R_1 + R_2 // R_3} \times \frac{R_3}{R_2 + R_3} = \frac{10}{5 + 10//5} \times \frac{5}{10 + 5}\text{ A} = 0.4\text{ A}$$

根据换路定律

$$i(0_+) = i(0_-) = 0.4\text{ A}$$

时间常数

$$\tau = \frac{L}{R} = \frac{L}{R_2+R_3} = \frac{0.6\times 10^{-3}}{10+5}\ \text{s} = 4\times 10^{-5}\ \text{s}$$

所以
$$i(t) = i(0_+)\text{e}^{-\frac{t}{\tau}} = 0.4\text{e}^{-\frac{t}{4\times 10^{-5}}}\ \text{A} = 0.4\text{e}^{-2.5\times 10^4 t}\ \text{A}, t\geqslant 0$$

$$u_\text{L}(t) = L\frac{\text{d}i}{\text{d}t} = 0.6\times 10^{-3}\times 0.4\times(-2.5\times 10^4)\text{e}^{-2.5\times 10^4 t}\ \text{V} = 0.6\text{e}^{-2.5\times 10^4 t}\ \text{V}, t\geqslant 0$$

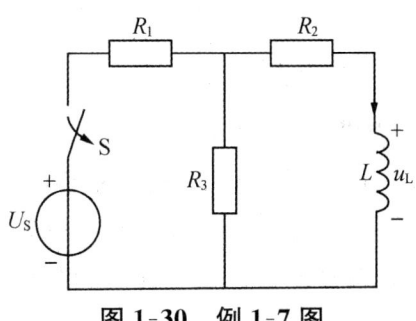

图 1-30　例 1-7 图

四、一阶电路的零状态响应

动态电路中所有动态元件初始储能为零，由外加激励引起的响应，称为零状态响应。

1. RC 电路的零状态响应

直流激励下，RC 电路的零状态响应就是电容 C 经电阻 R 充电的过程。

电路如图 1-31 所示，开关 S 断开时，电容 C 没有储能。$t=0$ 时，开关 S 闭合，RC 电路与直流电源 U_S 接通，电容 C 充电。

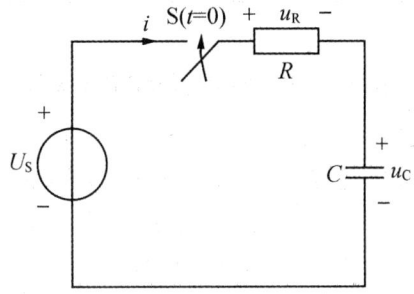

图 1-31　RC 电路的零状态响应

各元件电压与电流的参考方向如图 1-31 所示，由 KVL、VAR 列出换路后电路的方程

$$RC\frac{\text{d}u_\text{C}}{\text{d}t} + u_\text{C} = U_\text{S} \tag{1-1-34}$$

式(1-1-34)是以 u_C 为未知量的一阶常系数线性非齐次微分方程，方程的解为

$$u_\text{C} = u'_\text{C} + u''_\text{C}$$

其中 u'_C 为非齐次方程的特解，与外加激励有关，称为强制分量；u''_C 为方程对应的齐次方程的通解，与外加激励无关，称为自由分量。

由于 $u'_\text{C} = U_\text{S}$ 满足特解方程，故取强制分量

$$u'_\text{C} = U_\text{S}$$

式(1-1-34)对应的齐次方程为式(1-1-25)，其通解为自由分量

$$u''_\text{C} = A\text{e}^{-\frac{t}{\tau}}$$

式中 $\tau=RC$ 为时间常数；因此

$$u_C=U_S+Ae^{-\frac{t}{\tau}}$$

根据初始条件，由换路定律 $u_C(0_+)=u_C(0_-)=0$ 得

$$A=-U_S$$

而

$$u_C=U_S(1-e^{-\frac{t}{\tau}}), t\geqslant 0$$

$$i=C\frac{du_C}{dt}=\frac{U_S}{R}e^{-\frac{t}{\tau}}, t\geqslant 0$$

$$u_R=U_S-u_C=U_Se^{-\frac{t}{\tau}}, t\geqslant 0$$

u_C、i、u_R 随时间变化的曲线如图 1-32 所示。充电过程中，电容电压 u_C 由初始值按指数规律随时间逐渐增长，最后趋近于直流电压源的电压 U_S，电路达到稳定状态，此时特解 $u'_C=U_S$ 又称为稳态分量，非齐次方程的通解 $u''_C=Ae^{-\frac{t}{\tau}}$ 又称为暂态分量；充电结束时，电容的电场储能为 $\frac{1}{2}CU_S^2$。

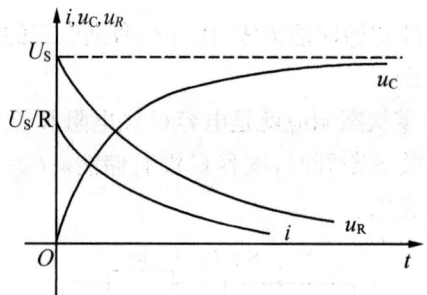

图 1-32 RC 电路的零状态响应波形

经过一个时间常数 τ，电容电压增长为 $u_C(\tau)=U_S(1-e^{-1})=0.632U_S$；当 $t=5\tau$ 时，$u_C(5\tau)=0.993U_S$，可以认为充电过程已经结束。τ 越大，充电持续时间越长。

【例 1-8】 电路如图 1-33(a)所示，电路已处于稳定状态，$U_S=16$ V，$R_1=5$ kΩ，$R_2=15$ kΩ，$C=50$ μF，开关 S 在 $t=0$ 时闭合，求 $t\geqslant 0$ 时的 $u_C(t)$。

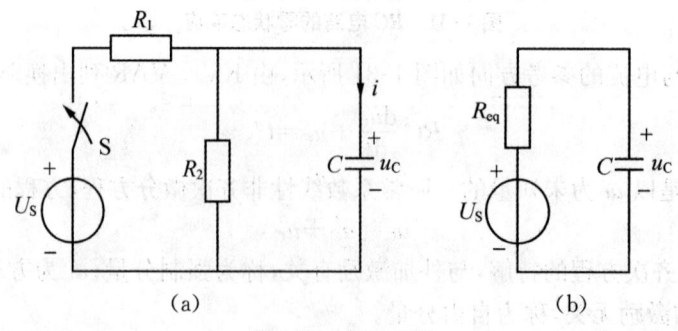

图 1-33 例 1-8 图

解：开关 S 闭合前电路已处于稳定状态，$u_C(0_-)=0$，电路为零状态响应。

把电路简化为戴维南等效电路，如图 1-33(b)所示。其中

$$U_{\text{OC}} = \frac{R_2}{R_1+R_2}U_S = \frac{15}{5+15} \times 16 \text{ V} = 12 \text{ V}$$

$$R_{\text{eq}} = (R_1 // R_2) = \frac{5 \times 15}{5+15} \text{ k}\Omega = 3.75 \text{ k}\Omega$$

所以

$$\tau = R_{\text{eq}}C = 3.75 \times 10^3 \times 50 \times 10^{-6} \text{ s} = 0.1875 \text{ s}$$

$$u_C(t) = U_\alpha(1-e^{-\frac{t}{\tau}}) = 12(1-e^{-\frac{t}{0.1875}})\text{V} = 12(1-e^{-5.33t})\text{V}, t \geq 0$$

2. RL 电路的零状态响应

RL 的零状态响应就是没有储能的电感 L 经电阻 R 接至直流电源充电的过程。

电路如图 1-34 所示,开关 S 断开时,电路处于稳态,且 L 中无储能。开关 S 闭合时,RL 电路与直流电源接通,电感 L 将从电源吸取电能转换为磁场能储存在线圈内部。

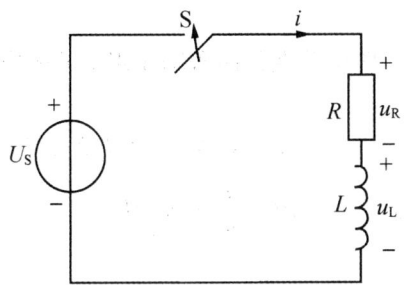

图 1-34 *RL* 电路的零状态响应

各元件电压与电流的参考方向如图 1-34 所示,由 KVL、VAR 列出换路后电路的方程

$$\frac{L}{R}\frac{di}{dt} + i = \frac{U_S}{R} \tag{1-1-35}$$

式(1-1-35)是以 i 为未知量的一阶常系数线性非齐次微分方程,方程的解为

$$i = i' + Ae^{-\frac{t}{\tau}}$$

式中 $\tau = \frac{L}{R}$ 为时间常数;

特解 $i' = \frac{U_S}{R}$;根据初始条件,由换路定律 $i(0_+) = i(0_-) = 0$ 得

$$A = -\frac{U_S}{R}$$

所以

$$i = \frac{U_S}{R}(1-e^{-\frac{t}{\tau}}), t \geq 0$$

$$u_L = L\frac{di}{dt} = U_S e^{-\frac{t}{\tau}}, t \geq 0$$

$$u_R = U_S(1-e^{-\frac{t}{\tau}}), t \geq 0$$

i、u_L、u_R 随时间变化的曲线如图 1-35 所示。电感电流由初始值按指数规律随时间逐渐增长,最后接近于稳态值 $\dfrac{U_S}{R}$。达到新的稳态时,电感的磁场储能为 $\dfrac{1}{2}L\left(\dfrac{U_S}{R}\right)^2$。

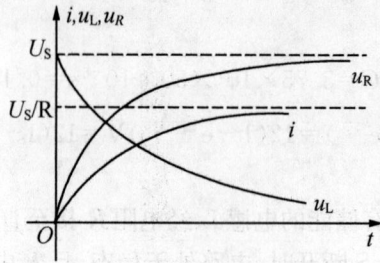

图 1-35　RL 电路的零状态响应波形

五、一阶电路的全响应

动态元件有初始储能的一阶电路在外施激励作用下的响应称为一阶电路的全响应。

1. RC 电路的全响应

电路如图 1-31 所示,设 $u_C(0_-)=U_0$,换路后,电路的方程为

$$RC\dfrac{du_C}{dt}+u_C=U_S$$

方程的解为

$$u_C=U_S+Ae^{-\frac{t}{\tau}}$$

根据换路定律

$$u_C(0_+)=u_C(0_-)=U_0$$
$$A=U_0-U_S$$

电容电压的全响应

$$u_C=U_S+(U_0-U_S)e^{-\frac{t}{\tau}},\ t\geqslant 0 \tag{1-1-36}$$

即全响应可以分解为强制分量和自由分量之和。

电阻电压、电流的全响应分别为

$$u_R=U_S-u_C=(U_S-U_0)e^{-\frac{t}{\tau}},\ t\geqslant 0$$

$$i=\dfrac{u_R}{R}=\dfrac{U_S-U_0}{R}e^{-\frac{t}{\tau}},\ t\geqslant 0$$

把式(1-1-36)改写为

$$u_C=U_0e^{-\frac{t}{\tau}}+U_S(1-e^{-\frac{t}{\tau}}),\ t\geqslant 0 \tag{1-1-37}$$

式(1-1-37)把全响应分解为零输入响应与零状态响应之和。

在 $U_S>U_0$ 条件下,各响应的变化曲线如图 1-36 所示。

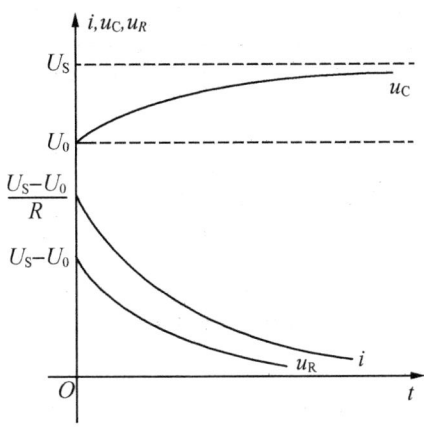

图 1-36 一阶 RC 电路的全响应波形

六、一阶电路的三要素分析法

1. 一阶电路响应的规律

在直流激励作用下,一阶电路的全响应 $f(t)$ 具有如下规律,即

$$f(t)=f(\infty)+[f(0_+)-f(\infty)]e^{-\frac{t}{\tau}} \quad t\geqslant 0 \tag{1-1-38}$$

式(1-1-38)中,$f(0_+)$ 表示响应的初始值,$f(\infty)$ 表示响应的稳态值。$f(0_+)$、$f(\infty)$ 和 τ 称为一阶电路全响应的三要素。

2. 三要素分析法

对于一阶电路的任何响应,只要求出其 $f(0_+)$、$f(\infty)$ 和 τ 这三个数值,就可以根据式(1-1-38)直接写出响应的表达式,这种方法称为三要素分析法(简称三要素法)。用三要素法求解一阶电路的响应,避免了求解微分方程的麻烦。

当 $f(\infty)=0$ 时,式(1-1-38)变为 $f(t)=f(0_+)e^{-\frac{t}{\tau}}$——零输入响应;

当 $f(0_+)=0$ 时,式(1-1-38)变为 $f(t)=f(\infty)(1-e^{-\frac{t}{\tau}})$——零状态响应。

用三要素法解题的一般步骤是:

(1) 根据 $t=0_-$ 时的等效电路,求出电容电压 $u_C(0_-)$ 或电感电流 $i_L(0_-)$。

(2) 根据换路定律,画出 $t=0_+$ 时的等效电路,用电压值为 $u_C(0_+)$ 的理想电压源替代电容元件或用电流值为 $i_L(0_+)$ 的理想电流源替代电感元件,求出其他响应的初始值 $f(0_+)$。

(3) 稳态时,电容相当于开路,电感相当于短路,求出稳态下响应 $f(\infty)$。

(4) 求出电路的时间常数 τ:$\tau=R_{eq}C$ 或 $\tau=\dfrac{L}{R_{eq}}$,R_{eq} 为动态元件两端看进去的戴维宁等效电阻。

(5) 根据三要素的通用公式(1-1-38),代入三要素,即可求得响应 $f(t)$。

【例 1-9】 电路如图 1-37 所示,开关闭合前电路已达稳态。$U_S=2$ V,$R_1=2$ Ω,$R_2=1$ Ω,$C=300$ μF,开关 S 在 $t=0$ 时闭合,求 $t\geqslant 0$ 时的 $u_C(t)$。

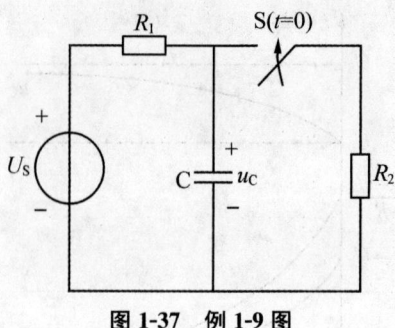

图 1-37 例 1-9 图

解：

(1) 求电容电压初始值 $u_C(0_+)$

根据已知条件及换路定律

$$u_C(0_+)=u_C(0_-)=2\text{ V}$$

(2) 求电容电压稳态值 $u_C(\infty)$

$$u_C(\infty)=\frac{1}{2+1}\times 2\text{ V}=\frac{2}{3}\text{ V}$$

(3) 求时间常数 τ

$$\tau=RC=(1//2)\times 300\times 10^{-6}\text{ s}=2\times 10^{-4}\text{ s}$$

(4) 三要素法

$$u_C(t)=u_C(\infty)+[u_C(0_+)-u_C(\infty)]e^{-\frac{t}{\tau}}$$

$$=\left[\frac{2}{3}+\left(2-\frac{2}{3}\right)e^{-\frac{t}{2\times 10^{-4}}}\right]\text{mA}=\frac{2}{3}+\frac{4}{3}e^{-5000t}\text{mA},t\geqslant 0$$

1.2 正弦交流电路分析

正弦交流电路简称交流电路，是指在正弦交流电源作用下，电路中各处的电压、电流均随时间按正弦规律变化，且频率相同。由于正弦交流电易于产生，便于输送和使用，因此在生产和日常生活中应用广泛。

1.2.1 正弦交流电的基本概念及相量表示法

一、正弦交流电的基本概念

随时间按正弦规律变化的电流和电压等物理量统称为正弦量。例如，正弦电流的数学表达式为

$$i=I_m\sin(\omega t+\varphi_i) \tag{1-2-1}$$

式(1-2-1)中 i 为正弦电流的瞬时值，I_m 为正弦电流的最大值或幅值，ω 称为正弦电流的角频率，φ_i 为正弦电流的初相位。通常将最大值、角频率和初相位称为正弦量的三要素。

正弦电流的波形如图 1-38 所示,通常选择正半周为电流的参考方向

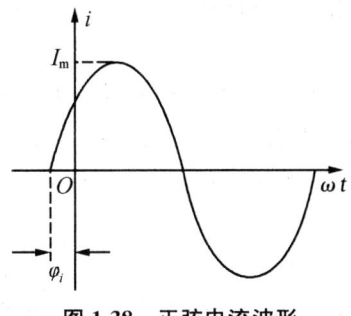

图 1-38　正弦电流波形

1. 瞬时值、最大值和有效值

正弦量在任一瞬间的值叫做瞬时值,用英文小写字母表示,如 i、u、e。正弦量随时间变化的过程中所能达到的极值称为最大值,用英文大写字母加脚标 m 表示,如 I_m、U_m 和 E_m。

正弦交流电的瞬时值、最大值均不能准确地反映交流电在电路中能量转换的实际效果。工程中,为了表征正弦量的大小,引入有效值概念。

有效值的定义是:周期量瞬时值的平方在一个周期内积分后平均值的平方根,所以也叫方均根值,用英文大写字母表示。如电流的有效值为

$$I = \sqrt{\frac{1}{T}\int_0^T i^2 \mathrm{d}t}$$

根据有效值定义,可得正弦电流的有效值与最大值之间关系为

$$I = \sqrt{\frac{1}{T}\int_0^T i^2 \mathrm{d}t} = \frac{I_m}{\sqrt{2}} = 0.707 I_m$$

同理,有

$$U = 0.707 U_m$$

通常交流电机和电器铭牌上所标注的额定电压和额定电流都是指有效值,一般交流电压表和电流表的读数也是有效值。

2. 周期、频率和角频率

正弦量完整变化一次所需的时间称为周期,用字母 T 表示,单位是秒(s)。单位时间内正弦交流电完成全变化的次数称为频率,用字母 f 表示,单位是赫兹(Hz)。频率和周期互为倒数,即

$$f = \frac{1}{T}$$

单位时间内正弦交流电变化的电角度叫做角频率,用符号 ω 表示,单位为弧度/秒(rad/s)。由于交流电每变化一周所对应的电角度是 2π,所以周期、频率、角频率三者之间有如下的关系

$$\omega = 2\pi f = \frac{2\pi}{T} \tag{1-2-2}$$

我国交流电网的频率(简称工频)为 50 Hz;美国和日本等国家交流电网的频率为 60 Hz。

3. 相位、初相和相位差

式(1-2-1)中的 $(\omega t + \varphi_i)$ 称为正弦量的相位角,简称相位。它反映了正弦量随时间变化

的进程,确定了正弦量变化的瞬时状态,其单位为弧度(rad),为了方便有时也可以用度(°)作为单位。$t=0$ 时的相位称为初相位,简称初相。式(1-2-1)中的初相为 φ_i。正弦量的初相与计时起点的选取有关。

在正弦交流电路分析中,经常要对正弦量的相位进行比较。任意两个同频率正弦量的相位之差称为相位差,用 φ 表示。设有两个相同频率的正弦电压和电流分别为

$$u=U_m\sin(\omega t+\varphi_u), i=I_m\sin(\omega t+\varphi_i)$$

它们之间的相位差为

$$\varphi=(\omega t+\varphi_u)-(\omega t+\varphi_i)=\varphi_u-\varphi_i \qquad (1-2-3)$$

由此可见,两个同频率正弦量之间的相位差等于它们的初相位之差,它是一个与时间无关的常数。若 $\varphi>0$,则称 u 超前于 i,或称 i 滞后于 u,如图 1-39(a)所示;若 $\varphi<0$,则称 u 滞后于 i,或称超前于 u;若 $\varphi=0$,则称 u 与 i 同相,如图 1-39(b)所示;若 $\varphi=\pm\pi$,则称 u 与 i 反相,如图 1-39(c)所示;若 $\varphi=\pm\dfrac{\pi}{2}$,则称 u 与 i 正交,如图 1-39(d)所示。

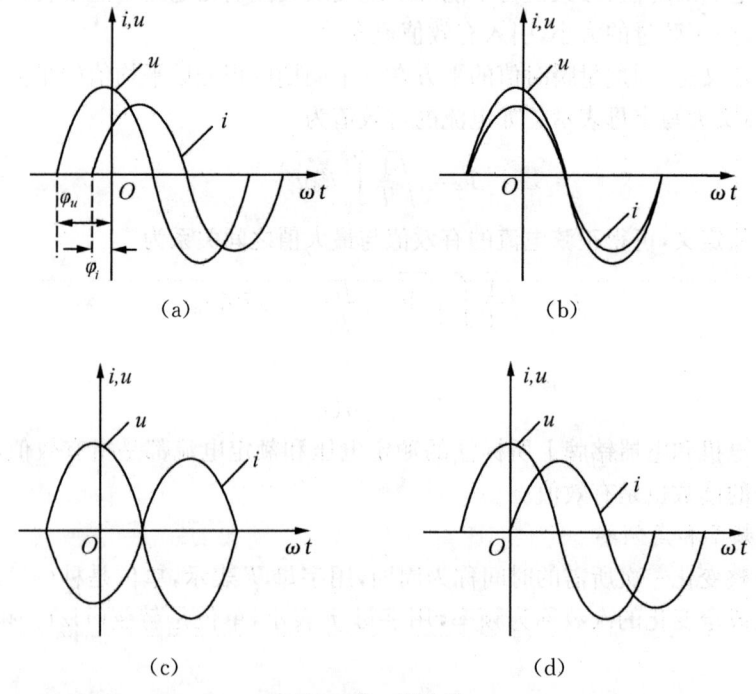

图 1-39 相位差

当正弦量的计时起点改变时,它们的相位和初相位也随之改变,但是两者之间的相位差保持不变。为了分析方便,可以选取其中某一个正弦量初相为零的瞬时作为计时起点,这一正弦量称为参考正弦量,其他各正弦量的初相即为该正弦量与参考正弦量的相位差。

二、正弦量的相量表示法

正弦交流电可以用三角函数或波形图表示,但对电路分析和计算时,这两种形式都不方便。相比之下,相量法是一种简便而有效的电路求解方法,即将复数引入正弦稳态电路中,用它表示正弦量。

1. 复数

(1) 复数的表示形式

以复数 A 为例来说明。

a. 代数形式

$$A = a + jb \tag{1-2-4}$$

式(1-2-4)中,a、b 为任意实数,分别称为复数 A 的实部与虚部;$j = \sqrt{-1}$ 为虚数单位。

复数 A 也可以用复平面内的一条有向线段来表示,如图 1-40 所示,线段的长度为 r,与实轴方向的夹角为 φ,则

$$r = \sqrt{a^2 + b^2}, \varphi = \arctan \frac{b}{a}$$

这样,复数 A 的实部与虚部可分别表示为:

$$a = r\cos \varphi, b = r\sin \varphi$$

于是得到复数的向量表示方法。

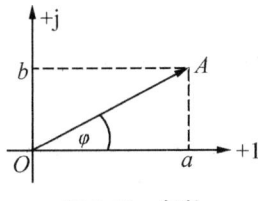

图 1-40 复数

b. 三角函数形式

将 $a = r\cos \varphi, b = r\sin \varphi$ 代入式(1-42),有

$$A = r\cos \varphi + jr\sin \varphi = r(\cos \varphi + j\sin \varphi) \tag{1-2-5}$$

式(1-2-5)中,r 称为复数 A 的模,φ 称为复数 A 的辐角。

c. 指数形式

根据欧拉公式 $e^{j\varphi} = \cos \varphi + j\sin \varphi$,得到复数的指数形式:

$$A = re^{j\varphi}$$

d. 极坐标形式

$$A = r \angle \varphi$$

以上讨论的复数四种表示形式可以相互转换。

当复数的实部与虚部分别相等时,称这两个复数相等;若两个复数的实部相等,而虚部等值异号,则称其为共轭复数。

2. 复数的运算

(1) 复数的加减运算

复数的加减运算规则是:实部与实部相加减,虚部与虚部相加减。

例如:$A_1 = a_1 + jb_1 = r_1\cos \varphi_1 + jr_1\sin \varphi_1$,$A_2 = a_2 + jb_2 = r_2\cos \varphi_2 + jr_2\sin \varphi_2$ 则

$A_1 \pm A_1 = (a_1 \pm a_2) + j(b_1 \pm b_2) = (r_1\cos \varphi_1 \pm r_2\cos \varphi_2) + j(r_1\sin \varphi_1 \pm r_2\sin \varphi_2)$

复数的加减运算也可以在复平面内用平行四边形法则作图完成,如图 1-41 所示。

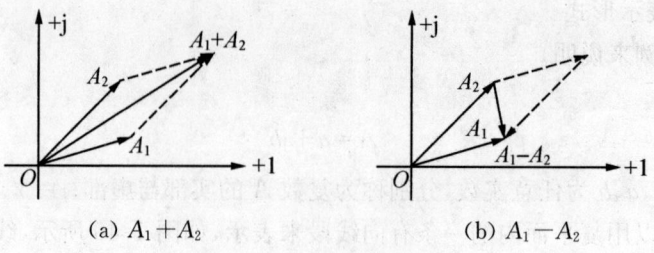

(a) A_1+A_2 (b) A_1-A_2

图 1-41　复数的加减运算

(2) 复数的乘(除)运算

复数的乘(除)运算规则为:模与模相乘(除),辐角与辐角相加(减)。

例如:$A_1=r_1\mathrm{e}^{\mathrm{j}\varphi_1}=r_1\angle\varphi_1, A_2=r_2\mathrm{e}^{\mathrm{j}\varphi_2}=r_2\angle\varphi_2$

则

$$A_1A_2=r_1\mathrm{e}^{\mathrm{j}\varphi_1}\cdot r_2\mathrm{e}^{\mathrm{j}\varphi_2}=r_1r_2\mathrm{e}^{\mathrm{j}(\varphi_1+\varphi_2)}$$

$$\frac{A_1}{A_2}=\frac{r_1\mathrm{e}^{\mathrm{j}\varphi_1}}{r_2\mathrm{e}^{\mathrm{j}\varphi_2}}=\frac{r_1}{r_2}\mathrm{e}^{\mathrm{j}(\varphi_1-\varphi_2)}$$

或

$$A_1A_2=r_1\angle\varphi_1\cdot r_2\angle\varphi_2=r_1r_2\angle\varphi_1+\varphi_2$$

$$\frac{A_1}{A_2}=\frac{r_1\angle\varphi_1}{r_2\angle\varphi_2}=\frac{r_1}{r_2}\angle\varphi_1-\varphi_2$$

复数的乘除运算也可以在复平面内作图完成,如图 1-42 所示。

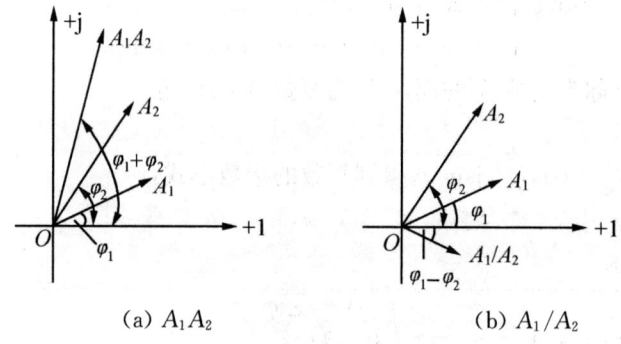

(a) A_1A_2 (b) A_1/A_2

图 1-42　复数的乘除运算

3. 正弦量的相量表示法

通常把表示正弦量的复数称为相量。其中,复数的模等于正弦量的最大值;它与实数轴的夹角等于正弦量的初相;逆时针旋转的角速度等于正弦量的角频率。相量之所以能表示正弦量,是因为对任一时刻,它在虚轴上的投影值都与该时刻对应正弦量的取值一致。这种对应关系如图 1-43 所示。

相量在复平面上的图形称为相量图。具有相同频率的相量,其相量图可以表示在同一复平面内。

需要指出的是,正弦量是时间的函数,而正弦量的相量并非时间的函数,所以只能说用相量表示正弦量,而不能说相量等于正弦量。

4. 电路定律的相量形式

正弦交流电路中的响应都是同频率的正弦量,所以基尔霍夫定律可以用相量来表示。

对电路中任一节点,KCL 为

$$\sum \dot{I} = 0$$

沿任一闭合路径,KVL 为

$$\sum \dot{U} = 0$$

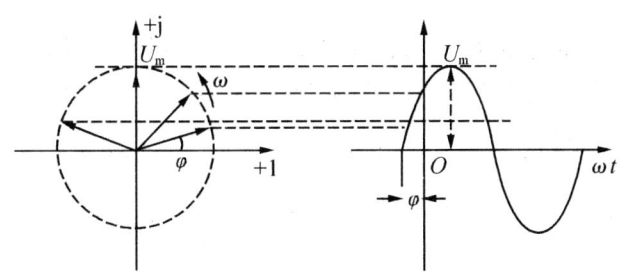

图 1-43 正弦波与旋转相量

1.2.2 单一参数的正弦交流电路分析

一、纯电阻电路

1. 电压与电流的关系

电阻电路如图 1-44(a)所示,其伏安关系为:$u=Ri$。

设电流 $i=\sqrt{2}I\sin(\omega t+\varphi_i)$,根据 VAR 可得

$$u=Ri=\sqrt{2}RI\sin(\omega t+\varphi_i)=\sqrt{2}U\sin(\omega t+\varphi_u) \tag{1-2-6}$$

式(1-2-6)表明:

(1) 在正弦稳态电路中,电阻元件的电压和电流为同频率的正弦量;

(2) 电阻电压的有效值等于电流有效值与电阻的乘积:$U=RI$;

(3) 电阻电压与电流同相,如图 1-44(b)所示;

(4) 电阻元件伏安关系的相量形式为:$\dot{U}=U\angle\varphi_u=RI\angle\varphi_i=R\dot{I}$

(5) 电阻电路的相量模型如图 1-44(c)所示。

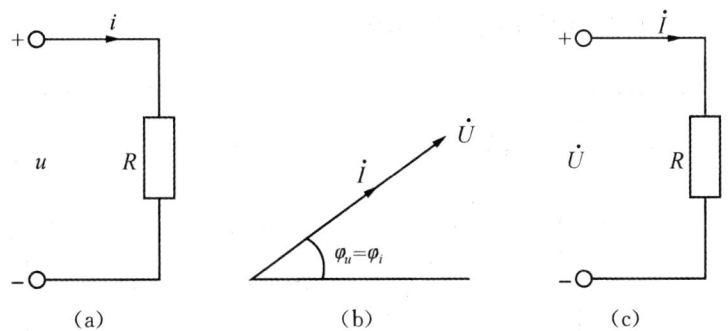

图 1-44 电阻元件的相量模型和相量图

2. 功率

(1) 瞬时功率 p

电路瞬时功率 p 等于该时刻瞬时电压 u 与瞬时电流 i 的乘积。即

$$p = ui$$

设电流 $i = \sqrt{2}I\sin(\omega t + \varphi_i)$，$u = \sqrt{2}U\sin(\omega t + \varphi_u)$，电阻电路吸收的瞬时功率为

$$p = ui = \sqrt{2}U\sin(\omega t + \varphi_u) \cdot \sqrt{2}I\sin(\omega t + \varphi_i) = UI(1 - \cos 2\omega t)$$

(2) 平均功率

瞬时功率随时间不断地变化，一般实用意义不大。工程上常用平均功率来衡量功率的大小。平均功率是指瞬时功率在一个周期的平均值，用英文大写字母 P 表示，即

$$P = \frac{1}{T}\int_0^T p\,dt = \frac{1}{T}\int_0^T UI(1 - \cos 2\omega t)\,dt = UI = I^2R = \frac{U^2}{R} \qquad (1-2-7)$$

平均功率又称有功功率，单位是瓦(W)。通常交流用电设备铭牌上所标注的功率为有功功率。

二、纯电感电路

1. 电压与电流的关系

电感电路如图 1-45(a)所示，其伏安关系为：$u = L\dfrac{di}{dt}$。

设电流 $i = \sqrt{2}I\sin(\omega t + \varphi_i)$，有

$$u = L\frac{di}{dt} = \sqrt{2}\omega LI\cos(\omega t + \varphi_i) = \sqrt{2}\omega LI\sin(\omega t + \varphi_i + 90°)$$

$$= \sqrt{2}U\sin(\omega t + \varphi_u) \qquad (1-2-8)$$

式(1-2-8)表明：

(1) 在正弦稳态电路中，电感元件的电压和电流为同频率的正弦量；

(2) 电感电压的有效值等于电流有效值与感抗 X_L 的乘积，即

$$U = \omega LI = X_L I$$

其中，感抗 $X_L = \omega L = 2\pi fL$，单位为 Ω。

(3) 电感电压超前电流 $90°$，如图 1-45(b)所示；

(4) 电感元件伏安关系的相量形式为：$\dot{U} = U\angle\varphi_u = X_L I\angle\varphi_i + 90° = jX_L \dot{I}$

(5) 电感电路的相量模型如图 1-45(c)所示。

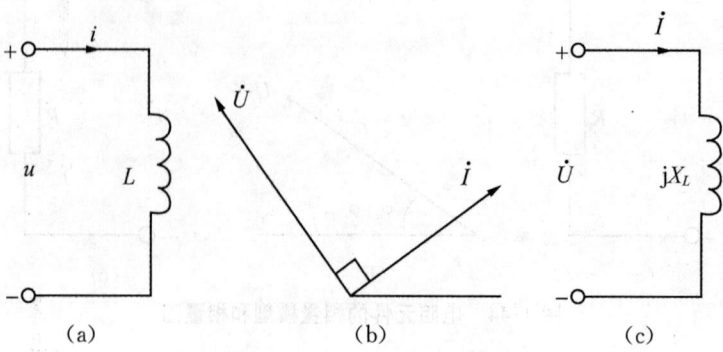

图 1-45 电感元件的模型和相量图

2. 功率

(1) 瞬时功率 p

设电流 $i=\sqrt{2}I\sin\omega t, u=\sqrt{2}U\sin(\omega t+90°)$,电感电路吸收的瞬时功率为
$$p=ui=\sqrt{2}U\sin(\omega t+90°)\cdot\sqrt{2}I\sin\omega t=UI\sin 2\omega t$$

可见,电感元件从电源吸收的瞬时功率是随时间变化的正弦量,幅值为 UI,角频率为 2ω。

(2) 平均功率
$$P=\frac{1}{T}\int_0^T p\,dt=\frac{1}{T}\int_0^T UI\sin 2\omega t\,dt=0$$

(3) 无功功率

电感元件在电路中不消耗平均功率,但与电源之间有能量交换,所交换能量是瞬时功率的最大值,称为无功功率,用英文大写字母 Q 表示,即
$$Q=UI$$

无功功率的单位是乏尔,简称乏(var)。

二、纯电容电路

1. 电压与电流的关系

电容电路如图 1-46(a)所示,其伏安关系为: $i=C\dfrac{du}{dt}$。

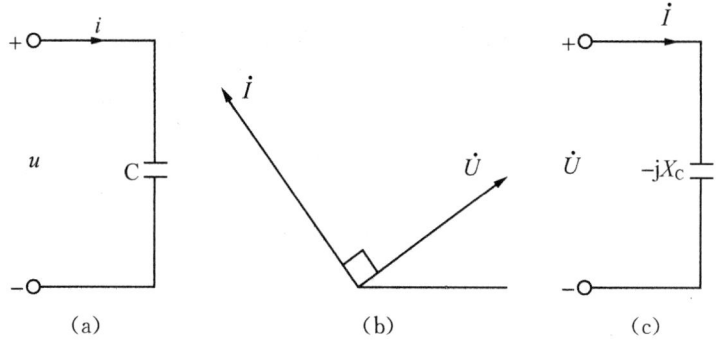

图 1-46 电容元件的模型和相量图

设电流 $u=\sqrt{2}I\sin(\omega t+\varphi_u)$,有
$$\begin{aligned}i=C\frac{du}{dt}&=\sqrt{2}\omega CU\cos(\omega t+\varphi_u)\\&=\sqrt{2}\omega CU\sin(\omega t+\varphi_u+90°)\\&=\sqrt{2}I\sin(\omega t+\varphi_i)\end{aligned}\tag{1-2-9}$$

式(1-2-9)表明:

(1) 在正弦稳态电路中,电容元件的电压和电流为同频率的正弦量;

(2) 电容电压的有效值等于电流有效值与容抗 X_C 的乘积,即
$$U=\frac{1}{\omega C}I=X_C I$$

其中,容抗 $X_C=\dfrac{1}{\omega C}=\dfrac{1}{2\pi fC}$,单位为 Ω。

(3) 电容电压滞后电流 90°，如图 1-46(b)所示；

(4) 电容元件伏安关系的相量形式为：$\dot{U}=U\angle\varphi_u=X_C I\angle\varphi_i-90°=-jX_C\dot{I}$

(5) 电容电路的相量模型如图 1-46(c)所示。

2. 功率

(1) 瞬时功率 p

设电流 $u=\sqrt{2}U\sin\omega t, i=\sqrt{2}I\sin(\omega t+90°)$，电感电路吸收的瞬时功率为

$$p=ui=\sqrt{2}I\sin(\omega t+90°)\cdot\sqrt{2}U\sin\omega t=UI\sin2\omega t$$

(2) 平均功率

$$P=\frac{1}{T}\int_0^T p\,dt=\frac{1}{T}\int_0^T UI\sin2\omega t\,dt=0$$

(3) 无功功率

$$Q=UI$$

1.2.3 正弦交流电路的分析方法及谐振现象分析

在直流电路中讨论的各种分析方法，在正弦交流电路中同样适用，但注意要用相量进行计算。

一、正弦交流电路的分析方法

1. RLC 串联交流电路的分析

RLC 串联交流电路的相量模型如图 1-47 所示，设有电流 $i=\sqrt{2}I\sin\omega t$ 通过，根据 KVL 有

$$\dot{U}=\dot{U}_R+\dot{U}_L+\dot{U}_C$$

而

$$\dot{U}_R=R\dot{I} \quad \dot{U}_L=jX_L\dot{I} \quad \dot{U}_C=-jX_C\dot{I}$$

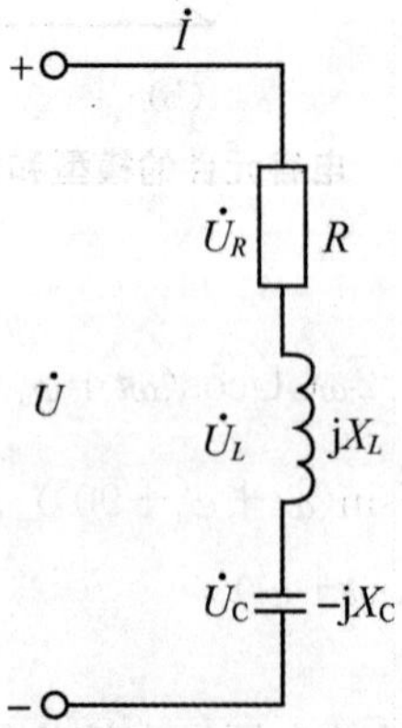

图 1-47 RLC 串联交流电路的相量模型

所以

$$\dot{U}=[R+j(X_L-X_C)]\dot{I}=(R+jX)\dot{I}=Z\dot{I} \qquad (1-2-10)$$

式(1-2-10)中，X 称为电抗，单位为 Ω；$Z=R+jX$ 称为复阻抗，单位为 Ω；$|Z|=$

$\sqrt{R^2+X^2}$ 称为阻抗。

从式(1-2-10)可得到无源二端网络输入阻抗 Z 的定义：

$$Z=\frac{\dot{U}}{\dot{I}}=\frac{U\angle\varphi_u}{I\angle\varphi_i}=\frac{U}{I}\angle\varphi_u-\varphi_i=|Z|\angle\varphi=|Z|(\cos\varphi+j\sin\varphi)$$

其中，φ 称为阻抗角。根据 R、X、$|Z|$ 三者的关系，可以构成一个直角三角形，如图 1-48(a)所示，有

$$R=|Z|\cos\varphi$$
$$X=|Z|\sin\varphi$$
$$\varphi=\arctan\frac{X}{R}$$

RLC 串联交流电路的性质分析如下：

(1) 当 $X_L-X_C>0$ 时，$X>0$，电路呈电感性，称为感性电路；
(2) 当 $X_L-X_C<0$ 时，$X<0$，电路呈电容性，称为容性电路；
(3) 当 $X_L-X_C=0$ 时，$X=0$，电路呈电阻性，称为阻性电路；

RLC 串联交流电路的相量图如图 1-48(b)所示。串联电路画相量图时，以电流为参考相量，画出相应元件的电压相量，得到电压相量三角形。

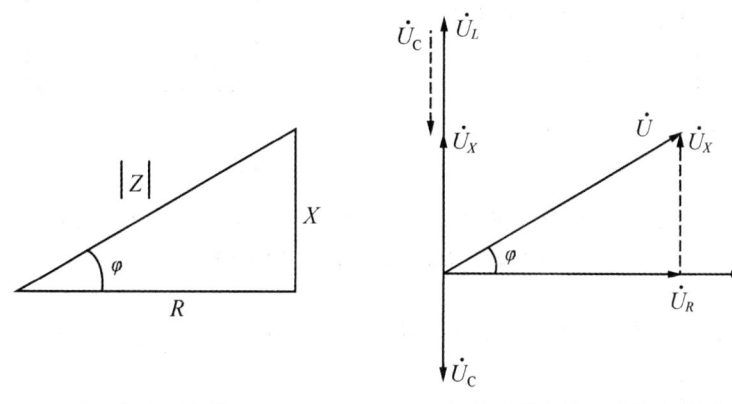

（a）阻抗三角形　　　　（b）RLC 串联交流电路的相量图

图 1-48　RLC 串联交流电路的分析

2. RLC 并联交流电路的分析

RLC 并联交流电路的相量模型如图 1-49(a)所示，设端口电压 $u=\sqrt{2}U\sin\omega t$，根据 KCL 有

$$\dot{I}=\dot{I}_R+\dot{I}_L+\dot{I}_C$$

而

$$\dot{I}_R=G\dot{U} \quad \dot{I}_L=-jB_L\dot{U} \quad \dot{I}_C=jB_C\dot{U}$$

其中，$B_L=\dfrac{1}{\omega L}$ 称为感纳，$B_C=\omega C$ 称为容纳，单位是西门子(S)。

所以

$$\dot{I}=[G+j(B_C-B_L)]\dot{U}=(G+jB)\dot{U}=Y\dot{U} \tag{1-2-11}$$

式(1-2-11)中,B 称为电纳,单位为 S;$Y=G+jB$ 称为复导纳,单位为 S;$|Y|=\sqrt{G^2+B^2}$ 称为导纳。

从式(1-2-11)可得到无源二端网络输入导纳 Y 的定义:

$$Y=\frac{\dot{I}}{\dot{U}}=\frac{I\angle\varphi_i}{U\angle\varphi_u}=\frac{I}{U}\angle\varphi_i-\varphi_u=|Y|\angle\varphi_Y=|Y|(\cos\varphi_Y+j\sin\varphi_Y)$$

根据 G、B、$|Y|$ 三者的关系,可以构成导纳三角形。

RLC 并联交流电路的性质分析如下:

(1) 当 $B_C-B_L>0$ 时,$B>0$,电路呈电容性,称为容性电路;

(2) 当 $B_C-B_L<0$ 时,$B<0$,电路呈电感性,称为感性电路;

(3) 当 $B_C-B_L=0$ 时,$B=0$,电路呈电阻性,称为阻性电路。

RLC 并联交流电路的相量图如图 1-49(b)所示。并联电路画相量图时,以电压为参考相量,画出相应元件的电流相量,得到电流相量三角形。

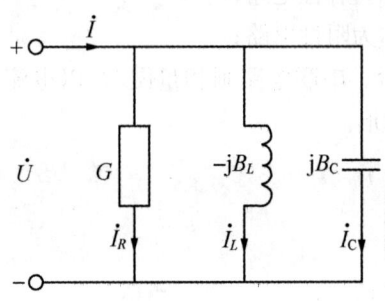
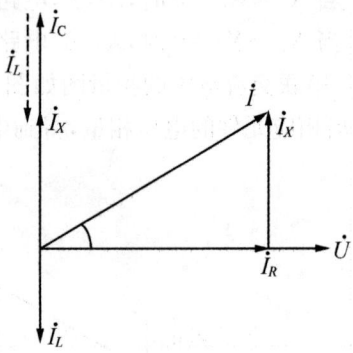

(a) RLC 并联交流电路的相量模型　　(b) RLC 并联交流电路的相量图

图 1-49　RLC 并联交流电路的分析

【例 1-10】电路如图 1-50(a)所示,$\dot{U}=100\angle 0°$ V,$R=\omega L=\dfrac{1}{\omega C}=2$ Ω。试求:各支路电流相量并画出电流相量图。

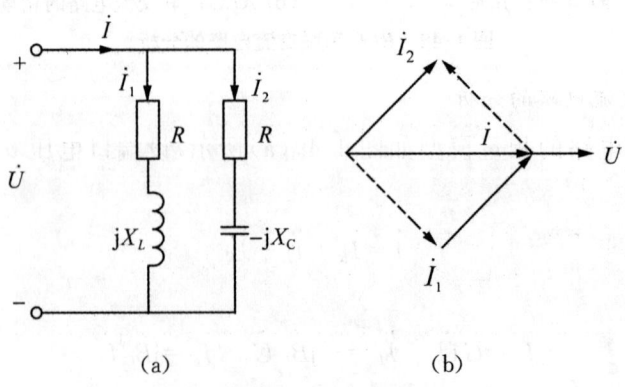

图 1-50　例 1-10 图

解:

$$\dot{I}_1 = \frac{\dot{U}}{R+jX_L} = 25\sqrt{2}\angle-45° \text{ A} = 35.4\angle-45° \text{ A}$$

$$\dot{I}_2 = \frac{\dot{U}}{R-jX_L} = 25\sqrt{2}\angle 45° \text{ A} = 35.4\angle 45° \text{ A}$$

$$\dot{I} = \dot{I}_1 + \dot{I}_2 = 50\angle 0° \text{ A}$$

电流相量图如图 1-50(b)所示。

二、谐振现象分析

在 RLC 交流电路中，在一定条件下出现端口电压与端口电流同相的现象称为谐振。它在电子和通信工程中得到广泛应用。因此，分析谐振现象，具有重要的实际意义。

1. 串联谐振

RLC 串联电路如图 1-47 所示，电路的阻抗为 $Z = R + j(X_L - X_C)$

发生谐振时，电路的电压和电流同相，电路呈电阻性，因此，串联电路的谐振条件为

$$X_L = X_C \text{ 或 } \omega L = \frac{1}{\omega C}$$

谐振电路的角频率和频率分别为

$$\omega_0 = \frac{1}{\sqrt{LC}}$$

或

$$f_0 = \frac{1}{2\pi\sqrt{LC}} \tag{1-2-12}$$

串联谐振电路的相量图如图 1-51 所示。

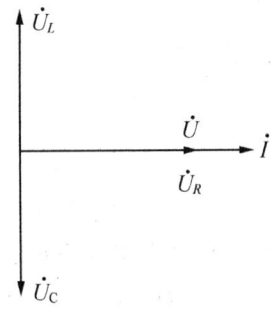

图 1-51　串联谐振电路的相量图

串联谐振时的主要特征如下：

(1) 电路的电压与电流同相；

(2) 电路的阻抗最小，$Z = R$；激励为电压源时，电流最大，即

$$I_0 = \frac{U_S}{|Z|} = \frac{U_S}{R}$$

(3) 谐振时，电路的感抗与容抗相等，称为特性阻抗 ρ，单位为 Ω；

$$\rho = \omega_0 L = \frac{1}{\omega_0 C} = \sqrt{\frac{L}{C}} \tag{1-2-13}$$

(4) 工程上常把电路的特性阻抗与电阻之比来表征谐振电路的性质，该比值称为回路

的品质因数,用英文大写字母 Q 表示,有

$$Q=\frac{\rho}{R}=\frac{\omega_0 L}{R}=\frac{1}{\omega_0 CR}=\frac{1}{R}\sqrt{\frac{L}{C}} \qquad (1\text{-}2\text{-}14)$$

Q 是反映谐振电路性能的一个重要参数,仅与元件参数 R、L 和 C,无量纲。

(5) 谐振时,电阻电压等于电源电压,电感电压和电容电压等值反向,有

$$\dot{U}_{R0}=R\dot{I}_0=\dot{U}_S$$

$$\dot{U}_{L0}=j\omega_0 L\dot{I}_0=j\frac{\omega_0 L}{R}\dot{U}_S=jQ\dot{U}_S$$

$$\dot{U}_{C0}=-j\frac{1}{\omega_0 C}\dot{I}_0=-j\frac{1}{\omega_0 CR}\dot{U}_S=-jQ\dot{U}_S$$

$$Q=\frac{U_L}{U_S}=\frac{U_C}{U_S}$$

若 $Q\gg 1$,则电感电压和电容电压远远超过电源电压。因此,串联谐振又称电压谐振。通信系统中常利用电压谐振现象获得较高的电压。而在电力系统中,若发生谐振就会产生过电压,损坏电气设备,甚至发生危险,因此应避免电路发生谐振,以保证设备和系统的安全运行。

(6) 谐振时,$\cos\varphi=1$,$\sin\varphi=0$;电源供给电路的能量,全部消耗在电阻上。电路的无功功率为零,即电路的磁场储能和电场储能之间的相互转换仅在电感和电容之间进行,而与电源没有能量交换。

2. 谐振曲线及通频带

在 RLC 串联电路中,只改变电源电压的频率时,电路中的阻抗、导纳、电流和元件上的电压等都将随频率变化。谐振电路中,电流与频率的关系曲线称为电流谐振曲线,如图1-52(a)所示。

RLC 串联电路中,电流与频率的关系为

$$I=\frac{U_S}{\sqrt{R^2+\left(\omega L-\frac{1}{\omega C}\right)^2}} \qquad (1\text{-}2\text{-}15)$$

从电流的谐振曲线可以看出,$\omega=\omega_0$ 时,电流取得最大值。当 ω 偏离 ω_0 时,电抗 $|X_L-X_C|$ 增加,电流从最大值开始下降,这表明电路对远离 ω_0 的信号具有抑制能力,或者说电路对于不同频率的信号具有选择的能力。比如收音机接收信号电路,就是利用串联谐振来选择电台。

为了比较不同电路的谐振曲线,往往用相对值表示电流谐振曲线。把式(1-2-15)改写为

$$\frac{I}{I_0}=\frac{R}{\sqrt{R^2+\left(\omega L-\frac{1}{\omega C}\right)^2}}=\frac{R}{\sqrt{R^2+\left(\frac{\omega L\omega_0}{\omega_0}-\frac{\omega_0}{\omega C\omega_0}\right)^2}}$$

$$=\frac{1}{\sqrt{1+Q^2\left(\frac{\omega}{\omega_0}-\frac{\omega_0}{\omega}\right)^2}}=\frac{1}{\sqrt{1+Q^2\left(\eta-\frac{1}{\eta}\right)^2}} \qquad (1\text{-}2\text{-}16)$$

式(1-2-16)中,$\eta=\frac{\omega}{\omega_0}$,称为相对角频率,表示 ω 偏离 ω_0 的程度;$\frac{I}{I_0}$ 称为相对抑制比,表示电路对非谐振电流的抑制能力。不同 Q 值的电流谐振曲线如图 1-52(b)所示,随着 Q 值的

增大,曲线越尖锐,电路的选择性越好。

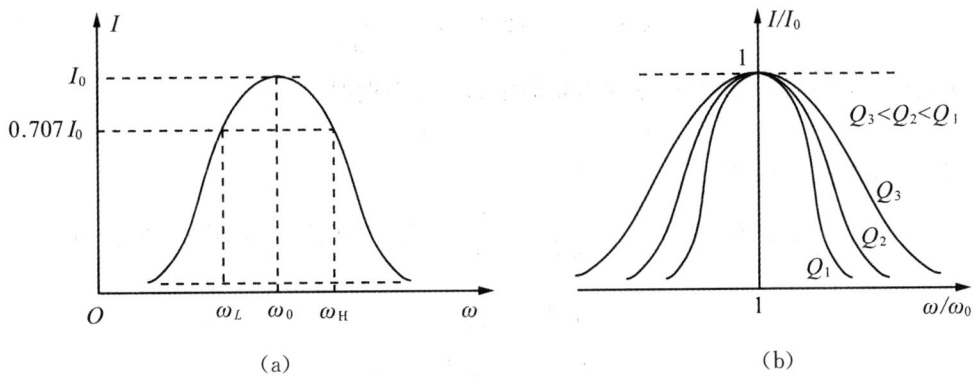

图 1-52 电流谐振曲线

图 1-52(a)中,$I=\dfrac{I_0}{\sqrt{2}}=0.707I_0$ 时,ω_L 称为下限截止角频率,ω_H 称为上限截止角频率。ω_H 与 ω_L 所对应的角频率范围称为电路的通频带,用 B_W 表示。

$$B_W = \omega_H - \omega_L \tag{1-2-17}$$

通频带规定了谐振电路允许通过信号的频率范围。B_W 也可以用频率表示,即

$$B_W = f_2 - f_1$$

3. 并联谐振

工程中,并联谐振常发生在感性负载与电容并联的电路中,电路模型如图 1-53(a)所示。当电路端口电压与总电流同相时,电路发生并联谐振,电路的相量如图 1-53(b)所示。

图 1-53(a)中,导纳为

$$Y = \dfrac{1}{R+j\omega L} + j\omega C = \dfrac{R}{R^2+(\omega L)^2} - j\left[\dfrac{\omega L}{R^2+(\omega L)^2} - \omega C\right]$$

根据谐振定义,有

$$\dfrac{\omega L}{R^2+(\omega L)^2} = \omega C$$

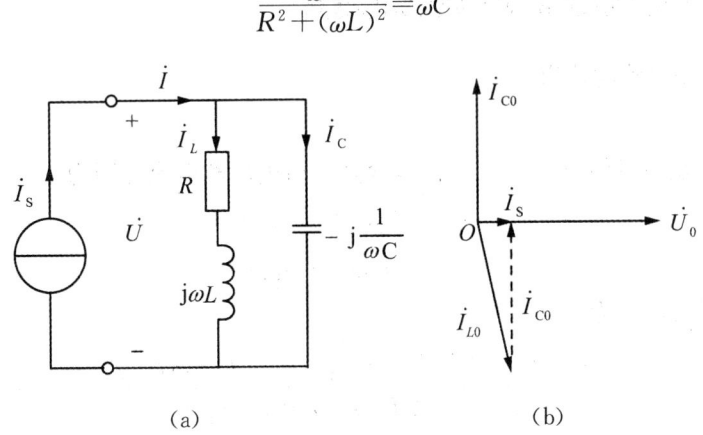

图 1-53 并联谐振

求得谐振电路的角频率为

$$\omega = \omega_0 = \dfrac{1}{\sqrt{LC}}\sqrt{1-\dfrac{CR^2}{L}} \tag{1-2-18}$$

若电阻很小,特别是在频率较高时,$\omega L \gg R$,式(1-2-18)化简为

$$\omega_0 \approx \frac{1}{\sqrt{LC}} \text{ 或 } f_0 \approx \frac{1}{2\pi\sqrt{LC}} \tag{1-2-19}$$

由此可见,并联谐振的角频率和串联谐振的角频率近似相等。

并联谐振时的主要特征如下:

(1) 电路的电压与电流同相;

(2) 电路的导纳最小,$Y_0 = \frac{R}{R^2+(\omega_0 L)^2} = \frac{RC}{L}$。激励为电流源时,电压最大,即

$$U_0 = \frac{I_S}{|Y_0|}$$

(3) $Q = \frac{I_L}{I_0} = \frac{I_C}{I_0} = \frac{\omega_0 L}{R} = \frac{1}{\omega_0 CR}$

(4) 谐振时,电感电流和电容电流有效值近似相等,相位近似相反。

如上所述,因 $\omega L \gg R$,所以电路的品质因数 $Q \gg 1$,因此并联谐振时,通过电感或电容的电流远远大于电路的总电流,因此并联谐振也称为电流谐振。

电阻电压等于电源电压,电感电压和电容电压等值反向,有

$$\dot{U}_{R0} = R\dot{I}_0 = \dot{U}_S$$

$$\dot{U}_{L0} = j\omega_0 L \dot{I}_0 = j\frac{\omega_0 L}{R}\dot{U}_S = jQ\dot{U}_S$$

$$\dot{U}_{C0} = -j\frac{1}{\omega_0 C}\dot{I}_0 = -j\frac{1}{\omega_0 CR}\dot{U}_S = -jQ\dot{U}_S$$

若 $Q \gg 1$,则电感电流和电容电流远远超过电路的总电流。因此,并联谐振又称电流谐振。

(5) 谐振时,能量交换情况与串联谐振相似:电路的无功功率为零,电源供给电路的能量,全部消耗在电阻上。

1.2.4 正弦交流电路的功率及功率因数的提高

一、正弦交流电路的功率

1. 瞬时功率

线性无源二端网络如图 1-54(a)所示,设其端口电压和电流分别为

$$u = \sqrt{2}U\sin(\omega t + \varphi_u)$$

$$i = \sqrt{2}I\sin(\omega t + \varphi_i)$$

则网络的瞬时功率为

$$p = ui = \sqrt{2}U\sin(\omega t + \varphi_u) \times \sqrt{2}I\sin(\omega t + \varphi_i)$$

$$= UI\cos\varphi - UI\cos(2\omega t + \varphi_u + \varphi_i) \tag{1-2-20}$$

式(1-2-20)中,$\varphi = \varphi_u - \varphi_i$,即电压与电流的相位差。瞬时功率包含两个分量:恒定分量 $UI\cos\varphi$ 和正弦分量 $UI\cos(2\omega t + \varphi_u + \varphi_i)$。瞬时功率的波形图如图 1-54(b)所示,$p > 0$ 时,表明网络吸收能量;当 $p < 0$ 时,表明网络释放能量。

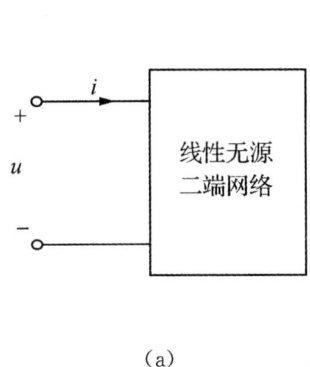
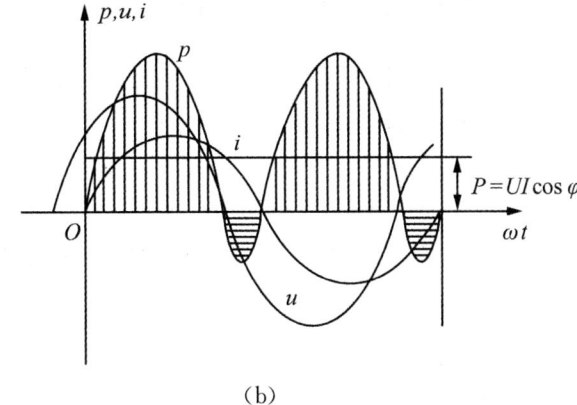

(a)　　　　　　　　　　　　(b)

图 1-54　二端网络的瞬时功率

2. 平均功率(有功功率)

根据平均功率定义,有

$$P = \frac{1}{T}\int_0^T p\,\mathrm{d}t = \frac{1}{T}\int_0^T [UI\cos\varphi - UI\cos(2\omega t + \varphi_u + \varphi_i)]\mathrm{d}t = UI\cos\varphi \quad (1\text{-}2\text{-}21)$$

式(1-2-21)中 $\cos\varphi$ 称为二端网络的功率因数,一般用 λ 表示。通常交流用电设备铭牌上所标注的功率为平均功率。

在正弦交流电路中,总平均功率等于电路各部分平均功率之和。

3. 无功功率

对于无源二端网络,无功功率的定义为

$$Q = UI\sin\varphi \quad (1\text{-}2\text{-}22)$$

在正弦交流电路中,总无功功率等于电路各部分无功功率之和。

4. 视在功率

一般情况下,电气设备的容量都用视在功率表示,即电气设备的额定电压和额定电流的乘积。视在功率用英文大写字母 S 表示,即

$$S = UI \quad (1\text{-}2\text{-}23)$$

视在功率的单位为伏安(VA)。在正弦交流电路中,视在功率一般不等于电路各部分视在功率之和。

式(1-2-21)、式(1-2-22)和式(1-2-23)联立,得到

$$\left.\begin{array}{l} P = S\cos\varphi \\ Q = S\sin\varphi \\ S = \sqrt{P^2 + Q^2} \\ \varphi = \arctan\dfrac{Q}{P} \end{array}\right\} \quad (1\text{-}2\text{-}24)$$

P、Q、S 的关系可用功率三角形表示,如图 1-55 所示。

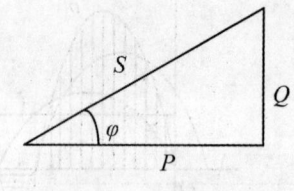

图 1-55 功率三角形

二、功率因数的提高

1. 提高功率因数的意义

一般交流电源设备(如发电机、变压器)的容量都是根据其额定电压 U_N 和额定电流 I_N 来确定,负载从电源获得的功率为 $P=U_N I_N \cos \varphi = S_N \cos \varphi$。当 S_N 为定值时,$\cos \varphi$ 越低,负载获得的功率越小,即电源输出的功率越小,不能被充分利用。

另外,电能传输时,输电线中的电流 $I = \dfrac{P}{U \cos \varphi}$,当负载功率 P 及电源电压 U 一定时,$\cos \varphi$ 越低,I 越大,线路上电阻的压降及损耗越大。

为了充分利用电源设备,提高输电效率,所以要提高电路的功率因数。

2. 提高功率因数的方法

在实际交流电路中,电力负载绝大部分是感性负载,如企业中广泛使用的交流异步电动机、照明用的日光灯、控制电路中接触器等都是感性负载。提高功率因数时,要保证负载两端的电压、负载的电流及功率都不变。常用的方法是与感性负载并联电容器,其电路图和相量图如图 1-56 所示。下面通过相量图来说明提高功率因数的原理。

电路如图 1-56(a)所示,未接电容之前,线路电流与电感电流相同,滞后电压 φ_1,相量图如图 1-56(b)所示。并联电容后,线路电流为 $\dot{I} = \dot{I}_L + \dot{I}_C$,滞后电压 φ,$\varphi < \varphi_1$,因此电路的功率因数提高;同时线路电流减小。由图 1-56(b)可知,并联不同的电容值,得到的功率因数不同;所以,根据要求的功率因数,选择合适的电容值。

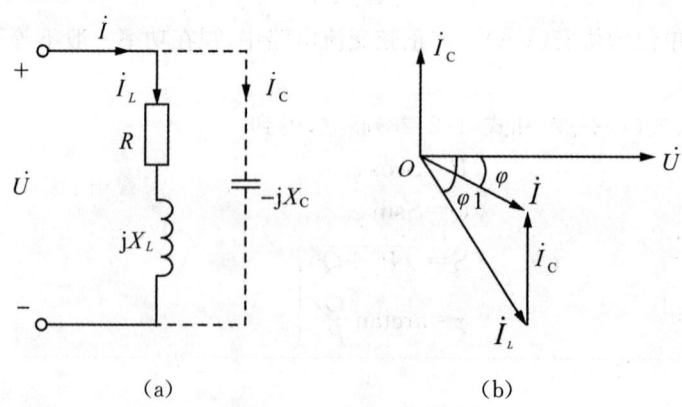

图 1-56 功率因数的提高

由于并联电容前后,电路的有功功率 P 不变,所以

$$I_L = \frac{P}{U \cos \varphi_1} \tag{1-2-25}$$

$$I = \frac{P}{U\cos\varphi} \tag{1-2-26}$$

根据图 1-56(b)所示

$$I_C = I_L\sin\varphi_L - I\sin\varphi = \omega C U \tag{1-2-27}$$

联立式(1-63)、式(1-64)和式(1-65),得到

$$C = \frac{P}{\omega U^2}(\tan\varphi_L - \tan\varphi) \tag{1-2-28}$$

可见,补偿后由电源供给的电流和无功功率均减少了。

【例 1-11】用三表法测量线圈参数的电路如图 1-57 所示,已知电压表的读数为 50 V,电流表的读数为 1 A,功率表的读数为 40 W,试求该线圈的参数 R 和 L(电源的频率为 50 Hz)。

解:

$$\because P = I^2 R \quad \therefore R = \frac{P}{I^2} = \frac{40}{1^2}\Omega = 40\ \Omega$$

线圈的阻抗

$$|Z| = \frac{U}{I} = \frac{50}{1}\Omega = 50\ \Omega$$

$$X_L = \sqrt{|Z|^2 - R^2} = \sqrt{50^2 - 40^2}\ \Omega = 30\ \Omega$$

$$L = \frac{X_L}{2\pi f} = \frac{30}{314}\text{H} = 95.54\ \text{mH}$$

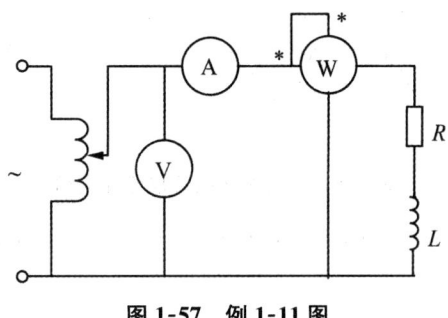

图 1-57 例 1-11 图

1.2.5 三相正弦交流电路

现代电力系统中电能的产生、传输和供电方式绝大多数采用三相交流电。由三相电源、三相负载和三相输电线按一定方式连接而成的电路,称为三相交流电路。三相交流电路是正弦交流电路的特例,因此正弦交流电路的分析方法可以应用于三相交流电路,但它又有自身的特点。

一、三相电源的基本概念

1. 三相电源

三相电源一般是由三相交流发电机产生的。对称三相电源是由 3 个幅值相等、频率相同、初相位依次互差 120°的正弦电压源通过一定方式连接而成,三相依次称为 U 相、V 相、W 相。

对称三相电源电压的瞬时值表达式为

$$u_U = \sqrt{2}U\sin(\omega t) \\ u_V = \sqrt{2}U\sin(\omega t - 120°) \\ u_W = \sqrt{2}U\sin(\omega t + 120°) \Biggr\}$$

以 U 相电压 u_U 为参考正弦量，则对应的相量形式有

$$\left.\begin{array}{l} \dot{U}_U = U\angle 0° \\ \dot{U}_V = U\angle -120° \\ \dot{U}_W = U\angle 120° \end{array}\right\} \qquad (1\text{-}2\text{-}29)$$

各相电压的波形图和相量图如图 1-58 所示，它们之间的关系满足

$$u_U + u_V + u_W = 0$$

或

$$\dot{U}_U + \dot{U}_V + \dot{U}_W = 0 \qquad (1\text{-}2\text{-}30)$$

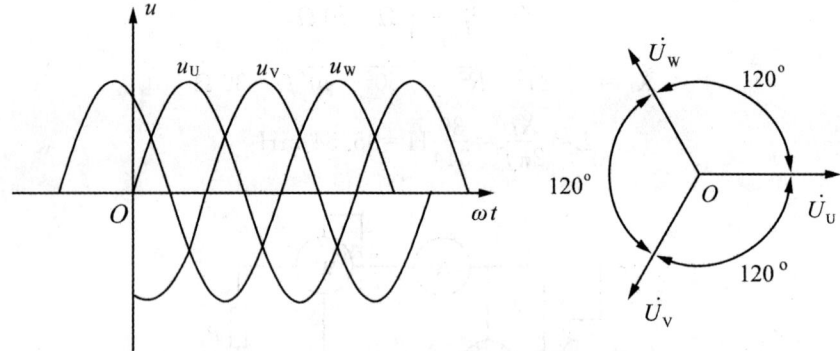

图 1-58　对称三相电压的波形图和相量图

三相交流电在相位上的先后次序称为相序。当三相电压 u_U, u_V, u_W 在相位上依次滞后 120°时，其相序为 U→V→W。

2. 三相电源的连接

三相电源有星形连接和三角形连接两种方式，如图 1-59 所示。

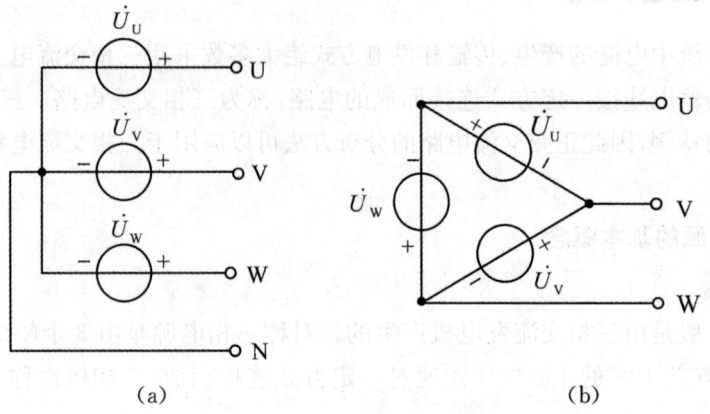

图 1-59　三相电源的连接

(1) 星形连接

三相电源星形连接方式如图 1-59(a)所示,称为星形(Y)电源;从电压源正极性端子 U、V、W 向外引出的三根导线称为端线或相线,俗称火线;从电压源负极性端子向外引出的三根导线连成一点 N,称为中性点;从中性点引出的线称为中性线,简称中线。每一相电源或负载两端的电压称为相电压,通过每一相电源或负载中的电流称为相电流;端线之间的电压称为线电压,端线中流过的电流称为线电流。

(2) 三角形连接

三相电源三角形连接方式如图 1-59(b)所示,称为三角形(△)电源。三角形电源的线电压、相电压、线电流、相电流的概念与星形电源相同,但是要注意三角形电源不能引出中性线。

引出中性线的电源称为三相四线制电源,其供电方式称为三相四线制;不引出中性线的电源称为三相三线制电源,其供电方式称为三相三线制。

3. 对称三相电源的线电压与相电压之间的关系

(1) 星形(Y)电源

星形(Y)电源如图 1-59(a)所示,线电压与相电压之间有如下的关系:

$$\left.\begin{array}{l}\dot{U}_{UV}=\dot{U}_U-\dot{U}_V\\ \dot{U}_{VW}=\dot{U}_V-\dot{U}_W\\ \dot{U}_{WU}=\dot{U}_W-\dot{U}_U\end{array}\right\} \qquad (1\text{-}2\text{-}31)$$

把式(1-2-29)代入式(1-2-31),有

$$\left.\begin{array}{l}\dot{U}_{UV}=\sqrt{3}\dot{U}_U\angle 30°\\ \dot{U}_{VW}=\sqrt{3}\dot{U}_V\angle 30°\\ \dot{U}_{WU}=\sqrt{3}\dot{U}_W\angle 30°\end{array}\right\}$$

相应的相量图如图 1-60 所示。从图 1-60 也可以看出,各线电压在数值上等于相电压的 $\sqrt{3}$ 倍,在相位上超前于相应的相电压 30°;由于相电压是三相对称,所以线电压也是三相对称,各线电压之间的相位差也是 120°,满足

$$\dot{U}_{UV}+\dot{U}_{VW}+\dot{U}_{WU}=0$$

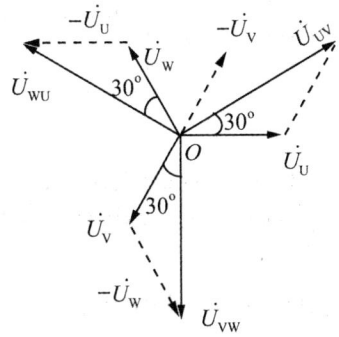

图 1-60 三相电源 Y 接各电压相量之间的关系

(2) 三角形(△)电源

三角形(△)电源中,如图 1-59(b)所示,线电压与相电压之间有如下的关系:

$$\left.\begin{array}{l}\dot{U}_{UV}=\dot{U}_{U}\\ \dot{U}_{VW}=\dot{U}_{V}\\ \dot{U}_{WU}=\dot{U}_{W}\end{array}\right\}$$ 即线电压和相应的相电压是相等的。

二、对称三相电路的计算

三相电路中,各相负载阻抗相同时,称为对称三相负载。对称三相电源连接对称三相负载,且端线阻抗相等,就构成了对称三相电路。三相负载也有两种连接方式,即星形(Y)连接和三角形(△)连接。下面分别讨论负载 Y 接和△接时对称三相电路的计算。

1. 负载为 Y 连接

对称三相负载 Y 连接如图 1-61(a)所示。

先分析对称三相四线制电路,如图 1-61(b)所示,各相电源和负载的相电流等于相应的线电流,各相电流分别为

$$\left.\begin{array}{l}\dot{I}_{U}=\dfrac{\dot{U}_{U}}{Z}\\ \dot{I}_{V}=\dfrac{\dot{U}_{V}}{Z}\\ \dot{I}_{W}=\dfrac{\dot{U}_{W}}{Z}\end{array}\right\}$$

由于三相电源的电压是对称的,所以三相电流也是对称的;而中性线电流为

$$\dot{I}_{N}=\dot{I}_{U}+\dot{I}_{V}+\dot{I}_{W}=0$$

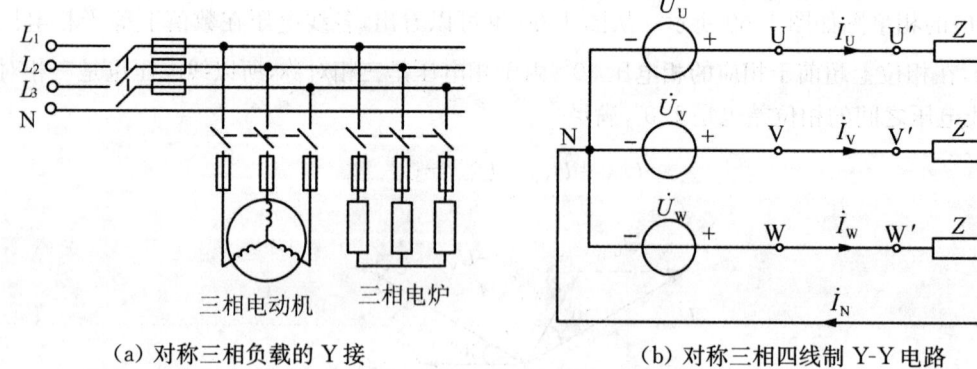

(a) 对称三相负载的 Y 接　　　　(b) 对称三相四线制 Y-Y 电路

图 1-61　对称三相负载 Y 接

在 Y-Y 连接的对称三相电路中,前述星形电源的线电压与相电压之间的关系也适用于对称星形连接的负载。

综上所述,负载为星形连接的对称三相电路中,电路的基本关系为

(1) 负载的相电压和线电压都是对称量,且线电压在数值上等于相电压的 $\sqrt{3}$ 倍,相位上超前于相应的相电压 30°;

(2) 各相电源和负载的相电流等于相应的线电流,相(线)电流也是对称量。
(3) 中线电压为零,中线电流为零。

由于中线电压为零,所以对称三相电路中各相电流彼此无关,相互独立;又由于电流的对称性,所以只要分析计算三相中的任意一相,其他两相的电压、电流就可以根据对称关系直接推得,这就是对称三相电路归结为一相的计算方法。一相(U 相)计算电路如图 1-62 所示。

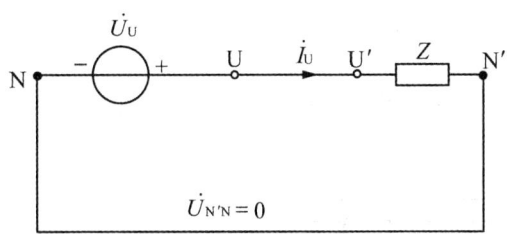

图 1-62 一相计算电路图

【例 1-12】对称三相电路,如图 1-63(a)所示,已知:线电压为 380 V,负载阻抗 $Z=(15+j11)\Omega$,端线阻抗 $Z_l=(1+j1)\Omega$,求:负载端的线电流、相电压和线电压。

解:设 $\dot{U}_U=220\angle 0°$ V,U 相计算电路如图 1-63(b),有

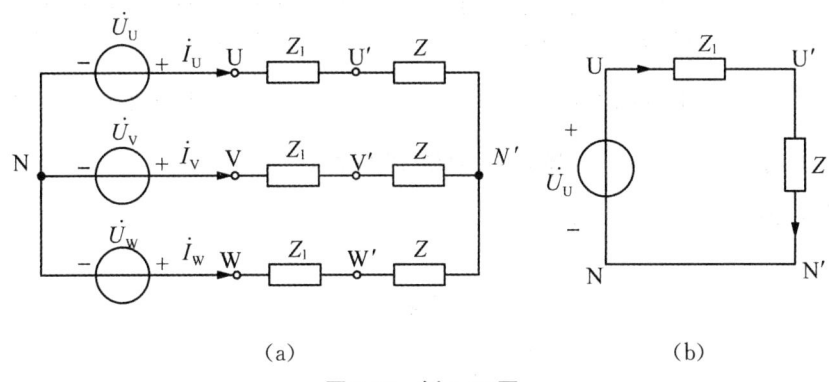

(a)   (b)

图 1-63 例 1-12 图

$$\dot{I}_{U'N'}=\frac{\dot{U}_U}{Z+Z_l}=\frac{220\angle 0°}{(15+j11)+(1+j1)}\text{A}=11\angle -36.87° \text{ A}$$

由于负载是星形连接,线电流等于相电流,有

$$\dot{I}_U=\dot{I}_{U'N'}=11\angle -36.87° \text{ A}$$

U 相负载相电压

$$\dot{U}_{U'N'}=Z\dot{I}_{U'N'}=(15+j11)\times 11\angle -36.87° \text{ V}=204.6\angle -0.62° \text{ V}$$

U 相负载线电压

$$\dot{U}_{U'V'}=\sqrt{3}\dot{U}_{U'N'}\angle 30°=\sqrt{3}\times 204.6\angle -0.62°\angle 30° \text{ V}=354.4\angle 29.38° \text{ V}$$

根据对称关系,可以得到其他两相的线电流、相电压和线电压:

$$\dot{I}_V=\dot{I}_{V'N'}=11\angle -156.87° \text{A}, \dot{I}_W=\dot{I}_{W'N'}=11\angle 83.13° \text{ A}$$

$$\dot{U}_{V'N'}=204.6\angle-120.62°\text{ V}, \dot{U}_{W'N'}=204.6\angle119.38°\text{ V}$$
$$\dot{U}_{V'W'}=354.4\angle-90.62°\text{ V}, \dot{U}_{W'U'}=354.38\angle149.38°\text{ V}$$

2. 负载为△连接

对称三相负载的△连接如图 1-64(a) 所示。

电路如图 1-64(b) 所示,根据基尔霍夫电流定律,有

$$\left.\begin{aligned}\dot{I}_U &= \dot{I}_{U'V'} - \dot{I}_{W'U'} = \sqrt{3}\dot{I}_{U'V'}\angle-30°\\ \dot{I}_V &= \dot{I}_{V'W'} - \dot{I}_{U'V'} = \sqrt{3}\dot{I}_{V'W'}\angle-30°\\ \dot{I}_W &= \dot{I}_{W'U'} - \dot{I}_{V'W'} = \sqrt{3}\dot{I}_{W'U'}\angle-30°\end{aligned}\right\}$$

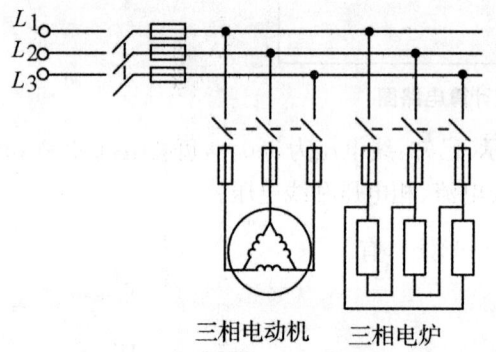
（a） 对称三相负载的 Δ 接

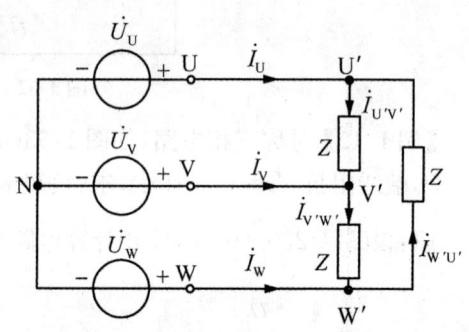
（b） 对称三相三线制 Y-Δ 电路

图 1-64　对称三相负载 Δ 接

对应的相量图如图 1-65 所示。

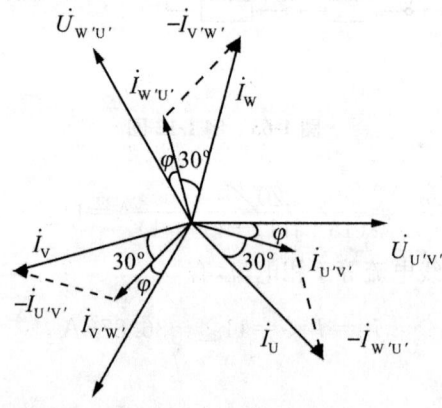

图 1-65　三相负载 Δ 接各电流相量之间的关系

从图 1-65 可以看出,各线电流在数值上等于相电流的 $\sqrt{3}$ 倍,在相位上滞后于相应的相电流 30°;由于相电流是三相对称,所以以线电流也是三相对称,各线电流之间的相位差也是 120°,满足

$$\dot{I}_U + \dot{I}_V + \dot{I}_W = 0$$

该分析方法同样适用于三角形电源。

综上所述,负载为三角形连接的对称三相电路中,电路的基本关系为

(1) 负载的相电流和线电流都是对称量,且线电流由两相邻相电流决定,在数值上等于相电流的 $\sqrt{3}$ 倍,且相位上滞后于相应的相电流 $30°$;

(2) 负载的相电压等于相应电源的线电压。

三、不对称三相电路的计算

三相电路中,各相负载阻抗不相同时,称为不对称三相负载;只要有一部分不对称的三相电路就构成不对称三相电路,如图 1-66 所示。

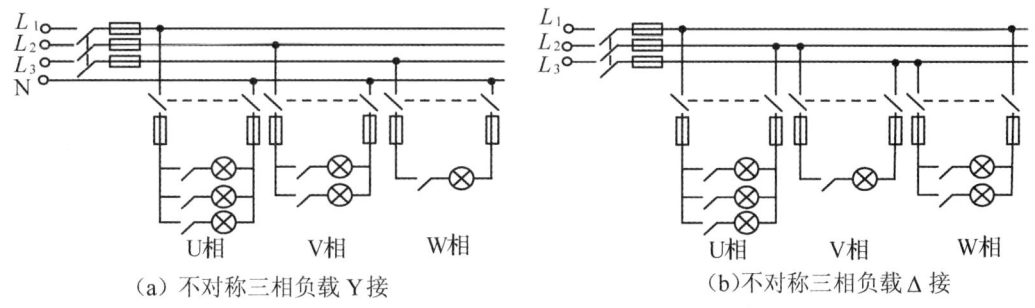

(a) 不对称三相负载 Y 接　　　　　　(b) 不对称三相负载 △ 接

图 1-66　不对称三相负载

如图 1-67(a)所示,Y-Y 连接电路中,电源对称,负载不对称,利用 KCL、KL、VAR 分析不对称三相电路。

开关 S 打开时,供电系统采用三相三线制:

$$\dot{U}_{N'N} = \frac{\dot{U}_U Y_U + \dot{U}_V Y_V + \dot{U}_W Y_W}{Y_U + Y_V + Y_W}$$

一般情况下,由于负载不对称,$\dot{U}_{N'N} \neq 0$,即 N 点和 N' 点电位不同,两点不重合,称为中性点位移,如图 1-67(b)所示,负载上的相电压不再对称。

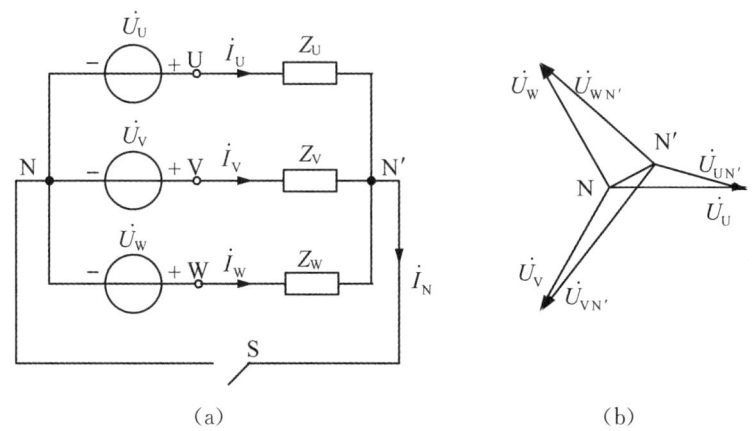

(a)　　　　　　　　　　　　　　(b)

图 1-67　不对称三相电路的分析

我国 220/380 V 低压配电系统,广泛采用三相四线制,即图 1-67(a)中开关 S 闭合。如果忽略中性线阻抗,有 $\dot{U}_{N'N} = 0$,尽管电路不对称,但是各相之间的工作互不影响,各自独立,

各相可以分别独立计算,有:

$$\dot{I}_U = \frac{\dot{U}_U}{Z_U} \\ \dot{I}_V = \frac{\dot{U}_V}{Z_V} \\ \dot{I}_W = \frac{\dot{U}_W}{Z_W} \Biggr\}$$

由于相电流不再对称,所以中性线电流一般不为零,即

$$\dot{I}_N = \dot{I}_U + \dot{I}_V + \dot{I}_W \neq 0$$

照明电路是不对称三相电路的典型应用。电路如图1-66(a)所示,设线电压380 V,则相电压220 V。有中性线时,由于各相独立,每相负载承受相电压220 V,各相灯泡正常工作;若其中一相负载断路或短路,不会影响其他两相负载的正常工作。如果没有中性线,其中一相负载断路,将影响其他两相负载的正常工作,带负载少的相承担的电压反而高。

因此,在负载不对称的三相四线制供电系统中,中性线有非常重要的作用:一是用来为单相用电设备提供额定相电压;二是用来传导三相系统中的不平衡电流和单相电流;三是减小负载中性点的电位位移。所以,中性线要具有足够的机械强度,并且不允许接入熔断器和开关。

负载是三角形连接的不对称三相电路中,线电压对称时,如果其中一相负载断路,并不影响其他两相负载的正常工作。

【例1-13】一种相序指示器电路如图1-68所示,图中两个相同的灯泡用电阻R代替,如果使$\frac{1}{\omega C} = R = \frac{1}{G}$,试说明在电源电压对称的情况下,该仪器如何确定电源的相序。

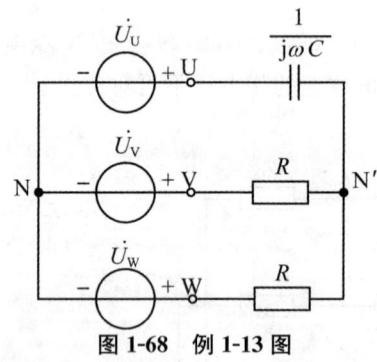

图1-68 例1-13图

解:设电容器所在相为U相,令$\dot{U}_U = U_P \angle 0°$,根据KCL、KVL,中性点间电压$\dot{U}_{N'N}$为

$$\dot{U}_{N'N} = \frac{j\omega C \dot{U}_U + G\dot{U}_V + G\dot{U}_W}{j\omega C + 2G} = (-0.2 + j0.6)U_P = 0.63 \angle 108.4°$$

V相灯泡承受的电压

$$\dot{U}_{VN'} = \dot{U}_{VN} - \dot{U}_{N'N} = 1.5U_P \angle -101.5°$$

所以

$$U_{VN'} = 1.5U_P$$

同理,W 相灯泡承受的电压
$$\dot{U}_{WN'}=\dot{U}_{WN}-\dot{U}_{N'N}=0.4U_P\angle 133.4°$$
有
$$U_{WN'}=0.4U_P$$
由于 $U_{VN'}>U_{WN'}$,因此灯泡较亮的一相为 V 相,灯泡较暗的一相为 W 相。

四、三相电路的功率

1. 三相功率的计算

(1) 瞬时功率

三相电路的瞬时功率为各相负载瞬时功率之和,即
$$p_U=u_Ui_U=\sqrt{2}U_U\sin\omega t\times\sqrt{2}I_U\sin(\omega t-\varphi_U)$$
$$p_V=u_Vi_V=\sqrt{2}U_V\sin(\omega t-120°)\times\sqrt{2}I_V\sin(\omega t-120°-\varphi_V)$$
$$p_W=u_Wi_W=\sqrt{2}U_W\sin(\omega t+120°)\times\sqrt{2}I_W\sin(\omega t+120°-\varphi_W)$$
$$p=p_U+p_V+p_W$$

以图 1-61(b) 所示的对称三相电路为例,令阻抗角 $\varphi_U=\varphi_V=\varphi_W=\varphi$,有:
$$p_U=u_Ui_U=U_UI_U[\cos\varphi-\cos(2\omega t-\varphi)]$$
$$p_V=u_Vi_V=U_VI_V[\cos\varphi-\cos(2\omega t-\varphi-240°)]$$
$$p_W=u_Wi_W=U_WI_W[\cos\varphi-\cos(2\omega t-\varphi+240°)]$$
所以
$$p=p_U+p_V+p_W=3U_{UN}I_U\cos\varphi$$

从上式可以看出,对称三相电路的瞬时功率是恒定的,并且等于其平均功率。如果三相负载是电动机,虽然每相的电流随时间变化,但转矩的瞬时值和三相瞬时功率成正比,所以转矩也是恒定的,这也是三相电优于单相电的原因之一。

(2) 平均功率

三相电路的平均功率为各相负载平均功率之和,即:
$$P=P_U+P_V+P_W=U_UI_U\cos\varphi_U+U_VI_V\cos\varphi_V+U_WI_W\cos\varphi_W$$
当三相电路对称时,三相负载平均功率是每相的平均功率的 3 倍,有
$$P=P_U+P_V+P_W=3P_U=3U_PI_P\cos\varphi$$
其中 U_P 为相电压,I_P 为相电流,$\cos\varphi$ 为每相负载的功率因数;同样,也可以用线电压、线电流来表示三相总有功功率,无论负载接法如何,都有
$$P=\sqrt{3}U_lI_l\cos\varphi$$
其中 U_l 为线电压,I_l 为线电流,$\cos\varphi$ 为每相负载的功率因数;

(3) 无功功率

三相电路的无功功率为各相负载无功功率之和,即
$$Q=Q_U+Q_V+Q_W=U_UI_U\sin\varphi_U+U_VI_V\sin\varphi_V+U_WI_W\sin\varphi_W$$
当三相电路对称时,三相负载无功功率是每相的无功功率 3 倍,有
$$Q=Q_U+Q_V+Q_W=3Q_U=3U_PI_P\sin\varphi$$
用线电压、线电流来表示三相总无功功率,无论负载接法如何,都有

$$Q = \sqrt{3} U_l I_l \sin\varphi$$

(4) 视在功率

三相电路的视在功率不等于各相负载视在功率之和,为

$$S = \sqrt{P^2 + Q^2}$$

其中 P 为三相电路总有功功率,Q 为三相电路总无功功率。

在对称三相电路中,总视在功率为

$$S = 3U_P I_P = \sqrt{3} U_l I_l$$

【例 1-14】假设某三相电炉的三个电阻都是 30 Ω,接在线电压为 380 V 的对称三相电源上,分别计算把它们接成星形和三角形时的有功功率各为多少?并比较其结果。

解:

(1) 三相负载为星形连接

$$U_P = 220 \text{ V}$$

$$I_P = \frac{U_P}{|Z|} = \frac{220}{30} \text{A} = 7.333 \text{ A}$$

$$I_l = I_P = 7.333 \text{ A}$$

三相负载吸收的功率为

$$P_Y = \sqrt{3} U_l I_l \cos\varphi = \sqrt{3} \times 380 \times 7.333 \text{ W} = 4.826 \text{ kW}$$

(2) 三相负载为三角形连接

$$U_l = U_P = 380 \text{ V}$$

$$I_P = \frac{U_P}{|Z|} = \frac{380}{30} \text{A} = 12.67 \text{ A}$$

$$I_l = \sqrt{3} I_P = \sqrt{3} \times 12.67 \text{ A} = 21.94 \text{ A}$$

三相负载吸收的功率为

$$P_\triangle = \sqrt{3} U_l I_l \cos\varphi = \sqrt{3} \times 380 \times 21.94 \text{ W} = 14.44 \text{ kW}$$

(3) 通过以上计算可知,三相电炉连接成三角形吸收的功率是连接成星形时的 3 倍。所以,要使负载正常工作,负载的接法必须正确。

本章习题

1-1 电路如题 1-1 图所示,求各独立电源的功率。

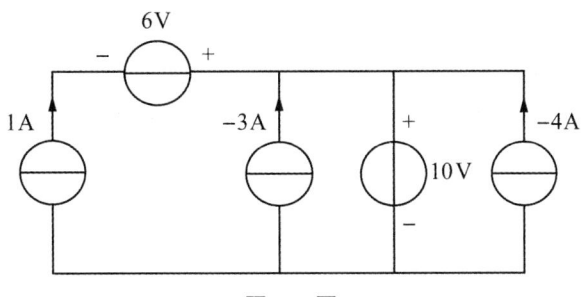

题 1-1 图

1-2 电路如题 1-2 图所示,求各含源支路的未知量。

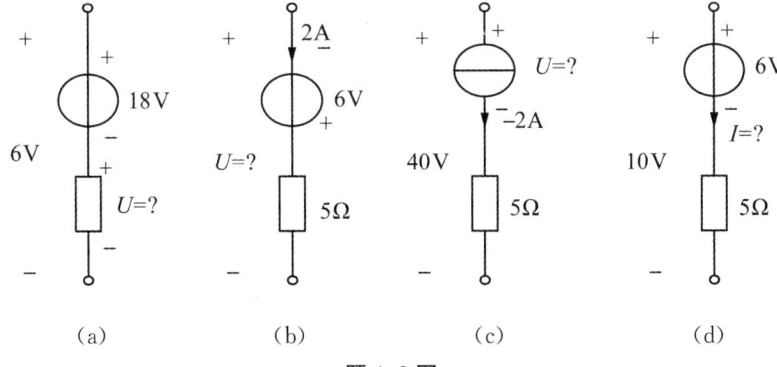

题 1-2 图

1-3 电路如题 1-31 图所示,求 I。

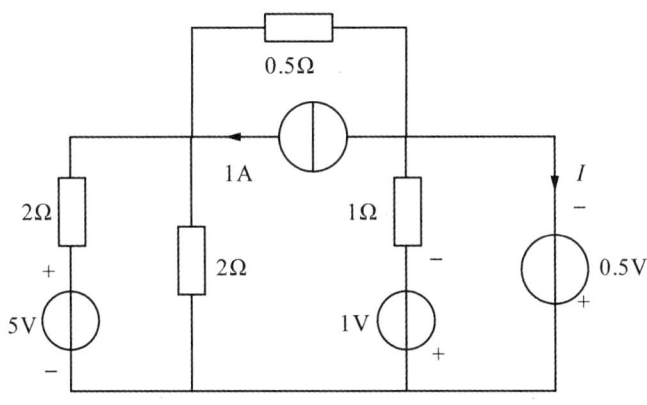

题 1-3 图

1-4 电路如题 1-4 图所示,求 I。

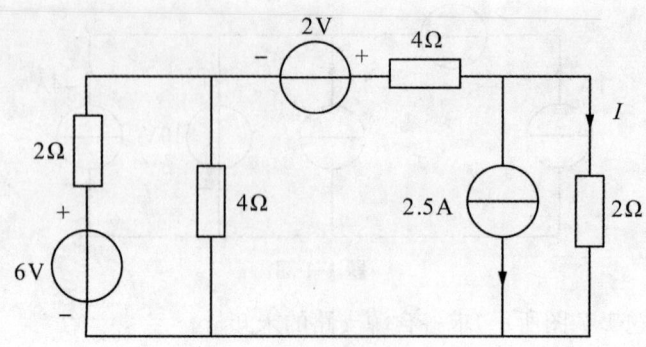

题 1-4 图

1-5 电路如题 1-5 图所示,求各支路电流。

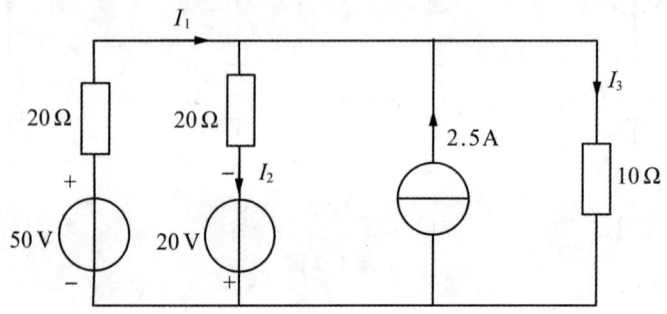

题 1-5 图

1-6 $C=4\ \mu\text{F}$ 的电容经 $R=5\ \text{k}\Omega$ 的电阻放电,$u_C(0_-)=50\ \text{V}$。试求:(1) 放电电流的最大值;(2) 经过 20 ms 后的电容电压和电流。

1-7 电路如题 1-7 图所示,直流电压源的电压 $U_S=60\ \text{V}$,电阻 $R_1=R_2=3\ \text{k}\Omega$,$R_3=6\ \text{k}\Omega$,$C=10\ \mu\text{F}$,$u_C(0_-)=4\ \text{V}$,在 $t=0$ 时闭合开关 S,试用三要素法求电容电压 $u_C(t)$ 和电容电流 $i_C(t)$。

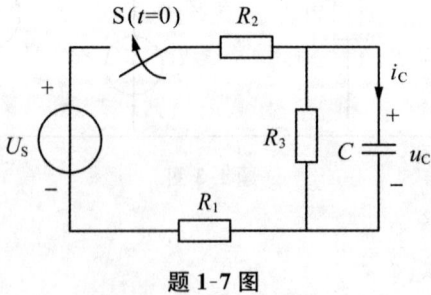

题 1-7 图

1-8 电路如题 1-8 图所示,直流电流源的电流 $I_S=2\ \text{A}$,电阻 $R_1=50\ \Omega$,$R_2=75\ \Omega$,$L=0.3\ \text{H}$,$i_L(0_-)=1\ \text{A}$,在 $t=0$ 时开关 S 闭合,试用三要素法求电感电流 $i_L(t)$ 和电感电压 $u_L(t)$。

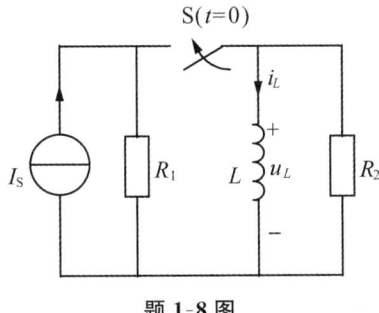

题 1-8 图

1-9 电路如题 1-9 图所示,求未知电流表 A 和电压表 V 的读数。

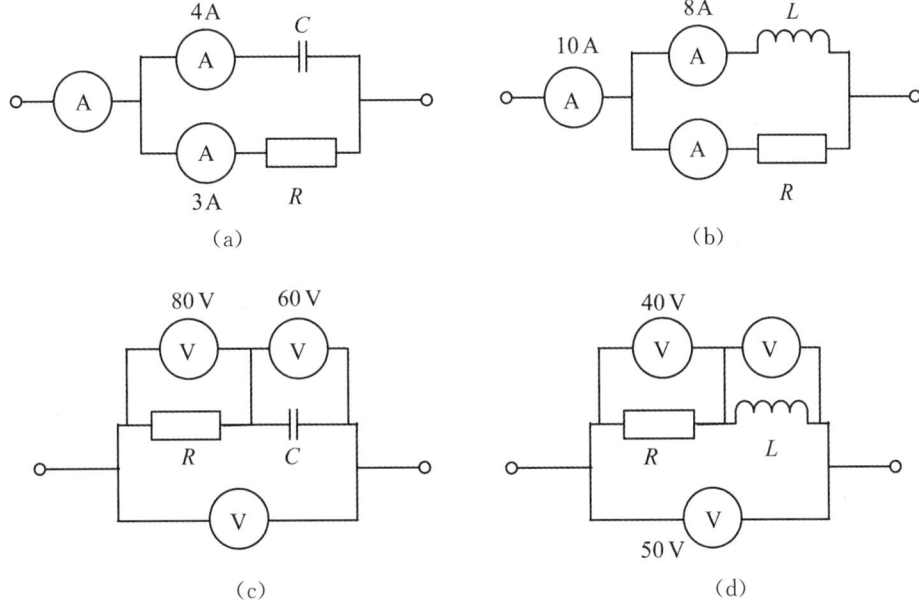

题 1-9 图

1-10 为了测量某电感线圈的参数,把该线圈接在电压 $u=220\sqrt{2}\sin 100\pi t$ V 的电源上,测得电流为 4 A,功率为 640 W,试求该线圈的电阻 R 和电感 L。

1-11 由三个负载组成的电路,电源电压为 250 V,50 Hz。一个负载的视在功率 500 VA,功率因数为 0.5(滞后);第二个负载吸收功率 360 W,功率因数为 0.8(超前);第三个负载的视在功率 600 VA,无功功率 200 var(感性)。求:电路的总功率及功率因数。

1-12 三个负载并联,电源电压为 250 V,50 Hz。一个负载是电阻性负载,吸收功率 16 W;第二个负载吸收 20 W 功率,功率因数为 $0.8(\varphi_2>0)$;第三个负载吸收 30 W 功率,功率因数为 $0.6(\varphi_3>0)$。求:(1) 电源供给的总功率;(2) 电路的功率因数;(3) 若将电路的功率因数提高到 0.95,需要并联多大的电容?

1-13 用三表法测线圈参数,已知电源频率 $f=50$ Hz,电流表、电压表和功率表的读数分别是 $I=$ A,$U=100$ V,$P=128$ W,求:R、L、视在功率 S 及功率因数 $\cos\varphi$。

1-14 RLC 串联电路,$R=400$ Ω,$L=50$ mH,$C=0.5$ pF。试求电路谐振频率 f,品质因数 Q 和谐振阻抗 Z_0。

1-15 RLC 串联电路，角频率 $\omega=4000$ rad/s 时发生谐振，已知 $R=5\ \Omega, L=200$ mH，电源电压 $U=1$ V，试求电容 C 的值、电路电流。

1-16 已知对称三相电路，线电压为 $\dot{U}_{UV}=225\angle 30°$ V，每相负载阻抗 $Z=5\angle 45°\Omega$，三角形连接，求：各线电流的瞬时值表达式，并作相量图。

1-17 对称三相电路中，已知电源电压线电压为 380 V，Y 形连接的负载阻抗是 $Z=20\angle 60°\ \Omega$。求：(1) 相电压；(2) 相电流和线电流；(3) 三相负载吸收的功率。

1-18 不对称三相电路，电源电压对称，线电压为 380 V，三相负载分别为 $R_U=20\ \Omega$，$R_V=5\ \Omega, R_W=10\ \Omega$，求：(1) 各相电流及中线电流；(2) U 相断路时，各相负载所承受的电压和通过的电流；(3) U 相和中线都断开时，各相负载所承受的电压和通过的电流。

第 2 章　半导体器件

> **本章导学**
>
> 本章以半导体的导电特性和 PN 结的单向导电性为起点，讨论了半导体二极管、晶体管和场效应管等最常用的半导体器件。它们的基本结构、工作原理、特性和参数是学习模拟电子技术和分析模拟电子电路必不可少的基础，通过本章对各种半导体器件的学习可为掌握后续各章的内容奠定良好的基础。

2.1　半导体的基本知识

自然界的各种物质就其导电性能来说，可以分为导体、绝缘体和半导体三大类。导体具有良好的导电特性，常温下，其内部存在着大量的自由电子，它们在外电场的作用下做定向运动形成较大的电流。金属一般为导体，如铜、铝、银等。绝缘体几乎不导电，如橡胶、陶瓷、塑料等。在这类材料中，几乎没有自由电子，即使受外电场作用也不会形成电流。半导体的导电能力介于导体和绝缘体之间，常用的半导体材料有硅(Si)、锗(Ge)等。它们的电阻率通常在 之间。半导体之所以得到广泛应用，是因为它的导电能力受掺杂、温度和光照的影响十分显著，这些特性分别称为光敏性、热敏性和掺杂性，半导体具有这些性能的根本原因在于半导体原子结构的特殊性，人们可利用这些制造出各种半导体器件。

2.1.1　本征半导体

锗和硅等半导体材料是四价元素，它的原子最外层轨道上有四个价电子，导电性能与价电子有关。将硅或锗材料经过高纯度的提炼，去掉杂质形成单晶体后，所有原子便整齐排列，如图 2-1 所示。半导体材料都具有这种晶体结构。完全纯净而具有晶体结构的半导体称为本征半导体。

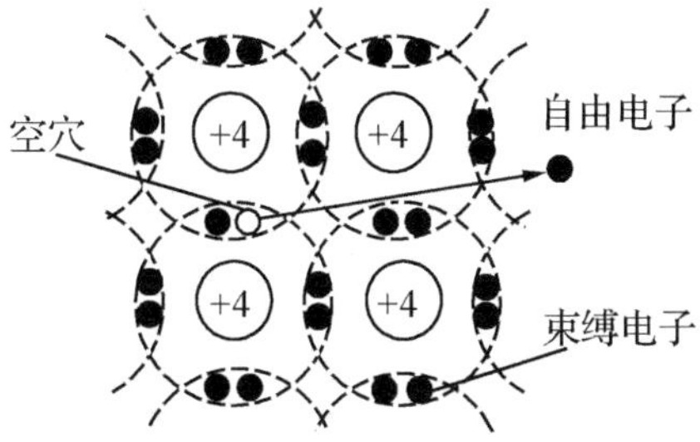

图 2-1　单晶硅和锗的共价键结构示意图

本征半导体锗或硅的晶体结构中，由于原子间距离很近，价电子不仅受自身原子核的束缚，而且还受相邻原子核的吸引，使得一个价电子为相邻的原子核所共有。这种相邻原子共有一对价电子，靠共有价电子对实现的结合，叫共价键结构。

在绝对温度零度时，价电子没有能力摆脱共价键的束缚，晶体中没有自由电子，半导体就和绝缘体一样，不能导电。在常温下，少数价电子获得了足够的热运动能量，挣脱了共价键的束缚，成为自由电子，在共价键中留下了一个空位，这个空位叫做空穴。半导体在热或光照等作用下产生电子空穴对的现象称为本征激发。

在价电子挣脱了共价键的束缚，成为自由电子时，共价键中由于失去了电子，出现了空穴，原子的电中性被破坏，显出带正电，或者说原子中出现带正电的空穴。在这种情况下，晶体中的自由电子(带负电)和空穴(带正电)必然成对出现，数量相等。这个空穴很容易被相邻原子的价电子填补，于是在相邻共价键中又出现一个空穴，即相当于空穴移到相邻的某一位置上去了。这样，价电子依次补充下去，便形成了空穴的移动，它的运动方向与价电子运动方向相反，为了区别于自由电子的运动，把价电子的运动叫做空穴运动，认为空穴是一种带正电荷的载流子。

可见在半导体中存在两种载流子：自由电子和空穴。在外电场的作用下，半导体中有两种形式的电流：自由电子作定向移动所形成的电子电流和仍被原子核束缚的价电子递补空穴所形成的空穴电流。在半导体中同时存在电子导电和空穴导电，这是半导体导电的最大特点，也是半导体与金属在导电原理上的本质区别。

在常温下，本征半导体载流子数目很少，其导电能力很弱。当温度升高或光照时，有更多共价键中的价电子挣脱束缚，产生电子－空穴对的数目就增多，本征载流子浓度随温度升高按指数关系增加，半导体的导电性能显著增加，这就是半导体的导电性能受温度和光照影响很大的原因。这也是半导体的一个重要特性。利用这一特性，可做成各种热敏元件和光电元件。更为突出的是，在本征半导体中掺入杂质，半导体的导电性能会显著增加。

2.1.2　杂质半导体

本征半导体导电能力很差，但如果在本征半导体掺入微量的其他元素的原子，就会使其导电能力大大提高。这些微量元素的原子称为杂质。常用的杂质为三价和五价元素，如硼、磷等。掺入杂质后形成的半导体称为杂质半导体。根据掺入杂质的不同，杂质半导体有N型和P型两种。

1. N型半导体

在纯净的硅(或锗)晶体中，掺入少量五价元素，如磷、砷等。由于掺入的元素数量较少，因此整个晶体结构基本上保持不变，只是某些位置上的硅原子被磷原子替代。磷原子五个价电子中的四个与硅原子形成共价结构，而多余的一个价电子处共价键之外，很容易挣脱磷原子核的束缚成为自由电子。于是半导体中自由电子的数目明显增加，这样就大大地提高了半导体的导电性能。由于磷原子可以提供电子，故称施主杂质。在掺有施主杂质的半导体中，由于空穴数量远少于自由电子数量，故自由电子被称为多数载流子(简称多子)，空穴被称为少数载流子(简称少子)。这种杂质半导体主要以电子导电为主，称为电子半导体，简称N型半导体。

2. P型半导体

在纯净的硅(或锗)晶体中，掺入少量三价元素，如硼、铝等，硼原子与周围的硅原子形成共价键时，会因缺少一个价电子而在共价键中出现一个空位，这个空位很容易被相邻的价电子填补，而使失去价电子的共价键出现一个空穴。这样在杂质半导体中出现大量空穴。由于硼原子在硅晶体中接受电子,故称为受主杂质。在掺有受主杂质的半导体中,空穴被称为多数载流子,自由电子被称为少数载流子。这种杂质半导体主要靠空穴导电,称为空穴半导体,简称 P 型半导体。

由此可见,在本征半导体中掺入杂质形成杂质半导体后,其导电性能显著增加。由于杂质原子在常温下全部处电离(失去或得到电子而成为正、负离子)状态,所以多子浓度,基本上等于杂质原子浓度,与温度无关。

2.1.3 PN 结及单向导电性

在一块完整的硅片上,用某种特定的工艺使其一边形成 N 型半导体,另一边形成 P 型半导体,那么在两种半导体的交界面附近就形成 PN 结。PN 结是构成各种半导体器件的基础。

1. PN 结的形成

P 型半导体和 N 型半导体结合在一起时,由于该两种半导体多子不同,其交界面两侧的电子和空穴存在浓度差,会出现多数载流子电子和空穴的扩散运动。N 区内自由电子多、空穴少,而 P 区内空穴多、自由电子少。这样,自由电子和空穴都要从浓度高的区域向浓度底的区域扩散,如图 2-2 所示。扩散的结果是在 N 区留下带正电的离子(图中用⊕表示),而 P 区留下带负电的离子(图中用⊖表示),它们集中在交界面两侧形成一个很薄的空间电荷区,这就是 PN 结。在这个区域内自由电子和空穴成对消失而复合,或者说它们相互耗尽了,没有载流子,所以空间电荷区又可称为耗尽层。

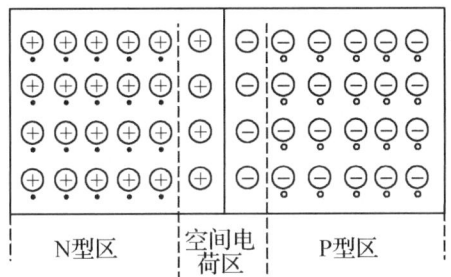

图 2-2 PN 结的形成

在空间电荷区内,靠 N 区一侧带正电,靠 P 区一侧带负电,因此产生一个由 N 区指向 P 区的内电场。该电场有两方面的作用:一方面阻挡多数载流子的扩散运动,因此空间电荷区又称为阻挡层;另一方面使 N 区的少数载流子空穴向 P 区漂移,使 P 区的少数载流子自由电子向 N 区漂移。少数载流子在内电场作用下有规则的运动叫做漂移运动。

在 PN 结的形成过程中,刚开始时,以扩散运动为主,随着空间电荷区的加宽和内电场的加强,多数载流子运动逐渐减弱,漂移运动逐渐加强,使空间电荷区变窄。而空间电荷区的变窄,又会对扩散运动产生拟制作用。最终,扩散运动与漂移运动会达到动态平衡。此时,空间电荷区的宽度基本稳定下来,扩散电流等于漂移电流,通过 PN 结的电流为零,PN 结处于动态的稳定状态。

2. PN 结的单向导电性

PN 结外加正向电压(称为正向偏置),即电源正极接 P 区,负极接 N 区,如图 2-3(a)所示。这时,外电场方向与内电场方向相反,内电场被削弱,空间电荷区变薄,多数载流子的扩散运动大大超过少数载流子的漂移运动。同时电源的不断向P区补充空穴,向N区补充电子,其结果使电路中形成较大的正向电流,PN结处于正向导通状态。

PN结外加反向电压(称为反向偏置),就是将电源的正极接N区,负极接P区,如图2-3(b)所示。这时外电场方向与内电场方向一致,空间电荷区变厚,多数载流子的扩散运动受到阻碍,但少数载流子的漂移运动得到加强。由于少数载流子的数目很少,故只有很小的电流通过,PN处于几乎不导电的截止状态。

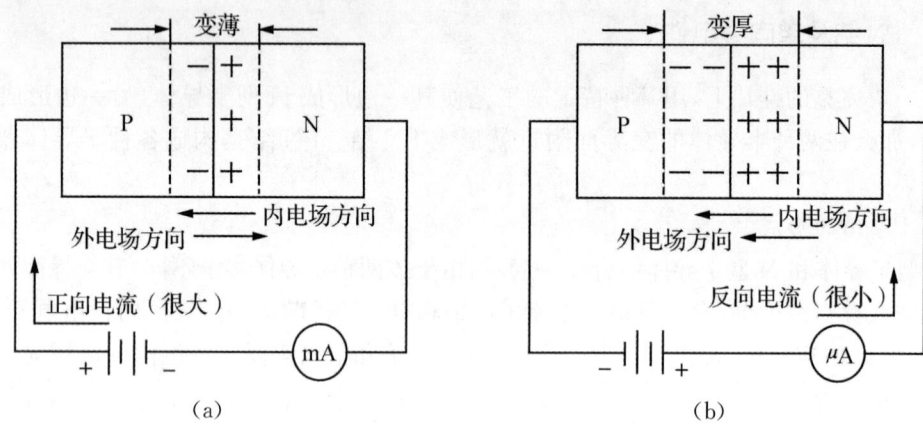

图2-3 PN结的单向导电性

综上所述,PN结正向偏置时,处于导通状态,有较大电流通过;PN结反向偏置时,处于截止状态,反向电流很少,这就PN结的单向导电性。
于电流很小,故可近似认为其截止。

3. PN结的电容效应

PN结的电容效应按产生原因可分为势垒电容和扩散电容两种。

(1) 势垒电容 C_b:PN结外加电压变化时,空间电荷区的宽度将发生变化,有电荷的积累和释放的过程与电容的充放电相同,其等效电容称为势垒电容 C_b。

(2) 扩散电容 C_d:PN结外加的正向电压变化时,扩散路程中载流子的浓度及其梯度均有变化,也有电荷的积累和释放的过程,其等效电容称为扩散电容 C_d。

注意:PN结电容效应所产生的结电容不是常量,若PN结外加电压频率高到一定程度,则失去单向导电性!

2.2 半导体二极管及其应用电路

在PN结上加上引线和封装,就成为一个二极管。从P区引出的电极称为阳极(正极);从N区引出的电极称为阴极(负极)。常见二极管的外形如图2-4(a)所示,二极管的图形符号如图2-4(b)所示,常用字母D或VD表示。

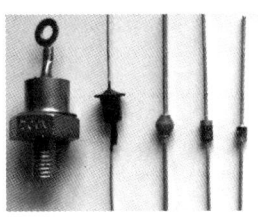 

(a) 二极管的实物图　　　　(b) 二极管的图形符号

图 2-4

2.2.1 半导体二极管的结构与种类

二极管的类型很多,按制造二极管的材料来分,有硅二极管和锗二极管;按用途来分,有整流二极管,开关二极管,稳压二极管等;按结构来分,主要有点接触型和面接触、平面型二极管,如图 2-5 所示。

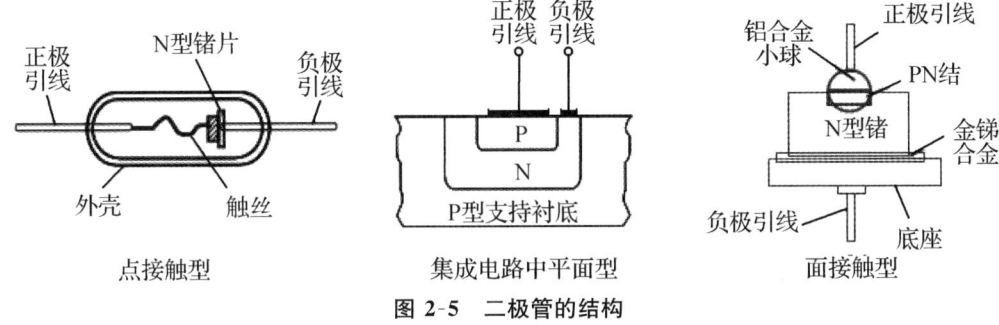

图 2-5　二极管的结构

点接触型二极管的 PN 结面积小,结电容也小,因而不允许通过较大的电流,但可在大高频下工作。常用于检波和变频等高频电路.而面接触型的二极管由于 PN 结面积大,可以通过较大的电流,但只在较低频率下工作。用于工频大电流整流电路。平面型二极管 PN 结面积可大可小,PN 结面积大的,主要用于功率整流;结面积小的可作为数字脉冲电路中的开关管。

2.2.2 半导体二极管的伏安特性及主要参数

1. 半导体二极管的伏安特性

半导体二极管的伏安特性是指加到二极管两端的电压和通过二极管的电流之间的关系曲线。可通过实验测出,如图 2-6 所示。由此可以看出,二极管具有单向导电性,其伏安特性是非线性的、正反向导电性能差异很大。

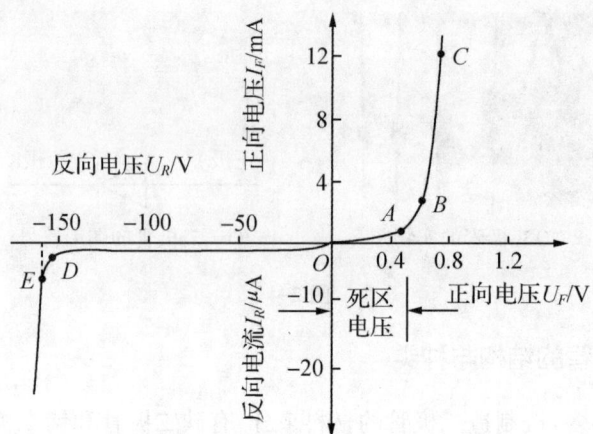

图 2-6 半导体二极管(硅管)伏安特性

图 2-6 所示的硅二极管伏安特性曲线可分为三部分：

正向特性：如图 $OABC$ 段所示，其中 OA 段为死区，AB 段为缓冲区，BC 段为正向导通区。死区的存在是因为外加正向电压较小，外电场还不足以克服内电场对多数载流子扩散运动的阻力，二极管呈现较大的电阻所造成的。当正向电压超过某一值后，正向电流增长得很快，称为正向导通，该电压值称为死区电压 U_{th}。其大小与材料和温度有关，通常，硅管的死区电压 U_{th} 约为 0.5 伏，锗管约为 0.1 伏。正向导通时，硅管的导通压降 U_D 约为 0.6—0.8 伏，锗管约为 0.2—0.3 伏。理想情况下可近似认为正向电阻为零。

反向特性：如图 OD 段所示。当外加反向电压时，由于少数载流子的漂移运动，形成很小的反向电流。它有两个特点：一是随温度的上升增加很快；二是反向电压在一定的范围内变化，反向电流基本不变。

这是因为少数载流子的数量很少，在一定温度下的一段时间内，只能提供一定数量的载流子，外加反向电压即使再增加也不会使少数载流子的数目增加。因此，反向电流又称反向饱和电流 I_{BR}。小功率硅管的反向电流一般小于 $0.1\ \mu A$，而锗管通常为几十微安。理想情况下可认为反向电阻为无穷大，在电路中相当于开关处于关断状态，称二极管处于截止状态。

反向击穿特性：当外加反向电压过高时，由于受到外加强电场的作用，载流子的数目会因为共价键中的部分价电子被自由电子碰击或被外加强电场拉出而急剧增加，造成反向电流急剧增加(图 2-6 中反向电流在 E 处急剧上升)，二极管失去单向导电性，这种现象称为反向击穿。相应的反向电压称为反向击穿电压 U_{BR}。二极管反向击穿一般是可逆的，但反向电流超过允许值，将发生热击穿，造成管子的损坏。

半导体二极管的导电特性与温度有关，伏安特性随温度变化而变化。通常温度升高 1℃，硅和锗二极管导通时的正向导通压降 U_D 将减小 2.5 mv 左右。

从反向特性看，半导体二极管温度每升高 10℃，反向电流增加约一倍。当温度升高时，二极管反向击穿电压 U_{BR} 会有所下降。

2. 半导体二极管的主要参数

描述二极管特性的物理量称为二极管的参数。它是表示二极管的性能及适用范围的数据，是正确选择和使用二极管的重要依据。二极管的主要参数有：

(1) 最大整流电流 I_F

最大整流电流 I_F 是指二极管长期运行时允许通过的最大正向直流电流。I_F 与 PN 结的材料、面积及散热条件有关。大功率二极管使用时,一般要加散热片。在实际使用时,流过二极管最大平均电流不能超过 I_F,否则二极管会因过热而损坏。

(2) 最高反向工作电压 U_{RM}(反向峰值电压)

U_{RM} 是指二极管在使用时允许外加的最大反向电压,其值通常取二极管反向击穿电压的一半左右。在实际使用时,二极管所承受的最大反向电压值不应超过 U_{RM},以免二极管发生反向击穿。

(3) 反向电流 I_R

I_R 是指在室温下,二极管未击穿时的反向电流值。

(4) 最高工作频率 f_M

二极管的工作频率若超过一定值,就可能失去单向导电性,这一频率称为最高工作频率 f_M。该参数主要由 PN 结的结电容的大小来决定。点接触型二极管结电容较小、可达几百兆赫兹。面接触型二极管结电容较大、只能达到几十兆赫兹。

注意:手册上给出的参数是在一定测试条件下测得的数值。如果条件发生变化,相应参数也会发生变化。因此,在选择使用二极管时注意留有余量。

2.2.3 半导体二极管的型号、识别与检测

二极管器件的种类很多,了解器件的命名规律和方法,就能快速识别器件的类别及大致性能,给器件的选购,代换和使用带来很大的方便。

按照国家标准的规定,国产二极管的规定由五部分组成。

第一部分用数额表示器件的电极数目,"2"表示二极管

第二部分的拼音字表示器件的材料和极性,"A"为 N 型锗管,"B"为 P 型锗管,"C"为 N 型硅管,"D"为 P 型硅管。

第三部分拼音字母表示器件类型,"P"表示普通管,"Z"表示整流管,"W"表示稳压管。

第四部分的数字表示器件序号,序号不同的二极管特性不同,

第五部分的拼音字母表示规格号。

例如 2AP1 是 N 型锗材料普通二极管,2CZ55 是 N 型硅材料整流二极管。

二极管阳极、阴极一般在二极管管壳上都注有识别标记,有的印有二极管电路符号。对于玻璃或塑料封装外壳的二极管,有色点或黑环一端为阴极。对于极性不明的二极管,可用万用表电阻档测二极管正、反向电阻加以判断。

分别用万用表的 $R \times 1K$ 挡或 $R \times 100$ 挡测量二极管的正反向电阻,如果正向电阻较小(几千欧以下),而反向电阻较大(几百千欧以上),则说明二极管是好的;如果正反电阻都很小,说明二极管已被击穿;如果正反电阻都很大,说明二极管已断路。

用万用表的 $R \times 1K$ 挡或 $R \times 100$ 挡,分别接二极管的两个电极,在测得一个数据后,对调两表笔,再测出另一个数据。阻值小的为正向电阻,从而可判断出黑表笔接的是二极管的正极,红表笔的接的是负极。

2.2.4 半导体二极管的应用

半导体二极管的单向导电性使它在电子电路中获得了广泛的应用。下面通过模型分析

法介绍半导体二极管在模拟电子电路中的基本应用。

1. 二极管的伏安特性建模

电源电压远大于二极管压降时,可以将二极管理想化,用理想模型代替实际的二极管。正偏时近似认为二极管的管压降为0、正向电阻也为0,二极管相当于一个闭合的开关;反偏时近似认为二极管的反向饱和电流为0,反向电阻为∞,二极管相当于一个断开的开关。

电源电压远大于二极管压降、且流经二极管的正向电流 $i_D \geq 1$ mA 时,也可以用恒压源模型代替实际的二极管。此时若二极管处于正偏状态,可用数值为二极管导通压降的恒压源替代;若二极管处于反偏状态,仍用一个断开的开关替代。

2. 二极管应用电路的模型分析法

模型分析法是根据二极管在电路中的实际状态和电路分析精度的要求,用一种线性等效模型代替实际二极管的分析方法。

注意:应用模型分析法分析二极管电路应首先判断二极管在电路中的导通状况。此时应首先假设二极管两端断开,确定二极管两端的电位差;然后根据二极管两端加的是正电压还是反电压判定二极管是否导通,若为正电压且大于死区电压,则管子导通,否则截止;如果电路出现两个或两个以上二极管,应先判断承受正向电压较大的管子优先导通,再按照上述方法判断其余的管子是否导通。

【例 2-1】设二极管是理想状态的,应用电路如图 2-7(a)所示,试分析并画出负载 R_L 两端的电压波形 u_o。

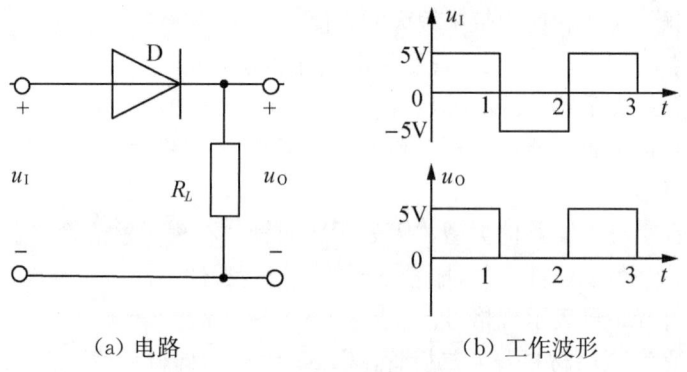

(a) 电路 (b) 工作波形

图 2-7 例 2-1 电路图及工作波形图

解:当 u_i 为正半周时,a 点电位高于 b 点电位,二极管外加正向电压而在而导通,理想二极管此时相当于一个闭合的开关,负载电阻 R_L 中有电流通过,R_L 两端电压 $u_o = u_i$。

当 u_i 为负半周时,a 点电位低于 b 点电位,二极管外加反向电压而在而截止,理想二极管此时相当于一个断开的开关,负载电阻 R_L 中没有电流通过,R_L 两端电压 $u_o = 0$。

根据上述分析,可画出该电路的工作波形。

该电路利用二极管的单向导电性限制了输出信号的幅度,这就是所谓的限幅作用。这种限幅作用在电子电路中可以降低信号幅度以满足电路工作的需要,同时还能保护某些器件不受大信号电压作用而损坏。

若该电路的输入波形改为正弦交流信号,则该电路的输出波形将变为单向脉动直流电。将交流电变成单方向脉动直流电的过程称为整流,利用二极管的单向导电性也能获得各种形式的整流电路。

【例 2-2】 设二极管的导通压降 $U_D=0.7$ V,应用电路如图 2-8 所示,试判断 D_1、D_2 的导通情况,并求输出电压 $U_O=?$

初看两个二极管似乎均正向偏置而导通,但其实并非如此。分析此类电路用到"优先导通"和"钳位"的概念。

解:本例中两个二极管的阴极连接在一起,即阴极电位相同,$V_K=2$ V。而 D_1 阳极电位为 4 V,D_2 阳极电位为 7 V,D_2 所加的正向偏压大、优先导通,用 0.7 V 恒压源代替 D_2,恒压源正极与 D_2 的正极一致。则 U_O 钳位在 6.3 V,使 D_1 因此而反偏截止。

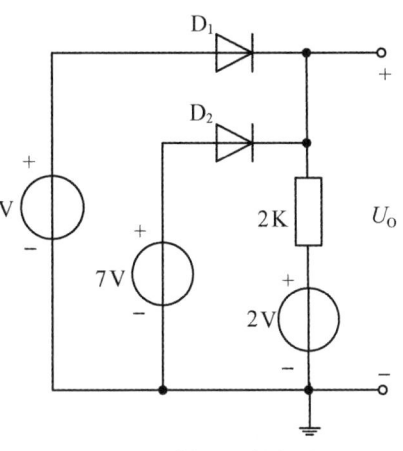

图 2-8 例 2-2 电路图

2.2.5 特殊二极管

电子设备中除广泛使用整流二极管、开关二极管外,还常常使用一些特殊功能的二极管,下面分别予以介绍。

1. 稳压二极管

稳压二极管是一种能稳定电压的二极管,图 2-9 为它的伏安特性及符号,在电路图中以符号 D_Z 表示。其正向特性曲线与普通二极管相似,反向击穿特性段比普通二极管更陡些,稳压管正常工作在反向击穿区 AB 段内。在此区段,反向电流在 $I_{Zmin} \sim I_{Zmax}$ 变化时,管子两端电压变化很小,起到稳压作用。若反向电流小于 I_{Zmin} 时,管子将工作在特性曲线的弯曲部分,管子两端电压不能保持稳定;若反向电流大于 I_{Zmax} 时,管子可能过热而损坏,所以在应用中,稳压管通常串联一个电阻来限制电流。

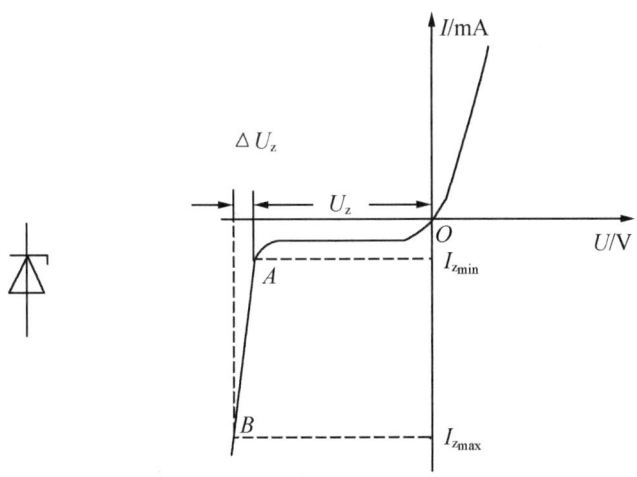

图 2-9 稳压管的代表符号及伏安特性

稳压管有以下几个主要参数

(1) 稳定电压 U_Z:是指在规定测试条件下,稳压管工作在击穿区时的稳定电压值。由于制造工艺的原因,同型号稳压管的稳压值不可能都相等。但对每一个稳压管来说,对应一定的工作电流只有一个确定值,选用时应以实际测量为准。如 2CW53 型硅稳压二极管在测试

电流 $I_Z=10$ mA 时,稳定电压 U_Z 为 $4.0\sim5.8$ V。

(2) 最小稳定电流 I_{zmin}:指稳压管进入反击穿区时的转折点电流。稳压管工作时,反向电流必须大于 I_{zmin},否则不能稳压。

(3) 最大稳定电流 I_{zmax}:指稳压管长期工作时,允许通过的最大反向电流。例如 2CW53 型稳压管的 $I_{zmax}=41$ mA。在使用稳压二极管时,工作电流不允许超过 I_{zmax},否则可能会过热烧坏管子。

(4) 稳定电流 I_Z:指稳压管在 U_Z 下的工作电流,范围在 $I_{zmin}\sim I_{zmax}$ 之间。

(5) 耗散功率 P_{ZM}:指稳压管稳定电压 U_Z 与最大稳定电流 I_{zmax} 的乘积。在使用中若超过这个数值,管子将被烧坏。

(6) 动态电阻 r_Z:是指稳压管工作在稳压区时,两端电压变化量与电流变化量之比,即 $r_Z=\Delta U_Z/\Delta I_Z$,动态电阻愈小,稳压性能愈好。

图 2-10 为最简单的硅稳压管稳压电路,稳压管的作为稳压元件与负载 R_L 并联,R 为限流电阻。电路在正常工作时,负载 R_L 两端的直流电压 U_O 就等于稳压管的稳定电压。

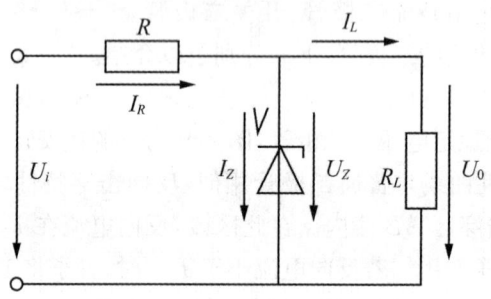

图 2-10 简单的稳压管稳压电路

2. 发光二极管

发光二极管(LED)是一种能把电能转换成光能的半导体器件。它由磷砷化镓(GaAsP)、磷化镓(GaP)等半导体材料制成。当 PN 结加正向电压时,多数载流子在进行扩散运动的过程相遇而复合,其过剩的能量以光子的形式释放出来,从而产生一定波长的光。发光的颜色取决于所采用的半导体材料。目前使用的有红、绿、黄、蓝、紫等颜色的发光二极管。发光二极管的实物图和符号如图 2-11 所示,在电路图中以 LED 表示发光二极管。

图 2-11 发光二极管

发光二极管与指示灯相比,具有体积小、工作电压低、工作电流小、发光均匀稳定、响应速度快和寿命长等优点,因而 LED 是一种优良的发光器件,在各种电子设备、家用电器以及显示装置中得到广泛应用。

发光二极管的正向工作电压比普通二级管高,约 $1\text{ V}\sim 2\text{ V}$;反向击穿电压比普通二极管低,约 5 V 左右。一般发光亮度与工作电流有关。

发光二极管有电流驱动型和电压驱动型两类。对于电流驱动型,使用时必须加限流电阻 R_S,R_S阻值的大小按 $R_S=(U-U_F)/I_F$ 来选择。在发光二极管的产品说明或相关手册中,有的给出其正向电流,有的给出管子的最大电流 I_{FM}。一般 I_F 为 I_{FM} 的 60%。在实际使用时,为确保发光管长期稳定工作、防止老化,管子的平均工作电流不能高于手册给出的正向电流值 I_F。

3. 变容二极管

变容二极管是利用 PN 结的空间电荷层具有电容特性所制成的特殊二极管,变容二极管的实物图和符号如图 2-12 所示,在电路图中以 D_C 表示变容二极管。

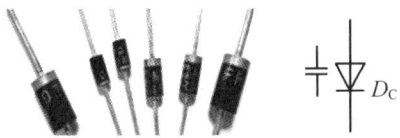

图 2-12 变容二极管

变容二极管工作在反向偏置状态,结电容随反向电压大小而变化。在一定范围内,反向偏压越小,结电容越大;反之,反向电容偏压越大,结电容越小。

变容二极管可取代可变电容器,在电视机、收音机和录像机中多用于调谐电路和自动频率微调电路中。

2.3 双极型半导体三极管

双极型半导体三极管又称晶体三极管,简称三极管,是 1946 年由美国科学家肖克利等人发明的,这是二十世纪最重要的成就之一。鉴于三极管内部有两种载流子(自由电子和空穴)参加导电,故属于双极型半导体器件。晶体管的类型很多,按管芯所用的半导体材料不同,晶体管分为硅管和锗管,硅管受温度影响小、工作较稳定;按晶体管内部结构分为 NPN 型和 PNP 型两类,我国生产的硅管多为 NPN 型,锗管多为 PNP 型;晶体管按使用功率可分为大功率管($Pc>1$ W)、中功率(Pc 在 0.5~1 W)和小功率($Pc<0.5$ W);按照工作频率分,晶体管分为高频管($fr \geqslant 3$ MHZ)和低频管($fr \leqslant 3$ MHZ);按用途不同,晶体管分为普通放大三极管和开关三极管;按封装形式不同,晶体管分为金属壳封装管和塑料封装管、陶瓷环氧封装管。图 2-13 为晶体管实物图。

图 2-13 三极管实物图

2.3.1 晶体管的结构及特点

晶体管是由两个 PN 结组成的，按结构分为 NPN 型和 PNP 型两种，如图 2-14 所示。不管是 PNP 型还是 NPN 型三极管，都有发射区、基区和集电区。从三个区引出的电极分别称为发射极 e、基极 b、集电极 c，在使用时三极管的发射极和集电极不能互换。在三个区的两两交界处形成两个 PN 结，分别称为发射结和集电结。

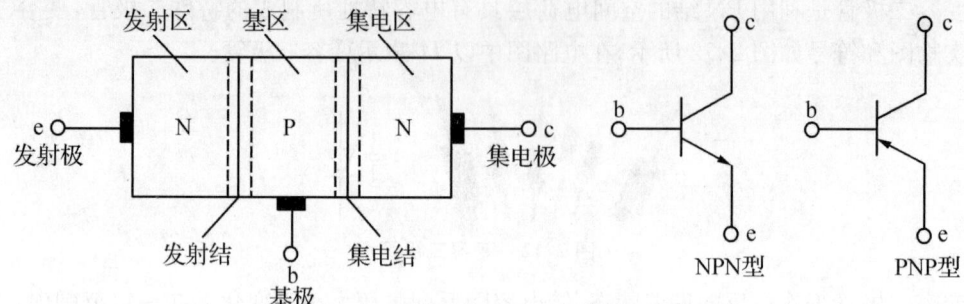

图 2-14 晶体管的结构示意图和符号

两种管子的电路符号用发射极箭头方向的不同以示区别，箭头方向表示发射结正偏时发射极电流的实际方向。

晶体管并不是两个 PN 结的简单组合，它是在一块半导体基片上制造出三个掺杂区，形成两个有内在联系的 PN 结。为此，在制造三极管时，应使发射区的掺杂浓度较高；基区很薄，且掺杂浓度较低；集电区掺杂浓度最低而且面积大。

用晶体管组成电路时，信号从一个电极输入，另一个电极输出，第三个极作为公共端。因为可以选用不同的电极作为公共端，所以三极管电路就有共发射极、共集电极和共基极三种不同的接法，如图 2-15 所示。

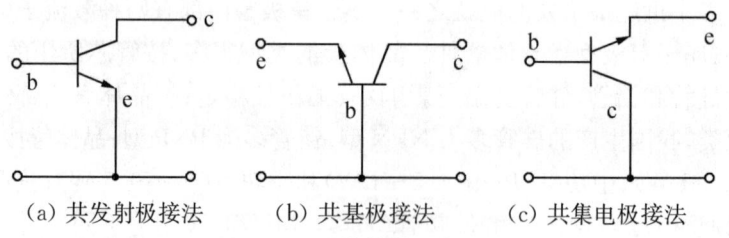

(a) 共发射极接法　　(b) 共基极接法　　(c) 共集电极接法

图 2-15 晶体管的三种接法

2.3.2 晶体三极管的电流放大原理

1. 晶体管的电流放大条件

要使晶体管具有电流放大作用，必须外接合适的直流工作电源使晶体管的发射结处于正向偏置状态，集电结处于反向偏置状态。此时 NPN 晶体管三个极的电位关系必须满足：$V_C > V_B > V_E$；对 PNP 型晶体管则与之相反，即必须满足：$V_C < V_B < V_E$。据此可得到图 2-16 所示的实现 NPN 型晶体管电流放大作用的双电源接法。在实际使用中采用双电源很不方便，可将两个电源合并成一个电源 V_{CC}，再将 R_b 阻值增大并改接到 V_{CC} 上。

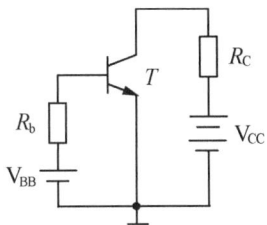

图 2-16 实现晶体管电流放大的双电源接法

2. 晶体管的电流分配关系

下面从载流子的运动状况来学习晶体管的电流放大作用,如图 2-17 所示。

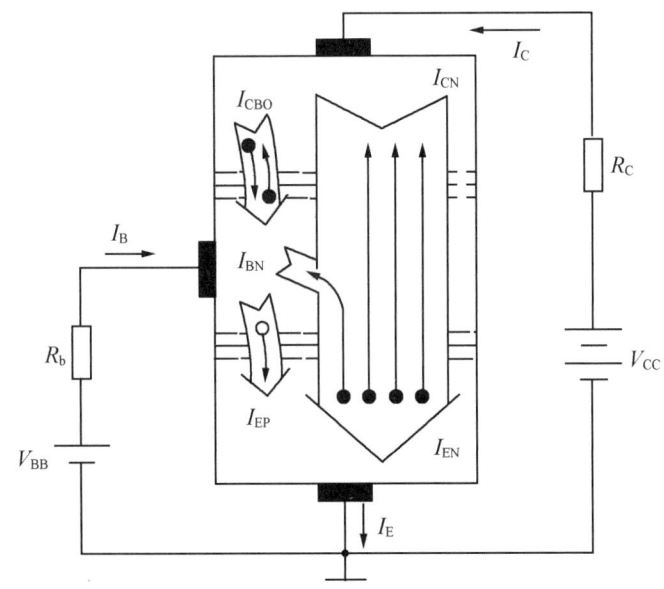

图 2-17 晶体管电流放大分配关系

(1) 发射区向基区发射电子

当发射结处于正向偏置时,有利于多数载流子的扩散运动。即发射区的自由电子向基区扩散,基区的空穴向发射区扩散。但由于基区的空穴浓度很低,因而空穴扩散电流很小,可以忽略(图中未画),发射极的电流 I_E 可以认为主要是电子电流。

(2) 电子在基区扩散和复合

发射区的自由电子进入基区后,开始大部分聚集在发射结附近,形成了发射结和集电结电子浓度上的差别,于是发射结的自由电子继续向集电结扩散。在扩散过程中与基区的空穴不断相遇而复合,同时由于基极电源不断从基区拉走电子,使基区产生新的空穴,这样不断就形成了电流 I_{BN}。

由于基区很薄且杂质浓度很低,所以在扩散过程中只有一小部分电子与基区空穴复合,大部分电子扩散到集电结边缘,这就是晶体管能起到电流放大作用的原因。

(3) 集电区收集电子

由于集电结是反偏,当自由电子扩散到集电结附近时,在外电场的作用下很容易越过集电结进入集电区,形成电流 I_{CN}。此外,集电区的少数载流子空穴和基区的少数载流子自由电子内电场的作用下发生漂移运动,形成反向饱和电流 I_{CBO}。该电流很小,与外加电压关系不大，但受温度的影响较大，易使管子工作不稳定，所以在制造中要设法减小 I_{CBO}。

如上所述，三个电极上的电流分别为：

$$I_E = I_{EN} = I_{BN} + I_{CN} \tag{2-3-1}$$

$$I_C = I_{CN} + I_{CBO} \tag{2-3-2}$$

$$I_B = I_{BN} - I_{CBO} \tag{2-3-3}$$

由上述三式可以得出：

$$I_E = I_B + I_C \tag{2-3-4}$$

由图 2-17 可知，I_{CN} 代表从发射区注入到基区而扩散到集电区的电子流，I_{BN} 代表从发射区注入到基区被复合而形成的电子流。三极管制成后，I_{CN} 与 I_{BN} 的比例关系是确定的。由于基区很薄掺浓度很低，所以 $I_{CN} \gg I_{BN}$。故 I_{CN} 与 I_{BN} 的比值是一个远大于 1 的常数，这个常数称之为共发射极直流电流放大系数，用 $\bar{\beta}$ 表示。

$$\bar{\beta} = \frac{I_{CN}}{I_{BN}} = \frac{I_C - I_{CBO}}{I_B + I_{CBO}} \approx \frac{I_C}{I_B} \tag{2-3-5}$$

$\bar{\beta}$ 反映了基极电流与集电极电流的分配关系，也就是基极电流对集电极电流的控制关系。所以三极管是一个电流控制器件，当 I_B 有较小的变化时，将会引起 I_C 很大的变化。

变换式(2-3-5)可以得到：

$$I_C = \bar{\beta} I_B + (1+\bar{\beta}) I_{CBO} = \bar{\beta} I_B + I_{CEO} \tag{2-3-6}$$

其中：$I_{CEO} = (1+\bar{\beta}) I_{CBO}$，称为穿透电流。

【例 2-3】用直流电压表测量某放大电路中某个三极管各极对地的电位分别是：$V_1 = 2\text{ V}$，$V_2 = 6\text{ V}$，$V_3 = 2.7\text{ V}$，试判断三极管各对应电极与三极管管型。

解：本题的已知条件是三个电极的电位，根据三极管能正常实现电流放大的电位关系是：NPN 型管 $V_C > V_B > V_E$，且硅管放大时 U_{BE} 约为 0.7 V，锗管 U_{BE} 约为 0.2 V，而 PNP 型管 $V_C < V_B < V_E$，且硅管放大时 U_{BE} 为 -0.7 V，锗管 U_{BE} 为 -0.2 V。所以先找电位差绝对值为 0.7 V 或 0.2 V 的两个电极，若 $V_B > V_E$，则为 NPN 型三极管，若 $V_B < V_E$ 则为 PNP 型三极管，本例中，V_3 比 V_1 高 0.7 V，所以此管为 NPN 型硅管，③脚是基极，①脚是发射极，②脚是集电极。

2.3.3 晶体管的伏安特性与工作状态

晶体管的各个电极上电压和电流之间的关系曲线称为晶体管的伏安特性曲线，常用的是输入特性曲线和输出特性曲线。晶体管在电路中的连接方式(组态)不同，其特性曲线也不同。NPN 管组成的共射输入、输出特性曲线测试电路如图 2-18 所示，下面以此为例进行分析。

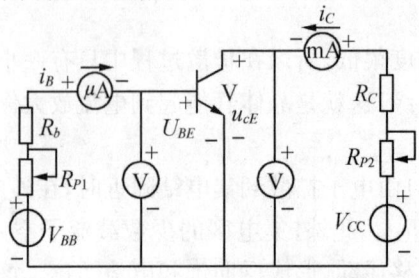

图 2-18　三极管共射特性曲线测试电路

1. 输入特性曲线

输入特性曲线是指当集射极电压 u_{CE} 为一定值时,基极电流 i_B 与基射极电压 u_{BE} 之间的关系曲线。即 $i_B=f(u_{BE})|u_{CE}=$ 常数

为得到共射输入特性,图 2-18 的测试电路应先固定 u_{CE} 为某一值,调节 R_{p1},得到与之对应的 i_B 和 u_{BE} 值,可通过描点在直角坐标系中得到一条 i_B 与 u_{BE} 的关系曲线;再改变 u_{CE} 为另一固定值,可得到另一条 i_B 与 u_{BE} 的关系曲线。图 2-19 为 NPN 型硅管 3DG4 的共射输入特性曲线。

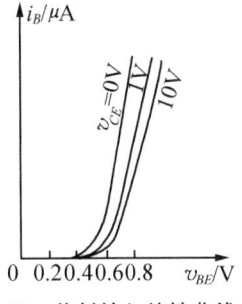

图 2-19 共射输入特性曲线

由图可知:其特点是:

当 $u_{CE}=0$ V 时,集电极与发射极短接,相当于两个二极管并联,输入特性类似于二极管的正向伏安特性。

当 $0 \leqslant u_{CE} < 1$ V 时,集电结处于反向偏置,其吸引电子的能力加强,使得从发射区进入基区的电子更多地流向集电区,因此对应于相同的 U_{BE} 流向集极的电流 I_B 比原来 $u_{CE}=0$ 时减小了,特性曲线右移,如图 2-19 所示。

实际上,对一般的 NPN 型硅管,当 $u_{CE} \geqslant 1$ 伏时,只要 u_{BE} 保持不变,则从发射区发射到基区的电子数目一定,而集电结所加的反向电压大到 1 伏后,已能把这些电子中的绝大部分吸引到集电极,所以即使 U_{CE} 再增加,I_B 也不会有明显的变化,因此 $u_{CE} \geqslant 1$ 伏以后的特性曲线基本上重合。

从图 2-19 可见,晶体管的输入特性曲线和二极管的伏安特性曲线一样,也有一段死区。只有当发射结的外加电压大于死区电压时,晶体管才会有基极电流 I_B。硅管的死区电压约为 0.5 伏,锗管约为 $0.1 \sim 0.2$ 伏。在正常工作情况下,硅管的发射结电压 $U_{BE}=0.6 \sim 0.7$ 伏,锗管的发射结电压 $U_{BE}=-0.2 \sim -0.3$ 伏。

2. 输出特性曲线

输出特性曲线是指基极电流 i_B 为一定值时,集电极电流 i_C 与集射极电压 u_{CE} 之间的关系曲线。即 $i_C=f(u_{CE})|i_B=$ 常数

为得到共射输出特性,图 2-18 的测试电路应先调节 R_{P1} 使 i_B 为某一值固定不变,再调节 R_{P2},得到与之对应的 u_{CE} 和 i_C 值,根据所对应的值可在直角坐标系中画出一条曲线。重复上述步骤,可得不同 i_B 值的曲线族,如图 2-20 所示。

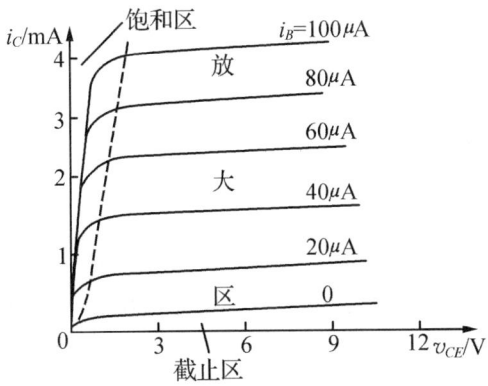

图 2-20 共射输出特性曲线

图 2-20 可知:共射输出曲线起始部分较陡,且不同 i_B 曲线的上升部分几乎重合。对一条曲线而言,u_{CE} 增大,i_C 增大,但当 u_{CE} 大于 0.3 V 左右以后,曲线较平坦,只略有上翘。这说明三极管具有恒流特性。输出特性曲线不是直线,是非线性的,说明晶体管是一种非线性器件。

输出特性曲线可分为三个区域,对应晶体管的三种不同工作状态。

（1）截止区

$i_B=0$ 曲线以下的区域称为截止区。这时集电结为反向偏置,发射结也为反向偏置,故 $i_B≈0$,$i_C≈0$,此时集电极与发射极之间相当于一个开关的断开状态。

（2）饱和区

输出特性曲线的近似垂直上升部分与 i_C 轴之间的区域称为饱和区。这时,$u_{CE} \leqslant u_{BE}$,集电结为正向偏置,发射结也为正向偏置,都呈现低电阻状态。$u_{CE}=u_{BE}$ 称为临界饱和状态,所有临界拐点的连线即为临界饱和线。饱和时集电极与发射极之间的电压 u_{CES} 称为饱和压降。它的数值很小,特别是在深度饱和时,小功率管通常小于 0.3 V。在饱和区 i_C 不受 i_B 的控制,当 i_B 变化时 i_C 基本不变,而由外电路参数所决定。此时晶体管失去电流放大作用,集电极与发射极之间相当于一个开关的闭合状态。

（3）放大区

拐点的连线以右及 $i_B=0$ 曲线以上的区域为放大区。在此区域,特性曲线近似于水平线,i_C 几乎与 u_{CE} 无关,与 i_B 成 β 倍关系,故放大区也称为线性区。三极管工作在放大区时,发射极为正向偏置,集电极为反向偏置。

【例 2-4】测量某硅材料 NPN 型晶体管各电极对地的电压值如下,试判别管子工作在什么区域?

(1) $V_C=6$ V,$V_B=0.7$ V,$V_E=0$ V

(2) $V_C=6$ V,$V_B=4$ V,$V_E=3.6$ V

(3) $V_C=3.4$ V,$V_B=4$ V,$V_E=3.3$ V

解:

(1) ∵ $U_{BE}=0.7-0=0.7$ V,发射结正偏;$U_{BC}=0.7-6=-5.3$ V,集电结反偏。∴ 处于放大区。

(2) ∵ $U_{BE}=4-3.6=0.4$ V,发射结反偏;$U_{BC}=3.6-6=-2.4$ V,集电结反偏。∴ 处于截止区。

(3) ∵ $U_{BE}=4-3.3=0.7$ V,发射结正偏;$U_{BC}=4-3.4=-0.6$ V,集电结正偏。∴ 处于饱和区。

2.3.4 晶体管的使用常识

1. 晶体管的参数

（1）电流放大系数

共射电路在静态(无信号输入)时,三极管的集电极电流 I_C 与基极电流 I_B 的比值称为直流电流放大系数,用 $\bar{\beta}$ 表示。即

$$\bar{\beta}=\frac{I_C}{I_B} \quad (2-3-7)$$

当三极管工作在动态(有信号输入)时,集电极电流的变化量 ΔI_C 与基极电流的变化量 ΔI_B 的比值称为交流电流放大系数,用 β 表示。即

$$\beta = \Delta I_C / \Delta I_B \tag{2-3-8}$$

β 与 $\bar{\beta}$ 的含义是不同的。但通常两者数值相近,在估算时,常用 $\beta \approx \bar{\beta}$。

由于制造工艺的分散性,即使同一型号的三极管,β 值也有很大的差别,常用的 β 值在 20~100 之间。

(2) 极间反向电流

① 集-基极反向饱和电流 I_{CBO}

指发射极开路时,集电极与基极间的反向电流。

② 集-射极反向饱和电流 I_{CEO}

指基极开路时,集电极与发射极间的反向电流,也称为穿透电流。

$$I_{CEO} = (1 + \bar{\beta}) I_{CBO} \tag{2-3-9}$$

反向电流受温度的影响大,对三极管的工作影响很大,要求反向电流愈小愈好。常温时,小功率锗管 I_{CBO} 约为几微安,小功率硅管在 $1\ \mu A$ 以下,所以常选用硅管。

(3) 集电极最大允许电流

集电极电流 I_C 超过一定值时,三极管的 β 值会下降。当 β 值下降到正常值的三分之二时的集电极电流,称为集电极最大允许电流 I_{CM}。

(4) 集电极击穿电压 $U_{(BR)CEO}$

基极开路时,加在集电极与发射极之间的最大允许电压,称为集电极击穿电压 $U_{(BR)CEO}$。当三极管的集射极电压 U_{CE} 大于该值时,I_C 会突然大幅上升,说明三极管已被击穿。

(5) 集电极最大允许耗散功率 P_{CM}

当集电极电流流过集电结时要消耗功率而使集电结温度升高,从而会引起三极管参数变化。当三极管因受热而引起的参数变化不超过允许值时,集电结所消耗的最大功率称为集电极最大允许耗散功率 P_{CM}。

$$P_{CM} = I_C U_{CE} \tag{2-3-10}$$

P_{CM} 值与环境温度和管子的散热条件有关,因此为了提高 P_{CM} 值,常采用散热装置。

根据此式在输出特性曲线上可画出一条曲线,称为集电极功耗曲线,如图 2-21 所示。在曲线的右上方 $I_C U_{CE} > P_{CM}$,这个范围称为过损耗区,在曲线的左下方 $I_C U_{CE} < P_{CM}$,这个范围称为安全工作区。晶体三极管应选在此区域内工作。

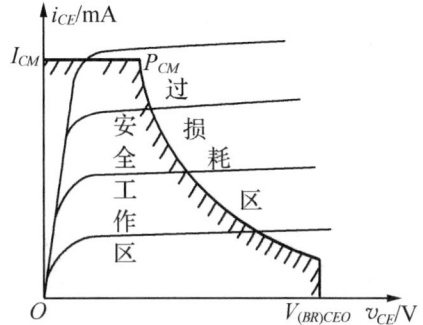

图 2-21 晶体三极管的安全工作区

需要注意的是,温度对三极管的所有参数都有影响,尤其对 I_{CBO},U_{BE} 和 β 三个参数。I_{CBO} 随温度升高而急剧增加;U_{BE} 随温度升高而减小。当温度升高时,大多管的 U_{BE} 减小 2.5 mV;β 随温度升高而增大。温度每升高 1 ℃,β 要增加 0.5%~1.0%左右。

2. 晶体管的命名方法

按照国家标准(GB249-74)的规定,国产晶体管的名称仍由五部分组成。

第一部分用数额表示器件的电极数目,"3"表示晶体三极管

第二部分的拼音字表示器件的材料和极性,"A"为 PNP 型锗管,"B"为 NNP 型锗管,"C"为 PNP 型硅管,"D"为 NPN 型硅管。

第三部分拼音字母表示器件类型,"X"表示低频小功率管,"G"表示高频小功率管,"D"表示低频大功率管,"A"表示低频大功率管。

第四部分的数字表示器件序号,序号不同的晶体三极管特性不同,

第五部分的拼音字母表示规格号。

例如:3DG6A 型,表示高频小功率 NPN 型、硅材料 A 挡三极管。

从国外进口的三极管大多数来自北美、日本、韩国和欧盟等国家和地区。常见有 2N×××、2SC×××、2SD×××等系列。

3. 晶体管的判别

(1) 晶体管类型的判断

将万用表拨到 $R\times 100$ 或 $R\times 1K$ 挡上。红笔表任意接触晶体管的一个电极,黑笔表依次接触另外两个电极,分别测量它们之间的电阻值。若红表笔接触某个电极时,其余两个电极与该电极之间均为低电阻时,则该管为 PNP 型,而且红表笔接触的电极为 b 极。与此相反,若同时出现几十至上百千欧大电阻时,则该管为 NPN 型,这时红表笔所接触的电极为 b 极。

当然也可以黑笔表为基准,重复上述测量过程。若同时出低电阻的情况,则管子为 NPN 型;若同时出现高阻的情况,则该管为 PNP 型。

(2) 电极判断

在判断出管型和基极的基础上,任意假定一个电极为 c 极,另一个为 e 极。对于 PNP 型管,令红表笔接 c 极,黑表笔接 e 极,再用手碰一下 b、c 极,观察一下万用表指针摆动的幅度。然后将假设的 c、e 极对调,重复上述测试步骤,比较两次测量中指针的摆动幅度,测量时摆动幅度大,则说明假定的 c、e 极是对的。对于 NPN 型管,则令黑表笔接 c 极,红表笔接 e 极,重复上述过程。

2.4 场效应管

场效应是指半导体材料的导电能力随电场的改变而变化的效应。前面介绍的晶体三极管是通过基极电流控制输出电流的器件,为电流控制型器件。场效应管则是利用输入电压产生电场效应来控制输出电流的,属于电压控制型器件。由于信号源无需提供电流,所以它的输入电阻很高,可高达 $10^9 \sim 10^{14}$ Ω。

晶体三极管在工作时,有两种载流子参与导电(电子与空穴),称为双极型晶体管;而场效应管工作时,只有一种载流子参与导电(电子或空穴),所以称为单极型晶体管。场效应管的外形与晶体管相似,图 2-22 为场效应管实物图。

图 2-22　场效应管实物图

根据场效应管的结构不同,可以分为结型场效应管和绝缘栅型场效应管两种。结型场效应管是利用半导体内电场效应工作的。根据其体内的导电沟道所用的材料不同,分为 N 沟道和 P 沟道两种,它的输入阻抗高达 10 MΩ。绝缘栅型场效应管又称为金属—氧化物—半导体场效应管(简称 MOS 管),它是利用半导体表面的电场效应工作的。绝缘栅场效应管分为增强型和耗尽型,而每一种根据其导电沟道的不同又分为 N 沟和 P 沟道两类。

2.4.1　结型场效应管简介

结型场效应晶体管简称 JFET (Junction type Field Effect Transistor),它是利用半导体内的电场效应来工作的,因而也称为体内场效应器件。结型场效应管有 N 沟道和 P 沟道两类。

在一块 N 型半导体材料两边分别扩散一个高浓度的 P 型区(用 P$^+$ 表示),形成两个 PN 结(耗尽层)。P$^+$ 型引出两个导线并接在一起,作分别成为源极 S 和漏极 D 两个 PN 结中间的 N 型区域称为导电沟道,这种管子称为 N 沟道结型场效应晶体管,简称 N-JFET。N-JFET 平面结构示意图如图 2-23(a)所示。按照类似的方法,可以制成 P 沟道结型场效应晶体管,简称 P-JFET。两种 JFET 的电路符号如图 2-23(b)所示,图中箭头方向表示 PN 结正向电流的流通方向。

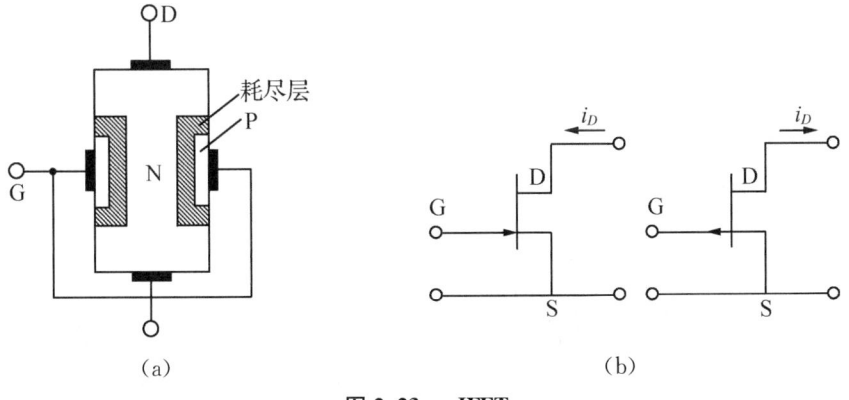

图 2-23　-JFET

N 沟道结型场效应管正常工作时,栅—源电压 u_{GS} 对导电沟道宽度有控制作用。$u_{GS}=0$ 时沟道最宽,u_{GS} 为负电压时沟道变窄,u_{GS} 达到夹断电压 $U_{GS(off)}$ 时,沟道消失称为夹断。因此 u_{GS} 可以控制导电沟道的宽度。并且 G-S 必须加负电压。基本过程如图 2-24 所示。

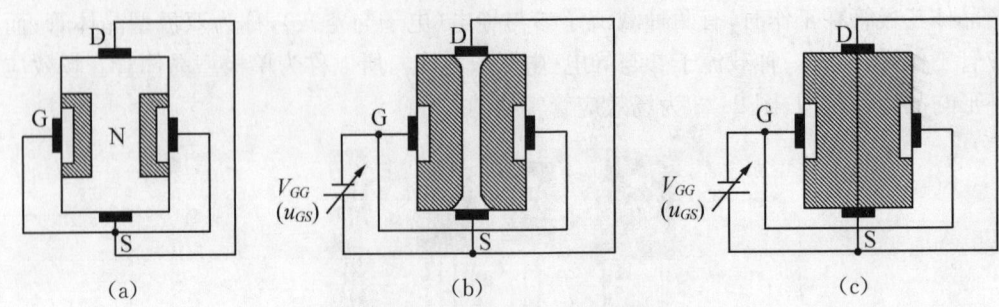

图 2-24 u_{GS} 对导电沟道宽度的控制作用

此外、N 沟道结型场效应管正常工作时，漏－源电压 u_{DS} 将形成并影响漏极电流 i_D。当 $u_{GD} > U_{GS(off)}$、$u_{GS} > U_{GS(off)}$ 且不变时，V_{DD} 增大、i_D 增大，G，D 间 PN 结的反向电压增加，使靠近漏极处的耗尽层加宽，沟道变窄，从上至下呈楔形分布；若 $u_{GD} = U_{GS(off)}$ 时，在紧靠漏极处出现预夹断；当出现 $u_{GD} < U_{GS(off)}$ 时，夹断区延长、沟道电阻、V_{DD} 的增大几乎全部用来克服沟道的电阻，i_D 几乎不变，进入恒流状态，i_D 几乎仅仅决定于 u_{GS}。综上分析可知：预夹断前 i_D 与 u_{DS} 呈近似线性关系；预夹断后 i_D 趋于饱和，基本过程如图 2-25 所示。

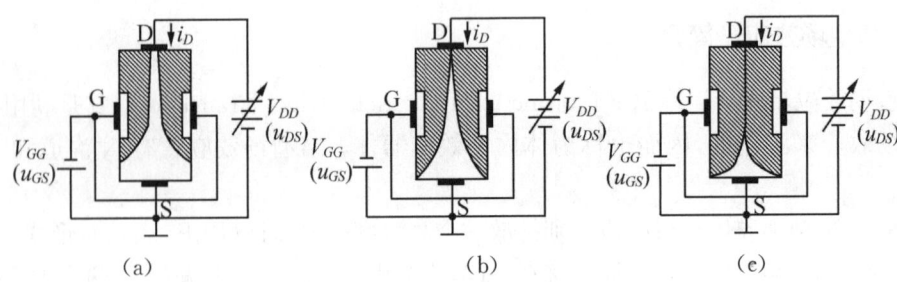

图 2-25 u_{DS} 对 i_D 的控制作用

2.4.2 N 沟道增强型 MOS 管

1. 结构

如图 2-26(a)所示，它是用一块杂质浓度较低的 P 型硅片为衬底，其上扩散两个 N+ 区分别作为源极(S)和漏极(D)，其余部分表面覆盖一层很薄的 SiO_2 作为绝缘层，并在漏源极间的绝缘层上制造一层金属铝作为栅极(G)，就形成了 N 沟道 MOS 管。因为栅极和其他电极及硅片之间是绝缘的，所以称为绝缘栅场效应管。通常将源极和衬底连在一起。符号如图 2-26(b)所示。图中箭头方向表示在衬底与沟道之间由 P 区指向 N 区。

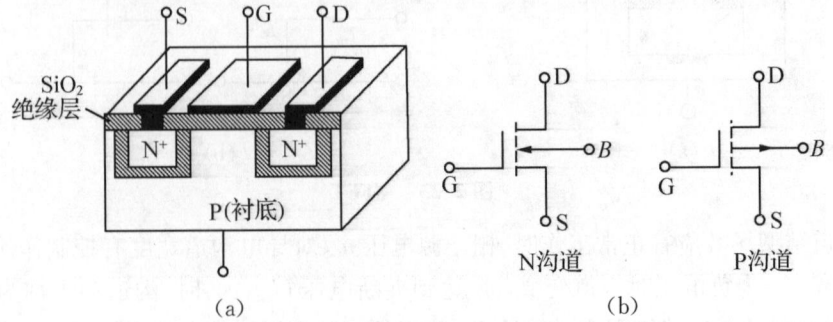

图 2-26 N 沟道增强型 MOS 管结构及符号

2. 工作原理

由图 2-26(a)可见，N^+ 型漏区和 N^+ 型源区间被 P 型衬底隔开，形成两个反向的 PN 结。故 $U_{GS}=0$ 时，不管漏源间所加电压 U_{DS} 的极性如何，总有一个 PN 结反偏，故漏极电流 $I_D \approx 0$。

若栅极间加上一个正向电压 U_{GS}，如图 2-27 所示。在 U_{GS} 作用下，产生垂直于衬底表面的电场，因为 SiO_2 很薄，即使 U_{GS} 很小，也能产生很强的电场。P 型衬底电子受电场吸引到达表层填补空穴，而使硅表面附近产生由负离子形成的耗尽层。若增大 U_{GS} 时，则感应更多的电子到表层来，当 U_{GS} 增大到一定值，除填补空穴外还有剩余的电子形成一层 N 型层称为反型层，它是沟通漏区和源区的 N^+ 型。U_{GS} 愈正，导电沟道宽。在 U_{DS} 作用下就会有电流 I_D 产生，管子导通。由于它是由栅极正电压 U_{GS} 感应产生的，故又称感应沟道，且把在 U_{DS} 作用下管子由不导通到导通的临界栅源电压 U_{GS} 的值叫做开启电压 $U_{GS(th)}$。U_{GS} 达到 $U_{GS(th)}$ 后再增加，衬底表面感应的电子增多，导电沟道加宽，在同样的 U_{DS} 作用下，I_D 增加。这就是 U_{GS} 对 I_D 的电压控制作用，是 MOS 管的基本工作原理。由于上述反型层是 N 沟道，故又称 NMOS 管。

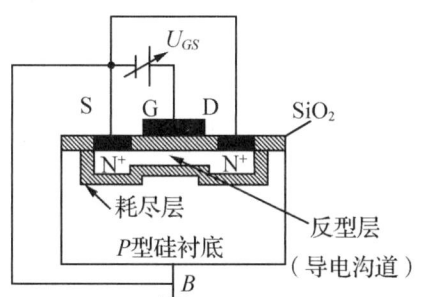

图 2-27 形成导电沟道示意图

当管子加上 U_{DS} 时，则在沟道中产生 I_D，由于 I_D 在沟道中产生的压降使沟道呈楔状，见图 2-28(a)。

当 U_{DS} 增加到使 $U_{GD} = U_{GS(th)}$ 时，沟道在漏端出现予夹断见图 2-28(b)，之后再增加 U_{DS} 见则夹断区加长，而 I_D 近似不变。

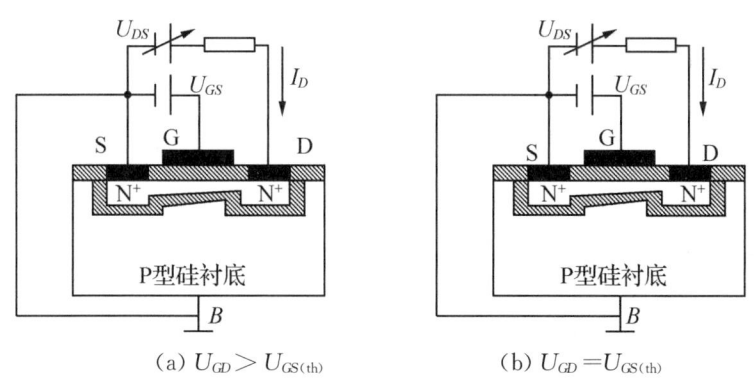

(a) $U_{GD} > U_{GS(th)}$ (b) $U_{GD} = U_{GS(th)}$

图 2-28 U_{DS} 对导电沟道的影响

3. 特性曲线

图 2-29(a)、(b)分别为 N 沟道增强型 MOS 管的转移特性曲线和输出特性曲线。转移

特性反映了U_{GS}对I_D的控制能力,故又称为控制特性。

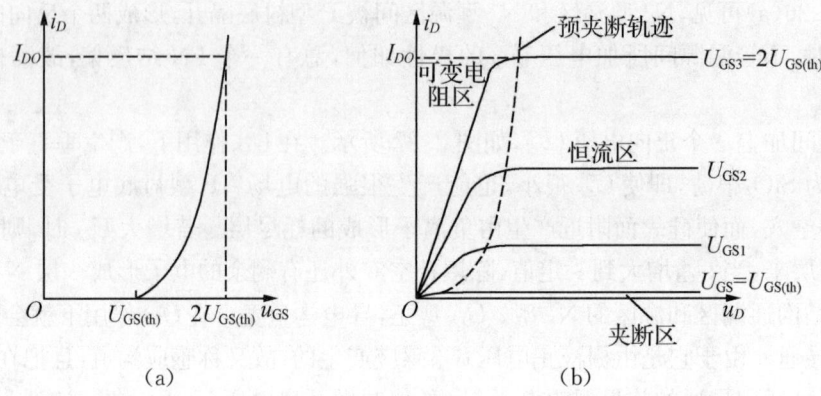

图 2-29　N 沟道增强型 MOS 管的转移特性曲线和漏极特性曲线

(1) 转移特性曲线

转移特性曲线是反映漏源电压U_{DS}一定时,漏极电流I_D与栅源电压U_{GS}之间的关系。即:$I_D=f(U_{GS})|_{U_{DS}=常数}$。

由图(a)可知,当转移特性与横轴的交点即为开启电压$U_{GS(th)}$。

(2) 输出特性曲线

输出特性曲线又称漏极特性,是指当栅源电压U_{GS}一定时,漏极电流I_D与漏极电压U_{DS}之间的关系曲线。即$I_D=f(U_{DS})|_{U_{GS}=常数}$

如图图 2-29(b)所示,不同的U_{GS}对应不同的曲线。由图可知,场效应管工作情况可分为三个区域:可变电阻区、线性放大区和截止区。

① 可变电阻区

在这个区域中(预夹断轨迹左边),漏源电压U_{DS}较小,漏极电流I_D随U_{DS}非线性地增大,其数值主要由栅源电压U_{GS}来决定,U_{GS}增大、曲线愈倾斜,因而电阻越大。所以这个区域称为可变电阻区。

② 线性放大区

在这个区域中(预夹断轨迹右边和夹断区之间),漏极电流I_D几乎不随漏源电压U_{DS}变化,但漏极电流I_D随栅源电压U_{GS}增加而线性地增长,所以这个区域称为线性放大区。要场效应管起放大作用时,一般都工作在这个区域。

③ 截止区

在这个区域中(对应图中靠近横轴部分),当$U_{GS}<U_{GS(th)}$时,导电沟道尚未形成,管子处于截止状态,$I_D=0$,所以这个区域称为截止区。

2.4.3　N 沟道耗尽型 MOS 管

图 2-30 是 N 沟道耗尽型场效应管的结构和表示符号图。

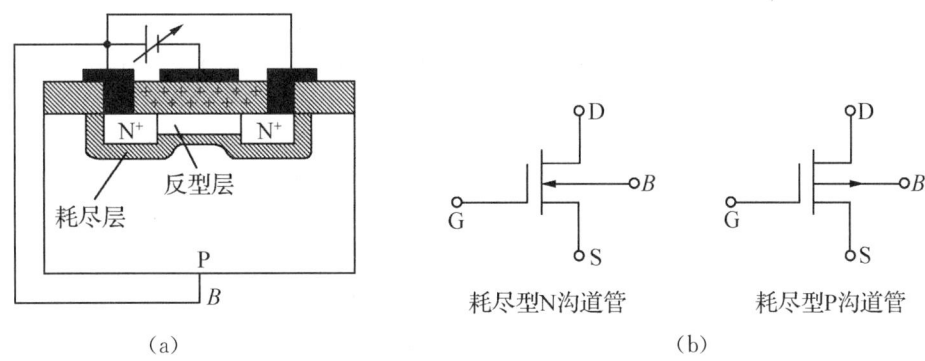

图 2-30 N 沟道耗尽型 MOS 管结构和符号

这种管子在制造过程中,在 SiO_2 绝缘层中掺入大量的正离子。当 $U_{GS}=0$ 时,在这此正离子产生的电场作用之下,衬底表面已经出现反型层,即漏源间存在导电沟道。只要加上 U_{DS},就有 I_D 产生。如果再加上正的 U_{GS},则吸引到反型层中的电子增加,沟道加宽,I_D 加大。反之,U_{GS} 为负值时,外电场将抵消氧化模中正电荷所产生的电场作用,使吸引到反型层中的电子数目减小,沟道变窄,I_D 减小。若 U_{GS} 负到某一值时,可以完全抵消氧化膜中正电荷的影响,则反型层消失,管子截止,这时 U_{GS} 的值称为夹断电压 $U_{GS(off)}$。

N 沟道耗尽型场效应管的特性曲线如图 2-31 所示,(a)图为输出特性曲线,(b)图为转移特性曲线。

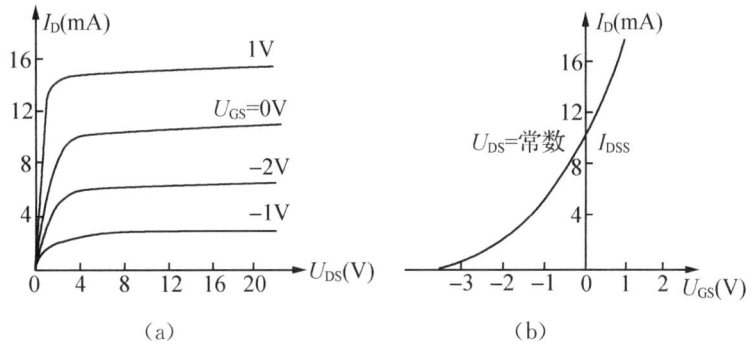

图 2-31 N 沟道耗尽型管的特性曲线

P 型沟道场效应管工作时,电源极性与 N 型沟道场效应管相反。工作原理与 N 型管类似。

2.4.4 场效应管的主要参数

场效应管的主要参数如下:

1. 直流参数

(1) 开启电压 $U_{GS(th)}$:是指在 U_{DS} 为某一固定数值的条件下,产生 I_D 所需要的最小 $|U_{GS}|$ 值。这是增强型绝缘栅场效应管的参数。

(2) 夹断电压 $U_{GS(off)}$:是指在 U_{DS} 为某一固定数值的条件下,使 I_D 等于某一微小电流时所对应的 U_{GS} 值。这是耗尽型场效应管的参数。

(3) 饱和漏极电流 I_{DSS} 是在 $U_{GS}=0$ 的条件下,管子发生予夹断时的漏极电流。这也是耗尽型场效应管的参数。

(4) 直流输入电阻 R_{GS}：是栅源电压和栅极电流的比值。绝缘栅型管一般大于 $10^9\,\Omega$。

2. 交流参数

(1) 跨导 g_m：是衡量场效应管放大能力的重要参数（相当于三极管的 β 值）。

g_m 的表达式为：
$$g_m = \frac{\mathrm{d}i_D}{\mathrm{d}u_{GS}}\bigg|_{u_{DS}=C} \tag{2-4-1}$$

即：漏极与源极之间的电压 U_{DS} 为某一固定值时，栅极输入电压每变化量与漏极电流 I_D 变化量的比值。

g_m 单位为西门子(S)或毫西(mS)，一般管子的 g_m 为零点几到几毫西。

在转移特性曲线上，g_m 是曲线在某点的切线斜率。

(2) 最大耗散功率 P_{DM}：是决定管子温升的参数。$P_{DM}=U_{DS}I_D$。在场效应管工作时消耗的功率不允许超过这一数值，否则管子会过热而烧坏。

实验项目一　　常用电子仪器的使用

一、实验目的

(1) 了解示波器、函数信号发生器、直流稳压电源、交流毫伏表及数字万用表的使用方法及注意事项。

(2) 重点掌握用双踪示波器观察波形和读取波形参数的方法。

二、实验原理

在电子技术实验中，用来测试电路的静态和动态工作状况的最常用的电子仪器有示波器、函数信号发生器（正弦波信号或多种波形信号）、直流稳压电源、万用表（指针式或数字式）及交流毫伏表等。

它们的主要用途是：

直流稳压电源：为电路提供能源及静态工作点。

函数信号发生器：为电路提供各种频率和幅度的输入信号供放大用。

示波器：观察电路中各点的波形，以监视电路是否正常工作。还用以测量波形的周期、幅度、相位差及观察电路的特性曲线等。

交流毫伏表：测量电路的输入、输出等处的正弦信号的有效值。

万用表：具有测量交、直流电压、电流以及电阻等多种功能。

要正确地观测实验现象，准确地测量实验数据，就必须掌握这些仪器的使用方法和一般的测量技术，这是必须掌握的基本实验技能。实验中要对各种电子仪器进行综合使用，可按照信号流向，以连线简捷，调节顺手，观察与读数方便等原则进行合理布局，各仪器与被测实验装置之间的布局与连接如图所示。接线时应注意，为防止外界干扰，各仪器的共公接地端应连接在一起，称共地。信号源和交流毫伏表的引线通常用屏蔽线或专用电缆线，示波器接线使用专用电缆线，直流电源的接线用普通导线。

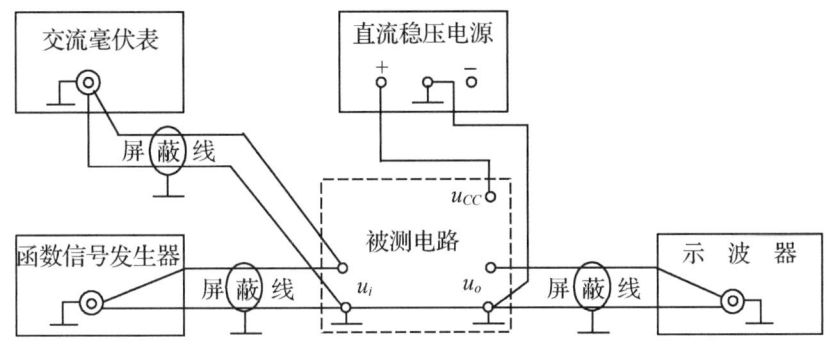

图 S1-1 模拟电子电路中常用电子仪器布局图

通过实验,初步学会示波器、函数信号发生器、直流稳压电源、数字万用表及交流毫伏表的使用方法,为在模拟、数字实验中正确地使用这些仪器打下基础。因此,在动手之前必须仔细地阅读各仪器的说明。

三、实验用仪器与设备

(1) 双踪示波器

(2) 函数信号发生器

(3) 交流毫伏表

(4) 直流稳压电源

(5) 数字万用表

四、实验方法与步骤

(1) 直流稳压电源的使用

1) 使稳压电源的两路输出分别为+12 V 和+15 V:调节微调旋钮,用数字万用表的"DCV"档测量输出电压值。

2) 使稳压电源的两路输出分别为+15 V 和-15 V,两路应该怎样接线,请画图说明。

(2) 函数信号发生器和交流毫伏表的使用

将函数信号发生器的频率旋钮调到 1 kHz,调节"输出微调"旋钮,使电压表指示 14.1 V 位置,将"输出衰减"开关分别置 0 dB、20 dB、40 dB、60 dB,用交流毫伏表分别测出相应的电压值,并记录。

(3) 示波器的使用

1) 用示波器测量波形的周期和幅值。先调好扫描线零点位置,然后输入示波器的校准信号,恰当地选择伏/格及扫描时间/格的量程,使荧光屏上出现 5 个周期、幅度适中的方波。将 Y 轴幅度和扫描时间的微调旋钮放在"校准"位置。准确地算出校准信号的周期和幅值(峰-峰),并说明扫描时间/格及伏/格两个波段开关对应的量程。

2) 用示波器分别观测 1 kHz 5 V、500 mV、50 mV、5 mV(有效值)的正弦信号。将伏/格开关及微调旋钮、扫描时间/格开关及微调旋钮置合适位置,使荧光屏上出现 2~5 个周期、幅度适中(占整个屏面高度的 $\frac{1}{2} \sim \frac{1}{3}$)的波形。

要求波形位置适中,辉度适当,清晰悦目。取"内"触发、"自动"方式、正触发极性。适当调节触发电平,以保证波形稳定。

注意：交流毫伏表的读数是正弦波电压的有效值，而示波器上测得的是峰-峰值或峰值。

注意：峰-峰值＝$2\sqrt{2}×$有效值。

五、实验准备及预习要求

（1）阅读示波器、函数信号发生器、直流稳压电源、交流毫伏表、数字万用表的使用操作说明。弄清各旋钮的功能及仪器使用注意事项。

（2）阅读本实验内容及步骤。

六、实验注意事项

为防止干扰，实验电路与各仪器的公共端必须连在一起。

实验项目二　二极管、三极管应用电路调试与分析

一、实验目的

（1）熟悉模拟电路实验箱的使用方法。

（2）掌握半导体二极管、三极端管的结构及特性。

（3）学会判断半导体二极管、三极管的质量和极性。学会在路测试半导体器件的方法。

（4）掌握半导体二极管、三极管应用电路的连接与测试方法。

二、实验原理

二极管由一个 PN 结构成，硅二极管的正向导通电压约为 0.7 V，锗二极管的正向导通电压约为 0.2 V。当外加正向电压，也即 P 端电位高于 N 端电位时，二极管导通呈低电阻，当外加反向电压，也即 N 端电位高于 P 端电位时，二极管截止呈高电阻。也就是说二极管具有单向导电性。因此可应用万用表的电阻挡鉴别二极管的极性和判别其质量的好坏。

稳压二极管是一种特殊的面接触型硅二极管，在正常情况下稳压二极管工作在反向击穿区，具有稳压作用。

三极管是具有放大作用的半导体器件，晶体三极管是由两个 PN 结组成的有源三端器件，分为 NPN 型和 PNP 型，根据材料有硅管和锗管之分。对于 PN 结来说，同样具有单向导电性。当外加正向电压，也即 P 端电位高于 N 端电位时，PN 结导通呈低电阻，当外加反向电压，也即 N 端电位高于 P 端电位时，PN 结截止呈高电阻。同理用此方法可以判断三极管的质量和极性。晶体三极管因偏置条件不同，有放大、截止、饱合三种工作状态。

三、实验用仪器与设备

（1）模拟电路实验箱

（2）函数信号发生器

（3）交流毫伏表

（4）双踪示波器

（5）数字万用表

四、实验方法与步骤

(1) 半导体二极管、半导体三极管极性的判别

1) 二极管的的质量判断和极性判别

利用数字万用表的二极管测量档,若将红表笔接二极管阳(正)极,黑表笔接二极管阴(负)极,则二极管处于正偏,万用表显示值为二极管的正向压降伏特值。若将红表笔接二极管阴极,黑表笔接二极管阳极,二极管处于反偏,万用表高位显示为"1"或很大的数值,此时说明二极管是好的。在测量时若两次的数值均很小,则二极管内部短路;若两次测得的数值均很大或高位为"1",则二极管内部开路。

2) 三极管的质量判断与极性判别

首先用数字万用表的二极管档位测量三极管的类型和基极 b:

判断时可将三极管看成是一个背靠背的 PN 结。按照判断二极管的方法,可以判断出其中一极为公共正极或公共负极,此极即为基极 b。对 NPN 型管,基极是公共正极;对 PNP 型管则是公共负极。因此,判断出基极是公共正极还是公共负极,即可知道被测三极管是 NPN 或 PNP 型三极管。如果在测量中找不到公共 b 极或三极管发射结、集电结的正、反偏不正常,说明该三极管为坏管子。

其次利用数字万用表测量 $\beta(h_{FE})$ 值的挡位,判断发射极 e 和集电极 c。

将挡位旋至 h_{FE},基极插入所对应类型的孔中,把其余管脚分别插入 c、e 孔观察数据,再将 c、e 孔中的管脚对调再看数据,数值大的说明管脚插对了。

(2) 二极管应用测试电路

1) 半波整流测试电路:测试电路如图 S2-1 所示,输入 1 kHz,有效值为 3 V 的正弦信号,用双踪示波器观察 V_i 和 V_o 的波形,记录对应关系。

2) 箝位测试电路:测试电路如图 S2-2 所示,调节电位器 R_F,使 V_i 等于 3 V,并按表分别将 V_i 接到二极管 A 点和 B 点,用万用表分别测出相应的 V_o 值,记录结果。

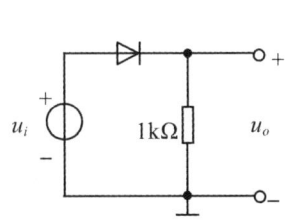

图 S2-1 半波整流测试电路

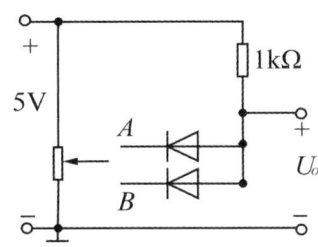

图 S2-2 箝位测试电路

表 S2-1 箝位测试表

V_A(V)	V_B(V)	U_O(V)
0	0	
0	3	
3	0	
3	3	

(3) 三极管应用电路测试

三极管应用电路如图 S2-3 所示。

1) 调节电位器 R_F,使 V_i 按表所示由零逐渐增大,用万用表测对应的 V_{BE}、V_O 值,记录结果,计算 I_C。

2) 分析三极管的工作状态,并找出三组典型值。

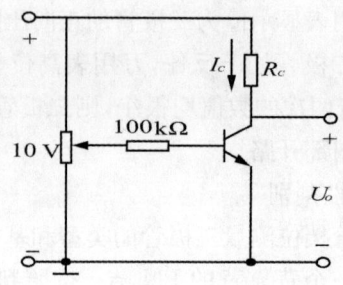

图 S2-3　三极管电压传输特性测试

五、实验准备及预习要求

(1) 复习有关二极管、三极管的内容。
(2) 阅读本实验内容及步骤。

六、实验注意事项

为防止干扰,实验电路与各仪器的公共端必须连在一起。

本章习题

2-1　说明下列各组名词的含义,指出它们的特点和区别:
(1) 自由电子、价电子、空穴、正离子和负离子;
(2) 本征半导体导电和杂质半导体导电;
(3) 扩散电流和漂流电流。

2-2　PN 结为什么具有单向导电性?在什么条件下,单向导电性被破坏?

2-3　设二极管均为理想二极管,写出题 2-3 图所示各电路的输出电压值。

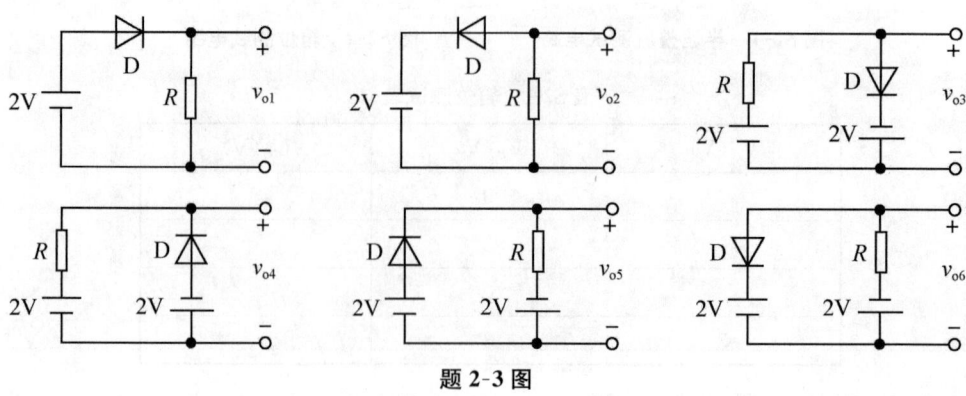

题 2-3 图

2-4 设二极管的导通压降 $U_D=0.7$ V,判断题 2-4 图所示电路中各二极管处于何种工作状态,并求 $U_{AO}=?$

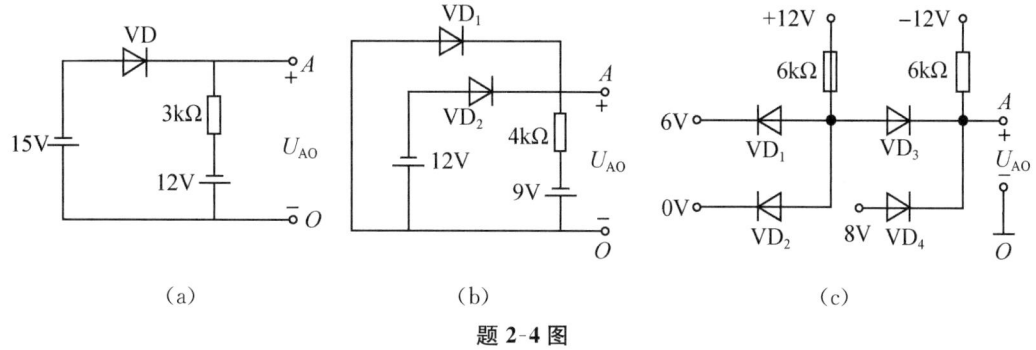

题 2-4 图

2-5 电路如题图 2-5 所示,已知 $u_i=5\sin\omega t$ (V),二极管导通电压 $U_D=0.7$ V。试画出 u_i 与 u_O 的波形,并标出幅值。

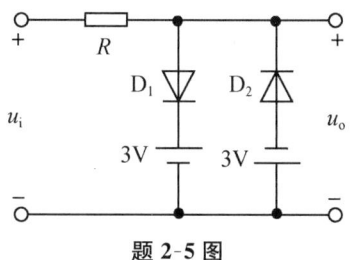

题 2-5 图

2-6 已知两个稳压管的稳压值分别为 $U_{Z1}=7$ V,$U_{Z2}=3$ V,两管正向导通电压均为 0.7 V,若将它们串联相接,则可得到几种稳压值,各为多少? 并联呢?

2-7 已知稳压管的稳定电压 $U_Z=6$ V,稳定电流的最小值 $I_{Zmin}=5$ mA,最大功耗 $P_{ZM}=150$ mW。试求题 2-8 图所示电路中电阻 R 的取值范围。

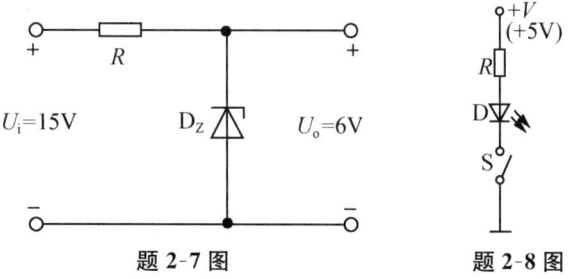

题 2-7 图   题 2-8 图

2-8 在题 2-8 图所示电路中,发光二极管导通电压 $U_D=1.5$ V,正向电流在 5～15 mA 时才能正常工作。试问:

(1) 开关 S 在什么位置时发光二极管才能发光?

(2) R 的取值范围是多少?

2-9 已知两只晶体管的电流放大系数 β 分别为 50 和 100,现测得放大电路中这两只管子两个电极的电流如题 2-9 图所示。分别求另一电极的电流,标出其实际方向,并在圆圈中画出管子。

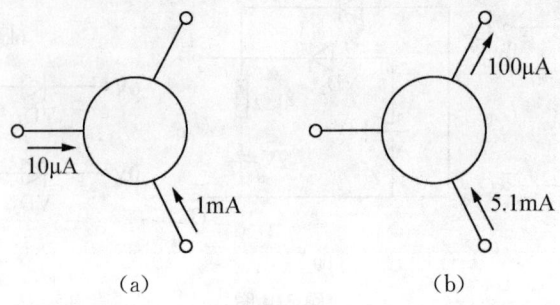

题 2-9 图

2-10 有两个晶体管,一个管子的 $\beta=150$,$I_{CEO}=180\ \mu A$,另一个管子的 $\beta=150$,$I_{CEO}=210\ \mu A$,其他的参数一样,你选择哪一个管子?为什么?

2-11 测得放大电路中六只晶体管的直流电位如题图 2-11 所示。在圆圈中画出管子,并分别说明它们是硅管还是锗管。

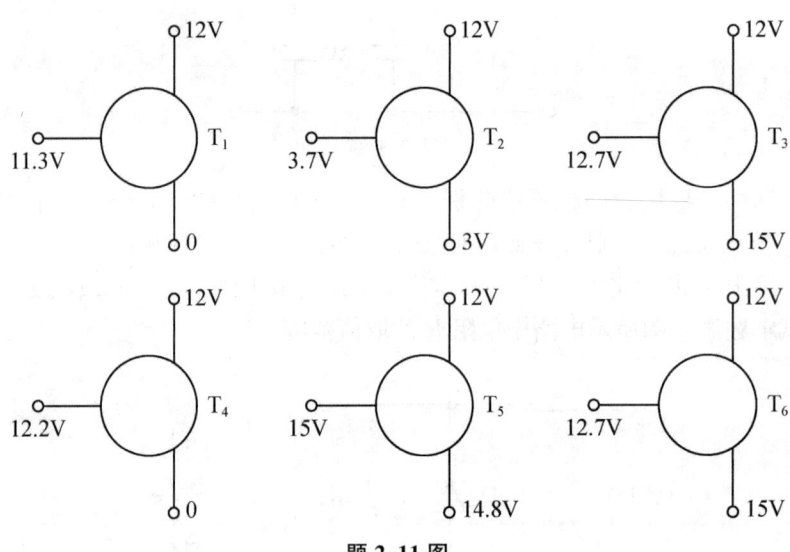

题 2-11 图

2-12 某三极管的 $P_{CM}=100\ mW$,$I_{CM}=20\ mA$,$U_{CEO}=15\ V$,问在下列几种情况下,哪种情况能正常工作?

(1) $U_{CE}=3.1\ V$,$I_C=10\ mA$;(2) $U_{CE}=2\ V$,$I_C=40\ mA$;(3) $U_{CE}=6\ V$,$I_C=20\ mA$;

2-13 测得三个硅材料 NPN 型晶体管的极间电压 U_{BE} 和 U_{CE} 分别如下,试问:它们各处于什么状态?

(1) $U_{BE}=-6\ V$,$U_{CE}=5\ V$;(2) $U_{BE}=0.7\ V$,$U_{CE}=0.5\ V$;(3) $U_{BE}=0.7\ V$,$U_{CE}=5\ V$。

2-14 测得三个锗材料 PNP 型三极管的极间电压 U_{BE} 和 U_{CE} 分别如下,试问:它们各处于什么状态?

(1) $U_{BE}=-0.2\ V$,$U_{CE}=-3\ V$;(2) $U_{BE}=-0.2\ V$,$U_{CE}=-0.1\ V$;(3) $U_{BE}=5\ V$,$U_{CE}=-3\ V$。

2-15　在晶体管放大电路中,当 $I_B=10$ μA 时,$I_C=1.1$ mA,当 $I_B=20$ μA 时,$I_C=2$ mA,求晶体管电流放大系数 β,极间反向电流 I_{CBO} 及 I_{CEO}。

2-16　场效应管的工作原理和晶体管有什么不同？为什么场效应管具有很高的输入电阻？

2-17　根据题 2-17 图所示的场效应管输出特性曲线,试判断管子的类型。

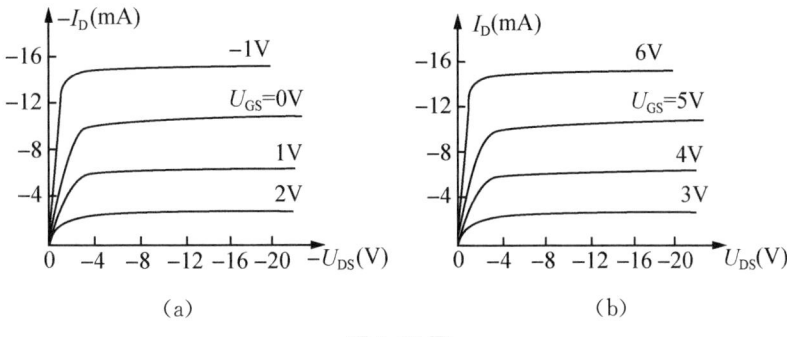

题 2-17 图

2-18　已知一个 N 沟道增强型 MOS 场效应管的开启电压 $U_{GS(th)}=+3$ V,$I_{DO}=4$ mA,画出其转移特性曲线示意图。

2-19　已知一个 P 沟道耗尽型 MOS 场效应管的夹断电压 $U_{GS(off)}=+4$ V,饱和漏极电流 $I_{DSS}=-2.5$ mA,画出其转移特性曲线示意图。

第3章 基本放大电路

本章导学

> 本章是模拟电子技术课程的基础,是需要掌握的重点内容之一。本章首先以放大的概念和放大电路的主要技术指标为起点,讨论了放大电路的基本原理和两种基本分析方法。然后介绍了晶体管组成的共发射极、共集电极和共基极三种基本放大电路,围绕其电路组成、静态分析、动态分析进行了详细分析。在此基础上,本章介绍了场效应管放大电路的特点和分析方法。最后,针对多级放大电路以及放大电路的频率特性等相关知识进行了讲解。

3.1 放大电路概述

3.1.1 放大的概念及放大电路的性能指标

1. 放大的概念

现实生活中常常需要将弱小的信号给予放大。例如,在收音机中,天线感应到的信号只有微伏的数量级,不能直接驱动扬声器工作。只有经放大电路将其放大成足够强的电信号才能使扬声器发声。

所谓放大是将信号的幅值由小增大,其本质是能量的控制与转换,是在较小的输入信号的控制下,通过放大电路将直流电源的能量转换成大的交流能量输出,驱动负载,因此需要控制能量的器件。放大电路中三极管或场效应管等有源器件是核心器件。为了实现不失真的线性放大,有源器件应工作在合适的区域,即三极管工作在线性放大区,场效应管工作在恒流区。

2. 放大电路的性能指标

一个放大电路的性能如何,可以用许多性能指标来衡量。任何一个放大电路都可以看成是有源线性双口网络,如图3-1。图中,左端口为输入端口,在内阻为 R_S 的信号源 $\dot{U}_S$ 的作用下,形成的输入电压和输入电流分别为 $\dot{U}_i$ 和 $\dot{I}_i$。右端口为输出端口,输出电压和输出电流分别

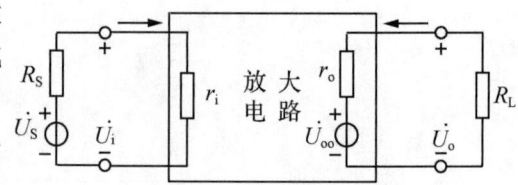

图 3-1 放大电路示意图

为 $\dot{U}_o$ 和 $\dot{I}_o$，R_L 为负载电阻。

1. 放大倍数

放大倍数是直接衡量放大电路放大能力的重要指标，是输出量与输入量之比。

(1) 电压放大倍数

放大电路输出电压与输入电压之比，即

$$\dot{A}_u = \frac{\dot{U}_O}{\dot{U}_i} \tag{3-1-1}$$

(2) 电流放大倍数

放大电路输出电流与输入电流之比，即

$$\dot{A}_i = \frac{\dot{I}_O}{\dot{I}_i} \tag{3-1-2}$$

(3) 功率放大倍数

放大电路输出功率与输入功率之比，即

$$A_p = \frac{P_o}{P_i} \tag{3-1-3}$$

2. 输入电阻

放大电路的输入电阻是从输入端口向放大电路内看进去的等效电阻，等于输入电压与输入电流之比，即

$$r_i = \frac{\dot{U}_i}{\dot{I}_i} \tag{3-1-4}$$

放大电路与信号源相连就成为信号源的负载，因此放大电路必然从信号源索取电流，输入电阻 r_i 反映了放大电路对信号源的影响程度。

3. 输出电阻

放大电路的输出电阻是指从输出端口向放大电路内看进去的等效电阻。令信号源置零（保留其内阻 R_S）、负载 R_L 开路，此时在输出端接入一信号源电压 $\dot{U}$，设产生的电流为 $\dot{I}$，则放大电路的输出电阻为

$$r_o = \frac{\dot{U}}{\dot{I}} \bigg|_{R_L=\infty, \dot{U}_S=0} \tag{3-1-5}$$

实践中也可通过实验方法测得负载开路输出电压 $\dot{U}_\infty$ 和有载时输出电压 $\dot{U}_o$，则输出电阻的关系式为

$$r_o = \left(\frac{\dot{U}_\infty}{\dot{U}_o} - 1 \right) R_L \tag{3-1-6}$$

输出电阻越小，输出电压受负载的影响就越小，若输出电阻等于零，则输出电压将不受负载大小的影响，实现恒压输出。可见，输出电阻的大小反映了放大电路带负载能力的大小，r_o 越小，带负载能力越强。

4. 通频带

放大电路中通常含有电抗元件,这就使放大电路的放大能力和输入信号的频率有关。放大电路电压放大倍数的数值与信号频率的关系曲线称为幅频特性曲线,典型的幅频特性曲线如图 3-2。一般,在中频段,电压放大倍数比较大,并且基本不变,用 $|\dot{A}_{um}|$ 表示中频电压放大倍数的大小。

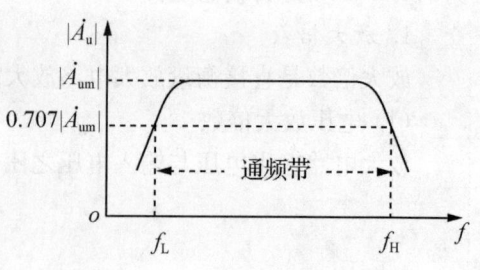

图 3-2 放大电路的幅频特性

当信号频率下降到一定程度时,放大倍数明显下降,我们将使放大倍数下降到 $0.707|\dot{A}_{um}|$ 时的频率称为下限截止频率,记作 f_L。

当信号频率上升到一定程度时,放大倍数也明显下降,我们将使放大倍数下降到 $0.707|\dot{A}_{um}|$ 时的频率称为上限截止频率,记作 f_H。我们把 f_H 和 f_L 之间的频率范围称为中频段,亦即放大电路的通频带,用 f_{bw} 表示,即

$$f_{bw}=f_H-f_L \tag{3-1-7}$$

通频带越宽,表明放大电路对不同频率信号的适应能力越强。如果放大电路的通频带小于信号的频带,放大后的信号不能重现原来的形状,输出信号就产生了失真。

5. 最大不失真输出电压

最大不失真输出电压定义为当输入电压再加大就会使输出电压波形产生失真时的临界输出电压,常采用峰-峰值。

6. 非线性失真系数

由于放大器件的非线性,输出波形不可避免地发生失真。输出波形中的谐波成分的总量与基波成分之比称为非线性失真系数,该值越小越好。

放大电路性能指标还有其它指标,如最大输出功率和效率等。

3.1.2 三极管放大电路的基本工作原理

常见的阻容耦合基本共射放大电路如图 3-3 所示。信号源 u_S 的内阻为 R_S,R_L 为放大电路的等效负载电阻。直流电源 U_{CC} 和基极偏置电阻 R_b 及集电极负载电阻 R_C 构成直流偏置电路,令三极管 VT 工作在放大区。电容 C_1 是输入端的耦合电容,隔断放大电路与信号源之间的直流联系,同时将输入的交流信号加到三极管的发射结上,即起"隔直通交"作用。电容 C_2 是输出端的耦合电容,也起"隔直通交"作用,将放大了的交流信号输送出去。为了减小对信号的衰减,耦合电容 C_1 和 C_2 容量要足够大,一般采用电解电容。

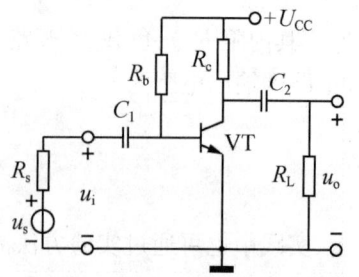

图 3-3 阻容耦合基本共射放大电路

在上述电路中,输入交流信号 $u_S=0$ 时,电路只有在直流电源 U_{CC} 的激励下形成的直流电流和直流电压。我们设基极电流为 I_B,集电极电流为 I_C,基极、发射极间电压为 U_{BE},集电极、发射极间电压为 U_{CE}。信号源的信号 u_S 经输入端的耦合电容 C_1 加到晶体管的基极和发

射极之间时,基极电流 i_B 在基极直流电流 I_B 的基础上叠加了交流成分 i_b,所以
$$i_B = I_B + i_b$$
由于三极管的电流控制作用,将引起集电极电流的变化,集电极电流 i_C 也在集电极直流电流为 I_C 的基础上叠加了交流成分 i_c,即
$$i_C = I_C + i_c$$
集电极电流 i_C 的变化在集电极负载电阻 R_C 上产生压降使三极管输出端电压发生变化,经输出端的耦合电容去掉直流成分后输出交流电压 u_o。

如果三极管工作在放大区,集电极电流 i_C 的变化量 i_c 是基极电流 i_B 变化量 i_b 的 β 倍。只要器件的参数合适,输出电压的幅值就能比输入信号电压的幅值大,即实现了电压放大。

可见,组成放大电路必须保证
(1) 晶体管工作在放大区:发射结正偏、集电结反偏;
(2) 输入回路能将输入电压有效地作用于三极管,形成变化的基极电流;
(3) 输出回路将变化的集电极电流转换成输出电压信号有效地输出。

3.2 放大电路的分析方法

对放大电路进行分析的步骤是先静态,后动态;分析方法有近似估算法、图解法和微变等效电路分析法。

通过基本共射放大电路工作原理的分析可以知道,放大电路中交流量和直流量是并存的。而电抗器件的存在使直流量流经的通路和交流信号流经的通路是不一致的。因此,分析放大电路首先要确定直流通路和交流通路。

3.2.1 放大电路的直流通路与交流通路

1. 直流通路与静态工作点的近似估算

(1) 直流通路

直流通路是指在直流电源的激励下直流电流流经的通路,主要用来研究放大电路的静态工作点。在画直流通路时,将信号源置零(注意保留其内阻),电容视为开路,电感视为短路(忽略其直流电阻)即可。图 3-4 是图 3-3 所示阻容耦合基本共射放大电路的直流通路。

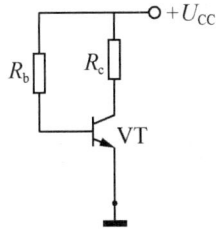

图 3-4 阻容耦合共射放大电路直流通路

(2) 静态工作点

当放大电路中,输入信号为零时的电路状态称为静态,此时电路中只有直流电源作用下

的直流电压和电流。静态时基极直流电流、集电极直流电流、基极与发射极间直流电压和集电极与发射极间直流电压称为放大电路的静态工作点 Q，记为 I_{BQ}、I_{CQ}、U_{BEQ} 和 U_{CEQ}。

（3）静态工作点的近似估算

三极管导通时，发射结电压变化很小，因此在近似估算中将 U_{BEQ} 视为常数，当已知量处理。一般，硅管为 $0.6 \sim 0.8$ V，锗管为 $0.1 \sim 0.3$ V，可取相应范围中的某一个值。

在如图 3-4 的直流通路中，由基极回路可以写出静态时基极电流 I_{BQ}

$$I_{BQ} = \frac{U_{CC} - U_{BEQ}}{R_b} \tag{3-2-1}$$

根据三极管中的电流关系，可求出静态集电极电流 I_{CQ}

$$I_{CQ} \approx \beta I_{BQ} \tag{3-2-2}$$

那么，可以由集电极输出回路可求出静态时三极管的管压降 U_{CEQ} 为

$$U_{CEQ} = U_{CC} - I_{CQ} R_c \tag{3-2-3}$$

【例 3-1】放大电路如图 3-3，已知三极管是硅管，其共射交流电流放大系数 $\beta = 50$，$U_{CC} = 12$ V，$R_b = 280$ kΩ，$R_C = R_L = 3$ kΩ。试估算静态工作点（取 $U_{BEQ} = 0.7$ V）。

解：在如图 3-4 的直流通路中，由式(3-2-1)、(3-2-2)、(3-2-3)

$$I_{BQ} = \frac{U_{CC} - U_{BEQ}}{R_b} = \frac{12 - 0.7}{280} \approx 0.04 \text{ mA} = 40 \text{ μA}$$

$$I_{CQ} = \beta I_{BQ} = 50 \times 0.04 = 2 \text{ mA}$$

$$U_{CEQ} = U_{CC} - I_{CQ} \times R_c = 12 - 2 \times 3 = 6 \text{ V}$$

2. 交流通路

交流通路是在输入交流信号的作用下，交流信号流经的通路，主要用来研究放大电路的交流性能指标。在画交流通路时，我们忽略一些器件对交流信号的阻碍作用。将大电容视为短路（忽略其容抗），大电感视为开路；由于直流电源其内阻比较小，故对交流信号也视为短路。

图 3-5 是阻容耦合共射放大电路的交流通路。

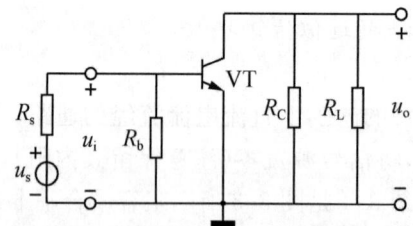

图 3-5　阻容耦合共射放大电路的交流通路

3.2.2　图解分析法

图解分析法是指在三极管的输入特性曲线、输出特性曲线上，直接用作图的方法分析放大电路。图解法也分为静态分析和动态分析。下面介绍用图解法确定静态工作点的步骤。

1. 静态工作点的图解法

已知三极管的输入、输出特性曲线及电路参数，原则上通过作图的方法可以确定晶体工作点在输入特性上、输出特性上的位置。但是，在实际应用时输入特性上的 Q 点往往采用估

算法。下面介绍输出特性上 Q 点的图解法。

在如图 3-6 所示的输出回路中,以虚线为界,左侧是三极管,电流和电压的关系可用三极管的输出特性曲线来描述

$$i_C = f(u_{CE})\big|_{i_B=常数}$$

右侧应遵循下式

$$u_{CE} = U_{CC} - i_C R_C \tag{3-2-4}$$

上式叫直流负载线方程,其斜率 $K_直 = -\dfrac{1}{R_C}$。在输出特性上,画出直流负载线 $\overline{MN}$。

直流负载线与 $i_B = I_{BQ}$ 的输出特性曲线相交的点即为静态工作点。

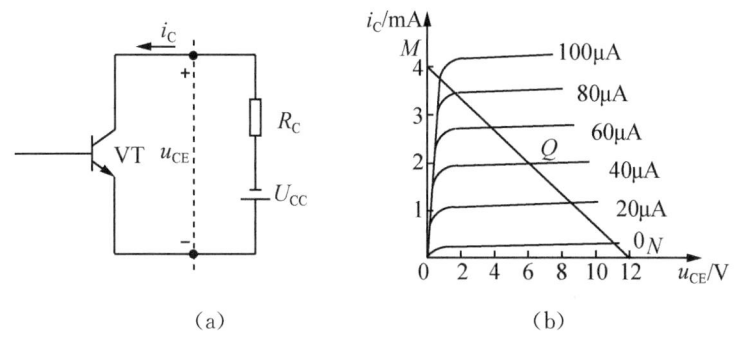

(a)　　　　　　　　　　　(b)

图 3-6　图解法求静态工作点

【例 3-2】 放大电路如图 3-3 所示。已知 $U_{CC}=12$ V,$R_b=280$ kΩ,$R_C=3$ kΩ。三极管输出特性曲线如图 3-6(b)所示。试用图解法确定静态工作点(取 $U_{BEQ}=0.7$ V)。

解:

1) 由式(3-2-1),估算静态时基极电流 I_{BQ}:

$$I_{BQ} = \frac{U_{CC} - U_{BEQ}}{R_b} = \frac{12 - 0.7}{280} \approx 0.04 \text{ mA} = 40 \text{ μA}$$

2) 在输出特性上画出直流负载线 $\overline{MN}$:

由直流负载线方程 $u_{CE} = U_{CC} - i_C R_c$,当 $u_{CE}=0$ 时,$i_C = \dfrac{U_{CC}}{R_C} = \dfrac{12}{3} = 4$ mA;当 $i_C = 0$ 时,$u_{CE} = U_{CC} = 12$ V。因此,直流负载线经过(0,4)点和(12,0)点,如图 3-6(b)所示。

3) $i_B = 40$ μA 线与直流负载线 $\overline{MN}$ 的交叉点即为静态工作点 Q 点。从图上读出 $I_{CQ} = 2$ mA,$U_{CEQ} = 6$ V。

2. 动态分析

用图解法对放大电路进行动态分析的目的,主要是通过作图定性地把握放大电路的电压和电流的关系;估算电压放大倍数的大小;直观地分析出波形失真和动态范围。

(1) 交流负载线

在图 3-5 所示的交流通路的输出回路,设 $R'_L = R_C // R_L$,$i_c = -\dfrac{1}{R'_L} u_{ce}$。因此,交流负载线是经过静态工作点的斜率为 $K_交 = -\dfrac{1}{R'_L}$ 的直线,如图 3-7 所示。如果放大电路是空载,即 $R_L = \infty$,此时交流负载线和直流负载线是重合的。

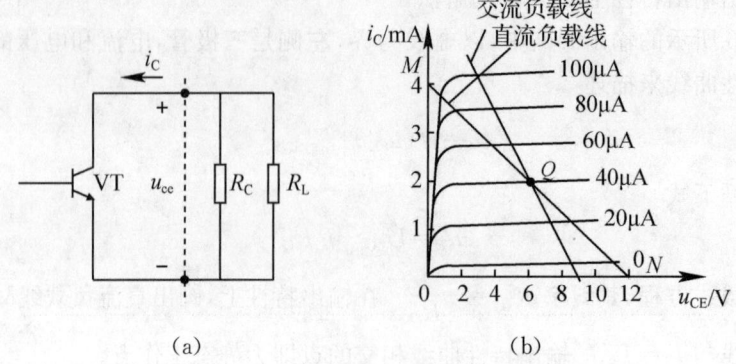

图 3-7 交流输出回路及交流负载线

通过基本放大电路工作原理的分析,我们已经知道在输入小信号的作用下,放大电路的电流和电压都在原来的直流量的基础上,叠加了变化量。现在我们可以描述为在静态工作点即 Q 点上叠加了在输入小信号的激励下形成的变化量。动态时的工作点,即动态工作点 Q' 应该以 Q 点为中心,沿着交流负载线上下移动,交流负载线是动态工作点的运动轨迹。

(2) 图解动态分析

1) 设输入信号为一幅值很小的正弦电压 $u_i = U_{im} \sin \omega t$ V,此电压加到了三极管的发射结上,画出发射结电压波形,如图 3-8(a)。

2) 由三极管的输入特性曲线,确定基极电流的变化范围 60 μA(Q'_1 点)和 20 μA(Q'_2 点)。由于三极管工作在基本线性的区域,输入信号的幅值又很小,因此基极电流的变化也是按正弦规律变化的。

3) 由三极管的输出特性曲线,找出交流负载线和基极电流分别为 60 μA 和 20 μA 线的交点即为输出特性上的动态工作点的范围 Q'_1 点、Q'_2 点,如图 3-8(b)。读出相应的集电极电流的数值就可以确定集电极电流的变化范围。三极管工作在放大区,集电极电流也按正弦规律变化,变化量是基极电流变化量的 β 倍。

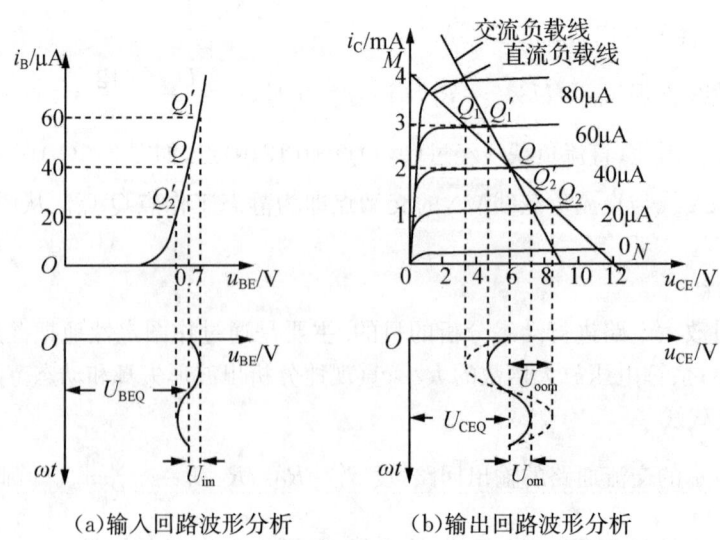

(a) 输入回路波形分析　　(b) 输出回路波形分析

图 3-8 共射放大电路的图解动态分析

4) 由输出特性上动态工作点的范围 Q_1' 点、Q_2' 点可以确定放大电路输出电压的峰—峰值。由三极管的输出特性曲线,画出管压降 u_{CE} 的波形。由于集电极电流按正弦规律发生变化,因此输出电压也按正弦规律发生变化。

5) 读出输出电压的幅值 U_{om},则放大电路的电压放大倍数的大小为

$$A_u = \frac{U_{om}}{U_{im}}$$

如果放大电路是空载,则交流负载线和直流负载线重合,因此此时的动态范围由 Q_1 点到 Q_2 点之间变化,所以输出电压的变化范围变大,幅值为 U_{oom}。可见,空载时电压放大倍数变大。

(3) 静态工作点与波形失真

由如上所述图解过程不难看出,如果静态工作点过高,三极管可能瞬间进入饱和区而产生饱和失真,在输出波形上表现为底部失真;如果静态工作点过低,三极管可能瞬间进入截止区而产生截止失真,在输出波形上表现为顶部失真;如果静态工作点过于接近于原点或信号幅值过大,可能产生双向失真。在这里不再详细叙述了。

3.2.3 微变等效电路分析法

1. 三极管简化的微变等效电路

三极管是非线性器件,但是在静态工作点合适的前提下,当输入交流信号很小时,其动态工作点可认为在线性范围内变动,这时三极管中各极电压和电流的关系近似为线性关系。因此可以给三极管建立一个小信号的线性模型,即微变等效电路。

在三极管的输入特性曲线中,信号很小时,动态范围内一段曲线可当作直线。因此,输入电压的变化量与输入电流的变化量成比例,比例系数称为三极管的输入电阻,用 r_{be} 表示,即

$$r_{be} = \frac{\Delta u_{BE}}{\Delta i_B}\bigg|_{u_{CE}=常数} = \frac{u_{be}}{i_b}\bigg|_{u_{CE}=常数}$$

工程上三极管的输入电阻用近似公式估算,即

$$r_{be} = r_{bb'} + (1+\beta)\frac{26\text{ mV}}{I_{EQ}} \qquad (3\text{-}2\text{-}5)$$

其中 $r_{bb'}$ 是基区体电阻,对于小功率管,约为 100~500 Ω,一般取 300 Ω。

由三极管输出特性,,放大区的特性曲线可近似看成一组等间距的平行线族,集电极电流由基极电流控制,两者的变化量成比例,即动态范围内一段曲线可当作直线。因此,集电极电流的变化量与基极电流的变化量成比例,即

$$\beta = \frac{\Delta i_C}{\Delta i_B}\bigg|_{u_{CE}=常数} = \frac{i_c}{i_b}\bigg|_{u_{CE}=常数} \qquad (3\text{-}2\text{-}6)$$

所以,$i_c = \beta i_b$,β 是三极管的共发射极交流电流放大系数。可见,三极管工作在放大区时,输出端可用一个受控电流源 βi_b 来表示。

在简化的三极管微变等效电路模型中只有两个线性器件,如图 3-9 所示。

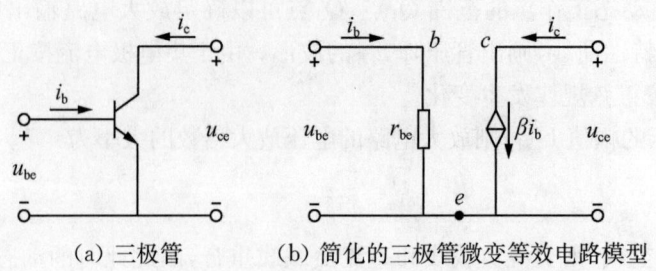

(a) 三极管 (b) 简化的三极管微变等效电路模型

图 3-9 简化的三极管微变等效电路模型

2. 微变等效电路分析法

在放大电路的交流通路中,用三极管的微变等效电路模型代替三极管可得到放大电路的微变等效电路,就可以计算放大电路的电压放大倍数、输入电阻和输出电阻等重要的交流性能指标。

图 3-10(a)、(b)分别是阻容耦合基本共射放大电路的交流通路和微变等效电路。

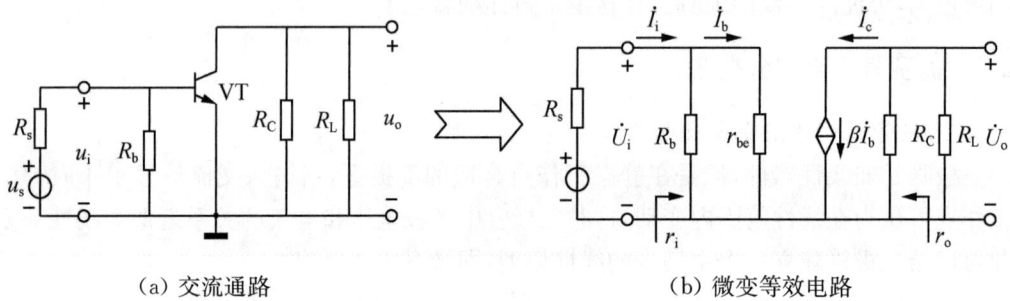

(a) 交流通路 (b) 微变等效电路

图 3-10 阻容耦合基本共射放大电路的交流等效电路

1) 电压放大倍数

由图 3-10(b),放大电路的输出电压

$$\dot{U}_o = -\dot{I}_c R'_L = -\beta \dot{I}_b R'_L \tag{3-2-7}$$

输入电压

$$\dot{U}_i = \dot{I}_b r_{be} \tag{3-2-8}$$

其中 $R'_L = R_C // R_L$,即集电极负载电阻和放大电路的负载电阻并联的等效电阻。因此电压放大倍数等于

$$\dot{A}_u = \frac{\dot{U}_o}{\dot{U}_i} = \frac{-\dot{I}_c R'_L}{\dot{I}_b r_{be}} = \frac{-\beta \dot{I}_b R'_L}{\dot{I}_b r_{be}} = -\frac{\beta R'_L}{r_{be}} \tag{3-2-9}$$

2) 输入电阻

$$\dot{I}_i = \dot{I}_b + \dot{I}_{R_b} = \frac{\dot{U}_i}{r_{be}} + \frac{\dot{U}_i}{R_b} = \dot{U}_i \left(\frac{1}{r_{be}} + \frac{1}{R_b} \right)$$

$$r_i = \frac{\dot{U}_i}{\dot{I}_i} = R_b // r_{be} \tag{3-2-10}$$

通常 $R_b \gg r_{be}$,因此 $r_i \approx r_{be}$。可见这种放大电路的输入电阻较小。

3) 输出电阻

按定义,信号源置零,令 $\dot{U}_S=0$(保留其内阻 R_S)并断开负载 R_L。由于 $\dot{U}_S=0$,$\dot{I}_i=0$,所以 $\dot{I}_b=0$,从而受控电流源 $\beta\dot{I}_b=0$。因此在输出端接入的信号源电压 $\dot{U}$ 的激励下产生的电流为 $\dot{I}$ 将全部流过 R_C。因此放大电路的输出电阻

$$r_o \approx R_C \tag{3-2-11}$$

4)源电压放大倍数 $\dot{A}_{uS}$

$$\dot{A}_{uS}=\frac{\dot{U}_o}{\dot{U}_S}=\frac{\dot{U}_i \cdot \dot{U}_o}{\dot{U}_S \cdot \dot{U}_i}=\frac{\dot{U}_i}{\dot{U}_S}\dot{A}_u=\frac{R_i}{R_S+R_i}\dot{A}_u \tag{3-2-12}$$

【例 3-3】某放大电路如图 3-11 所示,电容为足够大的电解电容。已知三极管为硅管,其共射电流放大系数 $\beta=50$,基区体电阻为 $r_{bb'}=300\ \Omega$;静态时发射极电流为 $I_{EQ}=2\ \text{mA}$;$R_b=280\ \text{k}\Omega$,$R_C=R_L=3\ \text{k}\Omega$。试求放大电路的电压放大倍数、输入电阻和输出电阻。

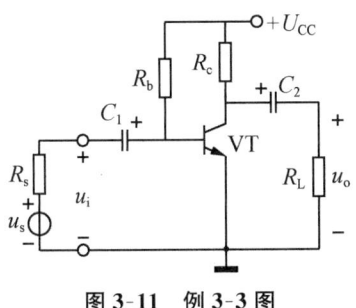

图 3-11 例 3-3 图

分析:

求解交流性能指标应首先画出放大电路的交流通路,在交流通路上用三极管的微变等效电路代替三极管得到放大电路的微变等效电路,如图 3-12。就可以按式义计算电压放大倍数、输入电阻和输出电阻。

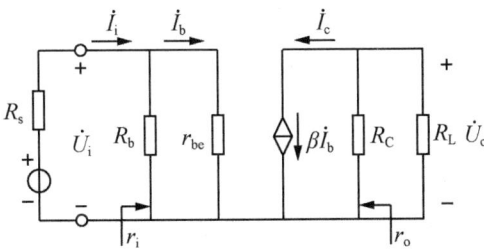

图 3-12 例 3-3 图

解:

(1)电压放大倍数

$$\dot{A}_u=\frac{\dot{U}_o}{\dot{U}_i}=\frac{-\dot{I}_c R'_L}{\dot{I}_b r_{be}}=\frac{-\beta \dot{I}_b R'_L}{\dot{I}_b r_{be}}=-\frac{\beta R'_L}{r_{be}}=-50\times\frac{1.5\times 10^3}{963}\approx -78$$

其中,$r_{be}=r_{bb'}+(1+\beta)\dfrac{26\ \text{mV}}{I_{EQ}}=300+(1+50)\dfrac{26}{2}=963\ \Omega$

(2)输入电阻:由式(3-2-10)

$$r_i = \frac{\dot{U}_i}{\dot{I}_i} = R_b // r_{be} = 180 \times 10^3 // 963 \ \Omega \approx 0.96 \ \text{k}\Omega$$

(3) 输出电阻：由式(3-2-11)

$$r_o \approx R_C = 3 \ \text{k}\Omega$$

3.3 三极管三种基本组态放大电路

三极管有三种接法，故三极管放大电路有三种基本组态，即共发射极放大电路、共集电极放大电路和共基极放大电路，三种电路性能有所差异。前面已经介绍了阻容耦合基本共发射极放大电路，这一节我们继续介绍另外一种共射放大电路、共集电极放大电路和共基极放大电路。

3.3.1 静态工作点稳定电路

1. 温度和静态工作点的关系

半导体器件对温度十分敏感。如温度上升，三极管的反向饱和电流 I_{CBO} 增加，穿透电流 $I_{CEO}=(1+\beta)I_{CBO}$ 也增加，发射结正向电压 U_{BE} 下降，电流放大倍数 β 增大，最终都引起集电极电流 I_{CQ} 变大，反映在输出特性曲线上是静态工作点的上移。

Q 点过高，则在输入信号的上半周三极管的工作状态可能进入饱和区，使输出电压和输出电流产生失真，这种失真叫饱和失真。反之 Q 点过低，在输入信号的下半周，三极管可能进入截止区，使放大电路的输出波形产生失真，这种失真叫截止失真。

静态工作点不稳定，引起放大电路的动态参数不稳定，容易产生波形失真，影响输出电压的动态范围，有时电路甚至不能正常工作。

2. 静态工作点稳定电路及工作原理

(1) 电路组成

常见的稳定静态工作点的偏置电路如图 3-13(a) 所示。与基本共射放大电路相比，该电路有两处改进。一是引入了分压电阻 R_{b1} 和 R_{b2}，也叫基极上偏置电阻和下偏置电阻；二是引入了发射极电阻 R_e 及其旁路电容 C_e，C_e 要足够大，一般为几十微法。

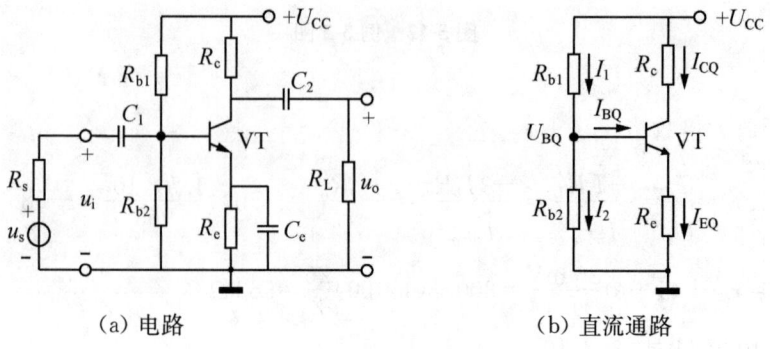

图 3-13 静态工作点稳定电路

在图 3-13(b) 所示的直流通路中,
$$I_1 = I_{BQ} + I_2$$
为了稳定静态工作点,适当选择电阻参数,保证满足以下关系式
$$I_2 \gg I_{BQ}$$
此时三极管的基极电位
$$U_{BQ} \approx \frac{R_{b2}}{R_{b1}+R_{b2}} U_{CC} \tag{3-3-1}$$
可见,基极电位主要由两个分压电阻 R_{b1}、R_{b2} 和直流电源 U_{CC} 决定,与温度无关,因此当温度发生变化时,基极电位 U_{BQ} 基本不变。

(2) 稳定静态工作点的原理

当温度升高时,集电极电流 I_{CQ} 变大,引起发射极电流 I_{EQ} 变大,发射极电阻上的压降增大,所以提高了发射极电位 U_{EQ}。因为基极电位 U_{BQ} 基本不变,所以,三极管发射结压降 U_{BEQ} 势必减小,基极电流 I_{BQ} 和集电极电流 I_{CQ} 随之减小。这样基本抵消了由于温度升高而使集电极电流变大的部分,迫使集电极电流 I_{CQ} 回落下来,其值基本不变,所以稳定了静态工作点,即

$$t(^\circ C) \uparrow \rightarrow I_{CQ} \uparrow \rightarrow U_{EQ} \uparrow \xrightarrow{U_{BQ}\text{基本不变}} U_{BEQ} \downarrow \rightarrow I_{BQ} \downarrow \rightarrow I_{CQ} \downarrow$$

上述稳定过程中,发射极电阻将三极管的输出电流(集电极电流)的变化通过一定方式返送到输入回路,最终使输出电流基本不变,即引入了电流负反馈。发射极电阻的旁路电容 C_e 的存在令 R_e 在稳定静态工作点的同时不影响放大电路的电压放大倍数,因此 C_e 应采用大容量的电解电容。

3. 静态工作点的估算

在图 3-13(b) 所示的直流通路中,将 U_{BEQ} 视为常数,当已知量处理,

$$U_{BQ} \approx \frac{R_{b2}}{R_{b1}+R_{b2}} U_{CC}$$

$$I_{CQ} \approx I_{EQ} = \frac{U_{BQ}-U_{BEQ}}{R_e} \tag{3-3-2}$$

$$I_{BQ} = \frac{I_{EQ}}{1+\beta} \tag{3-3-3}$$

$$U_{CEQ} \approx U_{CC} - I_{CQ}(R_C+R_e) \tag{3-3-4}$$

4. 交流性能指标的计算

首先画出微变等效电路,再求交流性能指标。画出图 3-13(a) 所示放大电路的微变等效电路,见图 3-14。在图中,如果 $R_b = R_{b1}//R_{b2}$,则与图 3-10(b) 一致。

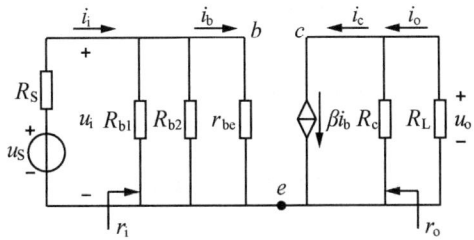

图3-14 静态工作点稳定电路的微变等效电路

(1) 电压放大倍数

$$\dot{A}_u = \frac{\dot{U}_o}{\dot{U}_i} = \frac{-\dot{I}_c R'_L}{\dot{I}_b r_{be}} = \frac{-\beta \dot{I}_b R'_L}{\dot{I}_b r_{be}} = -\frac{\beta R'_L}{r_{be}} \qquad (3\text{-}3\text{-}5)$$

其中 $R'_L = R_c // R_L$。

(2) 输入电阻

$$R_i = \frac{\dot{U}_i}{\dot{I}_i} = R_b // r_{be} = R_{b1} // R_{b2} // r_{be} \qquad (3\text{-}3\text{-}6)$$

(3) 输出电阻

按定义,令信号源置零,即 $\dot{U}_S = 0$(保留其内阻 R_S)并断开负载 R_L。由于 $\dot{U}_S = 0$ 时,$\dot{I}_b = 0$,从而受控电流源 $\beta \dot{I}_b = 0$。因此

$$R_o \approx R_C \qquad (3\text{-}3\text{-}7)$$

【例 3-4】在图 3-15 所示放大电路中,三个电容可视为足够大。已知三极管是硅管,$\beta = 50$,$r_{bb'} = 100\ \Omega$;$U_{CC} = 12\ \text{V}$,$R_{b1} = 8\ \text{k}\Omega$,$R_{b2} = 2\ \text{k}\Omega$,$R_{e1} = 100\ \Omega$,$R_{e2} = 750\ \Omega$,$R_C = 3\ \text{k}\Omega$,$R_L = 3\ \text{k}\Omega$。

(1) 试估算静态工作点(取 $U_{BEQ} = 0.7\ \text{V}$);
(2) 试计算电压放大倍数、输入电阻和输出电阻。

解:

(1) 估算静态工作点

画出直流通路,如图 3-15(b)所示。

$$U_{BQ} \approx \frac{R_{b2}}{R_{b1} + R_{b2}} U_{CC} = \frac{2}{8+2} \times 12 = 2.4\ \text{V}$$

$$I_{CQ} \approx I_{EQ} = \frac{U_{BQ} - U_{BEQ}}{R_{e1} + R_{e2}} = \frac{2.4 - 0.7}{100 + 750} = 2\ \text{mA}$$

$$I_{BQ} = \frac{I_{EQ}}{1+\beta} = \frac{2}{1+50} \approx 40\ \mu\text{A}$$

$$U_{CEQ} \approx U_{CC} - I_{CQ}(R_C + R_{e1} + R_{e2}) = 12 - 2 \times (3 + 0.1 + 0.75) = 4.3\ \text{V}$$

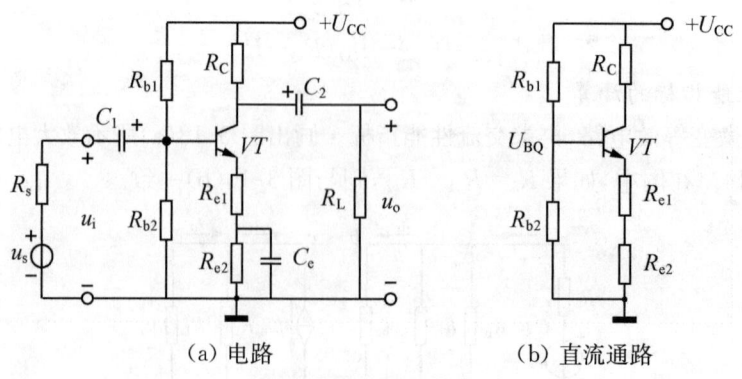

图 3-15 例 3-4 图

(2) 求电压放大倍数、输入电阻和输出电阻

首先确定交流通路，并进而画出放大电路的微变等效电路，见图 3-16。

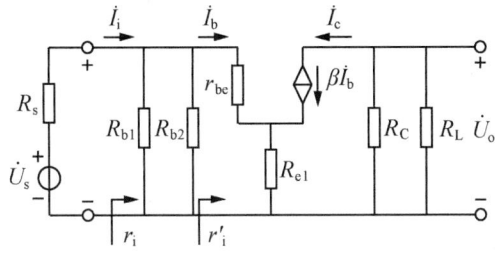

图 3-16　例 3-4 图

在图 3-16 中，

$$\dot{U}_o = -\dot{I}_c R'_L = -\beta \dot{I}_b R'_L，其中\quad R'_L = R_c // R_L$$

$$\dot{U}_i = \dot{I}_b r_{be} + \dot{I}_e R_{e1} = \dot{I}_b r_{be} + (1+\beta)\dot{I}_b R_{e1}$$

$$r_{be} = r_{bb'} + (1+\beta)\frac{26\text{ mV}}{I_{EQ}} = 100 + (1+50)\frac{26}{2} = 763 \text{ Ω}$$

因此电压放大倍数等于

$$\dot{A}_u = \frac{\dot{U}_o}{\dot{U}_i} = \frac{-\dot{I}_c R'_L}{\dot{I}_b r_{be} + (1+\beta)\dot{I}_b R_{e1}} = -\frac{\beta R'_L}{r_{be} + (1+\beta)R_{e1}} = -13$$

设从三极管的基极和地端口向右看进去的等效电阻为 r'_i，见图 3-16

$$r'_i = \frac{\dot{U}_i}{\dot{I}_b} = \frac{\dot{I}_b r_{be} + (1+\beta)\dot{I}_b R_{e1}}{\dot{I}_b} = r_{be} + (1+\beta)R_{e1} = 5.863 \text{ kΩ}$$

则输入电阻等于

$$r_i = \frac{\dot{U}_i}{\dot{I}_i} = R_{b1} // R_{b2} // r'_i \approx 1.26 \text{ kΩ}$$

按定义，令 $\dot{U}_S = 0$（保留其内阻 R_S）并断开负载 R_L。由于 $\dot{U}_S = 0$ 时，$\dot{I}_i = 0$，所以 $\dot{I}_b = 0$，从而受控电流源 $\beta \dot{I}_b = 0$。因此放大电路的输出电阻为

$$r_o \approx R_C = 3 \text{ kΩ} \text{ 。}$$

3.3.2　共集放大电路

1. 电路组成

共集电极放大电路，如图 3-17 所示，输出信号从发射极电阻上送出去，因而又称为射极输出器。在交流通路中，由于直流电源对地短路，输入信号和送出信号将集电极作为公共端，因此是共集电极放大电路。

2. 静态工作点的估算

在如图 3-18(a) 的直流通路上，首先由基极回路求出静态时基极电流

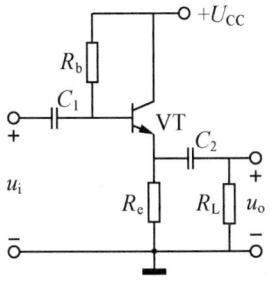

图 3-17　共集电极放大电路

$$I_{BQ} = \frac{U_{CC} - U_{BEQ}}{R_b + (1+\beta)R_e} \qquad (3\text{-}3\text{-}8)$$

根据三极管各个极的电流关系,可求出静态发射极电流

$$I_{EQ} \approx I_{CQ} = \beta I_{BQ} \qquad (3\text{-}3\text{-}9)$$

再由输出回路可求出

$$U_{CEQ} = U_{CC} - I_{EQ}R_e \qquad (3\text{-}3\text{-}10)$$

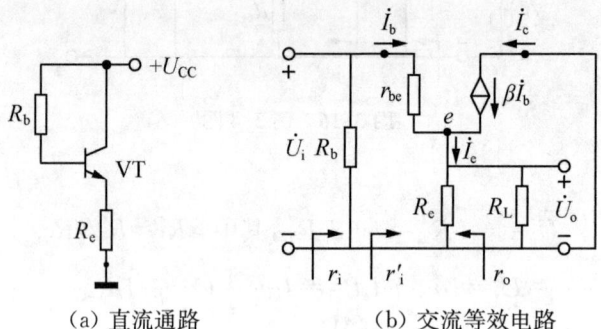

(a) 直流通路　　　　(b) 交流等效电路

图 3-18　共集电极放大电路的直流通路和交流等效电路

3. 交流性能指标的计算

(1) 电压放大倍数

由图 3-18(b) 可知

$$\dot{U}_o = \dot{I}_e R'_e = (1+\beta)\dot{I}_b R'_e$$

$$\dot{U}_i = \dot{I}_b r_{be} + \dot{I}_e R'_e = \dot{I}_b r_{be} + (1+\beta)\dot{I}_b R'_e$$

其中　$R'_e = R_e // R_L$,即发射极电阻和放大电路的负载电阻并联的等效电阻。

$$r_{be} = r_{bb'} + (1+\beta)\frac{26\,\text{mV}}{I_{EQ}}$$

因此电压放大倍数等于

$$\dot{A}_u = \frac{\dot{U}_o}{\dot{U}_i} = \frac{(1+\beta)\dot{I}_b R'_e}{\dot{I}_b r_{be} + (1+\beta)\dot{I}_b R'_e} = \frac{(1+\beta)R'_e}{r_{be} + (1+\beta)R'_e} \qquad (3\text{-}3\text{-}11)$$

(2) 输入电阻

设从三极管的基极和地端口向右看进去的等效电阻为 r'_i,见图 3-18(b)

$$r'_i = \frac{\dot{U}_i}{\dot{I}_b} = \frac{\dot{I}_b r_{be} + (1+\beta)\dot{I}_b R'_e}{\dot{I}_b} = r_{be} + (1+\beta)R'_e$$

则输入电阻等于

$$r_i = \frac{\dot{U}_i}{\dot{I}_i} = R_b // r'_i = R_b // [r_{be} + (1+\beta)R'_e] \qquad (3\text{-}3\text{-}12)$$

(3) 输出电阻

按定义,即 $\dot{U}_S = 0$(保留其内阻 R_S)并断开负载 R_L。在输出端接入的信号源电压 $\dot{U}$ 的激励下,形成电流为 $\dot{I}$,则输出电阻

$$r_o = \frac{\dot{U}}{\dot{I}} = R_e // \frac{R'_s + r_{be}}{1+\beta} \tag{3-3-13}$$

其中 $R'_S = R_S // R_b$。

4. 电路特点

共集电极放大电路有小于 1 而接近于 1 的电压跟随性,故又称为电压跟随器。输入电阻高,输出电阻又很小,因此从信号源索取电流小,带负载能力强,常用于多级放大电路的输出级和末级。

3.3.3 共基放大电路

1. 电路组成

共基极放大电路,如图 3-19(a)所示。三极管的基极通过大电容 C_b 交流接地,输入信号由发射极引入,输出信号从集电极引出。输入信号和输出信号都将基极为公共端,所以称为共基极放大电路。

该电路的直流通路与分压式工作点稳定电路是一致的,因此 $\dot{I}'_i$ 静态分析不再赘述,这里只做交流性能指标的计算。

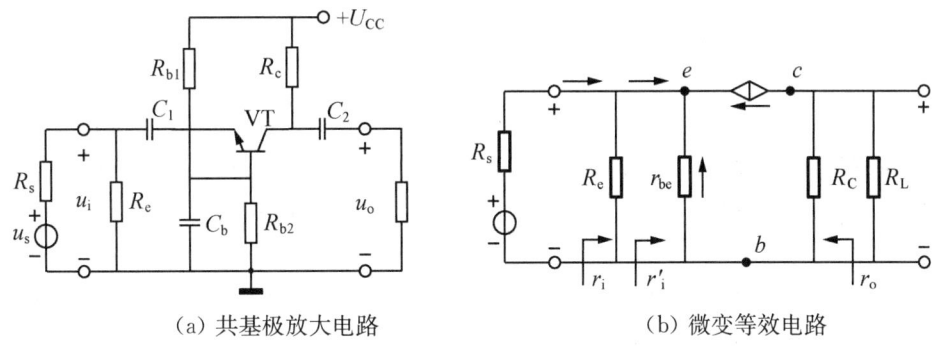

(a) 共基极放大电路　　　　(b) 微变等效电路

图 3-19　共基极放大电路

2. 交流性能指标的计算

交流等效电路如图 3-19(b)所示。

(1) 电压放大倍数

由图 3-19(b)可知

$$\dot{U}_o = -\beta \dot{I}_b R'_L$$
$$\dot{U}_i = -\dot{I}_b r_{be}$$

其中　$R'_L = R_c // R_L$,$r_{be} = r_{bb'} + (1+\beta)\dfrac{26 \text{ mV}}{I_{EQ}}$

因此电压放大倍数等于

$$\dot{A}_u = \frac{\dot{U}_o}{\dot{U}_i} = \frac{-\beta \dot{I}_b R'_L}{-\dot{I}_b r_{be}} = \frac{\beta R'_L}{r_{be}} \tag{3-3-14}$$

(2) 输入电阻

设从三极管的发射极和地(基极)端口向右看进去的等效电阻为 r'_i,见图 3-19(b)

$$r_i' = \frac{\dot{U}_i}{\dot{I}_i'} = \frac{-\dot{I}_b r_{be}}{-(1+\beta)\dot{I}_b} = \frac{r_{be}}{1+\beta}$$

所以输入电阻等于

$$r_i = \frac{\dot{U}_i}{\dot{I}_i} = R_e // r_i' = R_e // [r_{be}/(1+\beta)] \approx \frac{r_{be}}{1+\beta} \quad (3\text{-}3\text{-}15)$$

(3) 输出电阻

按定义,即 $\dot{U}_S = 0$(保留其内阻 R_S)并断开负载 R_L。在输出端接入的信号源电压 $\dot{U}$ 的激励下,形成电流为 $\dot{I}$。由于 $\dot{U}_S = 0$ 时,$\dot{I}_b = 0$,从而受控电流源 $\beta \dot{I}_b = 0$。因此放大电路的输出电阻为

$$r_o \approx R_C \quad (3\text{-}3\text{-}16)$$

3. 电路特点

共基极放大电路只能放大电压,不能放大电流,输入电阻小,电压放大倍数和输出电阻与共发射极放大电路相当,以频率特性好为特点。

3.4 场效应管放大电路

场效应管是利用输入回路的电场效应来控制输出回路电流的半导体器件,可以构成放大电路。因为场效应管栅极和源极之间的电阻相当高,所以场效应管放大电路有较大的输入电阻。

场效应管只有三个电极,在构成放大电路时,和三极管一样,输入、输出回路也有公共端,可以接成共源极电路、共栅极电路和共漏极电路。图 3-20 是场效应管三种接法电路的交流通路。

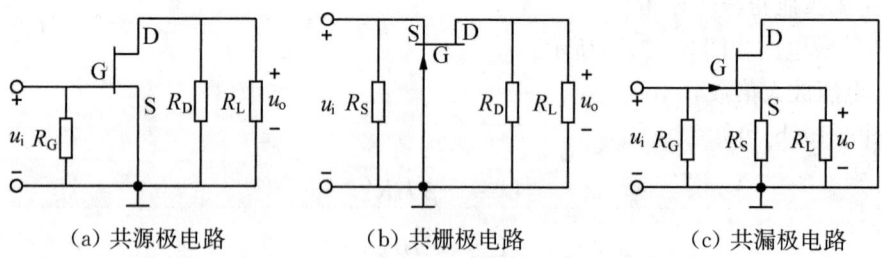

(a) 共源极电路　　　　(b) 共栅极电路　　　　(c) 共漏极电路

图 3-20　场效应管放大电路的交流通路

3.4.1 场效应管偏置电路

由场效应管组成放大电路时,也要建立有合适的静态工作点,确保在输入信号的整个周期内,场效应管工作在恒流区。场效应管常采用自给偏压式偏置电路和分压式偏置电路。

1. 自给偏压电路

图 3-21(a)是典型的 N 沟道结型场效应管共源极放大电路。漏极电流 I_{DQ} 流过源极电

阻 I_{DQ} 产生压降,通过栅极电阻 R_G 加到栅极上。R_D 为漏极电阻,将漏极电流转化称漏极电压。C_S 为 R_S 的旁路电容,消除 R_S 对电压放大倍数的影响,C_1 和 C_2 是耦合电容,三者都是大电容。

该电路中,栅-源电压是靠自身的漏极电流 I_D 流过源极电阻而产生的,因此称为自给偏压电路。静态时,源极点位为 $U_S = I_D R_S$。由于栅极电流为零,栅极电阻 R_g 上没有电压降,栅极电位 $U_G = 0$,所以栅-源偏置电压

$$U_{GS} = U_G - U_S = -I_D R_S \tag{3-4-1}$$

这种偏置电路也适合于耗尽型的绝缘栅场效应管放大电路。

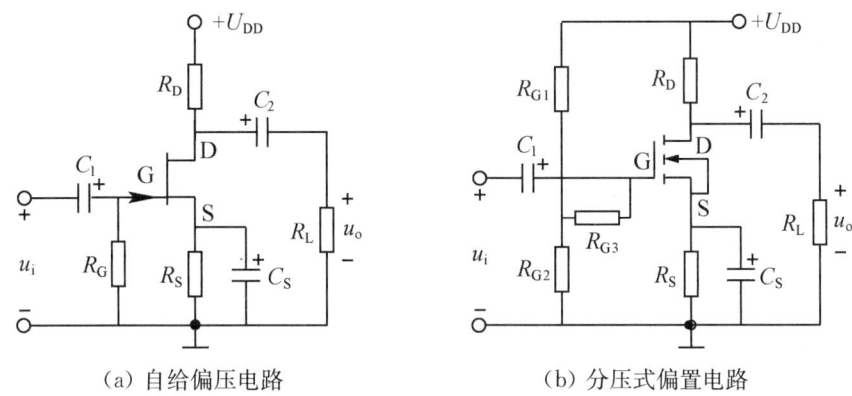

(a) 自给偏压电路　　　　　　(b) 分压式偏置电路

图 3-21　共源极放大电路

2. 分压式偏置电路

分压式偏置电路是在自给偏压电路的基础上增加了分压电路。只能采用分压式偏置电路,图 3-21(b) 是由 N 沟道增强型绝缘栅场效应管组成的共源极放大电路。R_D 为漏极电阻,将漏极电流转化称漏极电压。C_S 为 R_S 的旁路电容,消除 R_S 对电压放大倍数的影响,C_1 和 C_2 是耦合电容。

静态时,由于栅极电流为零,R_{G3} 上无压降。因此,栅极电位由栅极电阻 R_{G1} 和 R_{G2} 对电源分压后,通过 R_{G3} 给栅极加上正电压,即 $U_{GQ} = \dfrac{R_{G2}}{R_{G1}+R_{G2}} U_{DD}$。而源极电位为 $U_{SQ} = I_{DQ} R_S$,所以,栅-源电压为

$$U_{GSQ} = U_{GQ} - U_{SQ} = \frac{R_{G2}}{R_{G1}+R_{G2}} U_{DD} - I_{DQ} R_S \tag{3-4-2}$$

增强型绝缘栅场效应管只能采用分压式偏置电路,而这种偏置方式同样适用于结型场效应管和耗尽型绝缘栅场效应管组成的放大电路。

3.4.2　场效应管放大电路分析

1. 场效应管放大电路的静态分析

对场效应管放大电路的静态分析也可以采用图解法或估算法,这里只介绍估算法。

画出共源极放大电路的直流通路,见图 3-22。

1) 自给偏压电路

在直流通路上,由于栅极电流为零,所以栅源电压

$$U_{GSQ} = -I_{DQ} R_S$$

由电流方程,在静态时,漏极电流

$$I_{DQ}=I_{DSS}\left(1-\frac{U_{GSQ}}{U_{GS(\text{off})}}\right)^2 \quad (3\text{-}4\text{-}3)$$

漏源电压为

$$U_{DSQ}=U_{DD}-I_{DQ}(R_D+R_S) \quad (3\text{-}4\text{-}4)$$

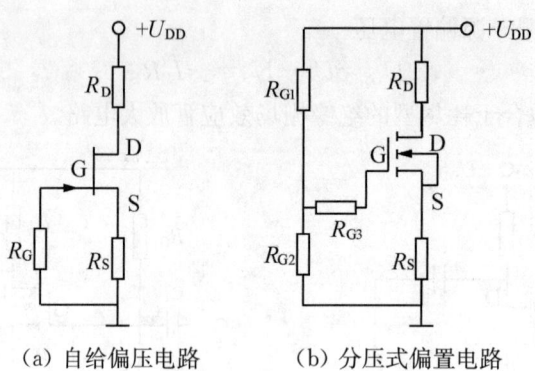

(a) 自给偏压电路　　(b) 分压式偏置电路

图 3-22　共源极放大电路的直流通路

2) 分压式偏置电路

求分压式偏置电路的静态工作点,类似于三极管稳定工作点的偏置电路,首先求栅极电位。由于栅极电流为零,R_{G3} 上无压降。因此,栅极电位

$$U_{GQ}=\frac{R_{G2}}{R_{G1}+R_{G2}}U_{DD}$$

而源极电位为

$$U_{SQ}=I_{DQ}R_S$$

所以,栅-源电压为

$$U_{GSQ}=U_{GQ}-U_{SQ}=\frac{R_{G2}}{R_{G1}+R_{G2}}U_{DD}-I_{DQ}R_S$$

由电流方程,在静态时,漏极电流

$$I_{DQ}=I_{DO}\left(\frac{U_{GSQ}}{U_{GS(\text{th})}}-1\right)^2 \quad (3\text{-}4\text{-}5)$$

漏源电压为

$$U_{DSQ}=U_{DD}-I_{DQ}(R_D+R_S) \quad (3\text{-}4\text{-}6)$$

2. 场效应管的微变等效电路

场效应管是非线性器件,但是在恒流区工作、小信号作用下,可以等效为线性双口网络。由于场效应管的输入电阻很大,栅-源极之间的输入端口可视为开路,即只有栅-源电压,而无栅极电流。在恒流区,$\Delta i_D=g_m\Delta u_{GS}$,漏-源极之间的输出端口,可等效成电压控制电流源 $i_D=g_m u_{GS}$。由此可得到场效应管的微变等效电路模型,如图 3-23。

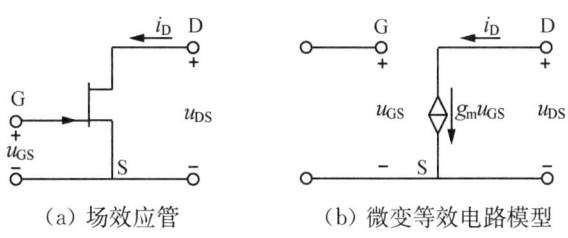

(a) 场效应管　　　　　(b) 微变等效电路模型

图 3-23　场效应管微变等效电路

3. 交流性能指标计算

场效应管放大电路交流性能指标的分析与双极型三极管放大电路相似,首先确定放大电路的交流通路,并在交流通路上用场效应管的微变等效电路替代场效应管,最后根据定义进行计算即可。

画出图 3-21(b)共源极放大电路的微变等效电路,见图 3-24。

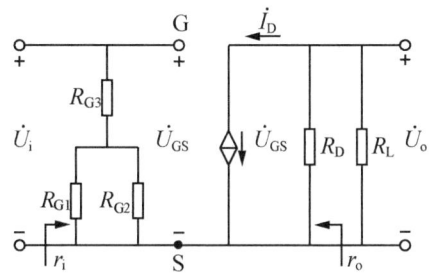

图 3-24　共源极放大电路的微变等效电路

(1) 电压放大倍数

$$\dot{A}_u = \frac{\dot{U}_o}{\dot{U}_i} = -\frac{\dot{I}_D R'_L}{\dot{U}_{gs}} = -\frac{g_m \dot{U}_{GS} R'_L}{\dot{U}_{GS}} = -g_m R'_L \tag{3-4-7}$$

其中,$R'_L = R_D // R_L$,负号表示共源极放大电路的输出电压与输入电压相位相反。

(2) 输入电阻

由于场效应管的栅极几乎不取信号源电流,栅-源间的交流电阻可视为无穷大,因此共源极放大电路的输入电阻为

$$r_i = R_{G3} + R_{G1} // R_{G2} \tag{3-4-8}$$

(3) 输出电阻

用已经介绍过的求放大电路输出电阻的方法,可求出共源极放大电路的输出电阻为

$$r_o = R_D \tag{3-4-9}$$

3.4.3　共漏和共源放大电路的比较

共漏极放大电路如图 3-25(a)所示,由于输出电压从源极取出,故又称为源极输出器。其微变等效电路见图 3-25(b)。

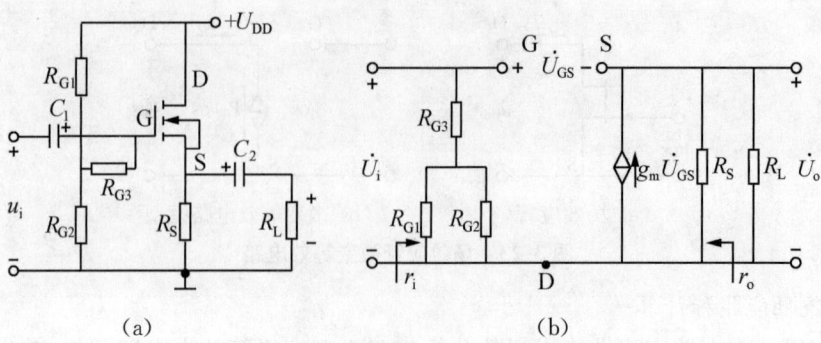

图 3-25　共漏极放大电路及其微变等效电路

1. 电压放大倍数

$$\dot{A}_u = \frac{\dot{U}_o}{\dot{U}_i} = \frac{\dot{I}_D R'_L}{\dot{U}_{GS} + \dot{I}_D R'_L} = \frac{g_m \dot{U}_{GS} R'_L}{\dot{U}_{GS} + g_m \dot{U}_{GS} R'_L} = \frac{g_m R'_L}{1 + g_m R'_L} \tag{3-4-10}$$

其中，$R'_L = R_S // R_L$，负号表示共源极放大电路的输出电压与输入电压相位相反。

2. 输入电阻

由于场效应管的栅极几乎不取信号源电流，栅－源之间的交流电阻可视为无穷大，因此共漏极放大电路的输入电阻为

$$r_i = \frac{\dot{U}_i}{\dot{I}_i} = R_{G3} + R_{G1} // R_{G2} \tag{3-4-11}$$

3. 输出电阻

用已经介绍过的求放大电路输出电阻的方法，可求出共漏极放大电路的输出电阻为

$$r_o = R_S // \frac{1}{g_m} \tag{3-4-12}$$

由上述分析可知，与共射放大电路类似，共源极放大电路具有一定的电压放大能力，且输出电压与输入电压反相，故被称为反相放大器。共源极放大电路的输入电阻很高，输出电阻主要由漏极电阻决定，故适应于做多级放大电路的输入级和中间级。而共漏极放大电路与三极管共集电极放大电路类似，没有电压放大作用，输出电压与输入电压相位相同，输入电阻高，输出电阻低，可作阻抗变换。

3.5　多级放大电路

3.5.1　多级放大电路的组成及耦合方式

1. 多级放大电路的组成

单个一级的放大电路很难满足系统要求的各项性能指标，因此，在实际应用中，往往将多个基本放大电路合理连接，构成多级放大电路。组成框图如图 3-26。

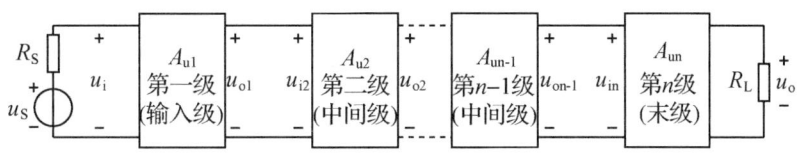

图 3-26 多级放大电路组成框图

2. 多级放大电路的耦合方式

多级放大电路中,级与级之间的连接,称为级间耦合。常见的级间耦合方式有直接耦合、阻容耦合、变压器耦合和光电耦合,后三种都是通过隔直器件耦合的。

将前一级的输出端直接连接到后一级的输入端的连接方式称为直接耦合方式。由于省去了耦合器件,信号传输时损耗小,放大电路的低频性能好,不仅能放大交流信号,也能放大变化缓慢的信号,集成电路常采用直接耦合方式。但是由于没有隔直器件,直接耦合的多级放大电路中的各级静态工作点相互影响,不相互独立。如果第一级的工作点随温度的变化而变化(叫工作点的漂移)的话,将被逐级放大,产生零点漂移现象。所以,在集成电路中常采用差分放大电路来抑制零点漂移。

将前一级的输出端通过电容连接到后一级的输入端的连接方式称为阻容耦合方式。由于耦合电容的容抗,信号传输时损耗较大,放大电路的低频性能差,不能放大变化缓慢的信号。耦合电容的容量必须足够大,常采用电解电容,因此集成电路无法采用阻容耦合方式。另一方面,耦合电容的隔直作用使阻容耦合的多级放大电路中的各级静态工作点相互独立,求解、设置静态工作点时各级单独处理即可,电路的分析、设计和调试简单易行。因此,在分立元件电路中得到广泛的应用。

3.5.2 多级放大电路技术指标的计算

1. 多级放大电路的性能指标

一个 n 级放大电路,电压放大倍数定义为

$$\dot{A}_u = \frac{\dot{U}_o}{\dot{U}_i}$$

每级的电压放大倍数分别为

$$\dot{A}_{u1} = \frac{\dot{U}_{o1}}{\dot{U}_{i1}} = \frac{\dot{U}_{o1}}{\dot{U}_i}, \quad \dot{A}_{u2} = \frac{\dot{U}_{o2}}{\dot{U}_{i2}}, \quad \dot{A}_{u3} = \frac{\dot{U}_{o3}}{\dot{U}_{i3}}, \quad \cdots, \quad \dot{A}_{un} = \frac{\dot{U}_{on}}{\dot{U}_{in}} = \frac{\dot{U}_o}{\dot{U}_{in}}$$

由于前级的输出电压就是后级的输入电压,所以,多级放大电路的电压放大倍数为

$$\dot{A}_u = \dot{A}_{u1} \cdot \dot{A}_{u2} \cdot \dot{A}_{u3} \cdot \cdots \cdot \dot{A}_{un} \tag{3-5-1}$$

即多级放大电路的电压放大倍数等于各级电压放大倍数之积。应当注意,多级放大电路中的级与级之间是相互影响的,应将后一级的输入电阻视为前一级的负载。

一般,多级放大电路的输入电阻是第一级的输入电阻,即

$$r_i = \frac{\dot{U}_i}{\dot{I}_i} = r_{i1} \tag{3-5-2}$$

多级放大电路的输出电阻是最末一级的输出电阻,即

$$r_o = r_{on} \tag{3-5-3}$$

可见,多级放大电路的动态分析以单级放大电路的分析为基础,下面以阻容耦合放大电路为例介绍交流性能指标的计算方法。

2. 多级放大电路的性能指标的计算

图 3-27 是两级阻容耦合放大电路,电解电容 C_2 是耦合电容。画出两级微变等效电路,如图 3-28(a)和(b)。

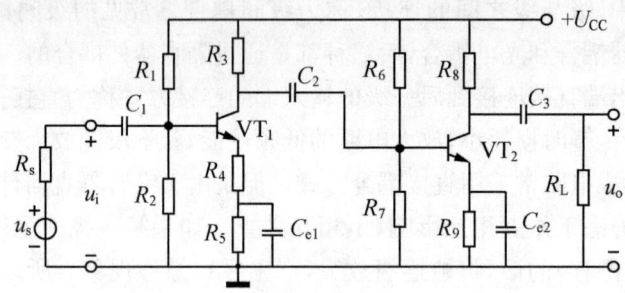

图 3-27 两级阻容耦合共射放大电路

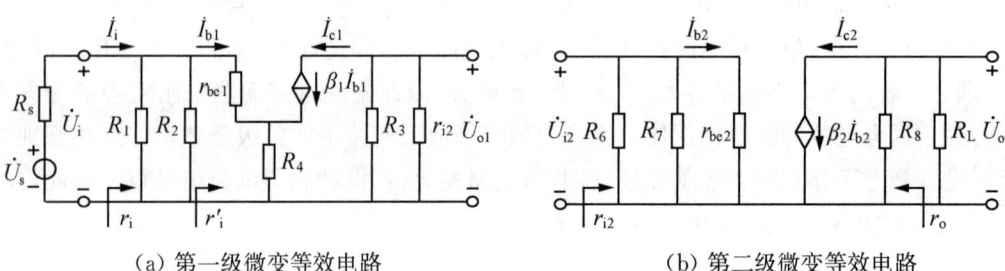

(a) 第一级微变等效电路   (b) 第二级微变等效电路

图 3-28 两级阻容耦合共射放大电路的等效电路

1) 求电压放大倍数

$$\dot{A}_u = \dot{A}_{u1} \cdot \dot{A}_{u2}$$

$$\dot{A}_{u1} = \frac{\dot{U}_{o1}}{\dot{U}_i} = \frac{-\dot{I}_{c1} r'_{i2}}{\dot{I}_{b1} r_{be1} + (1+\beta_1)\dot{I}_{b1} R_4} = -\frac{\beta_1 r'_{i2}}{r_{be1} + (1+\beta_1) R_4}$$

注意,上式中,$r'_{i2} = R_3 // r_{i2} = R_3 // R_6 // R_7 // r_{be2}$

$$\dot{A}_{u2} = \frac{\dot{U}_o}{\dot{U}_{i2}} = \frac{-\dot{I}_{c2} R'_L}{\dot{I}_{b2} r_{be2}} = -\frac{\beta_2 R'_L}{r_{be2}}$$

其中,$R'_L = R_8 // R_L$

2) 求输入电阻

在图 3-28(b)中,设从三极管的基极和地端口向右看进去的等效电阻为 r'_i,

$$r'_i = \frac{\dot{U}_i}{\dot{I}_{b1}} = \frac{\dot{I}_{b1} r_{be1} + (1+\beta_1)\dot{I}_{b1} R_4}{\dot{I}_{b1}} = r_{be1} + (1+\beta_1) R_4$$

则多级放大电路的输入电阻等于第一级的输入电阻,

$$r_i = \frac{\dot{U}_i}{\dot{I}_i} = r_{i1} = R_1 // R_2 // r'_i = R_1 // R_2 // [r_{be1} + (1+\beta_1) R_4]$$

3) 求输出电阻

$$r_o = r_{o2} = R_8$$

3.6 放大电路的频率响应

在前面分析放大电路时都忽略了电抗性元件对电路的影响。事实上,由于放大电路存在电抗性元件(如耦合电容、旁路电容),以及放大器本身具有极间电容,它们的阻抗都是信号频率 f 的函数,因此,电路的放大倍数就成为频率的函数,这种函数关系称为放大电路的频率响应或频率特性。频率响应是衡量放大电路对不同频率信号适应能力的一项技术指标。

3.6.1 频率响应的基本概念

1. 频率特性

由于放大电路的点抗性的存在,电压放大倍数可以表示为

$$\dot{A}_u = |\dot{A}_u|(f) \angle \varphi(f) \tag{3-6-1}$$

式中,$|\dot{A}_u|(f)$ 表示放大电路放大倍数的大小与频率的关系,称为幅频特性;$\angle \varphi(f)$ 表示放大电路的输出信号与输入信号的相位差与频率的关系,称为相频特性。我们将幅频特性和相频特性统称为放大电路的频率响应或频率特性。

图 3-26 定性画出了常见的单管共射放大电路的频率特性。

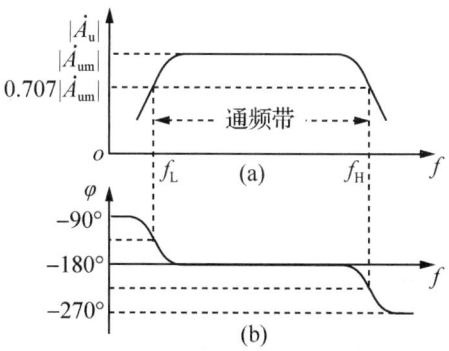

图 3-29 单管共射放大电路的频率特性

由图 3-29 可以看出,在较宽的中频范围内,电压放大倍数的幅值 $|\dot{A}_u|(f)$ 基本不变,相角 $\angle \varphi(f)$ 大致等于 180°;当频率较高或较低时,电压放大倍数的幅值都将减小,而且还会产生滞后或超前的附加相移。通常称中频段的电压放大倍数为中频电压放大倍数,用 $\dot{A}_{um}$ 表示,当电压放大倍数下降到中频电压放大倍数的 0.707 倍时对应的大、小两个频率值为上限截止频率 f_H 和下限截止频率 f_L,两者的差值为通频带。

$$f_{bw} = f_H - f_L \tag{3-6-2}$$

2. 波特图

所谓波特图就是对数频率特性,在实际工作中应用比较广泛。在对数幅频特性中,纵坐标采用 $20\lg|\dot{A}_u|$,单位是(dB);横坐标采用对数刻度 $\lg f$,如图 3-30(a)。在对数相频特性中,纵坐标仍采用相角 φ,横坐标采用对数刻度 $\lg f$。见图 3-30(b)。

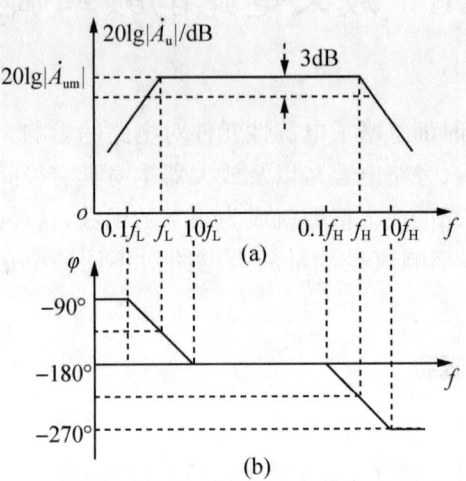

图 3-30 单管共射放大电路的波特图

3.6.2 晶体管的高频模型及频率参数

1. 晶体管的高频模型

由于晶体管发射结和集电结的影响,高频时晶体管的微变等效电路已不适用。我们可以从晶体管的物理结构出发,得到高频信号作用下的物理模型,称为混合 π 型模型。在这里直接给出晶体管的简化的混合 π 型等效电路模型,如图 3-31。

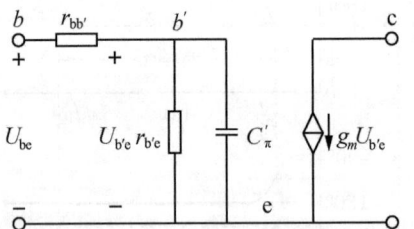

图 3-31 晶体管的简化的混合 π 等效电路模型

在图 3-31 中,$r_{bb'}$ 为晶体管的基区体电阻;$r_{b'e} \approx r_{be'}$,$r_{b'e}$ 为发射结电阻;$C'_\pi = C_\pi + (1+|\dot{K}|)C_\mu$,$C_\pi$ 为发射结结电容,C_μ 为集电结结电容,$\dot{K}=\dfrac{\dot{U}_{ce}}{\dot{U}_{b'e}}$;$g_m$ 是混合 π 型模型引入的一个新的参数,称为跨导,它是一个常数,表明 $\dot{U}_{b'e}$ 对 $\dot{I}_c$ 的控制关系,即 $\dot{I}_c = g_m \dot{U}_{b'e}$。

2. 混合 π 型等效电路的参数

混合 π 型等效电路模型与 h 参数等效电路模型之间有确定的关系。将二者的简化等效电路模型比较,可以得出以下结论。

1) 它们的电阻参数完全相同。晶体管的基区体电阻 $r_{bb'}$ 可以从手册中查到,而

$$r_{b'e} = (1+\beta)\frac{26}{I_{EQ}}$$

2)跨导 g_m

$$g_m = \frac{\beta}{r_{b'e}} \approx \frac{I_{EQ}}{26} \qquad (3\text{-}6\text{-}3)$$

3.6.3 共射放大电路的频率响应

在分析放大电路的频率响应时,为使问题简单化,一般将输入信号的频率范围分为中频段、低频段和高频段。下面我们以单管共射放大电路为例介绍频率响应的分析方法。

单管共射放大电路如图 3-32 所示。考虑到极间电容和耦合电容的作用,可以得到图 3-33 所示的交流等效电路,该电路适应于信号频率从零到无穷大。

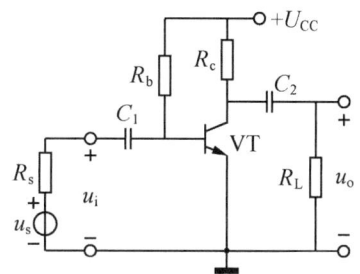

图 3-32 单管共射放大电路

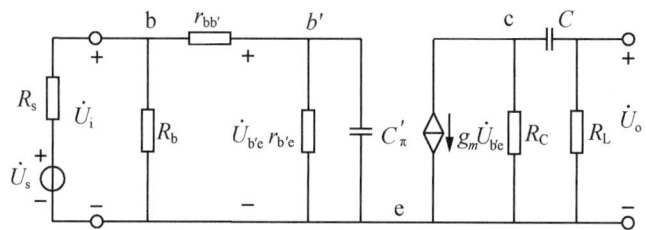

图 3-33 单管共射放大电路混合 π 型等效电路

1. 中频段电压放大倍数

在中频段,极间电容的容抗很大,可将其视为开路,而耦合电容和旁路电容的容抗很小,课将其视为短路。也就是说在中频段,各种电容的作用均可以忽略不计,因此可以得到单管共射放大电路在中频段的等效电路,如图 3-34 所示。

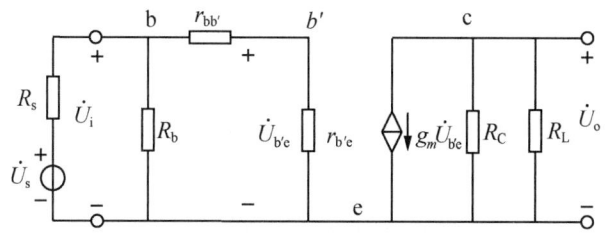

图 3-34 单管共射放大电路的中频段等效电路

在图 3-34 电路中,放大电路的输入电阻为 $r_i = R_b // (r_{bb'} + r_{b'e}) = R_b // r_{be}$,$\dot{U}_{b'e} = \dfrac{r_i}{R_S + r_i}$

$\cdot \dfrac{r_{b'e}}{r_{be}}\dot U_S$,而输出电压 $\dot U_o = -g_m \dot U_{b'e} R'_L$,$R'_L = R_C // R_L$。单管共射放大电路中频段电压放大倍数为

$$\dot A_{usm} = \dfrac{\dot U_o}{\dot U_S} = -\dfrac{r_i}{R_S + r_i} \cdot \dfrac{r_{b'e}}{r_{be}} g_m R'_L = -\dfrac{r_i}{R_S + r_i} \cdot \dfrac{\beta}{r_{be}} R'_L \qquad (3\text{-}6\text{-}4)$$

2. 低频段电压放大倍数

在低频段,极间电容的容抗很大,可将其视为开路,而耦合电容和旁路电容的影响不能忽略。因此单管共射放大电路在低频段的等效电路,如图 3-35(a)所示。

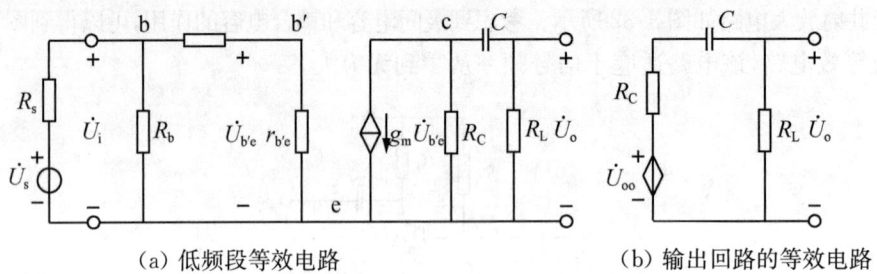

(a) 低频段等效电路   (b) 输出回路的等效电路

图 3-35   单管共射放大电路的低频段等效电路

画出输出回路的等效变换电路,如图 3-35(b)。其中,$\dot U_{oo}$ 是空载时的输出电压,其大小等于中频段空载电压。由式(3-6-4),$\dfrac{\dot U_{oo}}{\dot U_S} = -\dfrac{r_i}{R_S + r_i} \cdot \dfrac{r_{b'e}}{r_{be}} g_m R'_L$。于是,单管共射放大电路低频段电压放大倍数为

$$\dot A_{usl} = \dfrac{\dot U_o}{\dot U_S} = \dfrac{\dot U_{oo}}{\dot U_S} \cdot \dfrac{\dot U_o}{\dot U_{oo}} = -\dfrac{r_i}{R_S + r_i} \cdot \dfrac{r_{b'e}}{r_{be}} g_m R_C \cdot \dfrac{R_L}{R_C + \dfrac{1}{j\omega C} + R_L}$$

整理可得

$$\dot A_{usl} = -\dfrac{r_i}{R_S + r_i} \cdot \dfrac{r_{b'e}}{r_{be}} g_m R'_L \cdot \dfrac{j\omega (R_C + R_L) C}{1 + j\omega (R_C + R_L) C} \qquad (3\text{-}6\text{-}5)$$

所以,低频的下线截止频率为

$$f_L = \dfrac{1}{2\pi (R_C + R_L) C} \qquad (3\text{-}6\text{-}6)$$

由式(3-6-4)、(3-6-5)和式(3-6-6)可得

$$\dot A_{usl} = \dot A_{usm} \cdot \dfrac{1}{1 - j\dfrac{f_L}{f}} \qquad (3\text{-}6\text{-}7)$$

根据式(3-6-7),可得到单管共射放大电路的低频段电压放大倍数的对数幅频特性和相频特性分别为

$$20\lg |\dot A_{usl}| = 20\lg |\dot A_{usm}| - 20\lg \sqrt{1 + \left(\dfrac{f_L}{f}\right)^2} \qquad (3\text{-}6\text{-}8)$$

$$\varphi = -180° + \left(90° - \arctan \dfrac{f}{f_L}\right) = -90° - \arctan \dfrac{f}{f_L} \qquad (3\text{-}6\text{-}9)$$

由电抗元件引起的相移称为附加相移。式(3-6-9)中的 $-180°$ 表示放大电路在中频段

时输出电压与输入信号电压相位相反,而在低频段,最大相移为+90°。

3. 高频段电压放大倍数

在高频段,耦合电容和旁路电容的容抗很小,可视为短路,但是极间电容的影响不能忽略。因此单管共射放大电路在高频段的等效电路,如图3-36(a)所示。

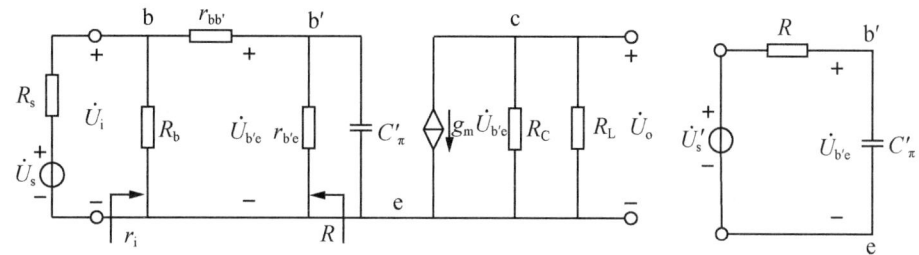

(a) 高频段等效电路　　　　(b) 输入回路的等效电路

图 3-36 单管共射放大电路的高频段等效电路

画出输入回路的等效变换电路,如图 3-36(b)。其中,$r_i=R_b//r_{be}$,$R=r_{b'e}//(r_{bb'}+R_S//R_b)$,$\dot{U}'_S=\dfrac{r_i}{R_S+r_i}\cdot\dfrac{r_{b'e}}{r_{be}}\dot{U}_S$,而输出电压 $\dot{U}_o=-g_m\dot{U}_{b'e}R'_L$,$R'_L=R_C//R_L$。于是,单管共射放大电路高频段电压放大倍数为

$$\dot{A}_{ush}=\dfrac{\dot{U}_o}{\dot{U}_S}=\dfrac{\dot{U}'_S}{\dot{U}_S}\cdot\dfrac{\dot{U}_{b'e}}{\dot{U}'_S}\cdot\dfrac{\dot{U}_o}{\dot{U}_{b'e}}=-\dfrac{r_i}{R_S+r_i}\cdot\dfrac{r_{b'e}}{r_{be}}g_mR_C\cdot\dfrac{\dfrac{1}{j\omega C'_\pi}}{R+\dfrac{1}{j\omega C'_\pi}}$$

整理可得到高频段电压放大倍数为

$$\dot{A}_{ush}=\left(-\dfrac{r_i}{R_S+r_i}\cdot\dfrac{r_{b'e}}{r_{be}}g_mR'_L\right)\cdot\dfrac{\dfrac{1}{j\omega RC'_\pi}}{1+\dfrac{1}{j\omega RC'_\pi}} \tag{3-6-10}$$

所以,高频的上线截止频率为

$$f_H=\dfrac{1}{2\pi RC'_\pi} \tag{3-6-11}$$

由式(3-6-4)、(3-6-10)和式(3-6-11)可得

$$\dot{A}_{ush}=\dot{A}_{usm}\cdot\dfrac{1}{1+j\dfrac{f}{f_H}} \tag{3-6-12}$$

根据式(3-6-12),可得到单管共射放大电路的高频段电压放大倍数的对数幅频特性和相频特性分别为

$$20\lg|\dot{A}_{ush}|=20\lg|\dot{A}_{usm}|-20\lg\sqrt{1+\left(\dfrac{f}{f_H}\right)^2} \tag{3-6-13}$$

$$\varphi=180°-\arctan\dfrac{f}{f_H} \tag{3-6-14}$$

可见,在高频段,极间电容引起的最大附加相移为-90°。

实验项目三　单管放大电路调试与分析

一、实验目的

1. 掌握晶体管放大电路的静态工作点 Q、电压放大倍数 A_u、输入电阻 R_i、输出电阻 R_O 及最大不失真输出幅度 U_{OM} 的测试方法。

2. 观察基本放大电路中各参数对放大器的静态工作点、电压放大倍数及输出波形的影响。掌握调整放大电路的基本方法。

3. 进一步熟悉常用电子仪器及模拟电子实验箱的正确使用方法。

二、实验原理

单管放大电路是组成各种复杂放大电路的基本单元,有共射、共集、共基三种接法,有基本放大电路和克服温度变化影响的基本工作点稳定电路。

本实验中仅以共射接法的基本放大电路为例,进行各种静态和动态性能的测试,即学习放大电路的静态工作点、电压放大倍数、输入电阻、输出电阻和最大有失真幅度的测试方法。

静态工作点的测试只要求测量三极管各级的对地电位,即 V_B、V_C、V_E。本实验中,要求再测出 R_B,以计算 I_B、I_C 和 β。再分别改变 R_B、R_C、R_L,观察工作点、电压放大倍数以及输出波形的变化,体会这三个电路参数在电路中的作用,为今后调整静态工作点、合理选择电路参数建立初步的概念。

三、实验用仪器与设备

(1) 直流稳压电源

(2) 函数信号发生器

(3) 双踪示波器

(4) 交流毫伏表

(5) 数字万用表

(6) 模拟电路实验箱

四、实验方法与步骤

1. 实验电路的连接训练

按如图 S3-1 所示的实验电路在实验板上插线,检查无误后方可接通直流电源。注意:为防止干扰,实验电路与各仪器的公共端必须连在一起。

2. 静态工作点的测量训练:

(1) 将输入端对路短路,分别测出 U_{BE}、U_{CE} 的值。

(2) 再根据公式 $I_B = \dfrac{V_{CC} - U_{BE}}{R_B}$,$I_C = \dfrac{V_{CC} - U_{CE}}{R_C}$ 计算 I_B、I_C,并填入表 S3-1 中。

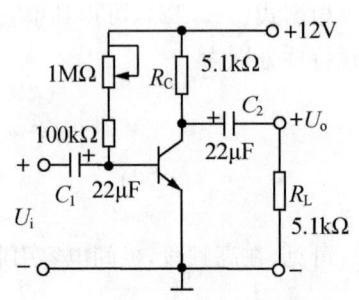

图 S3-1　单管放大电路接线图

3. 测量电压放大倍数

Q 点不动,从输入端送入频率为 1 kHz、5 mV 的正弦信号,用交流毫伏表分别测量 U_I、U_O,并用示波器观察 U_I、U_O 波形,记入表 S3-2 中。计算 A_U,并与理论估算值进行比较。

4. 测输出电阻

在步骤 3 的基础上,断开负载,测出负载开路时的输出电压 U_{OC},记入表 S3-3 中。根据公式 $R_O = \dfrac{U_{OC} - U_O}{U_O} R_L$ 计算 R_O,并与理论估算值进行比较。

5. 测输入电阻

仍将负载接入电路,在放大电路的输入端串入一电阻 R_S,选取 R_S 的值应与估算的 R_I 数量级相同。输入合适的 U_S(例如 10 V),测 U_I,记入表 S3-4 中。测试完毕将 R_S 取掉。

根据公式 $R_I = \dfrac{U_S - U_I}{U_I} R_S$ 计算 R_I,并与理论估算值进行比较。

6. 观察电路参数对 Q 点、A_U 和波形失真的影响。

改变 R_B:逐渐减小(或加大)R_B,观察输出波形的变化趋势。说明 Q 点怎样变化,对 r_{be} 和 A_U 有何影响。

注意:记录变化趋势,文字要简洁,可用符号、箭头表示,也可画图说明。

7. 用示波器双踪显示观察 U_I 与 U_O 的相位关系。

五、实验原始数据记录

表 S3-1 Q 数据记录

	U_{BE}(V)	U_{CE}(V)	I_B(μA)	I_C(mA)
理论分析值	0.7			
测量计算值				

表 S3-2 电压放大倍数数据记录

U_I(mV)	U_O(V)	A_U	记录 u_I 和 u_I 波形

表 S3-3 输出电阻数据记录

U_{OC}(V)	U_O(V)	R_L(kΩ)	R_O 实验值(kΩ)	R_O 估算值(kΩ)

表 S3-4　输入电阻数据记录

U_S(mV)	U_I(mV)	R_S(kΩ)	R_I实验值(kΩ)	R_I估算值(kΩ)

六、数据处理与分析

1. 根据表 S3-2 和实验步骤 7 可得出何种实验结论？
2. 根据实验步骤 6 可得出何种实验结论？

本章习题

3-1　共发射极放大电路有什么特点？

3-2　共集电极放大电路有什么特点？

3-3　什么是直流通路，什么是交流通路？如何画？

3-4　温度升高时，三极管的静态工作点如何变化？

3-5　试分析分压式偏置电路的工作原理。

3-6　多级放大电路的常见耦合方式有什么特点？

3-7　增强型 MOS 管能否使用自给偏压偏置电路来设置静态工作点？

3-8　放大电路的电压放大倍数为什么和信号的频率有关？

3-9　分析下列电路有无电压放大能力。

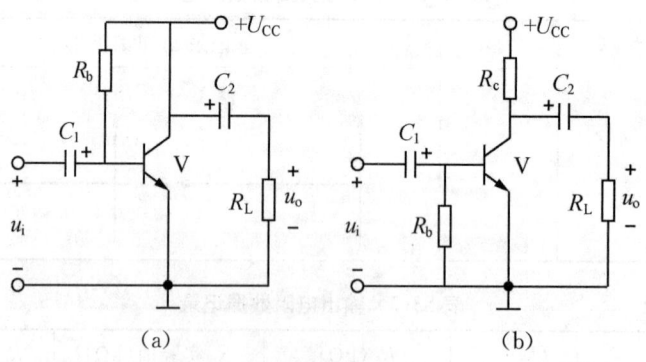

题 3-9 图

3-10　如题 3-10 图所示阻容耦合放大电路中，电容足够大，三极管为硅管，其 $\beta=100$，$r_{bb'}=300\ \Omega$，$U_{CC}=15\ \text{V}$，$R_b=360\ \text{k}\Omega$，$R_C=2\ \text{k}\Omega$，$R_L=2\ \text{k}\Omega$。

(1) 试估算静态工作点(取 $U_{BEQ}=0.7\ \text{V}$)；

(2) 画出放大电路的微变等效电路；

(3) 求电压放大倍数、输入电阻和输出电阻。

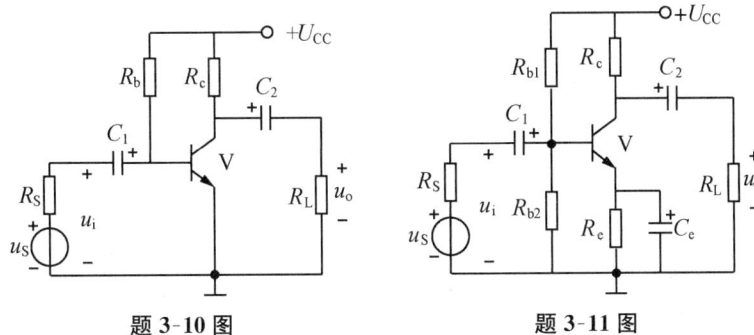

题 3-10 图   题 3-11 图

3-11 如题 3-11 图所示放大电路中,已知三极管是硅管,其 $\beta=50$,$r_{bb'}=100\ \Omega$。$U_{CC}=12\ \text{V}$,$R_{b1}=8\ \text{k}\Omega$,$R_{b2}=2\ \text{k}\Omega$,$R_e=850\ \Omega$,$R_C=2\ \text{k}\Omega$,$R_L=3\ \text{k}\Omega$。

(1) 试估算静态工作点(取 $U_{BEQ}=0.7\ \text{V}$);

(2) 求电压放大倍数、输入电阻和输出电阻;

(3) 若负载开路,电压放大倍数怎么变?

3-12 如题 3-12 图共集电极放大电路,已知三极管的 $\beta=60$,$r_{bb'}=200\ \Omega$。$U_{CC}=12\ \text{V}$,$R_b=200\ \text{k}\Omega$,$R_e=2\ \text{k}\Omega$,$R_L=3\ \text{k}\Omega$,信号源的内阻 $R_S=100\ \Omega$。

(1) 试估算静态工作点(取 $U_{BEQ}=0.6\ \text{V}$);

(2) 求电压放大倍数、输入电阻和输出电阻。

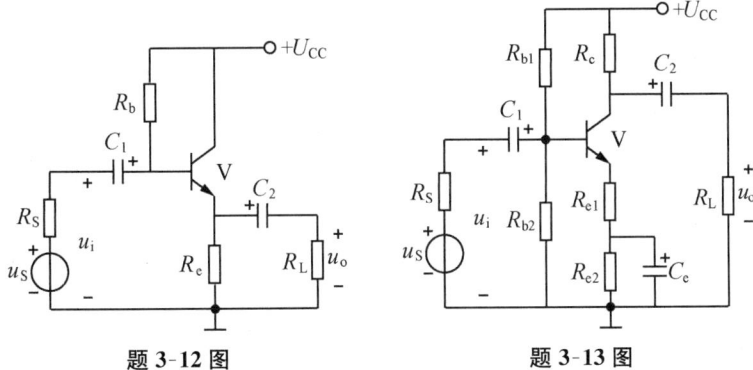

题 3-12 图   题 3-13 图

3-13 如题 3-13 图所示放大电路中,已知三极管是硅管,$\beta=50$,$r_{bb'}=100\ \Omega$。$U_{CC}=12\ \text{V}$,$R_{b1}=8\ \text{k}\Omega$,$R_{b2}=2\ \text{k}\Omega$,$R_{e1}=100\ \Omega$,$R_{e2}=750\ \Omega$,$R_C=2\ \text{k}\Omega$,$R_L=3\ \text{k}\Omega$。

(1) 试估算静态工作点(取 $U_{BEQ}=0.7\ \text{V}$);

(2) 试计算电压放大倍数、输入电阻和输出电阻。

3-14 如题 3-14 图所示两级放大电路中,三极管的电流放大系数均为 $\beta=50$,基区体电阻均为 $r_{bb'}=300\ \Omega$。$U_{CC}=15\ \text{V}$,$R_1=100\ \text{k}\Omega$,$R_2=15\ \text{k}\Omega$,$R_3=5\ \text{k}\Omega$,$R_4=100\ \Omega$,$R_5=750\ \Omega$,$R_6=100\ \text{k}\Omega$,$R_7=22\ \text{k}\Omega$,$R_8=3\ \text{k}\Omega$,$R_9=1\ \text{k}\Omega$,$R_L=1\ \text{k}\Omega$。

试求:

(1) 静态工作点(取 $U_{BEQ}=0.7\ \text{V}$);

(2) 电压放大倍数、输入电阻和输出电阻。

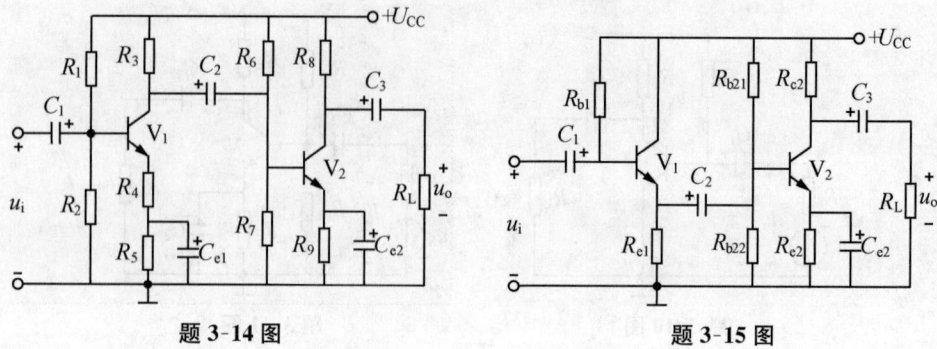

题 3-14 图　　　　　　　　　题 3-15 图

3-15　如题 3-15 图所示两级放大电路中，三极管的电流放大系数为 $\beta_1=50, \beta_2=100$，基区体电阻均为 $r_{bb'}=300\ \Omega$。$U_{CC}=15\ V, R_{b1}=150\ k\Omega, R_{e1}=20\ k\Omega, R_{b21}=210\ k\Omega, R_{b22}=50\ k\Omega, R_{c2}=3\ k\Omega, R_{e2}=1\ k\Omega, R_L=3\ k\Omega$。试求：

(1) 静态工作点(取 $U_{BEQ}=0.7\ V$)；

(2) 电压放大倍数、输入电阻和输出电阻。

3-16　如题 3-16 图所示场效应管放大电路中，场效应管的低频跨导为 $g_m=1\ mS, R_{G1}=200\ k\Omega, R_{G2}=100\ k\Omega, R_{G3}=10\ M\Omega, R_d=15\ k\Omega, R_s=10\ k\Omega, R_L=20\ k\Omega$。试求：

(1) 画出微变等效电路；

(2) 电压放大倍数、输入电阻和输出电阻。

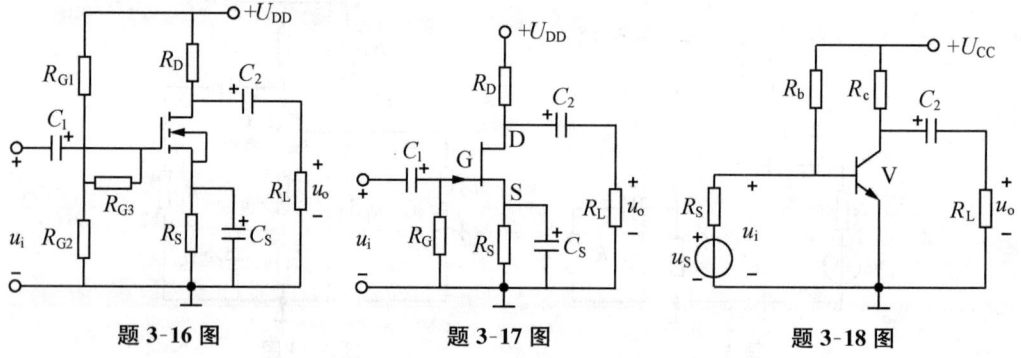

题 3-16 图　　　　　　题 3-17 图　　　　　　题 3-18 图

3-17　如题 3-17 图所示场效应管放大电路中，场效应管的低频跨导为 $g_m=1\ mS, R_g=1\ M\Omega, R_d=5\ k\Omega, R_s=2\ k\Omega, R_L=10\ k\Omega$。试求：

(1) 画出微变等效电路；

(2) 电压放大倍数、输入电阻和输出电阻。

3-18　如题 3-18 图所示阻容耦合放大电路中，$U_{CC}=15\ V, R_s=1\ k\Omega, R_b=200\ k\Omega, R_C=5\ k\Omega, R_L=5\ k\Omega, C_2=5\ \mu F$；三极管为硅管，其 $U_{BEQ}=0.7\ V, \beta=100, r_{bb'}=100\ \Omega, C_\pi=180\ pF, C_\mu\approx C_{cb}=5\ pF$。试求：

(1) 中频电压放大倍数；

(2) 估算电路的上限截止频率和下限截止频率。

第4章 集成运算放大电路

本章导学

集成运算放大器是一种高增益直接耦合多级放大器,本章介绍了集成运算放大电路(简称集成运放)的基本知识。本章首先以集成电路中元器件的特点及集成运放的典型结构为起点,然后讨论了电流源电路、差分放大电路、功率放大电路等构成集成运放中的基本单元电路。在此基础上介绍了两种集成运放的典型电路。最后,针对各类集成运放的性能特点和使用集成运放时遇到的有关实际问题等相关知识进行了讲解。

集成运算放大电路是种性能优良、功能完善的多级直接耦合放大器,其内部结构比单只晶体管复杂,外部特性更接近于理想化器件,最初多应用于模拟计算机中的各种信号的运算(如比例、求和、求差、积分、微分、……)上,故被称为集成运算放大器,简称集成运放。随着集成技术的发展,集成运放还广泛的应用于信号的测量和处理、信号的产生和转换以及自动控制等许多方面。集成运放是电子技术领域中广泛应用的基本电子器件。

本章从应用的角度着重介绍集成运放的结构、工作原理及性能参数。对构成运放的基本单元电路—电流源电路、差分放大电路及功率放大电路作详细讨论,最后介绍一种典型集成运放的实例。本章重点讨论双极性集成运放,对 MOS 集成运放只作简单介绍。

4.1 概 述

集成电路是 20 世纪 60 年代初期发展起来的一种新型电子器件。它以半导体单晶硅为芯片,采用专门的制造工艺,把晶体管、场效应管、二极管、电阻和电容等元件及它们之间的连线所组成的完整电路制作在一起,使之具有特定的功能。由于集成电路实现了材料、元件、电路三位一体化,因此又称为固体组件。

集成电路按集成度分为小规模集成电路(少于 100 个元件)、中规模集成电路(少于 100~1000 个元件)、大规模集成电路(少于 1000~10000 个元件)、超大规模集成电路(10000 个以上元件)。按导电类型分为双极型晶体管、单极性场效应管或两者兼有。按功能分有模拟集成电路和数字集成电路。其中模拟集成电路中集成运放的应用最为广泛。

4.1.1 集成电路中元器件特点

由于集成工艺的特点,与分立元器件相比较,集成电路中的元器件有以下特点:

一、具有良好的对称性。单个元器件的精度不高,受温度影响也较大,但在同一硅片上用相同工艺制造出来的元器件性能比较一致,对称性好,相邻元器件的温度差别小,因而同一类元器件温度特性也基本一致。

二、电阻与电容的数值有一定的限制。由于集成电路中电阻和电容要占用硅片的面积,且数值越大,占用面积也越大,因而集成电路中电阻和电容的数值范围窄,不宜制造大电阻和大电容。因此,集成电阻一般在几十欧~几十千欧,电容容量一般为几十 pF,电感目前不能集成,因此集成电路中大都采用直接耦合方式。

三、半导体集成电路中经常既有 NPN 管又有 PNP 管。纵向 NPN 管 β 值较大,占用硅片面积小,容易制造。而横向 PNP 管的 β 值很小,但其 PN 结的耐压高。

四、用有源元件取代无源元件。由于纵向 NPN 管占用硅片面积小且性能好,而电阻和电容占用硅片面积大且取值范围窄,因此在集成电路的设计中尽量多采用 NPN 型管,而少用电阻和电容。

4.1.2 集成运放典型结构

集成运放是一种具有很高的电压放大倍数、性能优越、集成化的多级放大器。由于集成运放的类型、性能、和用途不同,因此,内部电路结构也有很大差异。但无论内部电路多么复杂,其基本组成主要有四个部分:输入级、中间级、输出级和偏置电路,如图 4-1 所示。

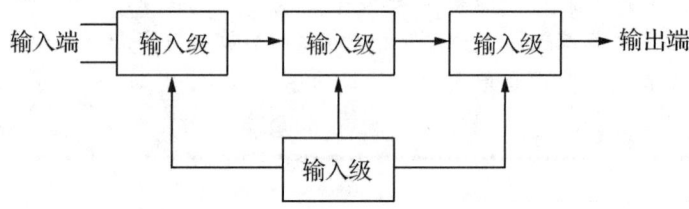

图 4-1 集成运放的基本组成

一、偏置电路

偏置电路用于设置集成运放各级放大电路的静态工作点。与分立元件不同,集成运放采用电流源电路为各级提供合适的集电极(或发射级、漏级)静态工作电流,从而确定了合适的静态工作点。

二、输入级

输入级又称前置级,是组成集成运放的关键部分,常采用差分放大电路。输入级的好坏直接影响集成运放大多数性能参数,如输入电阻、共模抑制比等。因此,在几代产品的更新过程中,输入级的变化最大。

三、中间级

中间级是整个放大电路的主放大器,多采用共射(或共源)放大电路,使集成运放具有较强的放大能力,而且为了提高电压放大倍数经常采用复合管,以恒流源做集电极负极,其电压放大倍数可达千倍以上。

四、输出级

输出级多采用互补对称式电路,具有输出电压线性范围宽、有较强的带负载能力、非线性失真小等特点。

集成运放的输入端是输入级差分放大电路的两个输入端,输出端是射级输出器的输出端,所以整个集成运放可用如图 4-2(a)所示的电路符号来表示。图中 ▷ 表示放大器,A_u 表示电压放大倍数,右侧"＋"为输出端,信号由此端与地之间输出。

左侧"－"端为反相输入端,当信号由此端与地之间输入时,输出信号与输入信号相位相反。信号的这种输入方式为反相输入。

左侧"＋"端为同相输入端,当信号由此端与地之间输入时,输出信号与输入信号相位相同。信号的这种输入方式为同相输入。

如果将两个输入信号分别从上述两端与地之间输入,则信号的这种输入方式为差分输入。

反相输入、同相输入和差分输入是集成运放最基本的信号输入方式。

集成运放成品除了上述三个输入和输出接线端(管脚)以外,还有电源和其他用途的接线端。产品型号不同,管脚编码也不同,使用时可查阅相关手册。

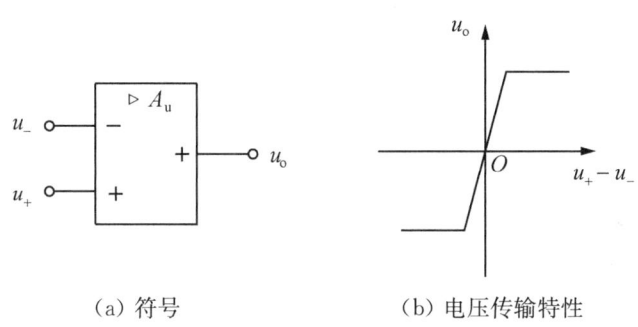

(a) 符号　　　　　(b) 电压传输特性

图 4-2　集成运放的符号和电压传输特性

集成运放的输出电压 u_o 与输入电压(即同相输入端与反相输入端之间的差值电压)之间的关系曲线称为电压传输特性,即

$$u_o = f(u_+ - u_-) \tag{4-1-1}$$

对于正、负两路电源供电的集成运放,电压传输特性如图 4-2(b)所示。从图示曲线可以看出,它包括线性区和饱和区两部分。在线性区内,u_o 与 $u_d(u_d = u_+ - u_-)$ 呈正比关系。

由于集成运放放大的对象是差模信号,而且没有通过外电路引入反馈,故称其电压放大倍数为差模开环放大倍数,记作 A_o。

因而当集成运放工作在线性区时

$$u_o = A_o u_d = A_o (u_+ - u_-) \tag{4-1-2}$$

由于受电源电压的限制,u_o 不可能无限增加,因此,当 u_o 增加一定数值后,便进入了正、负饱和区。正饱和区 $u_o = +U_{OM} \approx +U_{CC}$,负饱和区 $u_o = -U_{OM} \approx -U_{EE}$。

集成运放在应用时,工作于线性区称为线性应用,工作于饱和区称为非线性应用。由于集成运放的 A_o 非常大,线性区很窄,即使输入电压很小,由于外部干扰等原因,不引入深度的负反馈(见下章)很难在线性区稳定工作。

4.1.3 集成运放的种类及特点

集成运放自 20 世纪 60 年代问世以来,飞速发展,种类繁多,按供电方式可分为双电源供电和单电源供电,在双电源供电中又分正、负电源对称型和不对称型。按集成度(即一个芯片上运放个数)可分为单运放、双运放和四运放,目前四运放日益增多。按制造工艺可将运放分为双极型、CMOS 型和 BiFET 型,双极型运放一般输入偏置电流及器件功耗较大,但由于采用多种改进技术,所以种类多、功能强;CMOS 型运放输入阻抗高、功耗小,可在低电源电压下工作,目前已有低失调电压、低噪声、高速度、强驱动能力的产品;BiEET 型运放采用双极型管与单极型管混合搭配的生产工艺,以场效应管作输入级,使输入电阻高达 $10^{12}\Omega$ 以上,目前有电参数各不相同的多种产品。

除以上三种分类方法外,还可从内部电路的工作原理、电路的可控性和电参数的特点等三个方面分类,下面简单加以介绍。

一、按工作原理分类

1. 电压放大型

实现电压放大,输出回路等效成由电压 u_I 控制的电压源 $u_o = A_{ud} u_I$。F007、F324、C14573 均属这类产品。

2. 电流放大型

实现电流放大,输出回路等效成由电流 i_I 控制的电流源 $i_o = A_i i_I$。LM3900、F1900 属于这类产品。

3. 跨导型

将输入电压转换成输出电流,输出回路等效成由电压 u_I 控制的电流源 $i_o = A_{iu} u_I$,A_{iu} 的量纲为电导,它是输出电流与输入电压之比,故称跨导,常记作 g_m。LM3080、F3080 属于这类产品。

4. 互阻型

将输入电流转换成输出电压,输出回路等效成由电流 i_I 控制的电压源 u_o,$u_o = A_{ui} i_I$,A_{ui} 的量纲为电阻,故称这种电路为互阻放大电路。AD8009、AD8011 属于这类产品。

二、按可控性分类

1. 可变增益运放

可变增益运放有两类电路,一类为电压控制增益的放大电路,由外接的控制电压 u_c 来调整开环差模增益 A_{ud},如 VCA610,当 u_c 从 0 变为 -2 V 时,A_{ud} 从 -40 dB 变为 $+40$ dB,中间连续可调;另一类是利用数字编码信号来控制开环差模增益 A_{ud},这类运放是模拟电路与数字电路结合的混合集成电路,具有较强的编程功能,如 AD526,其控制变量为 A_2、A_1、A_0,当给定不同的二进制码时,A_{ud} 将不同。

2. 选通控制运放

此类运放的输入为多通道,输出为一个通道,即只有一个对"地"输出电压信号。利用输入逻辑信号的选通作用来确定电路对哪个通道的输入信号进行放大。如图 4-3 所示为两通道选通控制运放 OPA676 的原理示意图。当 $\overline{CHA}$ 为 0 时,开关 S 倒向电路 A_1 的输出端,电路对 u_{IA} 放大,输出电压 $u_o = A_{ud} u_{IA}$;当 $\overline{CHA}$ 为 2.7 V 时,开关 S 倒向电路 A_2 的输出端,电路

对 u_{IB} 放大，输出电压 $u_o = A_{ad}u_{IB}$；A_{ad} 为开环差模增益。由于开关起切换输入通道的作用，故也称这类电路为输入切换运放。

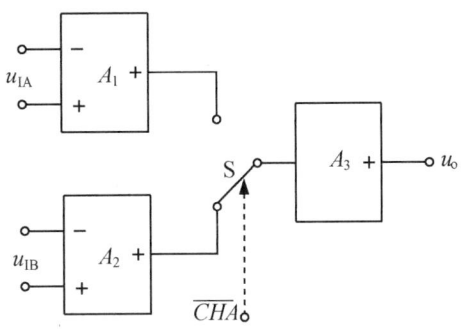

图 4-3　两通道选通控制运放 OPA676 的原理示意图

三、按性能指标分类

按性能指标可分为通用型和特殊型两类。通用型运放用于无特殊要求的电路之中。为了适应各种特殊要求，特殊型运放的某一方面性能特别突出。下面做简单介绍。

1. 高阻型

具有高输入电阻（r_{id}）的运放。它们的输入级多采用超 β 管或场效应管，r_{id} 大于 $10^9\,\Omega$，适用于测量放大电路、信号发生电路或取样－保持电路。国产的 F3130，输入级采用 MOS 管，输入电阻高于 $10^{12}\,\Omega$，I_{IB} 仅为 5 pA。

2. 高速型

单位增益带宽和转换速率高的运放。它的种类很多，增益带宽多在 10 MHz 左右，有的高达千兆；转换速率大多在几十伏/微秒至几百伏/微秒，有的高达几千伏/微秒。适用于模—数转换器、数—模转换器、锁相环电路和视频放大电路。国产超高速运放 F3554 的 SR 可达 1000 V/μs，单位增益带宽为 1.7 GHz。

3. 高精度型

高精度型运放具有低失调、低温漂、低噪声、高增益等特点，它的失调电压和失调电流比通用型运放小两个数量级，而开环差模增益和共模抑制比均大于 100 dB。适用于对微弱信号的精密测量和运算，常用于高精度的仪器设备中。国产的超低噪声高精度运放 F5037 的 U_{IO} 为 10 μV，其温漂为 0.2 μV/℃；I_{IO} 为 7 nA；等效输入噪声电压密度约为 3.5 nV/$\sqrt{Hz}$，电流密度约为 1.7 pA/$\sqrt{Hz}$；A_{ad} 约为 105 dB。

4. 低功耗型

低功耗型运放具有静态功耗低、工作电源电压低等特点，它们的功耗只有几毫瓦，甚至更小，电源电压为几伏，而其它方面的性能不比通用型运放差。适用于能源有严格限制的情况，例如空间技术、军事科学及工业中的遥感遥测等领域。

微功耗高性能运放 TLC2252 的功耗约为 180 μW，工作电源电压为 5 V，开环差模增益为 100 dB，差模输入电阻为 $10^{12}\,\Omega$。可见，它集高阻与低功耗于一身。

此外，还有能够输出高电压（如 100 V）的高压型运放、能够输出大功率（如几十瓦）的大功率型运放等。

除了通用型和特殊型运放外，还有一类运放是为完成某种特定功能而生产的，例如仪表用放大器、隔离放大器、缓冲放大器、对数/反对数放大器等等。随着 EDA 技术的发展,人们会越来越多地自己设计专用芯片。目前可编程模拟器件也在发展之中,人们可以在一块芯片上通过编程的方法实现对多路(如 16 路)模拟信号的各种处理,如放大、有源滤波、电压比较等。

4.2 电流源电路

电流源对提高集成运放的性能起着极为重要的作用。一方面它为各级电路提供稳定的直流偏置电流,另一方面可作为有源负载取代高阻值的电阻,从而提高放大电路的电压放大倍数。本节将介绍常见的电流源电路及其应用。

4.2.1 镜像电流源电路

图 4-4 所示为镜像电流源电路,它由两只特性完全相同的管子 V_1 和 V_2 构成。由图可知,V_1 和 V_2 的 $b-c$ 间电压相等,所以它们的基极电流 $I_{B1}=I_{B2}=I_B$,集电极电流 $I_C=I_{C1}=I_{C2}=\beta I_B$。

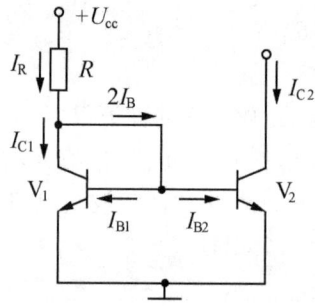

图 4-4 镜像电流源电路

电阻 R 中的电流为基准电流,其表达式为

$$I_R = \frac{U_{CC} - U_{BE}}{R} = I_C + 2I_B = I_C + 2\frac{I_C}{\beta}$$

所以集电极电流

$$I_C = \frac{\beta}{\beta+2} \cdot I_R \tag{4-2-1}$$

当 $\beta \gg 2$ 时,输出电流

$$I_{C2} \approx I_R = \frac{U_{CC} - U_{BE}}{R} \tag{4-2-2}$$

可见,由于电路的这种特殊接法,只要 I_R 一定,就恒定;改变 I_R,I_{C2} 也跟着改变。两者的关系好比物与镜中的物一样,故称此电路为镜像电流源。I_{C2} 为输出电流。

集成运放中纵向晶体管的 β 均在百倍以上,因而式(4-2-2)成立。当 U_{CC} 和 R 的数值一定时,I_{C2} 也就随之确定。

将上述原理推广,可得多路镜像电流源,如图 4-5 所示。图中为三路电流源,V_5 管是为了提高各路电流的精度而设置的。因为在没有 V_5 管时，$I_{C1}=I_R-4I_{B1}$，加了 V_5 管后，$I_{C1}=I_R-\dfrac{4I_{B1}}{1+\beta_5}$，故此可得

$$I_{C2}=I_{C3}=I_{C4}=\dfrac{\beta_1(1+\beta_5)}{\beta_1(1+\beta_5)+4}I_R \qquad (4\text{-}2\text{-}3)$$

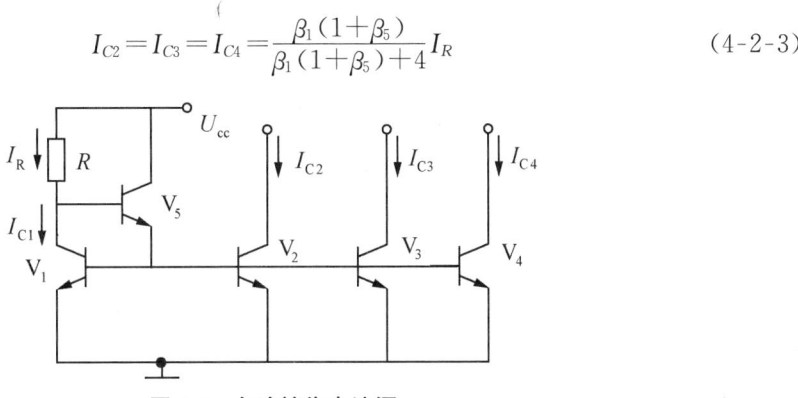

图 4-5　多路镜像电流源

$\beta_1(1+\beta_5)+4$ 容易满足，所以各路电流更接近 I_R，并且受 β 的温度影响也小。

在集成电路中，多路镜像电流源是由多集电极晶体管实现的，图 4-6（a）电路就是一个例子。它利用一个三集电极横向 PNP 管组成双路电流源（横向 PNP 管是采用标准工艺，在制作 NPN 管过程中同时制作出来的一种 PNP 管），其等价电路如图 4-6(b)所示：

镜像电流源电路简单，两管参数对称，符合集成电路的特点，应用广泛。但是，在电源电压 U_{cc} 一定的情况下，若要求 I_{C2} 较大，则根据式(4-2-2)，I_R 势必增大，R 的功率也就增大，这是集成电路中应当避免的；若要求 I_{C2} 很小，则 I_R 势必也很小，R 的数值必然很大，这在集成电路中是很难做到的。因此，派生出其他类型的电流源电路。

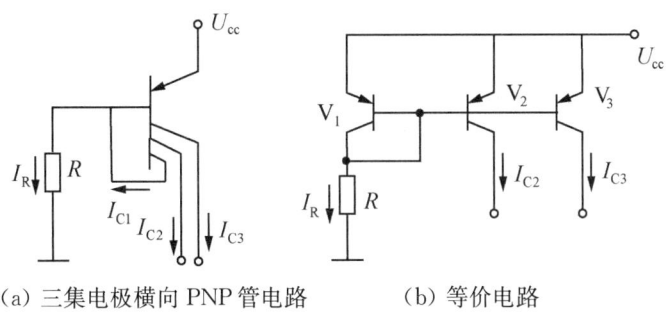

（a）三集电极横向 PNP 管电路　　（b）等价电路

图 4-6　多集电极晶体管镜像电流源

4.2.2　比例电流源电路

如果希望电流源的电流与基准电流成某一比例关系，可采用图 4-7 所示的比例电流源电路。比例电流源电路改变了镜像电流源中 $I_{C2}\approx I_R$ 的关系，而使 I_{C2} 可以大于或小于 I_R，与 I_R 成比例关系，从而克服镜像电流源的上述缺点。

由图可知

$$U_{BE1}+I_{E1}R_{E1}=U_{BE2}+I_{E2}R_{E2} \qquad (4\text{-}2\text{-}4)$$

根据晶体管发射结电压与发射极电流的近似关系[①]可得

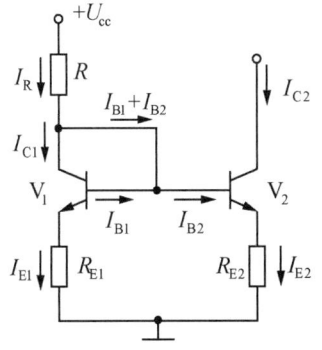

图 4-7　比例电流源电路

$$U_{BE} \approx U_T \ln \frac{I_E}{I_S}$$

由于 V_1 和 V_2 的特性完全相同，所以

$$U_{BE1} - U_{BE2} \approx U_T \ln \frac{I_{E1}}{I_{E2}} = -U_T \ln \frac{I_{E2}}{I_{E1}} \tag{4-2-5}$$

代入(4-2-4)，整理可得

$$I_{E2} R_{E2} \approx I_{E1} R_{E1} + U_T \ln \frac{I_{E1}}{I_{E2}}$$

当 $\beta \gg 2$ 时，$I_{C1} \approx I_{E1} \approx I_R$，$I_{C2} \approx I_{E2}$，所以

$$I_{C2} \approx \frac{R_{E1}}{R_{E2}} \cdot I_R + \frac{U_T}{R_{E2}} \ln \frac{I_R}{I_{C2}} \tag{4-2-6}$$

在一定的取值范围内，若式(4-2-5)中的对数项可忽略，则

$$I_{C2} \approx \frac{R_{E1}}{R_{E2}} \cdot I_R \tag{4-2-7}$$

可见，只要改变 R_{E1} 和 R_{E2} 的阻值，就可以改变 I_{C2} 和 I_R 的比例关系。式中基准电流

$$I_R \approx \frac{U_{CC} - U_{BE1}}{R + R_{E1}} \approx \frac{U_{CC}}{R + R_{E1}} \tag{4-2-8}$$

①在忽略基区电阻 $r_{bb'}$ 上的电压时，晶体管发射极电流与 $b-e$ 间电压的关系约为

$$I_E \approx I_S e^{\frac{U_{BE}}{U_T}}$$

集成运放输入级有时需要的集电极(发射极)静态电流很小，往往只有几十微安，甚至更小。如果用镜像电流源，R 势必过大。这时可将比例电流源中的 $R_{E1} = 0$，便得到如图4-8所示的微电流源电路。

由式(4-2-4)和(4-2-5)可知，在 $R_{E1} = 0$ 时：

$$I_{E2} = \frac{U_{BE1} - U_{BE2}}{R_E} = \frac{U_T}{R_E} \ln \frac{I_{E1}}{I_{E2}} \tag{4-2-8}$$

式中只有几十毫安，甚至更小，因此，只要几千欧的 R_E，就可得到几十微安的 I_{C2}。

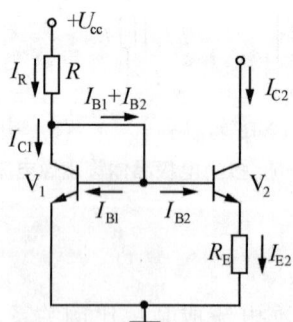

图4-8 所示的微电流源电路

图中 V_1 与 V_2 特性完全相同，根据(4-2-6)式可得

$$R_E = \frac{U_T}{I_{C2}} \ln \frac{I_R}{I_{C2}} \tag{4-2-9}$$

此式表明，当 I_R 和所需的小电流一定时，可计算出所需的电阻 R_E。式中基准电流

$$I_R = \frac{U_{CC} - U_{BE1}}{R} \tag{4-2-10}$$

实际上,在设计电路时,首先应确定 I_R 和 I_{C2} 的数值,然后求出 R 和 R_E 的数值。例如,在图 4-8 所示电路中,若 $U_{CC}=15\ \text{V}$, $I_R=1\ \text{mA}$, $U_{BE1}=0.7\ \text{V}$, $U_T=26\ \text{mV}$, $I_{C2}=20\ \mu\text{A}$;则根据式(4-2-10)可得 $R=14.3\ \text{k}\Omega$,根据式(4-2-9)可得 $R_{E2}=14.3\ \text{k}\Omega$。可见求解过程并不复杂。

4.2.4 电流源电路的作用

集成运放要有极高的电压增益,这是通过多级放大器级联实现的。在电压增益一定时,为了减少级数,就必须提高单级放大器的电压增益。因此,在集成运放中,放大器多以电流源作有源负载。典型的有源负载共射放大电路如图 4-9(a)所示。图中,V_1 为放大管,V_2、V_3 管构成镜像电流源作 V_1 管的有源负载。设 V_2 与 V_3 管特性完全相同,因而 $\beta_2=\beta_3=\beta$,$I_{C2}=I_{C3}$。基准电流

$$I_R=\frac{U_{CC}-U_{BE3}}{R}$$

根据式(4-2-1),空载时管的静态集电极电流

$$I_{CQ1}=I_{C2}=\frac{\beta}{\beta+2}\cdot I_R$$

可见,电路中并不需要很高的电源电压,只要 U_{CC} 与 R 相配合,就可设置合适的集电极电流 I_{CQ1}。应当指出,输入端的 u_i 中应含有直流分量,为 V_1 提供静态基极电流 I_{BQ1},I_{BQ1} 应等于 I_{CQ1}/β_1,而不应与镜像电流源提供的 I_{C2} 产生冲突。应当注意,当电路带上负载电阻 R_L 后,由于 R_L 对 I_2 的分流作用,I_{CQ1} 将有所变化。

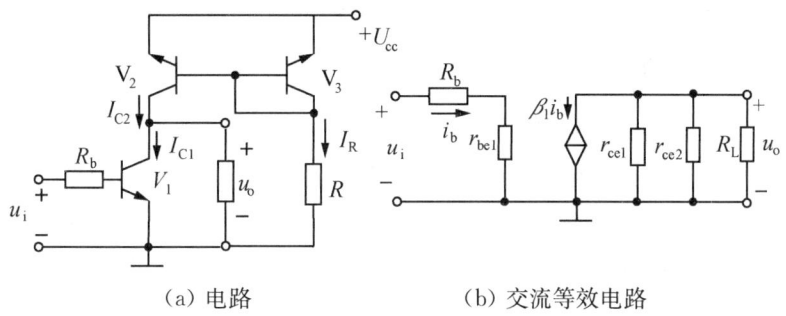

(a) 电路   (b) 交流等效电路

图 4-9 有源负载共射放大电路

若负载电阻很大,则 V_1 管和 V_2 管在参数 h 等效电路中的 $1/h_{22}$ 就不能忽略不计,因此图(a)所示电路的交流等效电路如图(b)所示。这样,电路的电压放大倍数

$$A_u=-\frac{\beta_1(r_{ce1}//r_{ce2}//R_L)}{R_b+r_{be1}} \qquad (4\text{-}2\text{-}11)$$

若 $R_L\ll(r_{ce1}//r_{ce2})$,则

$$A_u\approx-\frac{\beta_1 R_L}{R_b+r_{be1}} \qquad (4\text{-}2\text{-}12)$$

说明 V_1 管集电极的动态电流 $\beta_1 i_b$ 几乎全部流向负载,有源负载使 $|A_u|$ 大大提高。

图 4-10 为另一种接法的有源负载共射电路。V_2、V_3 管组成镜像电流源作 V_1 管的有源负载,而输出取自恒流源管 V_3 的集电极。由图可知,当 u_i 使 I_{C1} 增大 ΔI_{C1} 时,$\Delta I_{C3}\approx\Delta I_{C1}$,而 $\Delta I_{C2}=\Delta I_{C3}$,所以 $\Delta I_{C2}\approx\Delta I_{C1}$。按图上所标电流变化量的实际方向看,输出电压 u_o 与输入电

压 u_i 同相。因此，该放大器在实现电压放大的同时，还具有倒相功能（共射放大器原是反相输出，现在变为了同相）。

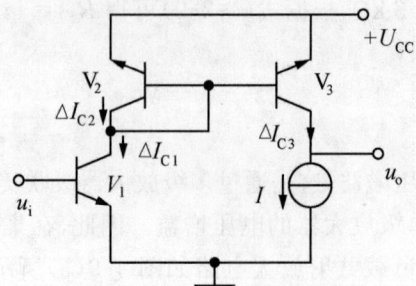

图 4-10 具有倒相功能的有源负载共射放大电路

4.3 差分放大电路

在直接耦合放大电路中，即使将输入端短路，在输出端也会有变化缓慢的输出电压，我们把这种现象称为零点漂移，简称零漂。产生零漂的原因很多，但温度变化却是主要原因，所以零漂又称为温漂。为了减小直接耦合放大电路的零点漂移，工程上除了采用高品质的电路元件和高稳定的电源外，还常采用温度补偿电路、信号调制放大等方法或从电路结构上采取措施。集成运放的输入级采用差分放大电路结构。

4.3.1 基本差分放大电路

如图 4-11 所示为基本差分放大电路，它由两个性能参数完全相同的共射放大电路组成，通过两管发射极连接并经公共电阻 R_e 接于负电源 $-U_{EE}$，像拖一个尾巴，故又称为长尾式差分放大电路。为了使差分放大器输入端的直流电位为零，通常都采用正、负两路电源供电。由于 V_1、V_2 管参数相同，$\beta_1=\beta_2=\beta$，$r_{be1}=r_{be2}=r_{be}$；电路结构对称，$R_{b1}=R_{b2}=R_b$，$R_{c1}=R_{c2}=R_c$，所以两管工作点必然相同。

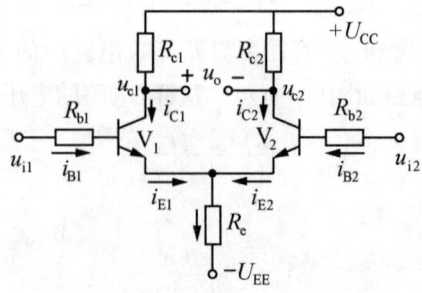

图 4-11 长尾式差分放大电路

一、静态分析

当输入信号 u_{i1} 和 u_{i2} 为零（即静态）时，则两管电流相等，两管的集电极电位也相等，所以输出电压 $u_o = u_{c1} - u_{c2} = 0$。如果温度上升会使两个管子的电流均增加，则集电极电位 u_{c1}、

u_{c2}均下降,由于两管处于同一环境温度,因此两管电流的变化量和电压的变化量都相等,即 $\Delta i_{c1} = \Delta i_{c2}$；$\Delta u_{c1} = \Delta u_{c2}$,其输出电压仍然为零。这说明,尽管每一个管子的静态工作点均随温度变化,但两端之间的输出电压却不随温度而变化,且始终为零,故有效的消除了零漂。

此时,电阻 R_e 中的电流等于 V_1 管和 V_2 管的发射极电流之和,即

$$I = I_{E1} + I_{E2} = 2I_E$$

根据基极回路方程

$$I_B R_b + U_{BE} + 2I_E R_e - U_{EE} = 0$$

$$I_B = \frac{U_{EE} - U_{BE}}{R_b + 2\beta R_e} \tag{4-3-1}$$

在式(4-3-1)中,通常情况下,R_b 阻值很小(很多情况下 R_b 为信号源内阻),而且 I_B 也很小,所以 R_b 上的电压可忽略不计,发射极电位 $U_E \approx -U_{BE}$,因而流过 R_e 的电流为 I

$$I = \frac{U_E - (-U_{EE})}{R_e} \approx \frac{U_{EE} - U_{BE}}{R_e} \tag{4-3-2}$$

因而发射极的静态电流

$$I_E = \frac{1}{2} I \approx \frac{U_{EE} - U_{BE}}{2R_e} \tag{4-3-3}$$

只要合理的选择 R_e 的阻值,并与电源 U_{EE} 相配合,就可以设置合适的静态工作点。由 I_E 可得 I_B 和 U_{CE}：

$$I_B = \frac{I_E}{1+\beta} \tag{4-3-4}$$

$$U_{CE} \approx U_{CC} - I_C R_c + U_{BE} \tag{4-3-5}$$

由于 $U_{C1} = U_{C2}$,所以 $u_o = U_{C1} - U_{C2} = 0$。可见,静态时,差动放大器两输出端之间的直流电压为零。

二、共模抑制特性

当 u_{i1} 与 u_{i2} 所加信号为大小相等极性相同的输入信号(称为共模信号)时,如图 4-12(a)电路所示,由于电路参数对称,V_1 管和 V_2 管所产生的电流变化相等,即 $\Delta i_{b1} = \Delta i_{b2}$,$\Delta i_{c1} = \Delta i_{c2}$；因此集电极电位的变化也相等,即 $\Delta u_{c1} = \Delta u_{c2}$。因为输出电压 $u_o = u_{c1} - u_{c2} = (U_{CQ1} + \Delta u_{c1}) - (U_{CQ2} + \Delta u_{c2}) = 0$,说明差分放大电路对共模信号具有很强的抑制作用,在参数完全对称的情况下,共模输出为零。

当共模信号作用于电路时,两只管子发射极将产生相同的变化电流即 Δi_e；显然 R_e 上电流的变化量为 $2\Delta i_e$,从而发射极电位的变化量为 $2\Delta i_e R_e$。因此,从电压等效的观点看,相当于每管的发射极各接有 $2R_e$ 的电阻。通过上述分析,图 4-12(a)电路的共模等效通路如图 4-12(b)所示。

为了描述差分放大电路对共模信号的抑制能力,引入一个新的参数——共模电压放大倍数 A_c,定义为

$$A_c = \frac{\Delta u_{oc}}{\Delta u_{ic}} \tag{4-3-6}$$

式中 Δu_{ic} 为共模输入电压,Δu_{oc} 是 Δu_{ic} 作用下的输出电压。它们可以是缓慢变化的信号,也可以是正弦交流信号。

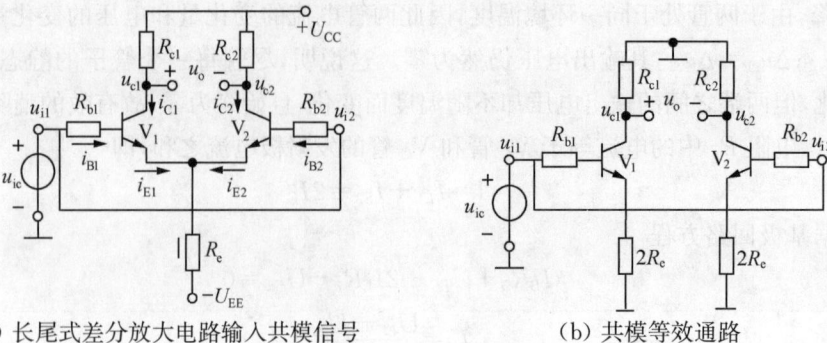

(a) 长尾式差分放大电路输入共模信号 (b) 共模等效通路

图 4-12　长尾式差分放大电路输入共模信号

通过差分放大电路组成的分析可知,电路参数的对称性起了相互补偿的作用,抑制了温度漂移,但这只是理想情况,完全对称是不可能的,所以单靠电路的对称性抑制零点漂移是有限的。实际上,差分放大电路每只晶体管的漂移依然存在,为此,在电路中引入发射极电阻 R_e,R_e 降低两只管子零漂的过程如下：

温度↑ → I_{C1}↑,I_{C2}↑ → I_E↑ → U_{RE}↑ → U_{BE1}↓,U_{BE2}↓ → I_{B1}↓,I_{B2}↓ → I_{C1}↓,I_{C2}↓

可见,R_e 对共模输入信号起负反馈作用；R_e 阻值愈大,负反馈作用愈强。但在电源电压 U_{CC} 一定的情况下,过大的 R_e,产生过大的电压 U_{RE},两管发射极电位被提高,管压降 U_{CE} 将下降,动态范围变小,降低了电压放大倍数。为了解决这个问题,又引入了负电源 U_{EE}。

三、差模放大特性

当给差分放大电路的两个输入端加上一对大小相等、相位相反的差模信号,即 $u_{i1}=u_{id1}/2$,$u_{i2}=-u_{id2}/2$,如图 4-13(a)所示。由于电路参数的对称性,这时一管的发射极电流增大,另一管的发射极电流减小,且增大量和减小量时时相等。因此流过 R_e 的信号电流始终为零,公共射极端 E 点电位将保持不变,相当于接"地"；并且负载电阻的中点电位在差模信号作用下也不变,相当于接"地",因此 R_L 被分成相等的两部分,分别接在 V_1 管和 V_2 管的 $c-e$ 之间,所以电路在差模信号作用下的等效电路如图 4-13(b)所示

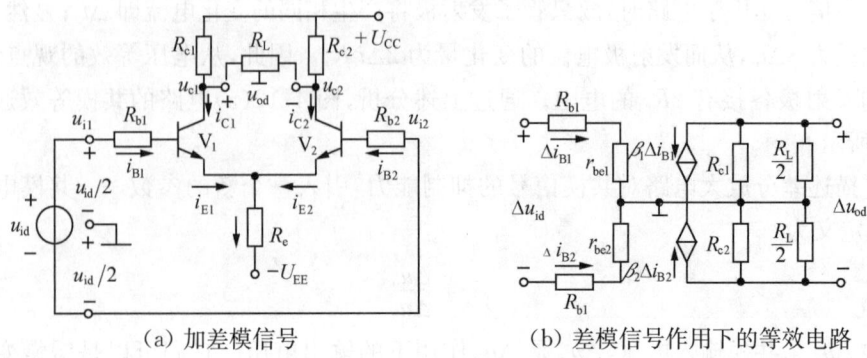

(a) 加差模信号　　　　　(b) 差模信号作用下的等效电路

图 4-14　差分放大电路加差模信号

输入差模信号时电路的放大倍数称为差模放大倍数,记作 A_d,定义为

$$A_d = \frac{\Delta u_{od}}{\Delta u_{id}} \qquad (4-3-7)$$

式中 Δu_{od} 是 Δu_{id} 作用下的输出电压。从图(b)中可知,$\Delta u_{id}=2\Delta i_{B1}(R_b+r_{be})$,$\Delta u_{od}=-2\Delta i_{C1}\left(R_c//\frac{R_L}{2}\right)$,所以

$$A_d = -\frac{\beta\left(R_c//\frac{R_L}{2}\right)}{(R_b+r_{be})} \qquad (4-3-8)$$

由此可见,差分放大电路的电压放大能力只相当于单管共射放大电路。也就是说差分放大电路是以牺牲一只管子的放大倍数为代价,获取了低温漂的效果。

根据输入电阻的定义,从图(b)可以看出

$$R_i = 2(R_b + r_{be}) \qquad (4-3-9)$$

它是单管共射放大电路输入电阻的两倍。

电路的输出电阻

$$R_o = 2R_c \qquad (4-3-10)$$

也是单管共射放大电路输出电阻的两倍。

为了衡量差分放大电路对差模信号的放大和对共模信号的抑制能力,我们引入参数共模抑制比 K_{CMR}。它定义为差模放大倍数与共模放大倍数之比的绝对值,即

$$K_{CMR} = \left|\frac{A_{ud}}{A_{uc}}\right| \qquad (4-3-11)$$

K_{CMR} 也常用 dB 数表示,并定义为

$$K_{CMR} = 20\lg\left|\frac{A_{ud}}{A_{uc}}\right| = 20\lg|A_{ud}| - 20\lg|A_{uc}| \qquad (4-3-12)$$

K_{CMR} 实质上是反映实际差动电路的对称性。其值越大,说明电路性能越好,在电路理想对称情况下,$K_{CMR}\to\infty$,但实际的差分电路不可能完全对称,因此 K_{CMR} 为一有限值。

【例 4-1】 如图 4-12 所示,$\beta=80$,$r_{bb'}=200\ \Omega$,$U_{BE}=0.6\ V$,试求(1) 静态工作点;(2) A_{ud}、r_i、r_o。

解:(1) 求 Q 点

$$I_{C1} = I_{C2} \approx \frac{U_{CC}-U_{BE}}{2R_e} = \frac{(12-0.6)\text{V}}{2\times20\ \text{k}\Omega} = 0.285\ \text{mA} \quad U_{CE1} = U_{CE2} = U_{CC} - I_C R_C$$

$$= 12\ \text{V} - 0.285\ \text{mA}\times10\ \text{V} = 9.15\ \text{V}$$

$$r_{be} = 200\ \Omega + (1+\beta)\frac{26\ \text{mV}}{I_{EQ}\text{mA}} = 200\ \Omega + \frac{81\times26}{0.285}\Omega = 7.59\ \text{k}\Omega$$

$$A_{ud} = -\beta\frac{R'_L}{r_{be}} = -80\frac{10//10}{7.59} = -52.7$$

$$r_i = 2r_{be} = 2\times7.59\ \text{k}\Omega = 15.2\ \text{k}\Omega$$

$$r_o = 2R_C = 20\ \text{k}\Omega$$

4.3.2 带恒流源的差分放大电路

长尾式差分放大电路,由于接入 R_e,提高了共模信号的抑制能力,且 R_e 愈大,抑制能力

愈强。但随着的 R_e 增加，在 R_e 上的直流压降也增大，为保证管子的正常工作，则必须提高 U_{EE} 的值，这是不合算的。为此，用恒流源代替图 4-12 电路中的 R_e，可以有效地克服上述缺点。一种带恒流源的差分放大电路如图 4-15 所示。图中恒流源为单管电流源，这是分立元件电路常用的形式。而在集成电路中，大多数采用镜像电流源、小电流电流源等。

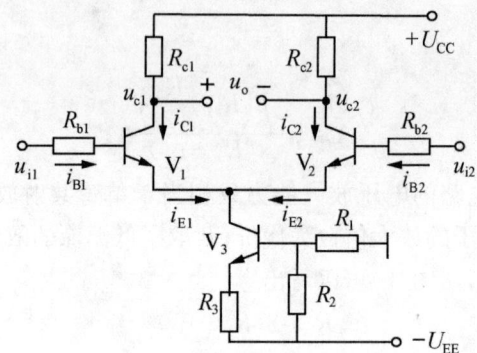

图 4-15 恒流源的差分放大电路

图中 R_1、R_2、R_3 和 V_3 组成工作点稳定电路，电路参数应满足 $I_2 > I_{B3}$。这样，$I_1 \approx I_2$，所以 R_2 上的电压为

$$U_{R2} \approx \frac{R_2}{R_1 + R_2} \cdot U_{EE} \tag{4-3-13}$$

V_3 管的集电极电流

$$I_{C3} \approx I_{E3} = \frac{U_{R2} - U_{BE3}}{R_3} \tag{4-3-14}$$

可见，在式(4-3-13)成立的条件下，式(4-3-14)表明，若 U_{BE3} 的变化可忽略不计，则 V_3 管集电极电流 I_{C3} 就基本不受温度影响。而且，由图可知，电路的动态信号不可能作用到 V_3 管的基极或发射极，因此可以认为 I_C 为一恒定电流，发射极所接电路可以等效成一个恒流源。V_1 管和 V_2 管的发射极静态电流

$$I_{E1} = I_{E2} = \frac{I_{C3}}{2} \tag{4-3-15}$$

当 V_3 管输出特性为理想特性时，既当 V_3 在放大区的输出特性曲线是横轴的平行线时，恒流源的内阻为无穷大，即相当于 V_1 管和 V_2 管的发射极接了一个阻值为无穷大的电阻，对共模信号的负反馈作用无穷大，因此使电路的 $K_{CMR} \to \infty$。

恒流源电路在不高的电源电压下即为差分放大电路设置了合适的静态工作电流，有大大增强了共模负反馈作用，使电路具有更强的抑制共模信号的能力。

恒流源电路也可以用以恒流源取代，但是在实际电路中，由于两晶体管参数和电阻值不可能做到完全对称，因而使得输出不为零。我们把这种零输入时输出电压不为零的现象，称为差分放大器的失调。由于差分放大器存在失调，因而实际电路中应设法进行补偿。具体的办法是在电路中加入调零措施。一种方法是在集成电路的制造过程中，采用电阻版图激光处理技术，调整集电极电阻，使零输入时零输出。这种方法效果好，但成本高。另一种方法是在外电路中加调零电位器，通过实地调整，作到零输入时零输出。图 4-16 给出了两种常用的调零电路，分别称为射极调零和集电极调零电路，其中 R_w 为调零电位器。R_w 对电路的动态参数(如 A_d、R_i 等)均产生影响，读者可自行分析。

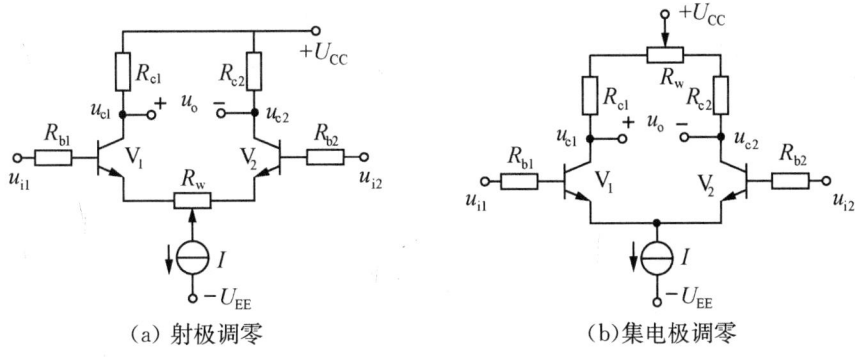

(a) 射极调零　　　　　　　(b) 集电极调零

图 4-16　差动放大器的调零电路

4.3.3　差分放大电路的四种接法

图 4-12 所示电路中,输入端与输出端均没有接"地"点,称为双端输入、双端输出电路。根据使用的需要,可以将信号源的一端接地,或者将负载电阻的一端接地。因此差分放大电路,除了上述双端输入、双端输出电路外,还有双端输入、单端输出,单端输入、双端输出和单端输入、单端输出,共四种接法。

对于任意输入信号都可以看成是一对差模信号 $u_{id}/2=(u_{i1}-u_{i2})/2$ 和共模信号 $u_{ic}=(u_{i1}+u_{i2})/2$ 的合成,输出为差模输出 $\dot{U}_{od}$ 和共模输出 $\dot{U}_{oc}$ 的和:

$$\dot{U}_o = \dot{U}_{od} + \dot{U}_{oc} \tag{4-3-16}$$

一、双端输入、单端输出电路

图 4-17(a)所示电路为双端输入、单端输出的差分放大电路。与图 4-13 的区别在于输出端负载电阻的一端接 V_1 管的集电极,另一端接地,因而输出回路不对称,故影响了静态工作点和动态参数。

直流通路如图 4-17(b)所示,在图中 U'_{CC} 和 R'_C 是利用戴维南定理进行变换得出的等效电源和电阻,其表达式分别为

$$U'_{CC} = \frac{R_L}{R_C + R_L} \cdot U_{CC} \tag{4-3-16}$$

$$R'_c = R_C // R_L \tag{4-3-17}$$

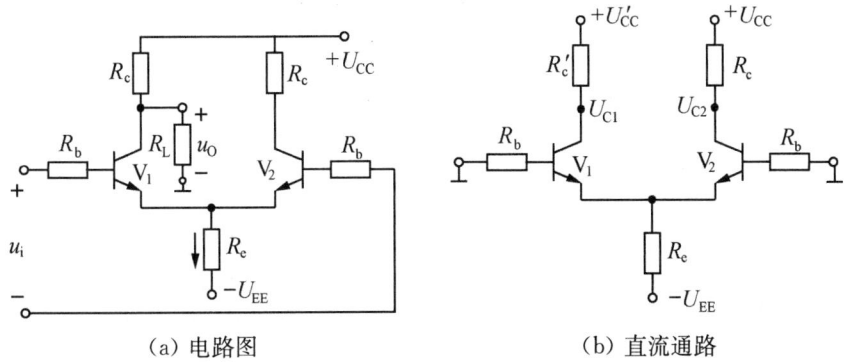

(a) 电路图　　　　　　　　(b) 直流通路

图 4-17　双端输入、单端输出的差分放大电路

虽然由于输入回路参数对称,使静态电流 $I_{B1}=I_{B2}$,从而 $I_{C1}=I_{C2}$;但是,由于输出回路的不对称性,使 V_1 管和 V_2 管的集电极电位各不相同,即 $V_{C1}\neq V_{C2}$,因此管压降 $V_{CE1}\neq V_{CE2}$。由图 4-17(b)可得

$$V_{C1}=U'_{CC}-I_C R'_c \tag{4-3-18}$$
$$V_{C2}=U'_{CC}-I_C R_c \tag{4-3-19}$$

静态工作点 I_E、I_B 和 U_{CE1}、U_{CE2} 可通过式(4-3-3)、(4-3-4)、(4-3-5)计算。

当输入共模信号时,发射极电阻 R_e 上电流的变化量为 $2\Delta i_e$,发射极电位的变化量 $\Delta u_e = 2\Delta i_e R_e$。对于每只管子而言,相当于各接有 $2R_e$ 的射极电阻,如图 4-19(a)所示。因此与输出电压相关的 V_1 管的一边电路对共模信号的等效电路如图 4-19(b)。从图中可以求出

$$A_c=\frac{\Delta u_{oc}}{\Delta u_{Ic}}=-\frac{\beta(R_c//R_L)}{R_b+r_{be}+2(1+\beta)R_e} \tag{4-3-20}$$

共模抑制比

$$K_{CMR}=\left|\frac{A_d}{A_c}\right|=\frac{R_b+r_{be}+2(1+\beta)R_e}{2(R_b+r_{be})} \tag{4-3-21}$$

由(4-3-20)和(4-3-21)式可以看出 R_e 愈大,A_c 的值愈小,K_{CMR} 愈大,电路的性能也就愈好。因此,增大 R_e 是改善共模抑制比的基本措施。

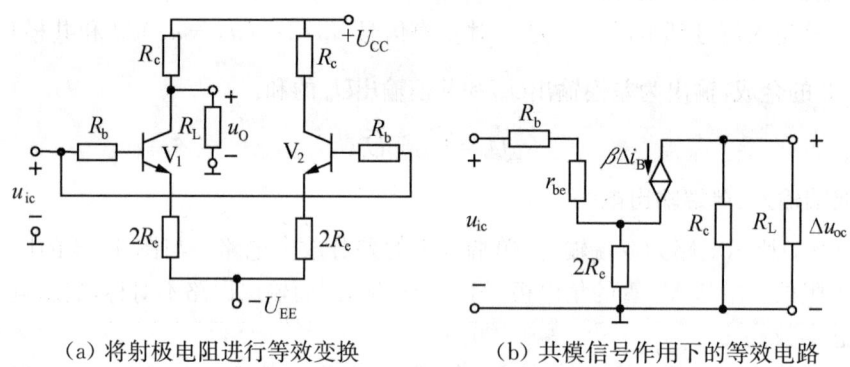

(a) 将射极电阻进行等效变换　　(b) 共模信号作用下的等效电路

图 4-18　图 4-17(a)所示电路对共模信号的等效电路

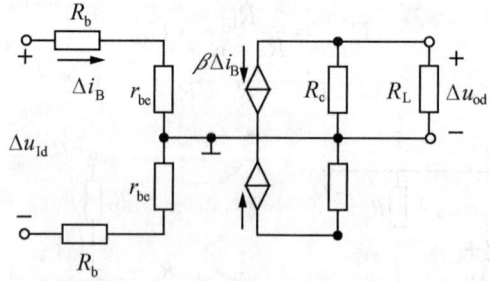

图 4-19　图 4-17(a)所示电路对差模信号的等效电路

对差模信号的等效电路如图 4-19 所示,由于 V_1 管和 V_2 管中电流大小相等方向相反,所以发射极相当于接地。输出电压 $\Delta u_{od}=-\Delta i_C(R_c//R_L)$,输入电压 $\Delta u_{Id}=2\Delta i_B(R_b+r_{be})$,因此差模放大倍数

$$A_d=\frac{\Delta u_{od}}{\Delta u_{Id}}=-\frac{\beta(R_c//R_L)}{2(R_b+r_{be})} \tag{4-3-20}$$

在差模信号作用下,负载电阻仅取得 V_1 管集电极电位的变化量,所以与双端输出电路相比,其差模放大倍数的数值减小。

电路的输入回路没有变,所以输入电阻 R_i 仍为 $2(R_b+r_{be})$。电路的输出电阻为 R_c,是双端输出电路输出电阻的一半。

如果输入差模信号极性不变,而输出信号取自 V_2 管的集电极,则输出与输入同相。

二、单端输入、双端输出电路

在如图 4-20(a)所示电路中,两个输入端中有一个接地,输入信号加载另一端与地之间。因为电路对于差模信号是通过发射极相连的方式将 V_1 管的发射极电流传递到 $\dfrac{u_i}{2}$ 管的发射极的,故称这种电路为射极耦合电路。

为了说明这种输入方式的特点,将输入信号进行如下的等效变换。在加信号一端,可将输入信号分为两个串联的信号源,它们的数值均为 $\dfrac{u_i}{2}$,极性相同;在接地一端,也可等效为两个串联的信号源,它们的数值也均为 $\dfrac{u_i}{2}$,但极性相反,如图(b)所示。不难看出,与双端输入时一样,左右两边分别获得的差模信号为 $+$、$-\dfrac{u_i}{2}$;但与此同时,两边输入 $+\dfrac{u_i}{2}$ 的共模信号。

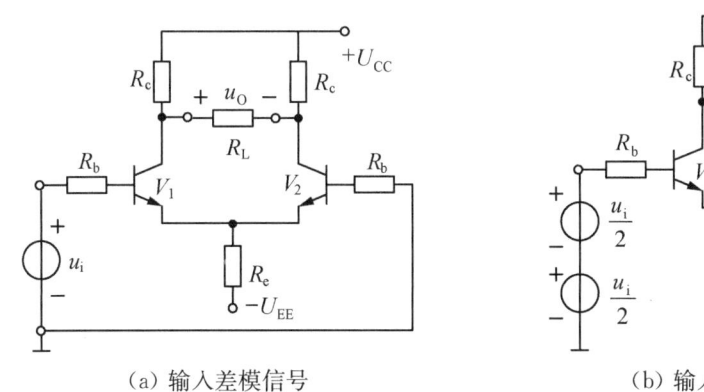

(a) 输入差模信号　　　　　　　　(b) 输入差模信号等效变换

图 4-20　单端输入、双端输出电路

但与双端输入电路的区别在于:在差模信号输入的同时,伴随着共模信号输入。因此,在共模放大倍数 A_c 不为零时,输出端不仅有差模输出电压,而且还有共模输出电压,即输出电压

$$\Delta u_o = A_d \Delta u_I + A_c \dfrac{\Delta u_I}{2} \qquad (4\text{-}3\text{-}21)$$

当然,若电路参数理想对称,则 $A_c=0$,即式中的第二项为 0,此时 K_{CMRR} 将为无穷大。其静态工作点与动态参数的分析与双端输入、双端输出的电路相同,请读者自行分析。

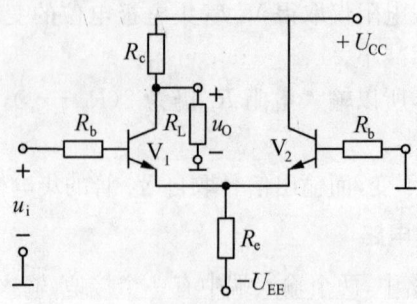

图 4-21 单端输入、单端输出电路

三、单端输入、单端输出电路

图 4-21 所示为单端输入、单端输出电路,对于单端输出电路,常将不输出信号一边的 R_c 省略。该电路对静态工作点及动态参数的分析与双端输入、单端输出的电路相同,对输入信号作用的分析与单端输入、双端输出电路相同。

4.4 复合管及复合管放大电路

在实际应用中,为了进一步改进放大电路的性能,可用多只晶体管构成复合管来代替基本放大电路中的一只晶体管,也可用两个晶体管以不同的组态,互相配合组成组合放大单元电路。

4.4.1 复合管的组成原则和作用

复合管,是指把几个晶体管连接起来而构成具有一定功能的晶体管,在分析时一般是把它们当作一个整体来处理。这种晶体管的放大倍数高(可达数百、数千倍)、驱动能力强、体积小、功率大、开关速度快、可做成功率放大模块。用于大功率开关电路、电机调速、逆变电路,还可驱动小型继电器及 LED 智能显示屏等。图 4-22(a)和图 4-22(b)所示为两只同类的三极管组成的复合管,等效成与组成它们的晶体管同类型的管子;图 4-22(c)和图 4-22(d)是两只不同类的三极管组成的复合管,等效成与 V_1 管同类型的管子。

这种由两个三极管构成的复合管又被称为达林顿管。达林顿管有一个特点就是两个三极管中,前面三极管的功率一般比后面三极管的要小,前面三极管基极为达林顿管的基极,后面三极管射极为达林顿管的射极,所以达林顿管在电路中使用方法与单个普通三极管一样,但其电流放大倍数 β 却是两个三极管电流放大倍数的乘积。下面以图(a)为例说明复合管的电流放大倍数 β 与 V_1、V_2 的电流放大倍数 β_1、β_2 的关系。

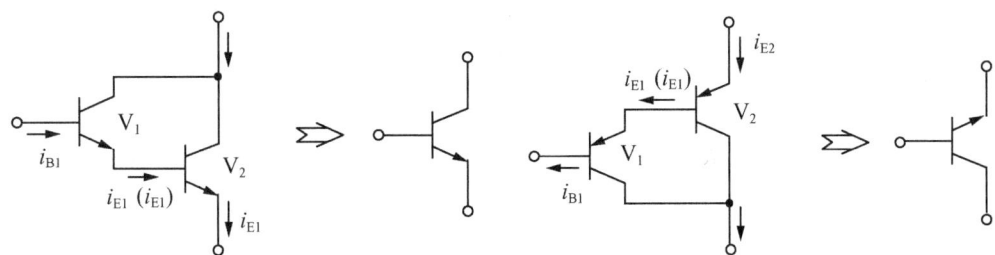

(a) 两只 NPN 型构成的 NPN 型管　　　　　(b) 两只 PNP 型构成的 PNP 型管

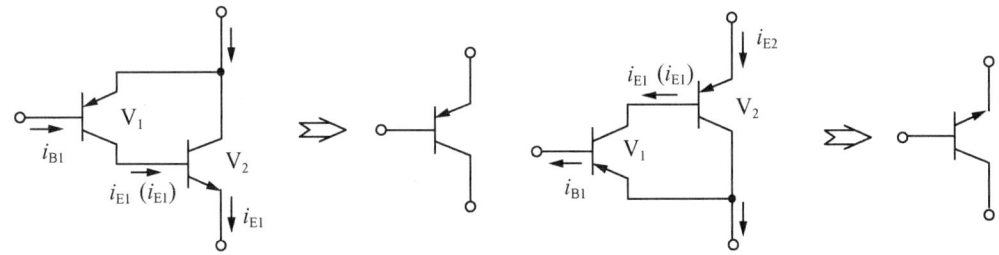

(c) 两只不同类型管构成的 PNP 型管　　　　(d) 两只不同类型管构成的 NPN 型管

图 4-22　复合管

由图(a)可知,复合管的基极电流 i_B,集电极电流 i_C,发射级电流 i_E 分别为 $i_B=i_{B1}$,$i_C=i_{C1}+i_{C2}$,$i_E=i_{E2}$,则 $i_C=i_{C1}+i_{C2}=\beta_1 i_{B1}+\beta_2 i_{B2}$

因为 $i_{B2}=i_{E1}=\beta_2(1+\beta_1)i_{B1}$

所以 $i_C=\beta_1 i_{B1}+\beta_2 i_{B2}=\beta_1 i_{B1}+\beta_2(1+\beta_1)i_{B1}=(\beta_1+\beta_2+\beta_1\beta_2)i_{B1}$

因为 β_1 和 β_2 至少为几十,因而 $\beta_1\beta_2 \gg \beta_1+\beta_2$,所以可以认为复合管的电流放大系数

$$\beta=\frac{i_C}{i_B}=\beta_1+\beta_2(1+\beta_1)\approx \beta_1\beta_2 \tag{4-4-1}$$

复合管的构成原则是:

一、在合适的外加电压下,每只管子的电流都有合适的通路,才能组成复合管。

二、每只管子均工作放大区或恒流区。

三、为实现放大,应将前一只管子的集电极(漏极)或射极(源极)电流作为第二只管子的基极电流。

应注意的是,在实际应用中,达林顿管由于内部由多只管子及电阻组成,用万用表测试时,be 结的正反向阻值与普通三极管不同。对于高速达林顿管,有些管子的前级 be 结还反并联一只输入二极管,这时测出 be 结正反向电阻阻值很接近;容易误判断为坏管,这个请注意。

4.4.2　复合管放大电路

用复合管组成的共射放大电路如图 4-23(a)所示。若把复合管看成一个管子,它就是一个普通的阻容耦合共射放大电路。图 4-23(b)是它的交流等效电路。

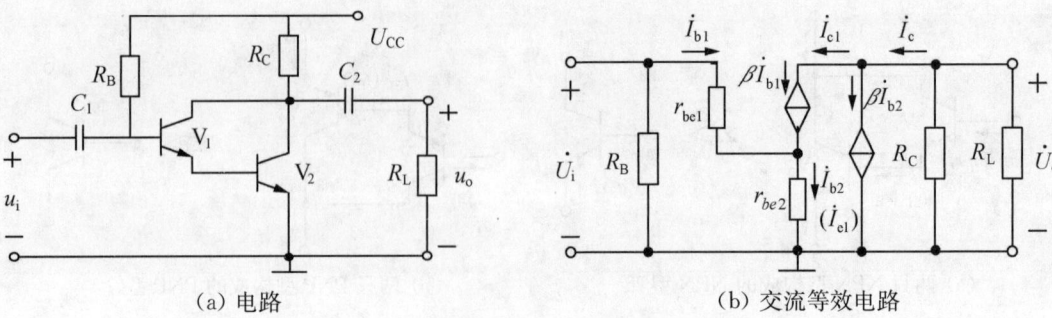

(a) 电路   (b) 交流等效电路

图 4-23 阻容耦合复合管共射放大电路

设组成复合管内三极管 V_1 和 V_2 的电流放大系数分别为 β_1 和 β_2,对复合管放大电路进行静态分析时,首先要确定复合管的电流放大系数 β,代入前面计算静态工作点的公式,就可计算复合管放大电路的静态工作点。

从图(b)可知

$$\dot{U}_i = \dot{I}_{b1}r_{be1} + \dot{I}_{b2}r_{be2} = \dot{I}_{b1}r_{be1} + \dot{I}_{b1}(1+\beta_1)r_{be2}$$

$$\dot{U}_o \approx -\beta_1\beta_2 \dot{I}(R_C//R_L)$$

电压放大倍数

$$\dot{A}_u = \frac{\dot{U}_o}{\dot{U}_i} \approx -\frac{\beta_1\beta_2(R_C//R_L)}{r_{be1}+(1+\beta_1)r_{be2}}$$

若 $(1+\beta_1)r_{be2} \gg r_{be1}$,且 $\beta_1 \gg 1$,则

$$\dot{A}_u = \frac{\dot{U}_o}{\dot{U}_i} \approx -\frac{\beta_2(R_C//R_L)}{r_{be2}} \tag{4-4-2}$$

输入电阻为

$$R_i = R_B//[r_{be1}+(1+\beta)r_{be2}] \tag{4-4-3}$$

可见,电压放大倍数与单管是相当;但输入电阻明显变大;电流放大倍数明显变大。也就是说,复合管共射放大电路增强了电流放大能力,从而减小了对信号源驱动电流的要求。复合管的共集放大电路有读者自行分析。

4.5 功率放大电路

在很多电子设备中,功率放大电路处于多级放大电路的最后一级,又称输出级,是一种以输出较大功率为目的的放大电路,它把前置级送来的低频信号经功率放大,以获得足够大的功率输出,直接驱动负载工作。为了使功率放大电路获得最大的功率输出,放大器几乎工作在极限状态,所以功率放大电路工作在大信号状态下。功率放大器的电路结构、工作原理、分析方法及电路的性能指标等都与普通放大器不同,所以电压放大电路的微变等效电路就不再适用,而通常采用估算法或图解法。此外,功率放大电路中的直流电源耗能较大,还

必须考虑放大电路的效率。

4.5.1 功率放大电路的基本要求及种类

功率放大电路的主要功能是给负载提供不失真的额定功率。因此,功率放大电路与前面介绍的电压放大电路相比具有明显的特点,它应满足下述要求:

一、输出功率尽可能大,使负载能获得所需的功率。这就要求功放管的电压和电流都有足够大的输出幅度,因此晶体管往往在接近极限运用状态下工作。晶体管的极限工作区域受极限参数的限制。

二、效率要高。由于输出功率大,因此直流电源消耗的功率也大,这就存在一个效率问题。所谓效率就是负载得到的有用信号功率和电源供给的直流功率的比值。这个比值越大,意味着效率越高。

三、非线性失真要小。由于功率放大电路是在大信号下工作,所以不可避免地会产生非线性失真,而且同一功放管输出功率越大,非线性失真往往越严重,这就使输出功率和非线性失真成为一对主要矛盾,通常采用负反馈等措施来尽量减小波形失真。但是,在不同场合下,对非线性失真的要求不同,例如,在测量系统和电声设备中,这个问题显得重要,而在工业控制系统等场合中,则以输出功率为主要目的,对非线性失真的要求就降为次要问题了。

四、散热要好。在功率放大电路中,有相当大的功率消耗在管子的集电结上,使结温和管壳温度升高。为了充分利用允许的管耗而使管子输出足够大的功率,放大器件的散热就成为一个重要问题。

为了同时满足上述要求,功率放大电路的结构就要与电压放大电路有区别。若采用射极输出器作为功率放大电路,为了得到在不失真条件下最大的输出功率,把静态工作点设置在负载线的中点,如图 4-24(a)所示,此时晶体管在输入正弦信号的一个周期内都导通,这种工作状态称为甲类工作状态。

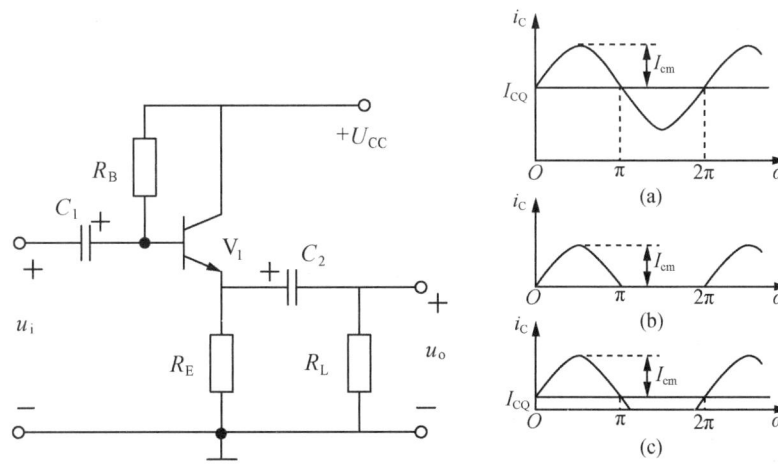

(a) 甲类工作状态　　(b) 乙类工作状态的　　(c) 甲乙类工作状态

图 4-24　射极输出器及三极管的三种输出状态

可见,甲类工作状态静态集电极电流较大,波形好,但晶体管的损耗较大,效率也低。如果静态工作点沿交流负载线下移,使静态集电极电流 I_C 接近零,如图 4-24(b)所示,此时晶体管只在输入信号的半个周期内导通,这种工作状态称为乙类工作状态。从图中可知,乙类工作状态静态集电极电流为零,管耗小,但波形严重失真。为了同时满足波形失真小,效率高的要求,可以使静态工作点设置在甲类和乙类之间且靠近截止区,管子的导通时间大于半个周期但是小于一个周期,比半个周期稍多些,此时晶体管的工作状态为甲乙类工作状态。如图 4-24(c)所示。如果管子导通时间小于半个周期时,此时晶体管的工作状态为丙类工作状态。在一般情况下,功率放大电路常采用甲乙类工作状态。

4.5.2 互补对称功率放大电路

功率放大电路的形式有多种。传统的功率放大电路与负载之间采用变压器耦合,它的优点可以实现阻抗变换,但缺点是变压器的体积大,重量重,效率较低,频带难以做宽,又不利于集成化,因此在多数应用场合已被直接耦合或阻容耦合互补对称电路所替代。

互补对称对路是集成功率放大电路输出级电路的基本形式。当它通过大容量的电容与负载耦合时,由于省去了变压器而被称为无输出变压器(Output Transformerless)电路,简称 OTL 电路。若设法使互补对称电路直接与负载相连,输出电容也省去,就成为无输出电容(Output Capacitorless)电路,简称 OCL 电路。

一、OCL 电路

1. 电路结构和工作原理

电路如图 4-25 所示,是由两个特性及参数完全对称,但类型却不同的晶体管组成射极输出电路。输入信号接于两管基极,负载 R_L 接在两管发射极,由正、负等值双电源供电。

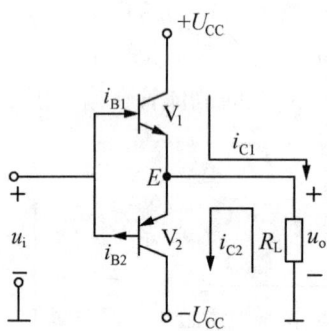

图 4-25　OCL 互补对称电路

静态时,$u_i=0$,由于晶体管的特性参数及正、负电源电压完全对称,两管射极的静态电位 $V_E=0$,即 $U_{CE1}=U_{CC}$、$U_{CE2}=-U_{CC}$,负载中没有电流。静态工作点设置在横轴 U_{CC} 处,V_1 和 V_2 均处于截止状态,两管都工作在乙类放大状态。输出 $u_o=0$,电路内没有功率损耗。

当输入正弦信号 u_i 为正半周期时,V_1 导通,V_2 截止,负载的电流 $i_o \approx i_{C1}$,使负载 R_L 上得到正半周输出电压;当 u_i 为负半周期时,V_1 截止,V_2 导通,负载的电流 $i_o \approx i_{C2}$,负载 R_L 上得到负半周输出电压。这样在负载上可以得到完整的输出信号波形。这种由 NPN 型管和 PNP 型管交替导通,互相补偿而工作的功率放大电路为互补对称功率放大电路,图 4-25 称为乙类 OCL 互补对称功率放大器。

2. 输出功率及效率

负载 R_L 取得的平均功率即为功率放大电路的输出功率,用 P_o 表示。从图中可以看出,

输出电压 u_o 的最大幅值为 $U_{om} \approx U_{CC}$（忽略晶体管的饱和压降 U_{CES}），输出电流 i_o 的最大幅值为 $I_{om} = U_{om}/R_L$。

$$P_o = I_o U_o = \frac{U_{om}}{\sqrt{2}} \frac{I_{om}}{\sqrt{2}} = \frac{1}{2} U_{om} I_{om} = \frac{1}{2} \frac{U_{om}^2}{R_L} \tag{4-5-2}$$

由上式可知，R_L 一定时，输出功率的大小与输出信号电压的幅值的平方成正比。射极输出器的电压可近似认为与输入电压相等，即 $U_{om} = U_{im}$，因此乙类工作状态的功率放大器输出电压越大，负载获得的功率也越大。

在理想情况下，最大输出功率 P_{om} 可表示为

$$P_{om} = \frac{1}{2} I_o U_o = \frac{U_{om}^2}{2R_L} \approx \frac{U_{CC}^2}{2R_L} \tag{4-5-3}$$

电源提供的直流功率等于电源的直流电压 U_{CC} 和电源输出的平均电流 $\bar{I}_{C1}$ 的乘积，每个电源仅半个周期内供电，平均电流 $\bar{I}_{C1}$ 为

$$\bar{I}_{C1} = \frac{1}{2\pi} \int_0^\pi I_{om} \sin \omega t \, d(\omega t) = \frac{I_{om}}{\pi} = \bar{I}_{C2}$$

两个电源提供的总平均功率为

$$P_E = 2\bar{I}_{C1} U_{CC} = 2 \frac{I_{om}}{\pi} U_{CC} = \frac{2}{\pi} \frac{U_{om} U_{CC}}{R_L} \approx \frac{2}{\pi} \frac{U_{CC}^2}{R_L} \tag{4-5-4}$$

R_L 一定时，直流电源提供的功率与输出电压的幅值成正比；当输出电压最大时，直流电源提供的功率最大。直流电源提供的最大平均功率为 P_{Em}

$$P_{Em} \approx \frac{2}{\pi} \frac{U_{CC}^2}{R_L}$$

转换效率为

$$\eta = \frac{P_o}{P_E} = \frac{\pi}{4} \frac{U_{om}}{U_{CC}} \tag{4-5-5}$$

可见，电路输出信号越大，效率越高，效率与输出信号的幅值成正比。当输出电压最大时转换效率最高，电路的最大效率为

$$\eta = \eta_m = \frac{P_{om}}{P_{Em}} = \frac{\pi}{4} = 78.5\%$$

实际中，由于 V_1，V_2 的饱和压降 U_{CES} 不可能等于零，所以电路的实际效率总低于 78.5%。

功率管的耗散功率用 P_T 表示，是指在不计其它耗能元件所消耗的功率时，管耗为直流电源提供的功率与电路输出功率之差，即

$$P_T = P_E - P_o = \frac{2}{\pi} \frac{U_{om} U_{CC}}{R_L} - \frac{U_{om}^2}{2R_L}$$

注意：当电路输出最大时，虽然电源提供的功率最大，电路的输出功率最大，转换效率也最高，但此时管耗却不是最大。

由实验和理论证明，当输出幅度 $U_{om} = \frac{2}{\pi} U_{CC} \approx 0.636 U_{CC}$ 时，管耗最大，且每只管子的最大耗散功率为

$$P_{Tm} = 0.2 \cdot P_{om} \tag{4-5-6}$$

此式为选用管子功率损耗极限参数提供了依据。

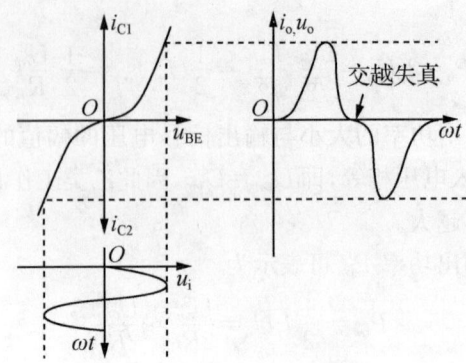

图 4-26 交越失真产生的原因及波形

在上述的乙类 OCL 互补对称功率放大电路中，静态时 V_1 和 V_2 均处于截止状态，在输入信号 u_i 小于晶体管发射结的死区电压时，无法产生基极电流和集电极电流，输出仍为零，因此在输出波形过零点附近会出现失真，称为交越失真，如图 4-26 所示。为了消除交越失真，可将静态工作点提高一些，在 $u_i=0$ 时仍然有很小的 I_c，这时两只晶体管都工作在甲乙类放大状态。图 4-27 为甲乙类互补对称功率放大的实际电路。与图 4-25 电路相比较，在电压放大级 V_1 的集电极，也就是在功率放大级 V_2、V_3 管的基极增加了两只二极管 D_1 和 D_2。静态时，V_1 管的工作电流在 D_1 和 D_2 上产生的正向压降，提供给 V_2、V_3 管一定的基极偏流，使两管都处于微导通状态，工作与甲乙类状态。由于电路是对称的，静态时 V_2、V_3 管电流相等，负载电阻是没有静态电流流过的，两管发射极电位为零。当有输入信号时，因二极管的动态电阻比管的集电极电阻小得多，所以可认为 V_2、V_3 管的交流电位基本相等，两管交替工作中，在过零点的附近两管将同时导通，负载电流 i_o 是 i_{c2} 和 i_{c3} 之差，这样就克服了交越失真现象。在忽略 V_2、V_3 的饱和压降 U_{CES} 时，该电路的最大输出功率和效率的计算与乙类相同，不再重复。

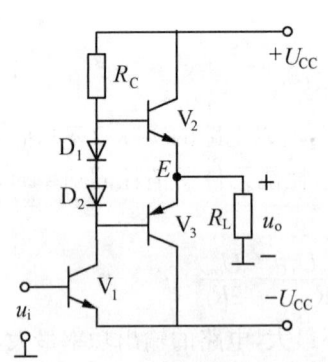 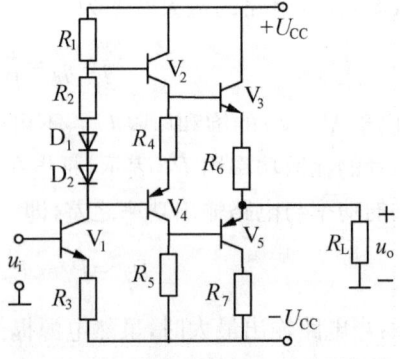

图 4-27 甲乙类互补对称功率放大电路　　图 4-28 甲乙类互补对称功率放大电路

当负载要求输出较大的功率时，上述甲乙类互补对称电路中的 V_2，V_3 管必须选用大功率晶体管，选择特性相近的两只大功率管比较困难，另外 V_2、V_3 管的输出电流 i_{CM} 比较大，这样要求推动功率管的基极电流也很大，电压放大级提供较大的电流也是很困难的，为此提出功率输出级的晶体管采用复合管的形式，如图 4-28 所示，这个电路称为准互补对称功率放大电路。电路中 V_2、V_3 构成的复合管为 NPN 型，而 V_4、V_5 构成的复合管为 PNP 型，代替图 4-27 中的功率管，R_4 和 R_5 是两只小电阻，对正、负向输出起过流保护的作用，如果输出负载 R_L 短路，电流剧增，产生较强的电流负反馈限制功率管的输出电流，使功率管不致损坏，R_6 和 R_7 它还具有改善非线性失真和稳定静态工作点的作用。

二、OTL 电路

OTL 电路如图 4-29 所示，图中 V_1 为 NPN 型管，V_2 为 PNP 型管，但是它们的特性对称。它们的发射极通过耦合电容 C 和负载电阻 R_L 相连。

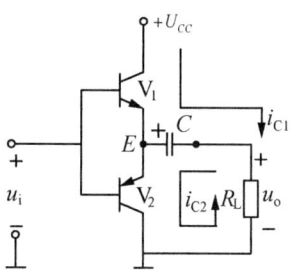

图 4-29　OTL 互补对称电路

静态时，前级电路应使基极电位为 $U_B = U_{CC}/2$，由于 V_1 和 V_2 特性对称，发射极电位也为 $U_E = U_{CC}/2$，电容被充电到 $U_{CC}/2$。动态时，由于电容的容量足够大，因此在信号作用期间，可认为电容 C 上的电压 $U_C = U_{CC}/2$ 不变。在 u_i 的正半周，V_1 导通，V_2 截止，产生电流 i_{c1}，使 R_L 得到正半周电压；在 u_i 的负半周，V_1 截止，V_2 导通，C 通过 V_2 对 R_L 放电，产生电流 i_{c2}，使 R_L 得到负半周电压，此时 C 起到负电源的作用。对 OTL 互补对称功率放大电路进行定量分析时，将 OCL 互补对称功率放大电路中的 U_{CC} 用 $U_{CC}/2$ 代替即可。

图 4-30 所示为单电源甲乙类互补对称放大电路，图中，V_3、R_{B1}、R_{B2}、R_C、R_E 等组成前置放大电路，R_{B1} 接至输出端 E 点，构成了负反馈。V_3 管的静态电流流过二极管 D_1、D_2，产生压降作为 V_1、V_2 管小的正向偏置电压，使两管静态均处于微导通状态，用以减小交越失真。

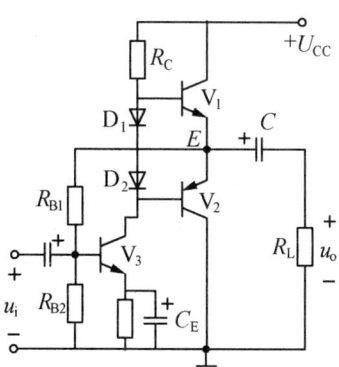

图 4-30　单电源甲乙类互补对称放大电路

【例 4-2】有一互补对称乙类功率放大电路，如图 4-27 所示，电源电压 $U_{CC} = 24$ V，负载电阻 $R_L = 6\ \Omega$。忽略管子的饱和压降，求电路的最大输出功率，直流电源供给的总功率、效率和总管耗。

解：由式(4-5-3)最大输出功率为

$$P_{om} \approx \frac{U_{CC}^2}{2R_L} = \frac{24^2}{2 \times 6} = 48 \text{ W}$$

由式(4-5-4)直流电源供给的功率为

$$P_E \approx \frac{2}{\pi} \frac{U_{cc}^2}{R_L} = \frac{2 \times 24^2}{\pi \times 6} = 61.1 \text{ W}$$

由式(4-5-5)效率为

$$\eta = \frac{P_o}{P_E} = \frac{48}{61.1} = 78.6\%$$

总管耗为

$$P_T = P_E - P_o = 13.1 \text{ W}$$

4.5.3 集成功率放大器

目前,国内外厂家已生产出多种型号的集成功率放大器,它的应用越来越广泛,目前约95%以上的音响设备上的音频功率放大器都采用了集成电路,并且,从电路的功能来看,已从一般的 OTL 功率放大器集成电路发展到具有过压保护电路、过热保护电路、负载短路保护电路、电源浪涌过冲电压保护电路、静噪声抑制电路、电子滤波电路等功能更强的集成功率放大器。现以 LM386 为例作简单介绍。

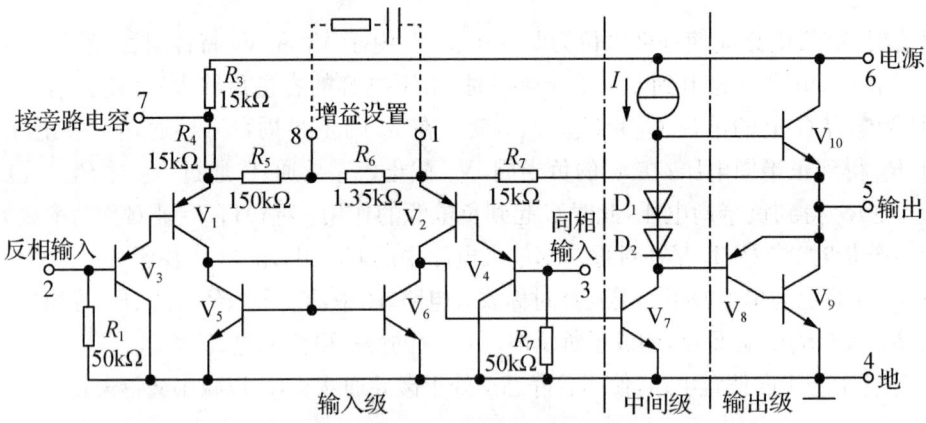

图 4-31　LM386 内部电路原理图

LM386 是通用低压集成功率放大电路的一个代表品种。消耗的静态电流约为 4 mA,是应用电池供电的理想器件。该集成功率放大器同时还提供电压增益放大,其电压增益通过外部连接的变化可在 20～200 范围内调节。其供电电源电压范围为 4～15 V,在 8 Ω 负载下,最大输出功率为 325 mW,内部没有过载保护电路,被广泛应用于收录音机、电子琴及通信电子设备等产品中。LM386 的内部电路如图 4-30 所示,它是一个三级放大电路,第一级为差分放大电路,V_1 和 V_3、V_2 和 V_4 分别构成复合管,作为差分放大电路的放大管;V_5 和 V_6 组成镜像电流源作为 V_1 和 V_2 的有源负载;信号从 V_3 和 V_4 管的基极输入,从 V_2 管的集电极输出,为双端输入单端输出的差分电路。

根据前面关于镜像电流源作为差分放大电路有源负载的分析可知、它可使单端输出电路的增益近似等于双端输出电路的增益。

第二级为共射放大电路,V_7 为放大管,恒流源作有源负载,以增大放大倍数。

第三级中的 V_8 和 V_9 管复合成 PNP 型管,与 NPN 型管 V_{10} 构成准互补输出级。二极管 D_1 和 D_2 为输出级提供合适的偏置电压,可以消除交越失真。

LM386 的外形和管脚排列如图 4-31 所示,是 8 脚 DIP 封装,引脚 2 为反相输入端,3 为同相输入端;引脚 5 为输出端;引脚 6 和 4 分别为电源和地;引脚 1 和 8 为电压增益设定端;使用时在引脚 7 和地之间接旁路电容。

图 4-32 是 LM386 的一个应用电路。调节可变电阻 R_{w2} 可调节电压放大倍数,从而改变输出功率。图中的 R、C_3 是电源去耦电路,可滤掉电源中的高频交流分量。

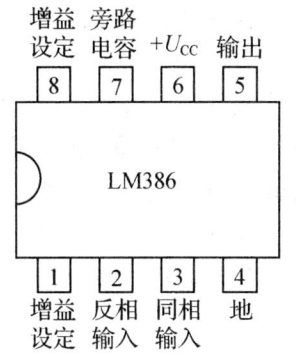

图 4-32 LM386 的外形和管脚排列

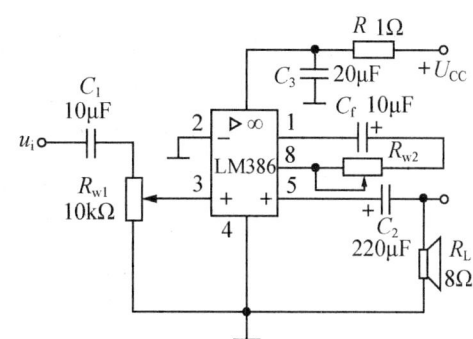

图 4-33 LM386 的应用电路

4.6 通用集成运放简介

从本质上看,集成运放是一种高性能的直接耦合放大电路。尽管品种繁多,电路形式变化多样,但是它们的基本组成部分、结构形式、组成原则基本一致。本节通过对典型电路的分析,理解集成运放的特点和一般规律,了解复杂电路的分析方法。

4.6.1 双极型通用运放

通用型第二代产品 F007 是具有高增益、高输入阻抗、低漂移等特点,常用来放大信号。它的原理电路如图 4-33 所示,由 19 个晶体管、10 个电阻、一个电容组成。

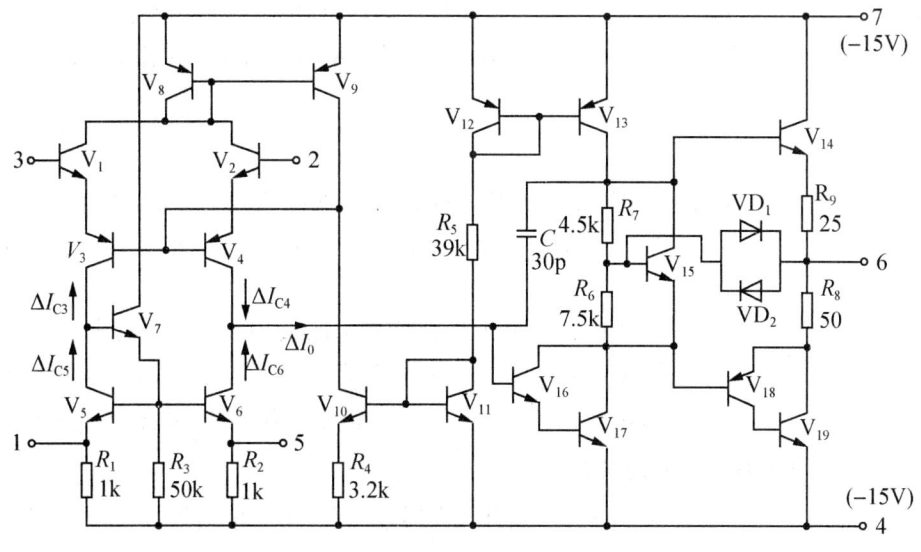

图 4-34 F007 电路原理图

一、输入级

输入级对集成运放的多项技术指标起着决定性的作用。它的电路形式几乎都采用各种各样的差动放大电路,以发挥集成电路制造工艺上的优势。F007 的输入级电路是由 $V_1 \sim V_7$ 组成的带有恒流源及有源负载的差分放大电路。有源负载是由 V_5、V_6、V_7 及 R_1、R_2、R_3 组成的改进型镜象恒流源电路。用它作差分放大电路的有源负载,不仅可以提高电压放大倍数,还能在保持电压放大倍数不变的条件下,将双端输出转化为单端输出。

$V_1 \sim V_4$ 组成共集—共基型差分放大电路。其中,V_1、V_2 接成共集电极形式,可以提高电路的输入阻抗;V_3、V_4 组成共基极电路,具有较好的频率特性,同时还能完成电位移动功能,使输入级输出的直流电位低于输入直流电位,这样后级就可直接接 NPN 型管;由于 PNP 型管的发射结击穿电压很高,这种差分放大电路的差模输入电压也很高,可达 30 V 以上,此外,共基极电路输入电阻较小,而输出电阻较大,有利于接有源负载,并起到将负载与 NPN 管隔离开的作用。

二、中间级

中间级电路的主要任务是提供足够大的电压放大倍数,并向输出级提供较大的推动电流,有时还要完成双端输出变单端输出,电位移动等功能。F007 的中间级是由复合管 V_{16}、V_{17} 和电阻 R_6 组成的共发射极放大电路,V_{12}、V_{13} 组成的镜象恒流源作为它的有源负载,因而可以获得很高的电压放大倍数。R_6 起电流负反馈作用可以改善放大特性。

三、输出级

输出级的作用是向负载输出足够大的电流,要求它的输出电阻要小,并应有过载保护措施。输出级大都采用互补对称输出级,两管轮流工作,且每个管子导电时均使电路工作在射极输出状态,故带负载能力较强。F007 输出级采用的就是由 V_{14} 和复合管 V_{18}、V_{19} 组成的互补对称电路。R_7、R_8 和 V_{15} 组成电压并联负反馈偏置电路,使 V_{15} 的 c、e 两端具有恒压特性,为互补管提供合适而稳定的偏压,以消除交越失真。

D_1、D_2 和 R_9、R_{10} 组成过载保护电路,正常工作时,R_9、R_{10} 上的压降较小,D_1、D_2 均处于截止状态,即保护电路处于断开状态,一旦因某种原因而过载,V_{14} 及复合管的电流超过了额定值,则 R_9、R_{10} 上的压降明显增大,D_1、D_2 将导通,从而对 V_{14} 和 V_{15} 的基极电流进行分流,限制了输出电流的增加,保护了输出管。

四、偏置电路

偏置电路的作用是向各级放大电路提供合适的偏置电流,决定各级的静态工作点。F007 的偏置电路由 $V_8 \sim V_{13}$ 组成。基准电流由 V_{12}、R_5、V_{11},和电源 EC(15 V)、EE(−15 V)决定:

V_{10}、V_{11} 和 R_4 组成微电流源电路,提供输入级所要求的微小而又十分稳定的偏置电流,并提供 V_9 所需的集电极电流;V_8 与 V_9 组成镜像恒流源电路,提供 V_1、V_2 的集电极电流,V_{12} 与 V_{13} 组成镜像恒流源电路,提供中间级 V_{16}、V_{17} 的静态工作电流,并充当其有源负载。

五、相位补偿电容和调零电位器

集成运放是一个高增益的多级直接耦合放大器,高频区将产生附加相移,在一定条件下产生自激振荡(详见第 4 章),需要外接相位补偿电容消除自激振荡。F007 的内部相位补偿

电容 C 约为 30 pF，使用时不必外接补偿电容。为了保证集成运放零输入时零输出，F007 需外接调零电位器 R_P，约为 10 kΩ。

六、F007 的引脚排列

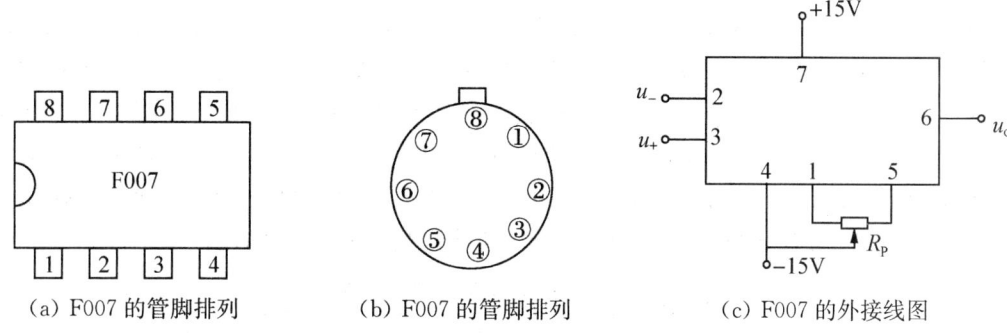

(a) F007 的管脚排列　　(b) F007 的管脚排列　　(c) F007 的外接线图

图 4-35　F007 的管脚排列、外接线图

F007 可采用 C-8 线陶瓷双列直插式和 Y-8 线金属圆壳封装，其管脚排列、外接线图如图 4-34 所示。F007 有 8 个引脚，其中②脚为反相输入端，③脚为同相输入端，⑥脚为输出端，⑦脚为正电源端，④脚为负电源端，①和⑤脚为外接调零端，⑧脚为相位校正端。

综上所述，电路具有的特点是采用了有源集电极负载、电压放大倍数高、输入电阻高、共模电压范围大、校正简便、输出有过流保护等。

4.6.2　CMOS 运放

在测量设备中，常需要高输入电阻的集成运放，其输入电流小到 10 pA 以下，这对于任何双极型集成运放都无法实现，必须采用场效应管构成的集成运放。近年来，随着 MOS 工艺的发展，使得 CMOS 集成运放的输入电阻高达 10^{10} Ω 以上，并可在很宽的电源电压范围内工作。它们所需的芯片面积只是可比的双极型设计的 1/3～1/5，因此 CMOS 电路的集成度更高。大规模的 CMOS 集成电路被广泛应用于数字～模拟电路兼容的大规模集成电路中的子系统。

图 4-35 所示是 C14573 型四运放集成电路，它全部由增强型 MOS 管构成，是两级放大电路。

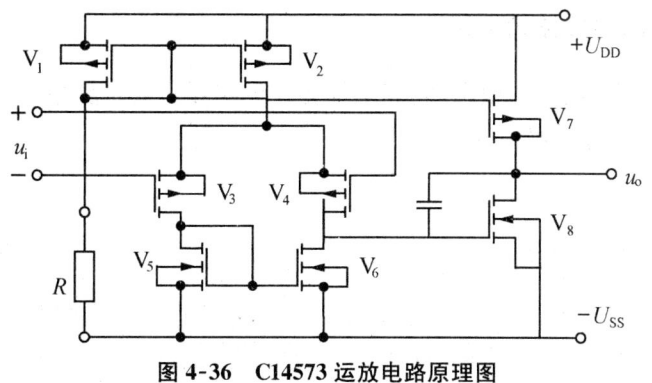

图 4-36　C14573 运放电路原理图

第一级是以 P 沟道 V_3 和 V_4 管为放大管、以 N 沟道 V_5 管和 V_6 管构成的电流源为有源

负载、采用共源形式的双端输入、单端输出差分放大电路。由于第二级电路从 V_8 的栅极输入，其输入电阻非常大，所以使第一级具有很强的电压放大能力。

第二级是共源放大电路，以 N 沟道管 V_8 为放大管，漏极带有源负载，因此也具有很强的电压放大能力。

图 4-35 为 C14537 的四运放管脚排列图，它的四个运放制作在一个基片上，采用双列直插封装形式，它们具有相同的温度系数，可以很方便地进行补偿，组成性能较好的电路。U_{DD} 和 U_{SS} 为直流电源，它们的差值在 5~15 V 之间，可单电源供电（正或负），也可以双电源供电（也可不对称），输出电压的范围将随电源的选择而改变。与晶体管组成的集成运放相比，CMOS 集成运放具有输入阻抗高、集成度高、电源适用范围宽等特点；但由于它的输出电阻大，带负载能力差，多用于场效应管为负载的电路或负载电阻高的场合。

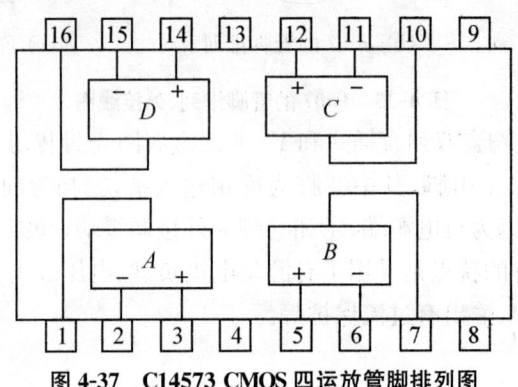

图 4-37　C14573 CMOS 四运放管脚排列图

4.7　集成运放的主要技术指标及其选择

集成运放的技术指标如同三极管的主要参数一样，是属于器件的"外特性"，也是实际工作中选用集成运放产品的主要依据，因此，了解各项技术指标的含义，对于正确选择和使用各种集成运放是非常必要的。

4.7.1　集成运放的主要技术指标

评价集成运放好坏的参数很多，它们是描述一个实际运放与理想放大器件接近程度的数据，这里仅介绍其中主要的几种。

一、输入参数

1. 输入失调电压 U_{io} 及其温漂 $\dfrac{dU_{io}}{dT}$：

输入失调电压定义为在室温及标准电源电压下，集成运放输出端电压为零时，两个输入端之间所加的补偿电压。输入失调电压实际上反映了运放内部的电路对称性，对称性越好，输入失调电压越小。输入失调电压是运放的一个十分重要的指标，特别是精密运放或是用于直流放大时。输入失调电压与制造工艺有一定关系，其中双极型工艺（即标准硅工艺）的输入失调电压在±1~10 mV之间;采用场效应管做输入级的,输入失调电压会更大一些。对于精密运放,输入失调电压一般在1 mV以下。输入失调电压越小,直流放大时中间零点偏移越小,越容易处理。所以对于精密运放是一个极为重要的指标。

输入失调电压的温度漂移是指在一定温度范围内U_{io}随温度变化的平均变化率。这个参数是运放电压漂移特性的量度,一般运放的输入失调电压温漂在±10~20 μV/℃之间,精密运放的输入失调电压温漂小于±1 μV/℃。

2. 输入偏置电流 I_{iB}

输入偏置电流定义为当运放的输出直流电压为零时,其两输入端的偏置电流平均值,即$I_{iB}=I_{iB+}+I_{iB-}/2$。输入偏置电流对进行高阻信号放大、积分电路等对输入阻抗有要求的地方有较大的影响。输入偏置电流与制造工艺有一定关系,其中双极型工艺(即标准硅工艺)的输入偏置电流在±10 nA~1 μA之间;采用场效应管做输入级的,输入偏置电流一般低于1 nA。

3. 输入失调电流 I_{io} 及其温漂 $\dfrac{DI_{io}}{dT}$

输入失调电流定义为当运放的输出直流电压为零时,其两输入端偏置电流的差值,即$I_{io}=I_{iB+}-I_{iB-}$。输入失调电流同样反映了运放内部的对称性,对称性越好,输入失调电流越小。输入失调电流对于小信号精密放大或是直流放大有重要影响。一般为0.5 μA~5 μA。

输入偏置电流的温度漂移定义为在给定的温度范围内,输入失调电流随温度变化的平均变化率。输入失调电流温漂一般只是在精密运放参数中给出,而且是在用以直流信号处理或是小信号处理时才需要关注。其值为3 pA~50 nA/℃。

二、差模特性参数

1. 开环差模电压放大倍数 A_{ad}

运放在无外加反馈电路时本身的差模电压放大倍数称为开环差模电压放大数,记作A_{ad}。$A_{ad}=\Delta u_o/\Delta(u_+-u_-)$,常用分贝表示,其分贝数为$20\lg|A_{ad}|$。$A_{ad}$越高其运放电路越稳定,运算精度也越高,一般在80~120 dB之间。

2. 最大差模输入电压 U_{idm}

U_{idm}是指两个输入端之间所能承受的最大电压差值。超过该值,输入级某侧将出规PN结反向击穿现象,造成运放输入级损坏。

3. 差模输入电阻 r_{oid}

r_{id}是在室温下,开环运放两输入端之间的差模输入信号的动态电阻。双极型管输入级r_{id}在几十千欧~几兆欧;场效应管差动输入级r_{id}可达10^8 Ω以上。

三、共模特性参数

1. 最大共模输入电压 U_{icm}

U_{icm}表示运放两输入端与地间能加的共模电压的范围。一旦超过U_{icm},则K_{CMRR}将明显下降。U_{icm}等于正、负电源电压时为理想特性,满幅度输出的运放接近这种特性。

2. 共模输入电阻 r_{ic}

r_{ic}是指室温下,每个输入端到地的共模动态电阻。

3. 共模抑制比 K_{CMRR}

K_{CMRR}是指当运放工作于线性区时,运放差模增益与共模增益的比值。共模抑制比是一个极为重要的指标,它能够抑制差模输入==模干扰信号。由于共模抑制比很大,大多数运放的共模抑制比一般在数万倍或更多,用数值直接表示不方便比较,所以一般采用分贝方式记录和比较。一般运放的共模抑制比在 80～120 dB 之间。

四、主要交流参数

1. 转换速率 S_R

S_R 表示运放对大信号阶跃输入有多快的反应能力,是在额定大信号输出电压时,运放输出的最大变化速率,即 $S_R = \left|\dfrac{du_o}{dt}\right|_{max}$。$S_R$ 越大,表明运放的高频性能越好。

2. 全功率带宽 f_{pp}

f_{pp} 定义为,在额定的负载时,运放的闭环增益为 1 倍条件下,将一个恒幅正弦大信号输入到运放的输入端,使运放输出幅度达到最大(允许一定失真)的信号频率。这个频率受到运放转换速率的限制。近似地,全功率带宽＝转换速率/$2\pi U_{op}$(U_{op} 是运放的峰值输出幅度)。全功率带宽是一个很重要的指标,用于大信号处理中运放选型。

3. 单位增益带宽 GB(-3 dB 带宽)

单位增益带宽定义为,运放的闭环增益为 1 倍条件下,将一个恒幅正弦小信号输入到运放的输入端,从运放的输出端测得闭环电压增益下降 3 dB(或是相当于运放输入信号的 0.707)所对应的信号频率。单位增益带宽是一个很重要的指标,对于正弦小信号放大时,单位增益带宽等于输入信号频率与该频率下的最大增益的乘积,换句话说,就是当知道要处理的信号频率和信号需要的增益后,可以计算出单位增益带宽,用以选择合适的运放。这用于小信号处理中运放选型。

4.7.2 集成运算放大器的选择

通常情况下,在设计集成运放应用电路时,没有必要研究运放的内部电路,而是根据设计需求寻找具有相应性能指标的芯片。因此,了解运放的类型,理解运放主要性能指标的物理意义,是正确选择运放的前提。应根据以下几方面的要求选择运放。

一、信号源的性质

根据信号源是电压源还是电流源、内阻大小、输入信号的幅值及频率的变化范围等,选择运放的差模输入电阻 r_{id}、-3 dB 带宽(或单位增益带宽)、转换速率 S_R 等指标参数。

二、负载的性质

根据负载电阻的大小,确定所需运放的输出电压和输出电流的幅值。对于容性负载或感性负载,还要考虑它们对频率参数的影响。

三、精度要求

对模拟信号的处理,如放大、运算等,往往提出精度要求;如电压比较,往往提出响应时间、灵敏度要求。根据这些要求选择运放的开环差模电压放大倍数 A_{od}、失调电压 U_{io}、失调失调电流 I_{io} 及转换速率 S_R 等指标参数。

四、环境条件

根据环境温度的变化范围,可正确选择运放的失调电压及失调电流的温漂 $\dfrac{dU_{io}}{dT}$、$\dfrac{dI_{io}}{dT}$ 等参数;根据所能提供的电源(如有些情况只能用干电池)选择运放的电源电压;根据对功耗有无限制,选择运放的功耗等等。

根据上述分析就可以通过查阅手册等手段选择某一型号的运放了,必要时还可以通过各种 EDA 软件进行仿真,最终确定最满意的芯片。目前,各种专用运放和多方面性能俱佳的运放种类繁多,采用它们会大大提高电路的质量。

不过,从性能价格比方面考虑,应尽量采用通用型运放,只有在通用型运放不满足应用要求时才采用特殊型运放。

4.7.3 集成运算放大器的使用常识

一、使用时必做的工作

1. 集成运放的外引线(管脚)

目前集成运放的常见封装方式有金属壳封装和双列直插式封装,而且以后者居多。双列直插式有 8,10,12,14,16 管脚等种类,虽然它们的外引线排列日趋标准化,但各制造厂仍略有区别。因此,使用运放前必须查阅有关手册,辨认管脚,以便正确连线。

2. 参数测量

使用运放之前往往要用简易测试法判断其好坏,例如用万用表中间挡("×100 挡"或"×1 kΩ 挡",避免电流或电压过大)对照管脚测试有无短路和断路现象。必要时还可采用测试设备量测运放的主要参数。

3. 调零或调整偏置电压

由于失调电压及失调电流的存在,输入为零时输出往往不为零。对于内部无自动稳零措施的运放需外加调零电路,使之在零输入时输出为零。

对于单电源供电的运放,有时还需在输入端加直流偏置电压,设置合适的静态输出电压,以便能放大正、负两个方向的变化信号。

4. 消除自激振荡

为防止电路产生自激振荡[①],应在集成运放的电源端加上去耦电容[②]。有的集成运放还需外接频率补偿电容 C,应注意接入合适容量的电容。

[①] 关于自激振荡,参阅第七章
[②] "去耦"是指去掉联系,一般去耦电容多用一个容量大的和一个容量小的电容并联在电源正、负极。去耦电容的作用是为了消除各电路因使用同一个电源相互之间产生的影响

二、保护措施

集成运放在使用中常因以下三种原因被损坏:输入信号过大,使 PN 结击穿;电源电压极性接反或过高;输出端直接"地"或接电源,此时,运放将因输出级功耗过大而损坏。因此,为使运放安全工作,也从这三个方面进行保护。

1. 输入保护

一般情况下,运放工作在开环(即未引反馈)状态时,易因差模电压过大而损坏;在闭环状态时,易因共模电压超出极限值而损坏。图 4-38(a)所示是防止差模电压过大的保护电路,图 4-38(b)所示是防止共模电压过大的保护电路。

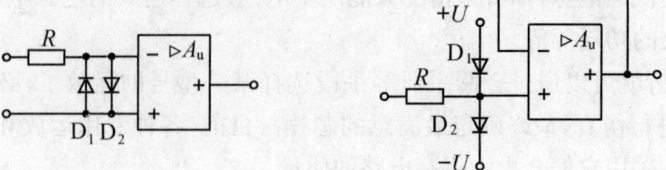

(a) 防止输入差模信号幅值过大　　(b) 防止拾入共模信号幅值过大

图 4-38　输入保护措施

2. 输出保护

图 4-37 所示为输出端保护电路,限流电阻 R 与稳压管 D_Z 构成限幅电路,它一方将负载与集成运放输出端隔离开来,限制了运放的输出电流,另一方面也限制了输出电压的幅值。当然,任何保护措施都是有限度的,若将输出端直接接电源,则稳压管会损坏,使电路的输出电阻大大提高,影响了电路的性能。

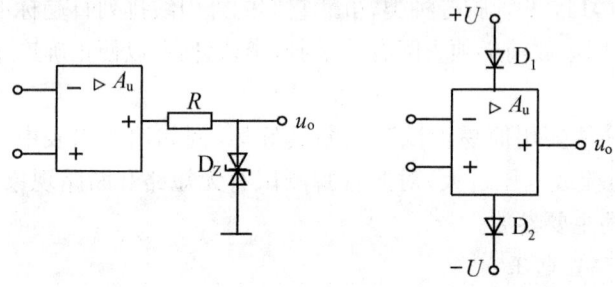

图 4-39　输出保护电路　　　图 4-40　电源端保护

3. 电源端保护

为了防止电源极性接反,可利用二极管单向导电性,在电源端串联二极管来实现保护,如图 4-40 所示。

三、输出电压与输出电流的扩展

集成运放选定后,其参数便确定,可以通过附加外部电路来提高它某方面的性能。

1. 提高输出电压

为使输出电压幅值提高,势必要将运放的电源电压提高,然而集成运放的电源电压是不能任意改变的,因而电源电压的提高有一定的限度。为此,常采用在运放输出端再接一级由较高电压电源供电的电路,来提高输出电压幅值。图 4-41 所示就是这类电路。

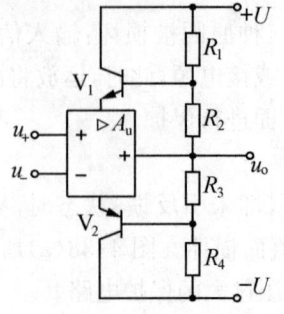

图 4-41　提高输出电压的电路

2. 增大输出电流

为了使负载上获得更大的电流，可在运放的输出端加一级射极输出器或互补输出级，如图 4-42 所示。

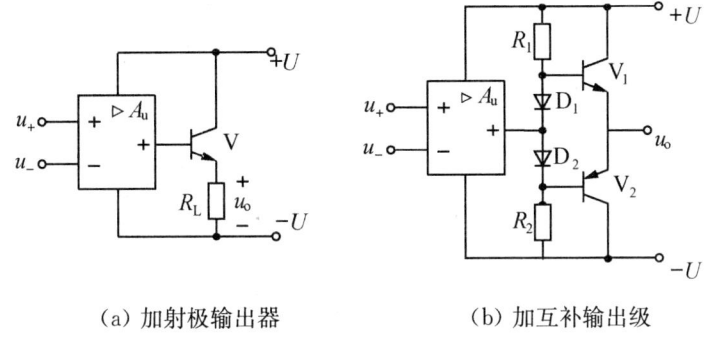

(a) 加射极输出器 (b) 加互补输出级

图 4-42 增大输出电流的措施

本章习题

4-1 通用型集成运放一般由几部分电路组成？每一部分常采用哪种基本电路？通常对每一部分性能的要求分别是什么？

4-2 电流源电路如题 4-2 图所示，$U_{CC}=10$ V 设两管的参数相同且 $\beta \gg 1$，试求：当 $R_2=1$ kΩ 和 3 kΩ 时的 I_{C2}。

4-3 多路输出电流源如题图 4-3 所示，已知 $\beta \gg 1$，试求 I_{C2}、I_{C3}。

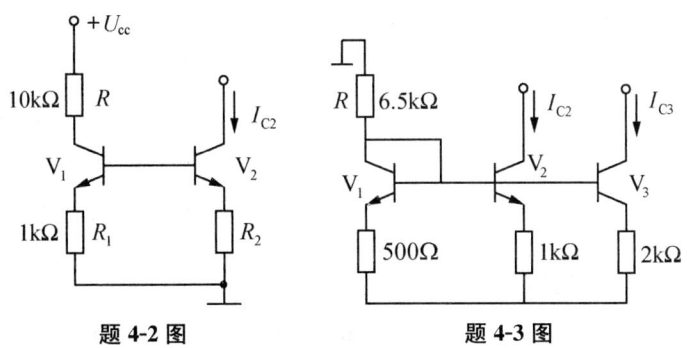

题 4-2 图   题 4-3 图

4-4 电路如题 4-4 图所示，已知三极管的 $\beta=100$，$r_{bb'}=200$ Ω，$U_{BEQ}=0.7$ V，试求：(1) V_1、V_2 的静态工作点 I_{CQ}、U_{CQ}；(2) 差模电压放大倍数 $A_{ud}=u_o/u_i$；(3) 差模输入电阻 R_{id} 和输出电阻 R_o。

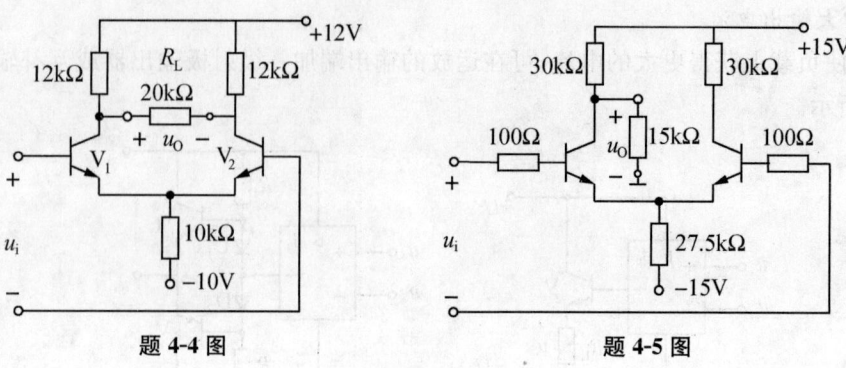

题 4-4 图　　　　　　　　　题 4-5 图

4-5　电路如题 4-5 图所示，已知三极管的 $\beta=50, r_{bb'}=100\ \Omega, U_{BEQ}=0.7$ V，试求：(1) 计算静态时的 I_{C1}、I_{C2}、U_{C1}、U_{C2}，设 R_B 的压降可忽略；(2) 差模电压放大倍数 A_{ud} 差模输入电阻 R_{id} 和输出电阻 R_o；(3) 当 $U_o=0.8$ V（直流），$U_i=?$；(4) 当 $U_i=-1$ V（直流），$U_o=?$。

4-6　差分放大电路如题 4-6 图所示，已知三极管的 $\beta=50, r_{bb'}=200\ \Omega, U_{BEQ}=0.6$ V。试求：(1) 静态 I_{CQ1}、U_{CQ1}；(2) 单端输入、单端输出差模电压放大倍数 A_{ud}；(3) 差模输入电阻 R_{id} 和输出电阻 R_o；(3) 单端输出共模电压放大倍数 A_{uc} 和共模抑制比 K_{CMR}。

4-7　电路如题 4-7 图所示，已知 $U_{CC}=U_{EE}=18$ V，$R_L=50\ \Omega$，适选择合适的功率管。

4-8　电路如题 4-8 图所示，试回答下列问题：
(1) $u_i=0$ 时，流过 R_L 的电流有多大？
(2) R_1、R_2、D_1、D_2 各起什么作用？
(3) 为保证输出波形不失真，输入信号 u_i 的最大振幅为多少？管耗为最大时，求 U_{im}。

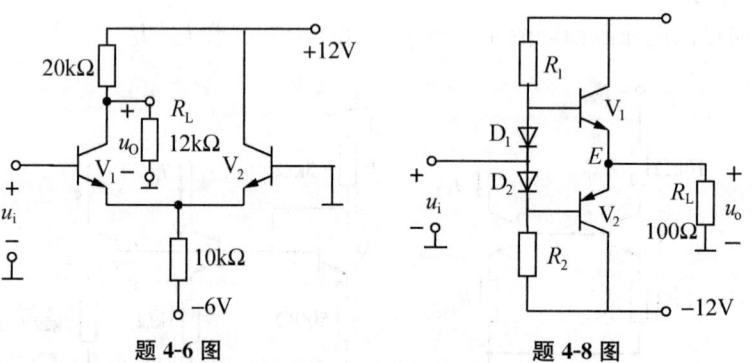

题 4-6 图　　　　　　　　　题 4-8 图

4-9　题 4-9 图所示复合管，试判断哪些连接是正确的？哪些是不正确的？如正确的，指出它们各自等效什么类型的三极管（NPN 或 PNP 型）。

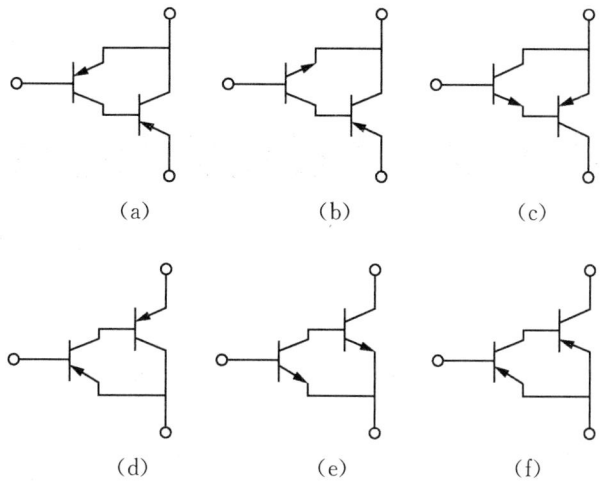

题 4-9 图

4-10 题 4-10 图所示,在 OTL 和 OCL 电路中,U_{CC} 均为 15 V,$R_L=10\ \Omega$,$U_{CES}=1$ V,分别求两电路最大不失真输出时的最大输出功率、电源提供的功率、效率。

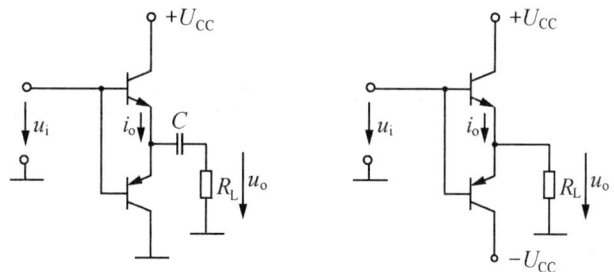

题 4-10 图

第 5 章 负反馈放大电路

本章导学

反馈理论及反馈技术在自动控制、信号处理、电子电路及电子设备中有着十分重要的作用。在实用的放大电路中几乎都要引入这样或那样的反馈,以改善放大电路某些方面的性能,实现模拟运算和有源滤波等。本章以反馈的基本概念和负反馈放大电路的四种组态及判别方法为起点,重点讨论了负反馈放大电路的分析方法与负反馈对放大电路各种性能的影响。本章最后简要介绍了负反馈放大电路的自激振荡、稳定性和消除自激振荡的方法。

5.1 反馈放大电路的基本类型

5.1.1 反馈的基本概念

反谓反馈,就是将放大器的输出量(电流或电压),通过一定的网络,回送到放大器的输入回路,并同输入信号一起参与放大器的输入控制作用,从而使放大器的某些性能获得有效改善的过程。

反馈电路我们并不陌生,在第三章,曾经讨论过的稳定工作点偏置电路,就是很好的例子。如图 5-1 所示,放大器的电流 I_{CQ} 取决于控制电压 U_{BEQ},而 $U_{BEQ}=U_{BQ}-U_{EQ}$,其中 $U_{BQ} \approx [R_{B2}/(R_{B1}+R_{B2})]U_{CC}$,基本上是固定不变的。但 U_{EQ} 则不同,$U_{EQ}=I_{EQ}R_E$,它携带者晶体管输出电流($I_{CQ} \approx I_{EQ}$)的变化信息。如果当环境温度上升使晶体管的参数(I_{CBO}、β、U_{BE})发生变化时,必然引起静态工作点移动,I_{EQ} 增大,则 U_{EQ} 也随之增大,导致 U_{BEQ} 反而减小,从而又使 I_{EQ} 减小,其结果是 I_{EQ} 稳定。这里,R_E 将输出电流的变化反馈到输入回路,引起了一种自动调节的机制,这个过程就是反馈。

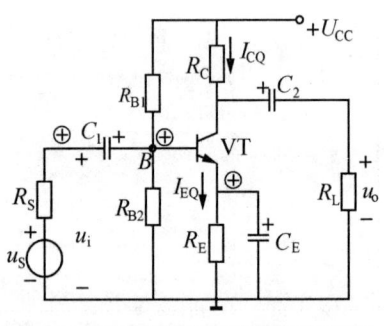

图 5-1 负反馈稳定工作点偏置电路

为了使问题的讨论更具普遍性,我们将负反馈稳定工作点偏置电路抽象为如图 5-2 所示的方框图,图中虚线表示反馈放大器。按照反馈放大器各部分电路的主要功能可将其分为基本放大电路和反馈网络两部分。前者主要功能是放大信号,传输方向为输入到输出;后者主要功能是传输反馈信号,传输方向为输出到输入。基本放大电路的输入信号称为净输入信号,它不但决定于输入信号(输入量),还与反馈信号(反馈量)有关。

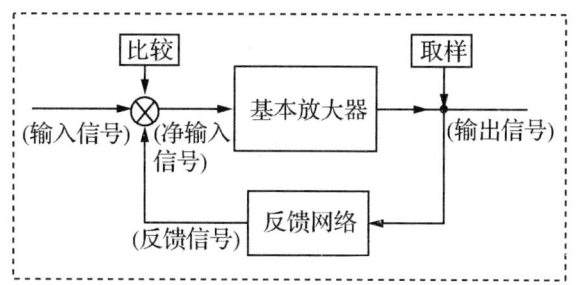

图 5-2 放大器反馈基本框图

【例 5-1】 判断图 5-3 所示电路中是否存在反馈。

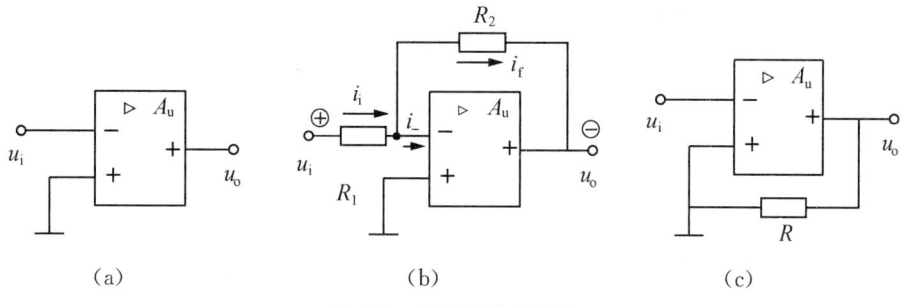

图 5-3 有无反馈的判断

解:若放大电路中存在将输出回路与输入回路相连接的通路,即反馈通路,并由此影响了放大电路的净输入量,则表明电路引入了反馈;否则电路中便没有反馈。

在图 5-3(a)所示电路中,集成运放的输出端与同相输入端、反相输入端均无通路,故电路中没有引入反馈。在图 5-3(b)所示电路中,电阻 R_2 将集成运放的输出端与反相输入端相连接,因而集成运放的净输入量不仅决定于输入信号,还与输出信号有关,所以该电路中引入了反馈。在图 5-3(c)所示电路中,虽然电阻 R 跨接在集成运放的输出端与同相输入端之间,但是由于同相输入端接地,所以 R 只不过是集成运放的负载,而不会使 u_o 作用于输入回路,可见电路中没有引入反馈。

因此,通过寻找电路中有无反馈通路,即可判断出电路是否引了反馈。

5.1.2 反馈的分类

一、正反馈和负反馈

在上述反馈放大电路中,由于把输出量的全部或部分送到输入回路并影响净输入量,这必然会使输出量也受到影响。根据反馈的效果可以区分反馈的极性,按极性不同,反馈分为正反馈和负反馈。如果反馈信号使净输入信号增强,这种反馈就称为正反馈;反之,若反馈信号使净输入信号削弱,这种反馈称为负反馈。

通常采用瞬时极性判别法来判别实际电路的反馈极性。这种方法是首先假定输入信号在某一瞬时对地而言极性为正,然后由各级输入、输出之间的相位关系,分别推出其它相关各点的瞬时极性(用"⊕"表示升高,用"⊖"表示降低),最后判别反映到电路输入端的作用是增强了输入信号还是削弱了输入信号,增强了输入信号则为正反馈,削弱了输入信号则为负反馈。以后若不加说明，本章所述内容都是针对负反馈的。

下面用瞬时极性法来判断反馈的极性。在图 5-1 所示的分立电路中，先假定晶体管基极输入信号 u_i 的瞬时极性为 $\oplus$，温度的变化引起集电极电流 I_{CQ} 增加，使发射极电位瞬时为 $\oplus$，结果使净输入信号削弱，因而电路中引入的是负反馈。如图所示 5-3(b)所示的集成电路中，设输入电流 i_i 瞬时极性为 $\oplus$。集成运放反相输入端的电流 i_- 流入集成运放，电位 u_- 对地为正，因而输出电压 u_o 对地极性为 $\ominus$，u_o 作用于电阻 R_2，产生电流 i_f，如图中虚线所标注，导致集成运放的净输入电流 i_- 的数值减小，故电路引入了负反馈。

二、直流反馈与交流反馈

如果反馈量只含有直流量，则称为直流反馈，如图 5-1 所示电路中，电阻 R_E 上的电压为直流电压，因而电路引入的是直流反馈；如果反馈量只含有交流量，则为交流反馈，或者说，仅在直流通路中存在的反馈称为直流反馈；仅在交流通路中存在的反馈称为交流反馈。在很多放大电路中，常常是交、直流反馈兼而有之。如果在如图 5-1 所示电路中去掉旁路电容 C_E，那么电阻 R_E 上的电压就既有直流量又有交流量，因而电路中既引入了直流反馈又引入了交流反馈。

直流负反馈主要用于稳定放大电路的 Q 点，本章重点研究交流负反馈。

5.1.3　反馈类型的判断方法

除了正反馈和负反馈两大类反馈外，在负反馈放大电路中，为了达到不同的目的，可以将反馈网络在输出回路和输入回路分别采用不同的连接方式，形成不同类型的负反馈放大电路。根据反馈网络在输出回路和输入回路的连接方式不同，反馈放大器分为四种类型：电压串联负反馈、电压并联负反馈、电流串联负反馈、电流并联负反馈。

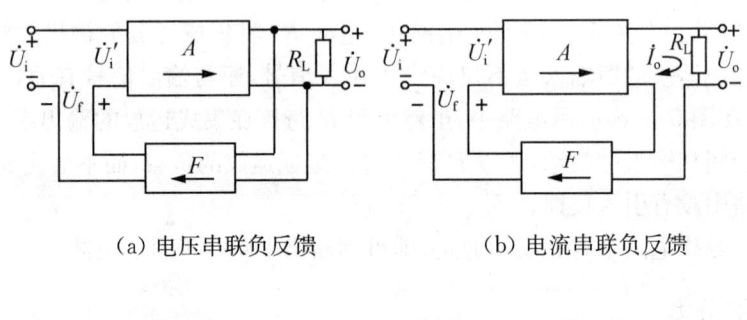

(a) 电压串联负反馈　　　　　　　(b) 电流串联负反馈

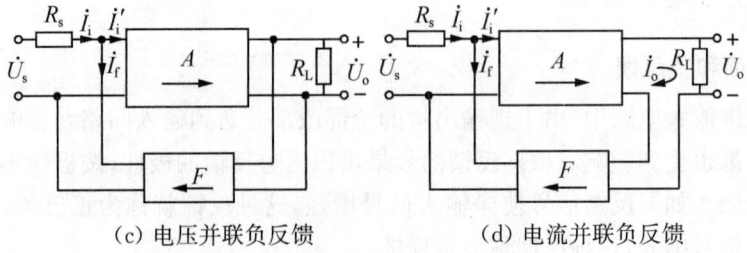

(c) 电压并联负反馈　　　　　　　(d) 电流并联负反馈

图 5-4　四种典型的负反馈组态电路

必须指出：上述四种反馈形式，并不是由于存在着这样四种排列组合上的可能性，而是为了满足各种不同的实际需要。也就是说，不同的反馈类型对放大电路的性能有着不同的影响。为了看出上述四类负反馈的分类规律，现在把输出回路和输入回路的反馈方式加以比较说明。

一、电压反馈和电流反馈

按照在放大器输出端的取样特征不同,反馈分为**电压反馈**和**电流反馈**。在输出端,若反馈网络与基本放大电路、负载 R_L 并联连接,如图5-4(a)所示,反馈信号取样于输出电压,称为电压反馈;若反馈网络与基本放大电路、负载 R_L 串联连接,如图5-4(b)所示,反馈信号取样于输出电流,则称为电流反馈。

电压负反馈能稳定输出电压,由图5-4(a)可见,当输入电压不变时,如负载电阻 R_L 增大导致输出电压 $\dot{U}_o$ 增大,则通过反馈使 $\dot{U}_f$ 也增大,因此 $\dot{U}_i'$ 下降,迫使 $\dot{U}_o$ 减小,从而稳定了输出电压,故电压负反馈放大电路共有恒压输出特性。电流负反馈则稳定输出电流,由图5-4(b)可见,当输入电压不变时,如输出电流 $\dot{I}_o$ 增大。则通过反馈使 $\dot{U}_f$ 也增大,$\dot{U}_i'$ 下降,迫使 $\dot{I}_o$ 减小,从而稳定了输出电流。因此,电流负反馈放大电路具有恒流输出特性。

原则上可根据定义来判断,也就是要判断输出取样内容是电压还是电流。但在具体判断时通常采用输出短路的方法,即假设将输出端负载 R_L 短路使输出电压为零,但输出电流不为零,此时,若反馈信号也随之为零,则说明反馈与输出电压成正比,为电压反馈;若反馈依然存在,则说明反馈量不与输出电压成正比,应为电流反馈。图5-5(a)为电压反馈,5-5(b)为电流反馈。

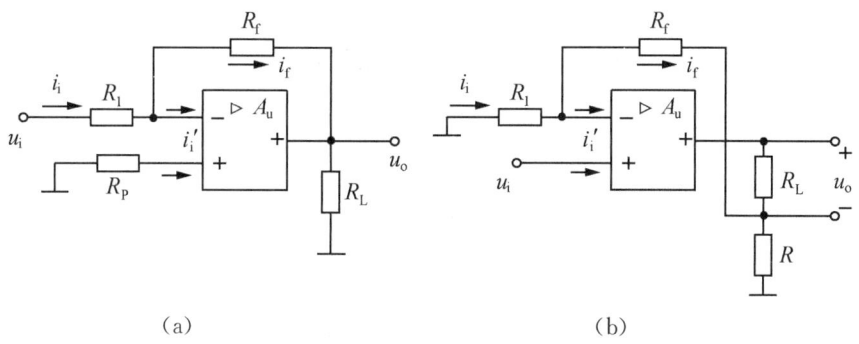

(a)　　　　　　　　　　　　　　(b)

图5-5　判断电压和电流反馈的电路实例

二、串联反馈和并联反馈

按反馈信号与输入信号在放大器输入端的叠加方式不同,反馈分为**串联反馈**和**并联反馈**。反馈信号在输入端是以电压的形式出现,且与输入电压是串联加到放大器输入端,称为串联反馈;反馈信号在输入端是以电流的形式出现,且与输入电流并联作用于放大器输入端,称为并联反馈。

对于串联反馈来说,反馈电压 u_f 经过信号源内阻 R_s 加到净输入电压 u_i' 上,R_s 越小对 u_f 的阻碍作用越小,反馈效果越好,所以,串联负反馈宜采用低内阻的恒压源作为输入信号源;而对于并联反馈来说,反馈电压 i_f 经过信号源内阻 R_s 的分流加到净输入电压 i_i' 上,R_s 越大对 i_f 的分流就越小,反馈效果越好,所以,并联负反馈宜采用高内阻的恒流源作为输入信号源。

由图5-4可见,若反馈量和原输入量在输入回路为回路型的结构形式,则为串联反馈;若为节点型的结构形式,则为并联反馈。也就是说,串联反馈电路中的输入信号和反馈信号是从基本放大电路的不同输入端子加入的,而并联反馈电路中的输入信号和反馈信号从基本放大电路的相同输入端子加入。利用这个特点可以方便地判断是串联反馈还是并联反馈。图 5-4(a)为电压并联负反馈,5-4(b)为电流串联负反馈。图 5-1 所示的分立电路属于电流串联负反馈。

【例 5-2】试分析图 5-6 所示电路中有无引入反馈;若有反馈,则说明引入的是直流反馈还是交流反馈,是正反馈还是负反馈;若为交流负反馈,则说明反馈的类型。

解:(1)用瞬时极性法判断反馈极性:设集成运放同相输入端电压瞬时极性为⊕,则集成运放输出端电压瞬时极性为⊕,通过反馈网络 R_f 反馈到反相输入端的瞬时极性为⊕,使集成运放的净输入电压变小,即削弱输入信号的作用,因此 R_f 引起的反馈为本级交、直流负反馈。

反馈类型的判断:设输出电压短路($\dot{U}_o=0$),此时反馈信号不再存在,故为电压反馈;观察反馈网络 R_f 在输入回路与输入信号 $\dot{U}_i$ 没有连接在同一电极(输入信号 $\dot{U}_i$ 接在同相输入端,反馈网络 R_f 接在反相输入端)故为串联反馈。所以反馈类型为电压串联负反馈。

(2)观察电路,R_2 将输出回路与输入回路相连接,因而电路引入了反馈。无论在直流通路中,还是在交流通路中,R_2 形成的反馈通路均存在,因而电路中既引入了直流反馈,又引入了交流反馈。

设输入电压瞬时极性为⊕,集成运放的输出端电位(即晶体管 V 的基极电位)为⊕,因此集电极电流(即输出电流 i_o)的流向如图中所示。i_o 通过 R_3 和 R_2 所在支路分流,在 R_1 上获得反馈电压 u_F,u_F 的极性为上"+"下"-",使集成运放的净输入电压 u_i' 减小,故电路中引入的是负反馈。

根据 u_i、u_F 和 u_i' 的关系,说明电路引入的是串联反馈。令输出电压 $u_o=0$,即将 R_L 短路,因 i_o 仅受 i_B 的控制而依然存在,u_F 和 u_i' 的关系不变,故电路中引入的是电流反馈。所以,电路中引入了电流串联负反馈。

(3)用瞬时极性法判断反馈网络 R_f 构成的反馈为本级交、直流负反馈。

反馈类型的判断:设输出电压短路($\dot{U}_o=0$),此时反馈信号不再存在,故为电压反馈;观察反馈网络 R_f 在输入回路与输入信号 $\dot{U}_i$ 连接在同一电极基极故为并联反馈。所以反馈类型为电压并联负反馈。

(4)这是一个两级放大电路构成的反馈放大电路。R_E 与 R_f 共同构成两级放大电路之间的反馈,这种多级电路之间的反馈称为级间反馈,而多级放大电路中各级的反馈则称为本级反馈。图中第二级构成电流串联负反馈。由于级间反馈强度比本级反馈大得多,故多级放大电路中通常主要研究级间反馈。

由于反馈信号和输入信号从放大电路的同一个输入端加入,故为并联反馈。在输出端假设使 u_o 两端短路,则输出电流 i_o 仍将分流产生反馈电流 i_f,因此反馈仍然存在,为电流反馈。假设输入电压 u_i 的瞬时极性为⊕,则输入电流 i_i 的瞬时极性也为⊕,由于共发射极放大电路输出电压与输入电压反相,所以第一级输出电压 u_{o1} 的瞬时极性为⊖,u_{o1} 就是第二级放大电路的输入电压,所以放大电路输出电压 u_o 的瞬时极性为⊕,反馈电流 i_f 是 i_o 的一个分流电流,因此其瞬时极性为⊕。由于净输入电流 $i_i'=i_i-i_f$,反馈削弱了净输入电流 i_i',故为负反馈。综上所述,图 5-16(d)所示电路的级间反馈为电流并联负反馈。

这里顺便指出,初学者通常能看出 R_f 是反馈元件,而不一定能看出 R_E 也是反馈元件。由于 i_f 是通过 R_f、R_E 对 i_o 的分流取样得到的,因此 R_f、R_E 都是反馈元件,它们共同构成了反馈网络。

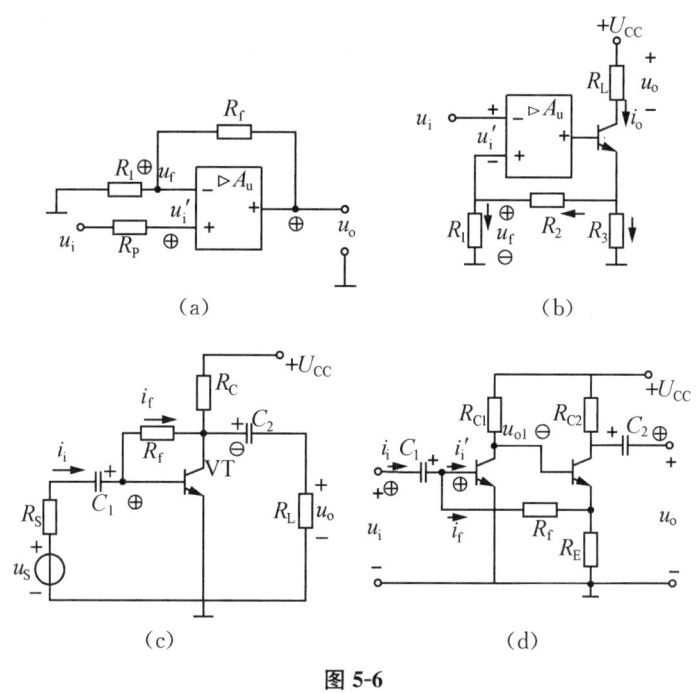

图 5-6

5.2 负反馈放大电路的分析

从前面的讨论已经看到,反馈放大电路的形式很多,千变万化。为了研究负反馈放大电路的共同规律,可将具体的反馈放大电路抽象地概括起来,用方框图表示。本节将讲述负反馈放大电路的一般表达式及其分析方法。

5.2.1 负反馈放大电路的表示方法

任何负反馈放大电路都可以抽象为如图 5-7 所示的方框图。图中,上面的方块是负反馈放大电路的基本放大电路;下面的方块是负反馈放大电路的反馈网络。用 $\dot{X}$ 表示信号,它即可代表电压,又可代表电流,具有一般性,其中,输入信号为 $\dot{X}_i$,输出信号的为 $\dot{X}_o$。图中连线的箭头表示信号的流通方向,近似分析时可以认为方块图中的信号是单向流通的,即输入信号仅通过基本放大电路传递到输出,而输出信号仅通过反馈网络传递到输入;换言之,$\dot{X}_i$ 不通过反馈网络传递到输出,而 $\dot{X}_o$ 也不通过基本放大电路传递到输入。当信号通过比较环节(考虑+、一关系)时,基本放大电路的输入信号称为净输入信号,它不但决定于输入信号 $\dot{X}_i$,还与反馈信号 $\dot{X}_f$ 有关,用 $\dot{X}'_i$ 表示,且 $\dot{X}'_i - \dot{X}'_f$。

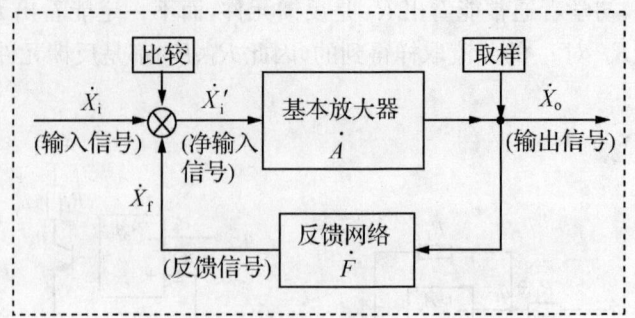

图 5-7 负反馈放大器的方框图

在方块图中定义基本放大电路的放大倍数(也称为开环增益)为

$$\dot{A}=\frac{\dot{X}_o}{\dot{X}'_i} \tag{5-2-1}$$

反馈系数为

$$\dot{F}=\frac{\dot{X}_f}{\dot{X}_o} \tag{5-2-2}$$

负反馈放大电路的放大倍数(也称闭环增益)为

$$\dot{A}_f=\frac{\dot{X}_o}{\dot{X}_i} \tag{5-2-3}$$

因为 $\dot{X}_o = \dot{A}\dot{X}'_i = \dot{A}(\dot{X}_i - \dot{X}_f) = \dot{A}(\dot{X}_i - \dot{F}\dot{X}_o)$

经移项整理得

$$\dot{X}_o = \frac{\dot{A}}{1+\dot{A}\dot{F}}\dot{X}_i$$

$$\dot{A}_f = \frac{\dot{X}_o}{\dot{X}_i} = \frac{\dot{A}}{1+\dot{A}\dot{F}} \tag{5-2-4}$$

在中频段,$\dot{A}_f$、$\dot{A}$、$\dot{F}$ 均为实数,因此式(5-2-4)可写为

$$A_f = \frac{A}{1+AF} \tag{5-2-5}$$

此式表明,引入负反馈后放大电路的闭环增益 $\dot{A}_f$ 是不带反馈时的开环增益 $\dot{A}$ 的 $1/(1+\dot{A}\dot{F})$。通常将此式称为反馈放大电路的一般表达式。

由(5-2-4)可以看出,放大电路引入反馈后增益改变了,增加或减小的倍数为 $|1+\dot{A}\dot{F}|$。如果 $\dot{A}$ 值一定,$|1+\dot{A}\dot{F}|$ 的值愈大,则 $\dot{A}_f$ 的值将愈小,说明放大电路中反馈的深度愈深,因此 $|1+\dot{A}\dot{F}|$ 的值是衡量反馈深度一个很重要的量,称为反馈深度,用 D 表示。放大电路引入负反馈以后,各项性能的改善程度,都与反馈深度有关。

随着反馈深度的不同,反馈放大电路的特性也有着本质的差别,表现为以下几种情况:

一、如果 $|1+\dot{A}\dot{F}|>1$,则 $|\dot{A}_f|<|\dot{A}|$,即引入反馈后放大倍数减小,这种反馈为负反馈。如果 $|1+\dot{A}\dot{F}|<1$,则 $|\dot{A}_f|>|\dot{A}|$,即引入反馈后放大倍数增大了,说明此反馈为正反馈。

二、如果 $|1+\dot{A}\dot{F}|\gg 1$ 时，则

$$|\dot{A}_f|=\frac{|\dot{A}|}{|1+\dot{A}\dot{F}|}\approx\frac{1}{\dot{F}} \qquad (5\text{-}2\text{-}6)$$

此式，放大倍数几乎仅仅决定于反馈网络，而与基本放大电路无关。由于反馈网络常为无源网络，受环境温度的影响极小，因而放大倍数获得很高的稳定性。我们把满足 $|1+\dot{A}\dot{F}|\gg 1$ 条件的负反馈称为深度负反馈。从深度负反馈的条件可知，反馈网络的参数确定后，基本放大电路的放大能力愈强，即 $\dot{A}$ 的数值愈大，反馈愈深，$\dot{A}_f$ 与 $1/F$ 的近似程度愈好。

三、如果 $|1+\dot{A}\dot{F}|=0$，则 $\dot{A}_f=\dot{X}_o/\dot{X}_i=\infty$，表明放大电路虽无输入信号，也有输出信号，这时电路产生了自激振荡。

应当指出，通常所说的负反馈放大电路是指中频段的反馈极性；当信号频率进入低频段或高频段时，同于附加相移的产生，负反馈放大电路可能对某一特定频率产生正反馈过程，甚至产生自激振荡。在 5.4 节将重点讲述这一问题。

【例题 5-3】在图 5-8 所示的反馈放大电路中，所用集成运放为 F007，已知其开环差模增益 $A_{od}=106$ dB，$R_1=1$ kΩ，$R_f=3$ kΩ。试估算该反馈放大电路的反馈系数 $\dot{F}$、反馈深度 $|1+\dot{A}\dot{F}|$ 和闭环增益 $\dot{A}_f$。

解：已知集成运放的开环差模增益 $A_{od}=106$ dB，即：$20\lg|\dot{A}|=106$ dB

则开环增益为 $|\dot{A}|10^{5.3}=199526\approx 2\times 10^5$

根据放大电路可得反馈系数为 $\dot{F}=\dfrac{\dot{U}_i}{\dot{U}_o}=\dfrac{R_1}{R_1+R_f}=\dfrac{1}{1+3}=0.25$

反馈深度 $1+\dot{A}\dot{F}=1+5\times 10^4\approx 5\times 10^4$

由于电压负反馈电路中 $\dot{X}_o=\dot{U}_o$，电流负反馈电路中 $\dot{X}_o=\dot{I}_o$；串联负反馈电路中，$\dot{X}_i=\dot{U}_i$，$\dot{X}'_i=\dot{U}'_i$，$\dot{X}_f=\dot{U}_f$；并联负反馈电路中，$\dot{X}_i=\dot{I}_i$，$\dot{X}'_i=\dot{I}'_i$，$\dot{X}_f=\dot{I}_f$；因此，不同的反馈组态中，$\dot{A}$、$\dot{F}$ 及 $\dot{A}_f$ 的物理意义不同，量纲也不同，如表 5-2-1 所示。

表 5-2-1 反馈放大电路中电压、电流及 $\dot{A}$、$\dot{F}$ 及 $\dot{A}_f$ 的含义

反馈组态	$\dot{X}_i$、$\dot{X}_f$、$\dot{X}'_i$	$\dot{X}_o$	$\dot{A}$	$\dot{F}$	$\dot{A}_f$	功能
电压串联	$\dot{U}_f$、$\dot{U}_f$、$\dot{U}'_i$	$\dot{U}_o$	$\dot{A}_{uu}=\dfrac{\dot{U}_o}{\dot{U}'_i}$	$\dot{F}_{uu}=\dfrac{\dot{U}_f}{\dot{U}_o}$	$\dot{A}_{uuf}=\dfrac{\dot{U}_o}{\dot{U}_i}=\dfrac{\dot{A}_u}{1+\dot{A}_u\dot{F}_u}$	$\dot{U}_i$ 控制 $\dot{U}_o$ 电压放大
电流串联	$\dot{U}_f$、$\dot{U}_f$、$\dot{U}'_i$	$\dot{I}_o$	$\dot{A}_{iu}=\dfrac{\dot{I}_o}{\dot{U}'_i}$	$\dot{F}_{ri}=\dfrac{\dot{U}_f}{\dot{I}_o}$	$\dot{A}_{iuf}=\dfrac{\dot{I}_o}{\dot{U}_i}=\dfrac{\dot{A}_g}{1+\dot{A}_g\dot{F}_r}$	$\dot{U}_i$ 控制 $\dot{I}_o$ 电压转换成电流
电压并联	$\dot{I}_f$、$\dot{I}_f$、$\dot{I}'_i$	$\dot{U}_o$	$\dot{A}_{ui}=\dfrac{\dot{U}_o}{\dot{I}'_i}$	$\dot{F}_{iu}=\dfrac{\dot{I}_f}{\dot{U}_o}$	$\dot{A}_{uif}=\dfrac{\dot{U}_o}{\dot{I}_i}=\dfrac{\dot{A}_r}{1+\dot{A}_r\dot{F}_g}$	$\dot{I}_i$ 控制 $\dot{U}_o$ 电压转换成电流
电流并联	$\dot{I}_f$、$\dot{I}_f$、$\dot{I}'_i$	$\dot{I}_o$	$\dot{A}_{ii}=\dfrac{\dot{I}_o}{\dot{I}'_i}$	$\dot{F}_{ii}=\dfrac{\dot{I}_f}{\dot{I}_o}$	$\dot{A}_{iif}=\dfrac{\dot{I}_o}{\dot{I}_i}=\dfrac{\dot{A}_r}{1+\dot{A}_i\dot{F}_i}$	$\dot{I}_i$ 控制 $\dot{I}_o$ 电流放大

从表 5-2-1 看出,只要搞清楚每种类型反馈电路的输出量和输入回路各量是什么(是电压,还是电流),就不难搞定 $\dot{A}$、$\dot{F}$ 及 $\dot{A}_f$ 的含义。例如,以电流串联负反馈为例,因为电流反馈,取样于输出电流,所以输出量用电流 $\dot{I}_o$。又因是串联反馈,即基本放大电路和反馈网络在输入端是串联的,输入量宜用电压,因而可得开环增益 $\dot{A}=\dot{X}_o/\dot{X}'_i$ 为 $\dot{A}_g=\dot{I}_o/\dot{U}'_i$,反馈系数 $\dot{F}=\dot{X}_f/\dot{X}_o$ 为 $\dot{F}_r=\dot{U}_f/\dot{I}_o$,闭环增益 $\dot{A}_f=\dot{X}_o/\dot{X}_i$ 为 $\dot{A}_{fg}=\dot{I}_o/\dot{U}_i$,其余三种组态仿此可得表中的结果。注意表中符号下表为"g"者表示电导量纲;为"r"者表示电阻量纲;下标为"u"或"i"者为电压或电流比,无量纲。

5.2.2 深度负反馈条件下放大电路的估算

在负反馈的放大电路中,若 $|1+\dot{A}\dot{F}|\gg 1$,则

$$\dot{A}_f=\frac{\dot{A}}{1+\dot{A}\dot{F}}\approx\frac{\dot{A}}{\dot{A}\dot{F}}=\frac{1}{\dot{F}} \tag{5-2-7}$$

根据 $\dot{A}_f$ 和 $\dot{F}$ 的定义

$$\dot{A}_f=\frac{\dot{X}_o}{\dot{X}_i} \quad \dot{F}=\frac{\dot{X}_f}{\dot{X}_o} \quad \dot{A}_f\approx\frac{1}{\dot{F}}=\frac{\dot{X}_o}{\dot{X}_f}$$

因此可以证明 $\dot{X}_i\approx\dot{X}_f$

说明在深度负反馈条件下,放大电路的反馈信号 $\dot{X}_f$ 与输入信号 $\dot{X}_i$ 基本相等。可见,深度负反馈的实质是在近似分析中忽略净输入量,即 $\dot{X}'_i=0$。这是深度负反馈放大电路的重要特点。利用以上关系式可以简单方便地估算深度负反馈放大电路的闭环电压放大倍数 $\dot{A}_f$。

估算时,首先要分析负反馈的组态属于串联负反馈还是并联负反馈。针对不同的反馈类型可忽略的净输入量将不同。当电路引入深度串联负反馈时

$$\dot{U}_i\approx\dot{U}_f \tag{5-2-7}$$

认为净输入量 $\dot{U}'_i\approx 0$,即基本放大电路两输入端 u_+、u_- 电位近似相等,从电位近似相等的角度看两输入端间好像短路了,但并没有真的短路,故称为"虚短";闭环输入电阻 $R_{if}\to\infty$(5.3.4 节详细介绍),说明闭环放大电路的输入电流近似为零,也即流过基本放大电路两输入端的电流 $i_+\approx i_-\approx 0$,从电流为零的角度看两输入端似乎开路了,但并没有真的开路,故称为"虚断"。

当电路引入深度并联负反馈时

$$\dot{I}_i\approx\dot{I}_f \tag{5-2-8}$$

认为净输入量 $\dot{I}'_i\approx 0$,即基本放大电路两输入端"虚断";闭环输入电阻 $R_{if}\to 0$(5.3.4 节详细介绍),说明基本放大电路两输入端"虚短"。

因此,无论是哪种类型的深度负反馈放大电路,都有下面的重要结论,即基本放大电路

的两输入端,既"虚短"又"虚断"。利用"虚短"和"虚断"的概念也可以方便地估算深度负反馈放大电路的性能。

【例 5-4】估算图 5-9 所示负反馈放大电路的电压放大倍数 $\dot{A}_f$。

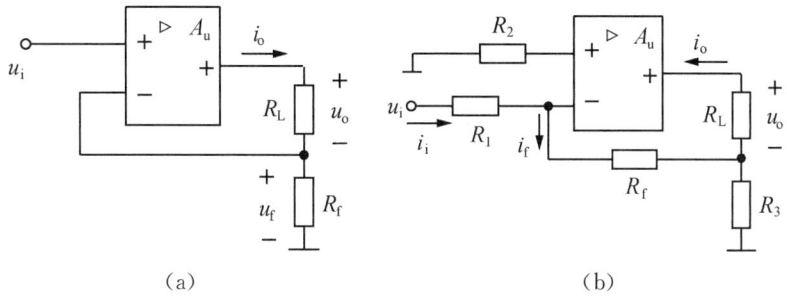

图 5-9 负反馈放大电路放大倍数的估算

解:首先判断反馈组态。图 5-9(a)是电流串联负反馈放大电路,反馈元件为 R_f,可以直接利用表达式 $A_f \approx \dfrac{1}{F}$ 求解。

反馈系数 $\dot{F} = \dfrac{\dot{U}_f}{\dot{U}_o} = \dfrac{\dot{I}_o R_f}{\dot{I}_o R_L} = \dfrac{R_f}{R_L}$

则 $A_f \approx \dfrac{1}{F} = \dfrac{R_L}{R_f}$

图 5-9(b)是电流并联负反馈放大电路,反馈元件为 R_f、R_3,基本放大电路为集成运放,由于集成运放开环放大倍数很大,故为深度负反馈。

根据深度负反馈时基本放大电路输入端"虚断",可得 $i_+ \approx i_- \approx 0$,故同相端电位为 $u_+ \approx 0$。根据深度负反馈时基本放大电路输入端"虚短",可得 $u_+ = u_-$,故反相端电位 $u_- \approx 0$ 因此,由图 5-8(b)可得

$$i_i = \dfrac{u_i - u_-}{R_1} \approx \dfrac{u_i}{R_1}$$

$$i_f \approx \dfrac{R_3}{R_F + R_3} i_o = \dfrac{R_3}{R_F + R_3} \dfrac{-u_o}{R_L}$$

由于 $i_i \approx i_f$,故可得

$$\dfrac{\dot{U}_i}{R_1} \approx \dfrac{R_3}{R_F + R_3} \dfrac{-u_o}{R_L}$$

因此该放大电路的闭环电压放大倍数为

$$A_{uf} = \dfrac{u_o}{u_i} \approx -\dfrac{R_L}{R_1} \dfrac{R_F + R_3}{R_3}$$

【例 5-5】如图 5-10 所示电路为深度负反馈放大电路,试估算其电压放大倍数。

解:图 5-10 所示为一个实用的三极管共发射极放大电路,R_{E1} 引入交流串联负反馈,由于 R_{E1} 值较大,故为深度负反馈,$u_i \approx u_f$。

由于 $u_f \approx i_o R_{E1}$

$u_o = -i_o (R_C // R_L)$

因此该放大电路的闭环电压放大倍数为 $A_{uf}=\dfrac{u_o}{u_i}=\dfrac{u_o}{u_f}=-\dfrac{R_C//R_L}{R_{E1}}=-2.94$

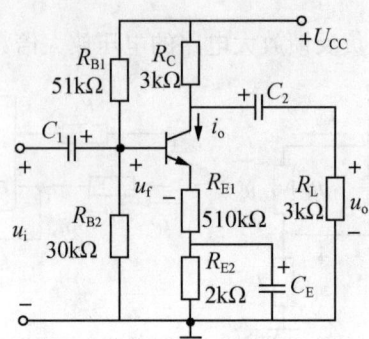

图 5-10 三极管共发射极放大电路实例

5.3 负反馈对放大电路性能的影响

负反馈使放大电路增益下降，但可使放大电路很多方面的性能得到改善，下面分析负反馈对放大电路主要性能的影响。

5.3.1 提高闭环放大倍数的稳定性

由于电源电压的波动、器件老化、负载和环境温度的变化等因素，放大电路的放大倍数会发生变化。通常用放大倍数相对变化量的大小来表示放大倍数稳定性的优劣，相对变化量越小，则稳定性越好。如果用 $\dfrac{dA}{A}$ 和 $\dfrac{dA_f}{A_f}$ 分别表示开环和闭环放大倍数的相对变化量，那么我们讨论一下两者之间的关系。

为了简化，我们只讨论电路工作在中频范围的情况，对(5-2-5)式求微分得

$$dA_f=\dfrac{(1+AF)dA-AFdA}{(1+AF)^2}=\dfrac{dA}{(1+AF)^2}$$

用上式的左右式分别除以式(5-2-5)的左右式，可得

$$\dfrac{dA_f}{A_f}=\dfrac{1}{1+AF}\dfrac{dA}{A} \tag{5-3-1}$$

可见，引入负反馈后放大倍数的相对变化量为未引入负反馈时相对变化量的 $1/(1+AF)$ 倍，也就是说，负反馈使闭环增益降低了 $(1+AF)$ 倍，但却使稳定度提高了 $(1+AF)$ 倍。由于深度负反馈时，放大倍数基本上由反馈网络决定，且反馈网络一般由电阻等性能稳定的无源线性元件组成，基本不受外界因素变化的影响，因此深度负反馈放大电路的放大倍数很稳定。

【例题 5-6】某放大电路放大倍数 $A=10^3$，引入负反馈后放大倍数稳定性提高到原来的 100 倍，求：(1) 反馈系数；(2) 闭环放大倍数；(3) A 变化 $\pm 10\%$ 时的闭环放大倍数及其相对变化量。

解：(1) 根据式(5-3-1)，引入负反馈后放大倍数稳定性提高到未加负反馈时的 $(1+$

AF)倍。因此由题意可得

$$1+AF=100$$

反馈系数 $F=\dfrac{100-1}{A}=\dfrac{99}{10^3}=0.099$

（2）闭环放大倍数 $A_f=\dfrac{A}{1+AF}=\dfrac{10^3}{100}=10$

（3）A 变化 $\pm 10\%$ 时的闭环放大倍数）及其相对变化量

$$\dfrac{dA_f}{A_f}=\dfrac{1}{1+AF}\dfrac{dA}{A}=\dfrac{1}{100}\dfrac{dA}{A}=\dfrac{1}{100}\times(\pm 10\%)=\pm 0.1\%$$

此时的闭环放大倍数 $A_f'=A_f\left(1+\dfrac{dA_f}{A_f}\right)=10(1\pm 0.1\%)$

即 A 变化 $+10\%$ 时 $A_f'=10.01$，A 变化 -10% 时 $A_f'=9.99$。

可见，引入负反馈后放大电路的放大倍数受外界影响明显减小。

5.3.2 展宽通频带

由于分立放大电路中电容元件、分布电容、放大器件的电容效应以及集成放大电路中有源器件结电容的存在，使得放大电路的增益将随频率的变化而变化，在高频段和低频段增益都要下降，频带宽度受到了限制。开环放大电路的幅频特性曲线和引入负反馈后幅频特性曲线如图 5-11 所示，图中，A_m、f_L、f_H、BW 和 A_{mf}、f_{Lf}、f_{Hf}、BW_f 分别为无、有负反馈时的中频放大倍数、下限频率、上限频率和通频带宽度。显然引入负反馈后的频带较未引入时的频带要宽。

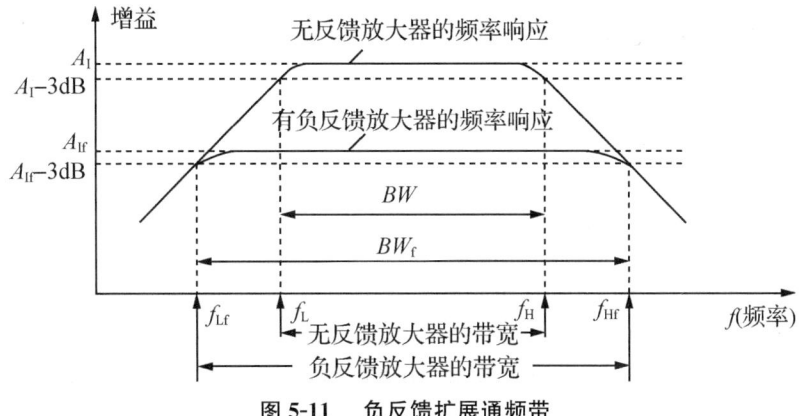

图 5-11 负反馈扩展通频带

负反馈扩展通频带的原理如下：当输入等幅不同频率的信号时，高频段和低频段的输出信号比中频段的小，因此反馈信号也小，对净输入信号的削弱作用小，所以高、低频段的放大倍数减小程度比中频段的小，从而扩展了通频带。可以证明

$$BW_f=(1+AF)BW \tag{5-3-2}$$

5.3.3 减小非线性失真和抑制干扰、噪声

由于分立元件或集成放大电路中存在三极管、场效应管等有源器件，它们的伏安特性的非线性会造成输出信号非线性失真，引入负反馈后可以减小这种失真，其原理可用图 5-12

加以说明。

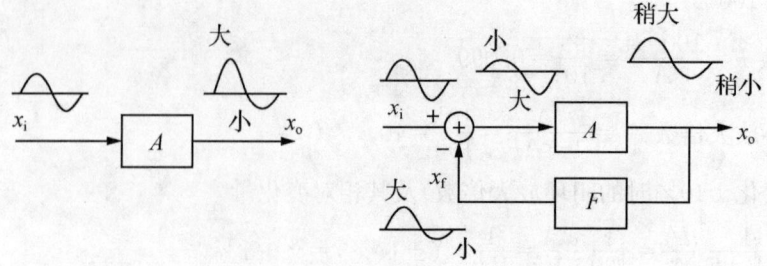

(a) 无反馈时的信号波形　　　(b) 引入负反馈时的信号波形

图 5-12　负反馈减小非线性失真

设输入信号 x_i 为正弦波,无反馈时放大电路的输出信号 x_o 为正半周幅度大、负半周幅度小的失真正弦波,如图 5-12(a)所示。引入负反馈后,这种失真被引回到输入端,x_f 也为正半周幅度大而负半周幅度小的波形,如图 5-12(b)所示。由于 x'_f,因此 x'_f 波形变为正半周幅度小而负半周幅度大的波形,即通过反馈使净输入信号产生预失真,这种预失真正好补偿了放大电路非线性引起的失真,使输出波形 x_o 接近正弦波。

值得注意的是,负反馈只能对环内产生的非线性失真有改善作用,对环外的失真毫无作用。此外,负反馈只能减小而不能消除非线性失真。

干扰和噪声对放大器的影响可看成是在输出端出现了新的频率成分,与非线性失真一样,负反馈也可削弱这些频率成分,但有用信号也会受到同样的衰减,信噪比并未改变。为改善信噪比,就必须把信号提高 $|1+\dot{A}\dot{F}|$ 倍,使输出端的信号成分恢复到引入负反馈前的值,即在维持输出信号不变的情况下,信号与噪声的比值将增大 $|1+\dot{A}\dot{F}|$ 倍。负反馈只能减小闭环内的非线性失真、干扰和噪声。若输入信号本身存在失真、干扰和噪声,引入负反馈将无能为力。因为输入信号是环外的,所以这些失真信号只能通过其它办法,如屏蔽或滤波等方法进行消除。

5.3.4　改变输入电阻和输出电阻

放大电路加入负反馈后,其输入电阻和输出电阻将会发生变化,不同组态的负反馈对输入电阻和输出电阻的影响是不同的,需要进行具体分析。在实际工作中,如果需要利用负反馈来改变放大电路的输入电阻和输出电阻,必须针对要求,选择适当组态的负反馈,下面分别进行讨论。

一、对输入电阻的影响

输入电阻是指从放大电路输入端看进去的等效电阻,因而负反馈对输入电阻的影响,取决于基本放大电路与反馈网络在电路输入端的连接方式,即取决于电路引入的是串联反馈还是并联反馈。

如图 5-13 所示。图中,R_i 是基本放大电路的输入电阻,又称开环输入电阻。R_{if} 为有反馈时的输入电阻,又称闭环输入电阻。

1. 串联负反馈使输入电阻增加

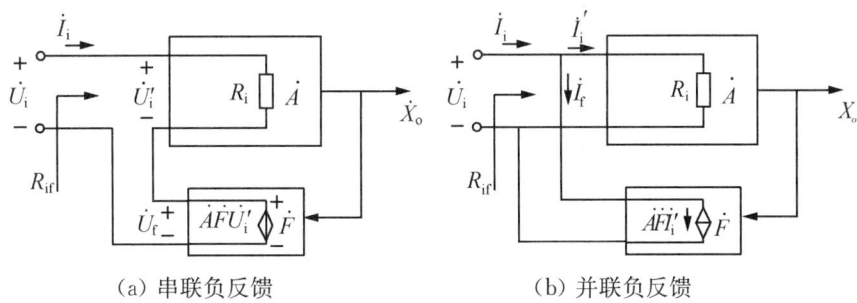

(a) 串联负反馈　　　　　　　(b) 并联负反馈

图 5-13　负反馈对输入电阻的影响

由图 5-13(a)可见，在串联负反馈放大电路中，反馈网络与基本放大电路相串联，所以 R_{if} 必大于 R_i，即串联负反馈使放大电路输入电阻增大。由图可求得串联负反馈放大电路的输入电阻为

$$R_{if}=\frac{\dot{U}_i}{\dot{I}_i}=\frac{\dot{U}'_i+\dot{U}_f}{\dot{I}_i}=\frac{\dot{U}'_i+AF\dot{U}'_i}{\dot{I}_i}=(1+AF)\frac{\dot{U}'_i}{\dot{I}_i}$$

由于 $R_i=\dot{U}'_i/\dot{I}_i$，所以 　　　　　$R_{if}=(1+AF)R_m$ 　　　　　(5-3-2)

可见，引入串联负反馈，可使环内输入电阻增大，且为 R_f 的 $(1+AF)$ 倍，而与取样对象无关，但应注意对不同的反馈类型的含义不同。电压串联负反馈为 A_uF_u；对于电流串联负反馈为 A_gF_r。

2. 并联负反馈减小输入电阻

由图 5-13(b)可见，在并联负反馈电路中，反馈网络与基本放大电路相并联，所以 R_{if} 必小于 R_i，即并联负反馈使放大电路输入电阻减小。由图可求得并联负反馈放大电路的输入电阻为

$$R_{if}=\frac{\dot{U}_i}{\dot{I}_i}=\frac{\dot{U}'_i}{\dot{I}'_i+\dot{I}_f}=\frac{\dot{U}'_i}{\dot{I}'_i+AF\dot{I}'_i}=\frac{1}{(1+AF)}\frac{\dot{U}_i}{\dot{I}'_i}$$

由于 $R_i=\dot{U}_i/\dot{I}'_i$，所以 　　　　　$R_{if}=\frac{1}{(1+AF)}R_i$ 　　　　　(5-3-3)

可见，引入并联负反馈，可使环内输入电阻减小，且为 R_i 的 $1(1+AF)$ 倍，而与取样对象无关。但应该注意对不同的反馈类型 AF 的含义不同，电压并联负反馈为 A_rF_g；对于电流并联负反馈为 A_iF_i。

二、对输出电阻的影响

输出电阻是指从放大电路输出端看进去的等效内阻，因而负反馈对输出电阻的影响取决于基本放大电路与反馈网络在放大电路输出端的连接方式，即取决于电路引入的是电压反馈还是电流反馈。

通常用 R_o 表示基本放大电路的输出电阻，又称开环输出电阻，R_{of} 为有反馈时的输出电阻，又称闭环输出电阻。

1. 电压负反馈使输出电阻减小

在电压负反馈放大电路中，反馈网络与基本放大电路相并联，所以 R_{of} 必小于 R_o，即电

压负反馈使放大电路的输出电阻减小。另外，由于电压负反馈能够稳定输出电压，即在输入信号一定时，电压负反馈放大电路的输出趋近于一个恒压源，也说明其输出电阻很小。

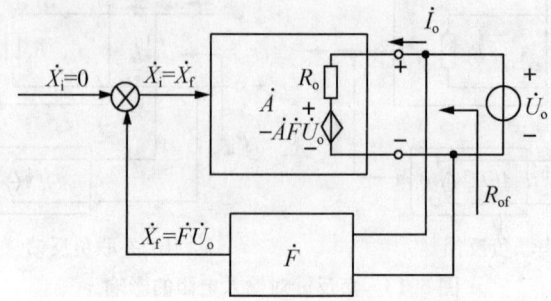

图 5-14 电压负反馈电路对输出电阻的影响

求输出电阻的方法：令输入端的独立信号源为零（串联反馈 $u_s=0$，并联反馈 $i_s=0$），在输出端去掉负载 R_L，外加一个交流电压 $\dot{U}_o$，产生输出电流 $\dot{I}_o$，由输出电阻的定义 $R_{of}=\dot{U}_o/\dot{I}_o$ 可求。令 $\dot{X}_i=0$ 输出端加上交流电压 $\dot{U}_o$ 后通过反馈网络产生反馈电压送入输入端，因此，$\dot{X}_i'=-\dot{X}_f=-\dot{F}\dot{U}_o$，经过放大在输出回路中产生电压源 $\dot{A}\dot{X}_i'$，其中 $\dot{A}$ 为基本放大器输出端开路（$R_L=\infty$）时电压放大倍数。由图可得

$$\dot{U}_o=\dot{I}_o R_o + \dot{A}\dot{X}_i' = \dot{I}_o R_o - \dot{A}\dot{F}\dot{U}_o$$

整理得放大器的输出电阻

$$R_{of}=\frac{\dot{U}_o}{\dot{I}_o}=\frac{R_o}{1+\dot{A}\dot{F}} \tag{5-3-4}$$

上式表明：只要是电压负反馈就会使放大器的输出电阻减小，减小的倍数等于反馈深度 $|1+\dot{A}\dot{F}|$，而与输入端采用何种反馈形式无直接关系。对于电压串联负反馈为 $A_u F_u$；对于电压并联负反馈为 $A_r F_g$。

2. 电流负反馈使输出电阻增加

由于电流反馈是对输出电流取样，所以电流负反馈具有稳定输出电流的作用，使放大器的输出接近于电流源，因此引入电流负反馈后将使输出电阻增加。

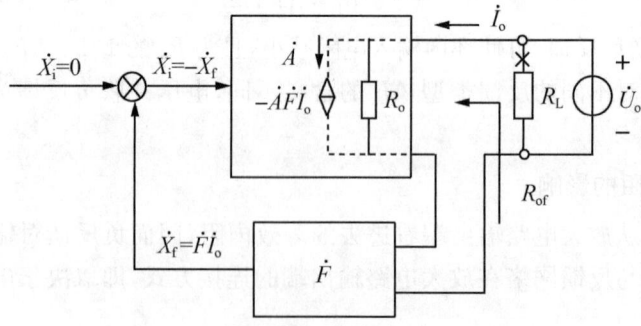

图 5-15 电流负反馈电路对输出电阻的影响

由图可得
$$\dot{I}_o=\frac{\dot{U}_o}{R_o}=-\dot{A}\dot{F}\dot{I}_o$$

整理得放大器的输出电阻 $\quad R_{of}=\dfrac{\dot{U}_o}{\dot{I}_o}=(1+\dot{A}\dot{F})R_o \qquad (5\text{-}3\text{-}5)$

由上式表明：只要是电流负反馈就会使放大器的输出电阻增大，增大的倍数等于反馈深度$|1+\dot{A}\dot{F}|$，而与输入端采用何种反馈形式无直接关系。对于电流串联负反馈为 $A_g F_r$；对于电流并联负反馈为 $A_i F_i$。

综上讨论，负反馈对放大器输入和输出电阻的影响，归纳如下两点：

一、放大器引入反馈后，输入电阻的改变取决于输入端的反馈形式(串联或并联)，而与输出端的取样对象(电压或电流)无直接关系(取样对象只是决定$\dot{A}$、$\dot{F}$的含义)，串联负反馈使输入电阻增加，并联负反馈使输入电阻减小，并且增加或减小的倍数等于反馈深度。

二、放大器引入反馈后，输出电阻的改变取决于输出端的取样对象，而与输入端的反馈方式无直接关系(反馈方式只决定$\dot{A}$、$\dot{F}$的含义)，电压负反馈使输出电阻减小，电流负反馈使输出电阻增大，并且增加或减小的倍数等于反馈深度。

此外，通过上述分析可知，深度负反馈放大电路还有以下特点：串联负反馈电路的输入电阻 R_{if} 非常大，并联负反馈电路的 R_{if} 非常小；电压负反馈电路的输出电阻 R_{of} 非常小，电流负反馈电路的 R_{of} 非常大。工程估算时，常把深度负反馈放大电路的输入、输出电阻理想化，即认为：深度串联负反馈的输入电阻 $R_{if}\to\infty$；深度并联负反馈的 $R_{if}\to 0$；深度电压负反馈的输出电阻 $R_{of}\to 0$；深度电流负反馈的 $R_{of}\to\infty$。

5.3.5 放大电路中引入负反馈的原则

通过以上分析可知，负反馈对放大电路性能方面的影响，均与反馈深度$(1+AF)$有关。应当指出，以上的定性分析是为了更好地理解反馈深度与电路各性能指标的定性关系。对负反馈的定性了解，将在电路设计中起重要作用。引入负反馈可以改善放大电路多方面的性能，而且反馈组态不同，所产生的影响也各不相同。因此，在设计放大电路时，应根据需要和目的，引入合适的反馈，这里向读者提供一些一般原则。

根据不同形式负反馈对放大电路不同影响，引入负反馈时应考虑以下几点：

一、要稳定放大电路的某个量，就引入该量的负反馈。例如，要想稳定直流量，应引入直流负反馈；要想稳定交流量，应引入交流负反馈；要想稳定输出电压，应引入电压负反馈；要想稳定输出电流，应引入电流负反馈。

二、根据电路对输入、输出电阻的要求来选择反馈类型。放大电路引入负反馈后，不管反馈类型如何都会使放大电路的增益稳定性提高，非线性失真减小，频带展宽，但不同类型反馈对输入、输出电阻的影响却不同，所以实际放大电路引入负反馈时主要根据对输入、输出电阻的要求来确定反馈的类型。若要求减小输入电阻，则应引入并联负反馈；要求提高输入电阻，则应引入串联负反馈；若要求高内阻输出，则应采用电流负反馈；要求低内阻输出，则应采用电压负反馈。

5.4 负反馈放大电路的自激振荡及消除方法

负反馈可改善放大电路的性能,改善程度与反馈深度有关,$(1+\dot{A}\dot{F})$越大,反馈越深,改善程度越显著。但是反馈深度太大时,可能产生自激振荡(指放大电路在无外加输入信号时也能输出具有一定频率和幅度的信号的现象),导致放大电路工作不稳定。

本节将分析负反馈放大器产生自激振荡的条件,继而讨论负反馈放大器稳定工作条件,以及使负反馈放大器稳定所采取的校正方法。

5.4.1 产生自激振荡的原因及条件

一、产生自激的原因

由反馈放大电路的一般表达式 $\dot{A}_f = \dfrac{\dot{A}}{1+\dot{A}\dot{F}}$ 来看,在中频段,由于 $\dot{A}\dot{F}>0$,$\dot{A}$ 和 $\dot{F}$ 的相角 $\varphi_A + \varphi_F = 2n\pi$($n$ 为整数)。在低频段,因为耦合电容、旁路电容的存在,$\dot{A}\dot{F}$ 将产生超前相移;在高频段,因为半导体元件极间电容的存在,$\dot{A}\dot{F}$ 将产生滞后相移,在中频段相位关系的基础所产生的这些相移称为附加相移,用 $\Delta\varphi$ 来表示。如果一个多级放大器在某一信号频率 f_0 时,输入信号与输出信号之间的附加相移 $\Delta\varphi = \pm n\pi$(n 为奇数),假定反馈网络由电阻元件组成,则反馈信号 $\dot{X}_f$ 的相位将与中频段时相反,中频段时 $\dot{X}_i$ 与 $\dot{X}_f$ 的相减转化为相加,那么原来接入的负反馈转化为正反馈。$\dot{A}\dot{F}$ 一项反号后,分母的幅值 $|1+\dot{A}\dot{F}|$ 将由中频时的大于 1 而变为小于 1,如果反馈深度有足够大,使得 $|1+\dot{A}\dot{F}|=0$,则 $|\dot{A}_f|=\infty$,这表明放大器虽然没有输入信号也会有输出,此时放大器处于自激振荡状态。

可见,电路产生自激振荡时,输出信号有其特定的频率 f_0 和一定的幅值,且振荡频率 f_0 必在电路的低频段或高频段。而电路一旦产生自激振荡将无法正常放大,称电路处于不稳定状态。

二、产生自激振荡的条件

根据上述分析,可以得出负反馈放大器产生自激振荡的条件是

$$1+\dot{A}\dot{F}=0 \text{ 或写成}$$

$$\dot{A}\dot{F}=-1 \qquad (5\text{-}4\text{-}1)$$

也可分别表示成幅值条件和相位条件

$$|\dot{A}\dot{F}|=1 \qquad (5\text{-}4\text{-}2\text{-}a)$$

$$\varphi_A+\varphi_F=(2n+1)\pi \quad n=0,1,2\cdots\cdots \qquad (5\text{-}4\text{-}2\text{-}b)$$

前一个表达式表示回路增益的模 $|\dot{A}\dot{F}|$ 等于 1,由前面图 5-3-6 中反馈放大电路的方框

图可见,此时净输入信号$\dot{X}'_i$经过放大网络$\dot{A}$和反馈网络$\dot{F}$后,得到的反馈信号$\dot{X}_f$的模将与净输入信号$\dot{X}'_i$的模相等。也就是说,净输入信号经过放大、反馈以后,幅度保持不变,这就是自激振荡的幅度条件。后一个表达式表示回路增益$\dot{A}\dot{F}$的相位移等于180°(或360°的整数倍再加180°),即净输入信号$\dot{X}'_i$经过放大、反馈后,总的相位移为180°,这就是自激振荡的相位条件。

放大电路级数愈多,引入负反馈后愈容易产生高频振荡。放大电路中耦合电容、旁路电容等愈多,引入负反馈后,愈容易产生低频振荡。而且$(1+\dot{A}\dot{F})$愈大,即反馈愈深,满足幅值条件的可能性愈大,产生自激振荡的可能性就愈大。

应当指出,电路的自激振荡是由其自身条件决定的,不因其输入信号的改变而消除。要消除自激振荡,就必须破坏产生振荡的条件,而只有消除了自激振荡,放大电路才能稳定地工作。

5.4.2 负反馈放大电路稳定性的判定

一、判断方法

判断反馈放大电路是否产生自激振荡,主要就是检查电路是否同时满足产生自激振荡的幅度条件和相位条件。在实际工作中常常利用负反馈放大电路回路增益$\dot{A}\dot{F}$的波特图①进行判断。具体做法是,首先在$\dot{A}\dot{F}$相频特性上,找到相位移$\varphi_{AF}=-180°$的频率,然后对应此频率在幅频特性上检查对应的$|\dot{A}\dot{F}|$值,如果$|\dot{A}\dot{F}|\geqslant 1$,表示放大电路同时满足产生自激振荡的幅度条件和相位条件,则放大电路将产生自激振荡;否则若该频率处的$|\dot{A}\dot{F}|<1$,说明放大电路能够稳定工作。

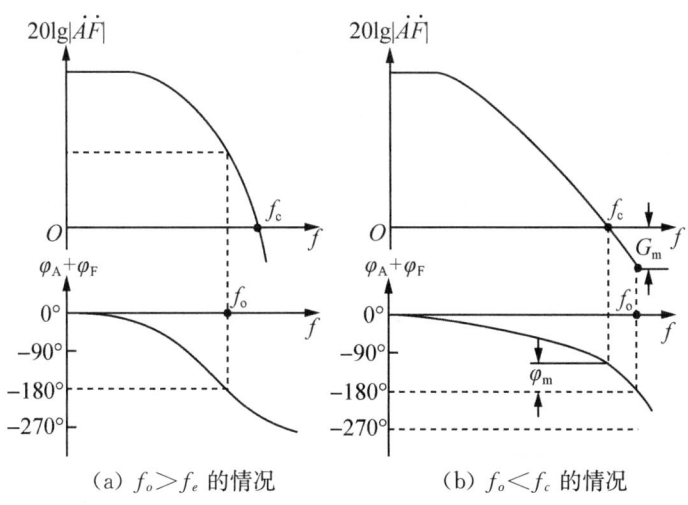

图 5-16 利用$\dot{A}\dot{F}$的波特图判断自激振荡

假设一个反馈放大电路增益的波特图如图 5-16 所示,使$\varphi_A+\varphi_F=-180°$的频率为$f_o$,使$20\lg|\dot{A}\dot{F}|=0$ dB 的频率为f_c。在图 5-16(a)所示曲线中,f_o对应到幅频特性上的频率大

于 f_c,$20\lg|\dot{A}\dot{F}|>0$ 即 $|\dot{A}\dot{F}|>1$,因此,该放大电路将产生自激振荡。在图(b)所示曲线中,当 $f=f_0$ 时,$20\lg|\dot{A}\dot{F}|<0$ dB,即 $|\dot{A}\dot{F}|<1$,说明图(b)所示环路增益频率特性的放大电路闭环后不可能产生自激振荡。

综上所述,在已知环路增益频率特性的条件下,判断负反馈放大电路是否稳定的方法如下:

(1) 若不存在 f_o,则电路稳定。

(2) 若存在 f_o,且 $f_o<f_c$,则电路不稳定,必然产生自激震荡;若存在 f_o,但 $f_o>f_c$,则电路稳定,不会产生自激振荡。

二、稳定裕度

虽然根据负反馈放大电路稳定性的判断方法,只要 $f_o>f_c$,电路就稳定,但是为了使电路具有足够的可靠性,还规定电路应具有一定的稳定裕度。

定义 $f=f_o$ 时所对应的 $20\lg|\dot{A}\dot{F}|$ 的值为幅值裕度 G_m,如图 5-16(b)所示幅频特性中的标注,G_m 的表达式为

$$G_m=20\lg\left|\dot{A}\dot{F}\right|_{f=f_o} \tag{5-4-3}$$

稳定的负反馈放大电路的,而且 $G_m<0$,而且 $|G_m|$ 愈大,电路愈稳定。通常认为 $G_m\leqslant-10$ dB,电路就具有足够的幅值稳定裕度。

定义 $f=f_0$ 时的 $|\varphi_A+\varphi_F|$ 与 180°的差值为相位裕度 φ_m,如图 5-16(b)所示相频特性中所标注,φ_m 的表达式为

$$\varphi_m=180°-\left|\varphi_A+\varphi_F\right|_{f=f_c} \tag{5-4-4}$$

相位裕度 φ_m 用来表示放大电路的稳定程度。稳定的负反馈放大电路的 $\varphi_m>0$,而且 φ_m 愈大,电路愈稳定。通常认为 $\varphi_m>45°$ 电路就具有足够的相位稳定裕度。

5.4.3 负反馈放大电路中自激振荡的消除方法

对于一个多级负反馈放大器来说,要避免产生自激振荡,就要采取措施破坏自激振荡的幅度条件和相位条件。通常采用的措施是在放大电路中加入主要由电容或 RC 元件组成的校正网络,以改变多级放大器的开环频率特性,使其在反馈量较大的情况下,也能稳定地正常工作。图 5-16 所示为几种补偿网络的接法。

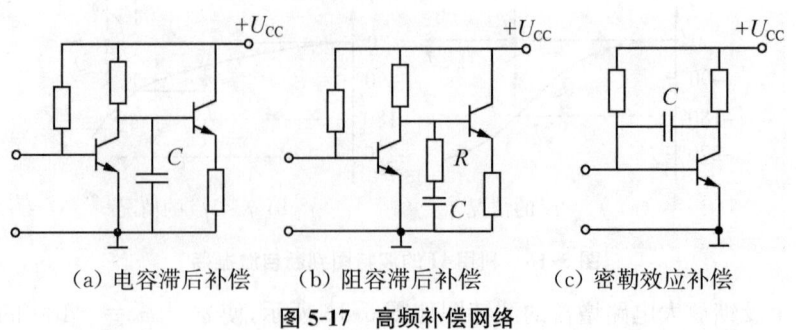

图 5-17 高频补偿网络

图 5-17(a)中,在级间接入电容 C,称电容滞后补偿。由图可见,电容 C 实际上与放大级

的负载并联,在中频和低频时,电容的容抗很大,因此,这种并联在电路中的电容对放大电路的影响可以忽略。但是随着频率的升高,电容的容抗逐渐减小,它们并联在负载上,使放大级的高频放大倍数降低,负反馈放大器的环路放大倍数$|\dot{A}\dot{F}|$随之减小,从而当$\varphi=180°$时,$|\dot{A}\dot{F}|<1$,破坏了负反馈放大器自激振荡的幅度条件,使电路正常工作。但是,这种校正方法的缺点是使放大器在高频时的放大倍数降低,从而导致放大器高频部分的频带变窄,所需的外加电容C的容量也比较大。

图5-17(b)中,在级间接入R和C,称为RC滞后补偿。为了弥补电容校正对高频部分频带变窄的缺点,而在V_1和V_2之间插入RC补偿网络,该RC网络插入的主导思想是,利用R在高频时减小C的并联作用,改变放大电路的频率特性消除自激,而又不致于使带宽压缩过多。为了使消振的效果更加明显,校正网络应加在前级输出电阻和后级输入电阻都比较高的中间。

图5-17(c)中接入较小的电容C(或RC串联网络),利用密勒效应[①]可以达到增大电容(或增大RC)的作用,获得与图5-17(a)、(b)电路相同的补偿效果,称为密勒效应补偿。

目前,不少集成运放已在内部接有补偿网络,使用中不需再外接补偿网络。而有些集成运放留有外接补偿网络端,则应根据需要接入C或RC补偿网络。

实验项目四 负反馈放大电路设计与调测

一、实验目的:
1. 熟悉模拟集成芯片的使用方法。
2. 理解引入负反馈对放大电路主要性能的影响,掌握负反馈放大电路的设计方法。
3. 掌握深度负反馈条件下,各项性能的测试方法。

二、实验原理

负反馈在电子电路中有着非常广泛的应用,虽然它使放大器的放大倍数降低,但能在多方面改善放大器的动态指标,如稳定放大倍数,改变输入、输出电阻,减小非线性失真和展宽通频带等。因此,几乎所有的实用放大器都带有负反馈。

负反馈放大器有四种组态,即电压串联,电压并联,电流串联,电流并联。其中电压串联负反馈利用$\dot{U}_i$控制$\dot{U}_o$,能够实现电压放大;电压并联负反馈利用$\dot{I}_i$控制$\dot{U}_o$,能够实现电流转换为电压;电流串联负反馈利用$\dot{U}_i$控制$\dot{I}_o$,能够实现电压转换为电流;电流并联负反馈利用$\dot{I}_i$控制$\dot{I}_o$,能够实现电流放大。

本实验以电压串联负反馈放大电路为例,分析负反馈对放大器各项性能指标的影响。

三、实验用仪器与设备
(1) 直流稳压电源
(2) 函数信号发生器

(3) 双踪示波器

(4) 交流毫伏表

(5) 数字万用表

(6) 模拟电路实验箱

四、实验方法与步骤

1. 熟悉模拟集成芯片的使用

LM324 芯片引脚图如图 S4-1 所示，理解其功能特点和使用方法。

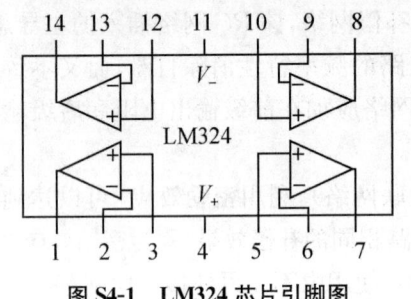

图 S4-1　LM324 芯片引脚图

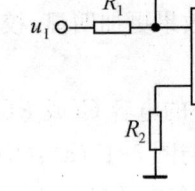

图 S4-2　设计的参考电路

2. 试用 LM324 芯片和模拟实验箱内的电阻设计电压串联负反馈放大电路。

根据设计要求，所设计的参考电路如图 S4-2 所示。

3. 按照设计电路在实验箱内接线，检查无误后接通直流电源。

4. 测设计电路的电压放大倍数。

u_i 为 1 KHz，0.5 V 的正弦信号，$R_L = \infty$，改变反馈电阻 R_F，测各自的 u_O，计算出 A_{uf}，将结果填入表 S4-1 中。

5. 测 R_{if}：取 u_s 为 1 kHz，1 V 的正弦波，$R_s = 1$ MΩ，测出此时的输入电压 u_i'（此时 $R_F = 100$ kΩ）。利用公式 $R_{if} = \dfrac{u_i'}{u_s - u_i} R_s$。算出 R_{if} 的值。

6. 测 R_{of}：当 $R_1 = 10$ kΩ，$R_f = 100$ kΩ，u_i 为 1 kHz，0.5 V 的正弦波时，接入 $R_L = 200$ Ω，测出此时的输出电压 u_o'。利用公式 $R_{of} = \dfrac{u_o - u_o'}{u_o'} R_L$。算出 R_{of} 的值。

五、实验原始数据记录

表 S4-1

R_1	R_F	R_2	u_i	u_o	A_{uf}（实测值）	A_{uf}（理论值）
10 kΩ	10 kΩ		0.5 V			
10 kΩ	100 kΩ		0.5 V			
∞	0		0.5 V			

六、实验注意事项

1. 为防止干扰，实验电路与各仪器的公共端必须连在一起。

2. 实验前要看清运放组件各管脚的位置；切忌正、负电源极性接反和输出端短路，否则将会损坏集成块。

七、实验报告要求

1. 整理各电路的实验数据，对电压串联负反馈电路的性能进行分析。
2. 分析实验中出现问题，说明排除故障的方法。

本章习题

5-1 某放大电路输入的正弦波电压有效值为 10 mV，开环时正弦波输出电压有效值为 10 V，试求引入反馈系数为 0.01 的电压串联负反馈后输出电压的有效值。

5-2 某电流并联负反馈放大电路中，输出电流为 $i_o = 5\sin\omega t$ mA，已知开环电流放大倍数为 $A_i = 200$，电流反馈系数为 $F = 0.05$，试求输入电流 i_i、反馈电流 i_f 和净输入电流 i'。

5-3 分析题 5-3 图所示各电路中的反馈：(1) 反馈元件是什么？(2) 是正反馈还是负反馈？(3) 是直流反馈还是交流反馈？

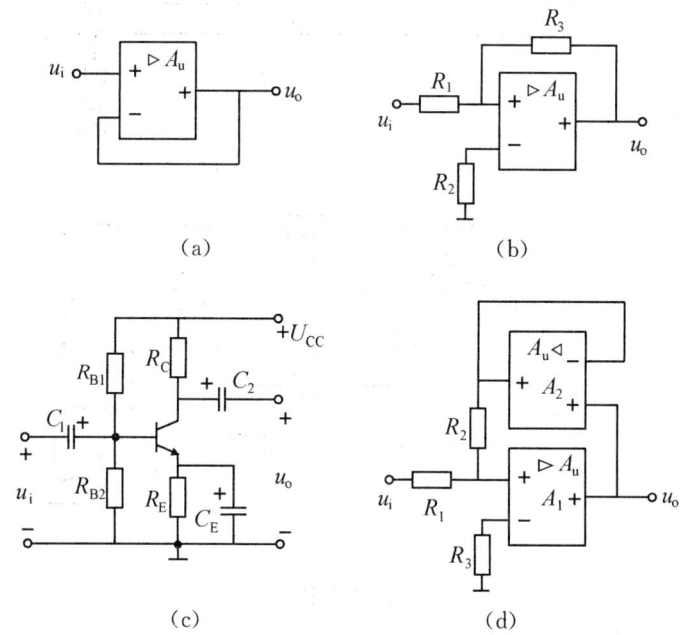

题 5-3 图

5-4 某负反馈放大电路的闭环增益为 40 dB，当开环增益变化 10% 时闭环增益的变化为 1%，试求其开环增益和反馈系数。

5-5 分析题 5-5 图所示各电路中的交流反馈（若为多级电路，只要求分析级间反馈）：(1) 是正反馈还是负反馈？(2) 对负反馈放大电路，判断其反馈类型。

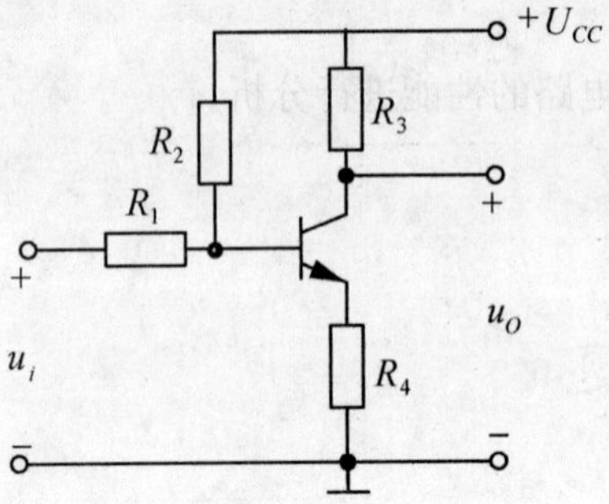

(a)

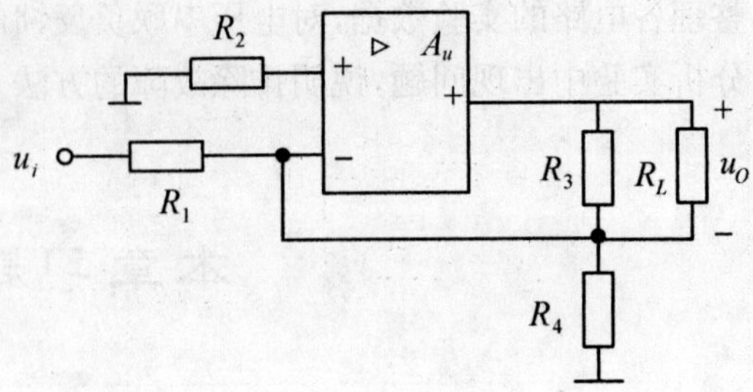

(b)

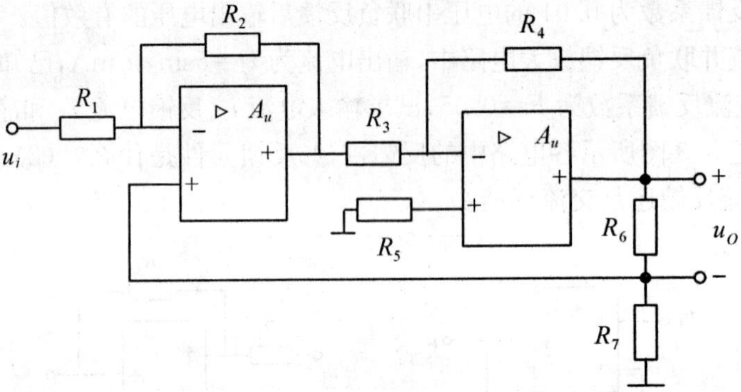

(c)

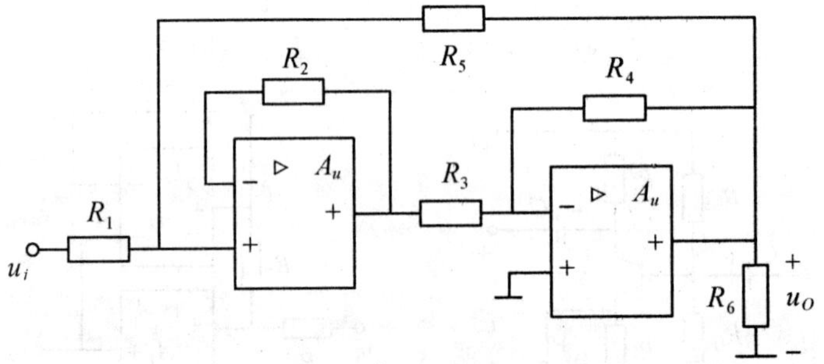

(d)

题 5-5 图

5-6 选择合适答案填入空内。

A. 电压　　B. 电流　　C. 串联　　D. 并联

(1) 为了稳定放大电路的输出电压，应引入_____负反馈；

(2) 为了稳定放大电路的输出电流，应引入_____负反馈；

(3) 为了增大放大电路的输入电阻，应引入_____负反馈；

(4) 为了减小放大电路的输入电阻，应引入_____负反馈；

(5) 为了增大放大电路的输出电阻，应引入_____负反馈；

(6) 为了减小放大电路的输出电阻，应引入_____负反馈。

5-7 电路如题 5-7 图所示,(1) 判断级间反馈类型;(2) 假设满足深度负反馈条件,试估算闭环电压放大倍数。

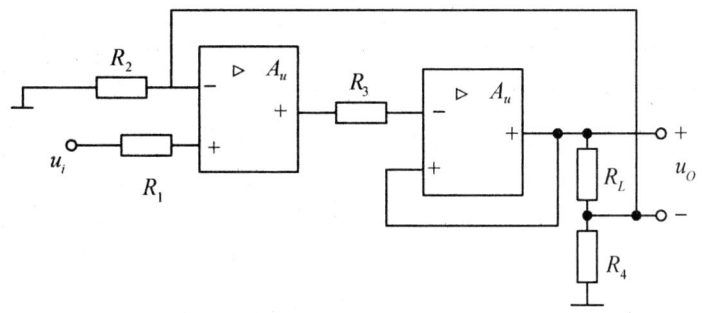

题 5-7 图

5-8 放大电路如题 5-8 图所示,试回答:(1) 电路中有哪些级间反馈? 指出起反馈作用的元件。(2) 这些反馈对电路的工作状态或放大性能起什么作用?(3) 求电路的反馈系数 F_u。(4) 在深度负反馈条件下,估算该电路的电压放大倍数。

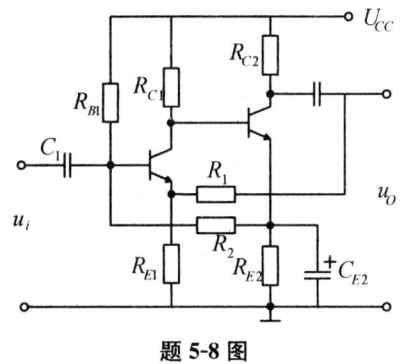

题 5-8 图

5-9 电路如题 5-9 图所示,

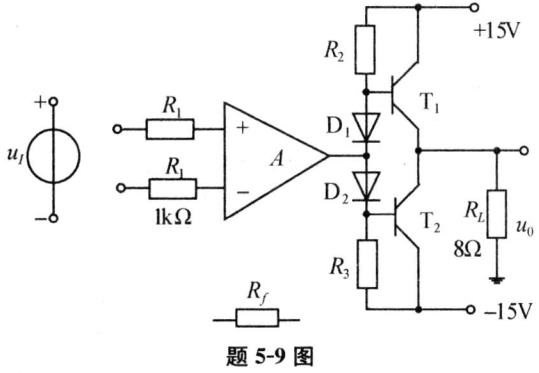

题 5-9 图

(1) 要实现互补对称功率放大,T_1、T_2 应分别是什么类型的三极管,在图中画出发射极剪头方向;电路中 D_1、D_2 起什么作用?

(2) 要求引入适当负反馈以达到下列目标:降低电路的输出电阻、提高带负载能力,提高输入电阻;减少电路非线性失真,改善输出波形。应引入了哪种组态的负反馈,在电路图中画出。

(3) 假设引入的负反馈为深度负反馈,忽略 T_1、T_2 饱和管压降,当输入幅值为 300 mV 的正弦波信号时,要求负载得到最大不失真输出电压,反馈电阻 R_f 应取多大?此时负载获得的功率有多大?

5-10 电路如题 5-10 图所示,设集成运放的差模放大倍数为无穷大

(1) 判断电路引入了哪种组态的交流负反馈?

(2) 若整个电路的电压放大倍数为 15,则 R_4 的取值应为多少?

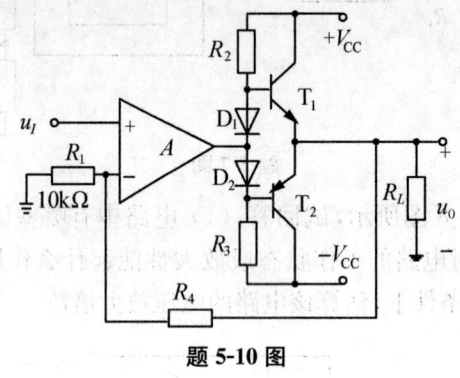

题 5-10 图

第 6 章 集成运放的应用电路

本章导学

> 集成运算放大器是一种集成化的半导体器件,具有可靠性高、使用方便、放大性能好等特点。它与外部元件可组成各种应用电路,广泛应用在信号的放大、运算、处理等各个方面。本章以集成运算放大器的理想化及其分析方法为起点,重点介绍集成运放在比例、加、减、积分、微分等信号运算方面的应用以及模拟乘法器在模拟信号运算上的应用。此外,本章以有源滤波电路和电压比较器电路为例,介绍了集成运放在信号检测和处理方面的基本应用。

6.1 集成运算放大器的理想化及其分析方法

集成运算放大器的实质是一个具有很高放大倍数的、直接耦合的多级放大电路。为了便于分析,在实际应用中、常常对集成运算放大器进行理想化处理。本节我们将研究集成运算放大器理想化的条件,电压传输特性分析,理想运放应用电路的工作区域判别与分析方法等内容。

6.1.1 集成运放的理想化及应用分类

1. 运放的理想化

按发展情况分类、集成运放可分为四代,每一代的性能参数相差很大,但有一些共性:如输入电阻高、开环电压放大倍数高、输出电阻低、可靠性高等特点。因此、在分析运放应用电路时,常把它看成一个理想器件,即将实际运放的一些技术性能指标理想化。由于在分析运放应用电路时,用理想运放代替实际运放所引起的误差不大,并能使分析过程大大简化,所以这种分析方法在工程上是允许的,并得到了广泛的应用。

理想运放具有以下主要参数:

(1) 开环电压放大倍数 $A_{uo} \to \infty$

(2) 差模输入电阻 $R_{id} \to \infty$

(3) 开环输出电阻 $R_O \to 0$

(4) 共模抑制比 $k_{CMRR} \to \infty$

理想运放的符号如图 6-1 所示。这里只标出 2 个输入端和 1 个输出端,其他管脚可以不标,以突出输入信号和输出信号之间的关系。这两个输入端可以增加使用上的灵活性,标

"—"号的是反相输入端,表示输出信号 u_o 与该端的输入信号 u_- 相位相反;标"+"号的是同相输入端,表示输出信号 u_o 与该端的输入信号 u_+ 相位相同。方框内横卧三角形表示放大器,它右边的 ∞ 表示电压放大倍数,说明该运放处于理想状态。

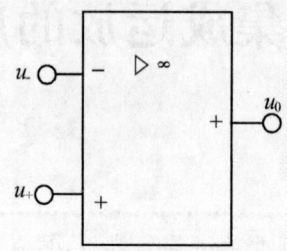

图6-1 理想运放的符号示意图

2. 集成运放的电压传输特性分析

电压传输特性是指输出电压与输入电压的关系曲线,即 $u_o=f(u_{id})$。典型的集成运放电压传输特性如图 6-2 所示,它可分为线性区和和非线性区(饱和区)两部分。

图中 B、C 两点间为线性区。在线性区,输出电压吨 u_o 与输入电压 u_{id} ($u_{id}=u_+-u_-$) 成正比,比例系数为集成运放的开环电压放大倍数 A_{uo},通常 $A_{u0}>10^5$。即

$$u_o=A_{uo}(u_+-u_-) \tag{6-1}$$

此时、集成运放是一个线性放大元件。

由于 A_{u0} 很高,而运放的最大输出电压 V_{OM} 是有限的,故线性放大区很窄,即使输入信号为毫伏级以下,也足以使其输出电压达到饱和值 V_{OM} 而进入非线性区,所以 BC 段十分接近纵轴。在理想情况下,我们认为 BC 段与纵轴重合,将 $B'C'$ 段表示为理想运放工作在线性区。

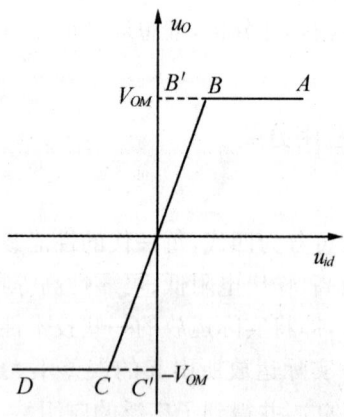

图6-2 典型的集成运放电压传输特性示意图

此外,由于集成运放工作时会受到各种干扰,电路将难于稳定工作。所以,集成运放工作在线性区时应引入深度负反馈。即:一般情况下,只有在深度负反馈作用下才能使运放工作在线性放大区。

当 u_+ 稍高于 u_-,输出电压 u_o 达到饱和值 $+V_{OM}$ 并保持恒定不变;反之,当 u_+ 稍低于 u_-,输出电压 u_o 达到饱和值 $-V_{OM}$,保持恒定不变。此时称运放工作在非线性区,图 6-2 所示的 AB 段、CD 段,对应于该运放处于非线性区(饱和区)。对于理想运放来说,图6-2所示

的 AB' 段、$C'D$ 段则表示该运放处于非线性区(饱和区)。

一般情况下,一个集成运放在开环或正反馈工作时,通常都工作在非线性区。

6.1.2 理想运放电路的分析方法

1. 线性区的理想运放特性分析

理想运放工作在线性区时,利用理想参数可得到两个特点:虚短和虚断。

(1) 虚短

当集成运放工作在线性区时,开环电压放大倍数 A_{uo} 很大,可近似为无穷大。而输出电压受电源电压限制,是一个有限值(最大不超过 V_{OM})。

$$\because u_o = A_{uo}(u_+ - u_-)$$

$$而 A_{uo} = \frac{u_o}{u_+ - u_-} = \infty$$

$$\therefore u_+ - u_- = 0$$

$$即\ u_+ = u_- \tag{6-1-2}$$

由式(6-1-2)可知,2 个输入端的对地电位基本相等。电位差趋近于 0,好像是短路一样,称为虚假短路,简称"虚短",注意不是真正的短路(如果真的短路的话,运放也就没有输出了。

(2) 虚断

运放的输入电阻 R_{id} 很大,可近似为无穷大;而运放的输入电压总是有限的,这使得集成运放的 2 个输入端几乎不取用电流。

$$即:i_I = 0, \tag{6-1-3}$$

集成运放的输入电流可忽略不计。这时运放的 2 个输入端又好像是断开一样,称为虚假断开,简称"虚断"、注意不是真正的断开。

上述分析可以看到:集成运放的 2 个输入端在线性放大区工作时处于一种特殊状态,运放的输入电压为 0,运放的输入电流为 0。注意:虚短、虚断是理想运放工作在线性区的重要概念,涉及到电压关系可利用虚短,涉及到电流关系可利用虚断来进行分析计算。

2. 非线性区的理想运放特性分析

当集成运放的工作范围超出线性区时,输出电压和输入电压之间不再满足式(6-1-2),在处理这类问题时,不能按线性电路的理论去分析。这时,它也有两条结论成立。

由于 A_{uo} 很大,稍有变化,输出电压即达到正向饱和电压 $+v_{om}$ 或负向饱和电压 $-v_{om}$,当没有采用输出端限幅电路时,在数值上它们分别接近于运放的正负电源电压。表达式为:

$$u_+ > u_-,\ u_o = +V_{OM} \tag{6-1-4}$$

$$u_+ < u_-,\ u_o = -V_{OM} \tag{6-1-5}$$

由于理想运放的差模输入电阻 $R_{id} \to \infty$,因此,虽然 $u_+ \neq u_-$,输入电流仍然为零 $i_I = 0$,即"虚断"现象依然存在。

总之,分析运放的应用电路时,首先将集成运放当作理想运算放大器;然后判断其中的集成运放工作在线性区还是非线性区。在此基础上分析具体电路的工作原理,其它问题也就迎刃而解。

6.2 基本运算电路

集成运放适当引入反馈后、可以使得输入与输出之间具有某种特定的函数关系,即特定的模拟运算,如加、减、积分、微分等,这就构成了模拟运算电路,简称运算电路。进行运算时,输出量一定要反映输入量的某种运算结果,即输出电压将在一定范围内变化。所以、在运算电路中,集成运算放大器必须工作在线性区。运算电路在自动控制,检测技术等方面均得到广泛的应用。本节我们将介绍几种常见的运算电路,并以这些电路为例介绍介绍运算电路的分析方法。注意:在不涉及运算精度的情况下,可认为构成运算电路的集成运放为理想器件。

6.2.1 比例运算电路

输出电压与输入电压成比例的运算电路称为比例运算电路。比例运算电路是最基本的运算电路,是其他各种运算电路的基础。后面要介绍的求和电路、积分电路和微分电路等都是在比例电路的基础上加以扩展和演变以后得到的。根据输入信号接法的不同,比例电路有两种基本形式:反相输入比例电路和同相输入比例电路。

1. 反相比例运算电路

输入信号加在集成运算放大器反相输入端的比例运算电路称为反相输入比例运算电路,如图 6-3 所示。此时输入信号 u_I 经电阻 R_1 加到反相输入端,输出信号 u_O 与输入信号 u_I 反相;为使集成运放工作在线性区,通过反馈电阻 R_F 跨接于输出端和反相输入端之间,把输出电压反馈到输入端;同相输入端经电阻 R' 接地。根据"虚断",同相输入端不取电流、即 $i_+ = 0$。则电阻 R' 上无电流,无电压,同相输入端为"地电位",即 $u_+ = 0$。

只要集成运放工作在线性区,由"虚短"可知 $u_- = u_+ = 0$,即反相输入端也近似等于"地"电位。这是不接地的"地"端、通常称为"虚地",看作是"虚短"的特例。

这时,输入信号 u_I 提供的电流为:

$$i_1 = \frac{u_1 - u_-}{R_1} = \frac{u_1}{R_1}$$ 流过反馈电阻 R_F 的反馈电流 i_F 为:

$$i_F = \frac{u_- - u_o}{R_F} = -\frac{u_o}{R_F}$$

根据"虚断",反相输入端不取电流、即 $i_- = 0$,

有: $$i_1 = i_F$$

即 $-\dfrac{u_o}{R_F} = \dfrac{u_1}{R_1}$

所以: $$u_o = -\frac{R_F}{R_1} u_1 \tag{6-2-1}$$

式中的负号说明 u_0 与 u_i 相位相反, A_f 的大小仅仅取决于外接电阻 R_2 与 R_1 比值,而与集成运放本身参数无关。该电路称为反相比例放大电路。

同相输入端外接电阻 R' 的作用是保证运算放大器差动输入级静态电路平衡,称为平衡电阻。运算放大器工作时,它的两个输入间静态基极偏置电流将在电阻 R_1、R' 上分别产生压降,从而影响差动输入级的输入端电位,使得运算放大器的输出端产生附加的偏置电压。平衡电阻 R' 的作用就是当输入信号为 0 时使输出信号也为 0。这时,电阻 R_1 和 R' 相当于并联,所以反相输入端与"地"之间的等效电阻为 $R_1 // R_F$。如果集成运放的两个输入端静态基极偏置电流相等的话,应该满足

$$R' = R_1 // R_F \tag{6-2-2}$$

在反相比例放大电路中,如果电阻 $R_1 = R_F$,则 $A_{uf} = -1$。此时输入电压与输出电压大小相等、方向相反,这时称为反相器或反号器。

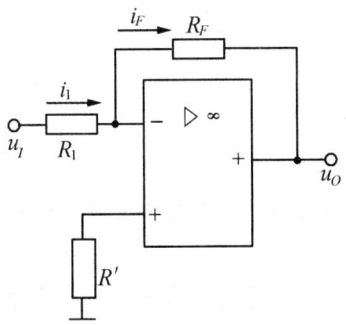

图6-3 反相比例运算电路示意图

2. 同相比例运算电路

同相比例运算电路就是把待运算的输入信号加到集成运算放大器的同相输入端的比例运算电路,图 6-4 所示电路是同相比例放大电路。输入信号 u_1 经电阻 R' 接到集成运算放大器的同相输入端,输出信号 u_o 与输入信号 u_1 同相,反相输入端通过电阻 R_1 接地,输出电压 u_o 经电阻 R_F 反馈至反相输入端。由于 $i_+ = 0$,所以电阻 R' 上无电流,$u_+ = u_-$。这时,反相输入端已不是"虚地"了,这与反相比例电路是不同的。

因为 $i_- = 0$,据 KCL,$i_1 = i_F$

由于:$i_1 = \dfrac{0 - u_-}{R_1} = \dfrac{0 - u_1}{R_1}$,$i_F = \dfrac{u_- - u_o}{R_F} = \dfrac{u_1 - u_o}{R_F}$

因此:
$$u_o = \left(1 + \frac{R_F}{R_1}\right) \tag{6-2-3}$$

上式说明:u_o 和 u_i 同相,同相比例放大电路的输入输出电压函数关系只决定于外接电阻 R_1 和 R_F 之比值,与集成运算放大器本身参数无关。为了保证差分输入级的动态平衡,外接电阻亦应满足 $R' = R_1 // R_F$ 的关系。

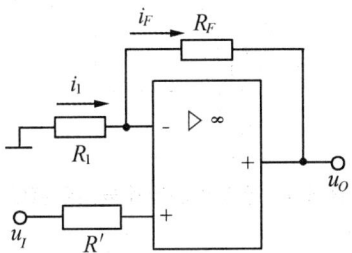

图6-4 同相比例运算电路示意图

当 $R_1=\infty$ 时，$u_o=u_-=u_+=u_1$

此时，同相比例放大电路的 $u_o=u_1$，即此时输出电压与输入电压大小相等、相位相同，u_o 跟随 u_1 变化，称为电压跟随器或同号器，如图 6-5 所示，它和由分立元件组成的射极跟随器比较，具有更优良的性能：跟随效果更好，电压放大倍数接近于 1，输入电阻更高，输出电阻更低，因而获得了广泛的应用。

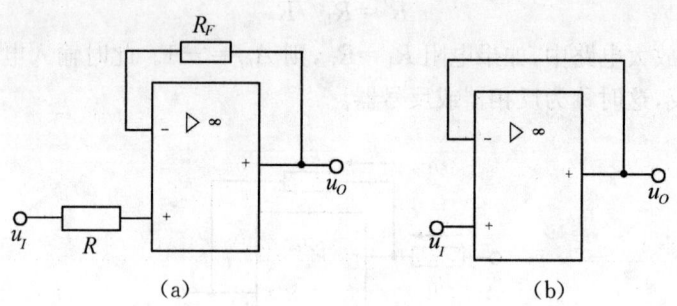

图 6-5 电压跟随器电路示意图

3. 差分比例运算电路

差动比例运算电路就是把待运算的输入信号同时加到集成运算放大器的同相输入端和反相输入端的比例运算电路，这类电路在测量和控制系统中应用较多。图 6-6 所示电路是差动比例放大电路：输入信号 u_{I1} 经电阻 R'_1 接到集成运算放大器的同相输入端，输入信号 u_{I2} 电阻 R_1 接到集成运算放大器的反相输入端，输出信号 u_o 经电阻 R_F 反馈至反相输入端、使集成运放工作在线性区。为便于下面分析，取 $R_1=R'_1$，$R_F=R'_F$。

根据叠加定理：$u_o=\left(1+\dfrac{R_F}{R_1}\right)u_+ + \left(-\dfrac{R_F}{R_1}u_{I2}\right)$

而 $u_+=\dfrac{R'_F}{R'_1+R'_F}u_{I1}=\left(\dfrac{R_F}{R_1}u_{I2}\right)$

因此 $u_o=\dfrac{R_F}{R_1}(u_{I1}-u_{I2})$ \hfill (6-2-4)

上式表明：选择合适的电阻参数，可以使输出电压与两个输入电压的差值成比例、实现减法运算，因此该电路也被称为减法器。

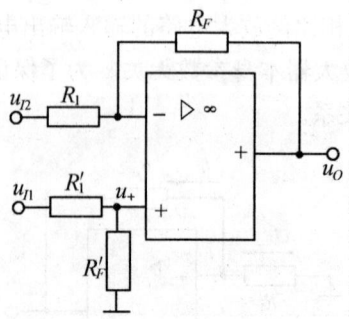

图 6-6 差动比例运算电路示意图

6.2.2 加、减法运算电路

1. 反相求和运算电路

反相求和运算电路如图 6-7 所示:将待加的各输入信号 u_{I1} 和 u_{I2} 分别经电阻 R_1、R_2 同时接到反相输入端,反馈电阻 R_F 也接到反相输入端。

由于反相输入端为"虚地"点,且 $i_+ = 0$,

所以: $$i_1 + i_2 = i_F$$

且 $i_1 = \dfrac{u_{I1}}{R_1}$,$i_2 = \dfrac{u_{I2}}{R_2}$,$i_F = \dfrac{u_+ - u_o}{R_F} = \dfrac{-u_o}{R_F}$,

则: $$u_o = -R_F\left(\dfrac{u_{I1}}{R_1} + \dfrac{u_{I2}}{R_2}\right) \qquad (6\text{-}2\text{-}5)$$

上式表明:该电路的输出电压等于各输入电压按照不同比例相加之加权代数和。

该电路平衡电阻 R' 的作用与反相比例放大电路一样,且 $R' = R_1 /\!/ R_2 /\!/ R_F$

当 $R_1 = R_2 = R_F$ 时,$u_o = -(u_{I1} + u_{I2})$

即:此时输出电压的大小正比于各输入电压之算术和。

由于调节反相加法运算电路某一路信号的输入电阻即可改变该路信号与输出电压的比例系数、而并不影响其他输入信号与输出电压的比例系数,因而该电路调节方便、并且能够保证加法运算的精度和稳定性。

这个电路可以推广到任意个信号的求和运算,在测量和自动控制系统中、常用于对各种输入信号按不同比例进行综合。

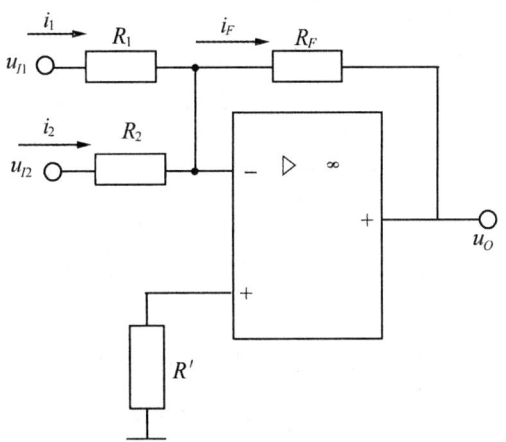

图 6-7 反相求和运算电路示意图

2. 加、减运算电路

采用差分输入方式即可实现减法运算,前面介绍的差分比例运算电路就是最基本的减法电路。若将该电路的反相输入端和同相输入端增加若干输入电路、则构成加、减运算电路,如图 6-8 所示。由于其中只用了一个运放、因此称为单运放加、减运算电路。四个运算量分别为 u_{I1}、u_{I2}、u_{I3}、u_{I4},其中两个减量 u_{I1}、u_{I2} 加在反相输入端,两个加量 u_{I3}、u_{I4} 加在同相输入端。

利用叠加原理,分别单独求出各个输入电压产生的输出电压,然后将其叠加起来,即可求得在四个输入量同时作用下、进行加、减运算所得的结果。

特别是,当选取 $R_1=R_2=R_3=R_4=R_1$,$R'=R_F$ 时,运算结果可简写为:

$$u_o=\frac{R_F}{R_1}(u_{I3}+u_{I4}-u_{I1}-u_{I2}) \quad (6\text{-}2\text{-}6)$$

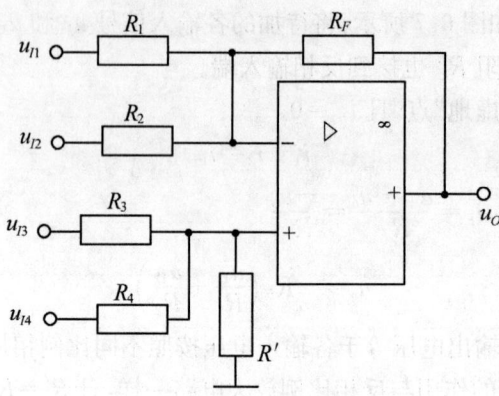

图 6-8　单运放加、减运算电路示意图

上面介绍的单运放加、减运算电路具有电路简单,所用元器件少,因而成本低的优点。但是由于同相端上加有输入信号电压,使得反相端上也出现相同大小的电压,形成共模电压。所以要求运算放大电路有足够高的共模抑制比和较大的共模电压允许范围,同时对平衡电阻 R' 的配置也十分不方便,这些都是同相输入运算放大器共有的缺点。为避免使用同相输入方式的加、减运算电路,可采用如图 6-9 所示的双运放电路实现加、减运算。

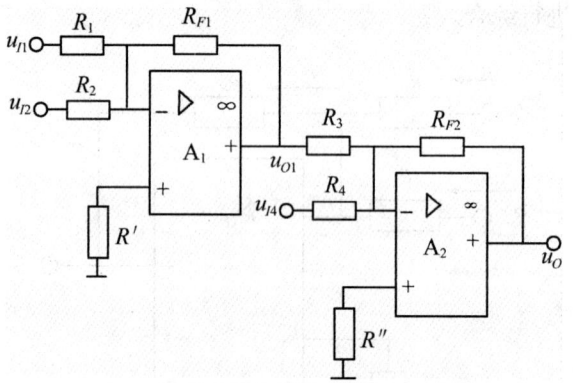

图 6-9　双运放加、减运算电路示意图

图中以两个运算放大器分别构成二级反相运算电路,第一级的输出作为第二级的反相输入之一将二级电路串接在一起。两个加量 u_{I1}、u_{I2} 分别通过 R_1、R_2 接于第一级电路的反相输入端,这是因为这两个加量还要通过第二级电路,经过二次反相后输出为正。而减量 u_{I4} 则加在第二级电路的另一个输入端,只经过一级反相电路后输出为负。由于第一级反相电路处于深度负反馈状态,其输出电阻几乎为零,可以不必考虑级间的负载效应,因此输出、输入电压的关系容易推得如下:

$$u_{o1}=-R_{F1}\left(\frac{u_{I1}}{R_1}+\frac{u_{I2}}{R_2}\right) \quad (6\text{-}2\text{-}7)$$

$$u_o=-R_{F2}\left(\frac{u_{o1}}{R_3}+\frac{u_{I4}}{R_4}\right) \quad (6\text{-}2\text{-}8)$$

将式(6-2-7)代入式(6-2-8)即可得出 u_o 与 u_{11}、u_{12} 及 u_{14} 的表达式。

可见：双运放加减运算电路与单运放加减运算电路一样，也能实现若干个信号电压的加减运算。但是，由于双运放加减运算电路采用反相输入方式，因此对运算放大器的共模抑制比要求不高。此外，电路中各电阻的配置也要来得方便一些。这是人们较常使用反相输入方式来实现各种数学运算电路的原因。

【例 6-1】双运放加、减电路如图 6-9 所示。图中各电阻的阻值为 $R_1=24$ K，$R_2=30$ K，$R_3=240$ K，$R_4=12$ K，$R_{F1}=R_{F2}=240$ K。试求输出电压 u_o 的表达式，并配置平衡电阻 R' 和 R''。

解：$u_{o1} = -R_{F1}\left(\dfrac{u_{11}}{R_1} + \dfrac{u_{12}}{R_2}\right) = -(10u_{11} + 8u_{12})$

$u_o = -R_{F2}\left(\dfrac{u_{o1}}{R_3} + \dfrac{u_{14}}{R_4}\right) = 10u_{11} + 8u_{12} - 20u_{14}$

两个平衡电阻 R' 和 R'' 分别为：$R' = R_1 // R_2 // R_{F1} = 12.6$ K，$R'' = R_3 // R_4 // R_{F2} = 10.9$ K

6.2.3 积分电路与微分电路

1. 积分运算电路

积分运算电路是指运算放大器的输出电压与输入电压的积分成比例的运算电路。如图 6-10 所示，该电路的输入电压 u_1 经电阻 R_1 接到反相输入端，电容 C 作为反馈元件跨接于反相输入端和输出端之间。由于反相输入端为"虚地"点，

所以有：
$$i_1 = \dfrac{u_1}{R_1}$$

而 $i_- = 0$，再根据电容元件的伏安关系，所以流经电容 C 的电流为 $i_I = i_C = -C\dfrac{du_o}{dt}$

即
$$\dfrac{u_1}{R_1} = -C\dfrac{du_o}{dt}$$

则
$$u_o = -\dfrac{1}{R_1 C}\int u_1 dt \tag{6-2-9}$$

从该式可以看到：该电路的输出电压正比于输入电压对时间的积分，可以用来对输入信号进行积分运算。$R_1 C$ 称为积分时间常数，它的数值愈大，输出电压 u_o 达到某一值所需的时间就愈长。

如果在开始积分前，电容两端存在一个初始电压，则积分电路将有一个初始输出电压。在这种情况下，t_1 到 t_2 时间段的积分值为：

$$u_o = -\dfrac{1}{R_1 C}\int_{t_1}^{t_2} u_1 dt + u_o(t_1) \tag{6-2-10}$$

式中 $u_o(t_1)$ 是积分初始时刻的电路输出电压。

如果 u_1 为某一恒定的直流电压、即为阶跃电压 U，且初始时刻 t_1 电容上的电压为 0，

则上式可写成
$$u_o = -\dfrac{U}{R_1 C}(t_2 - t_1) \tag{6-2-11}$$

可见此时输出电压 u_o 随时间 t 按线性规律变化，输入输出波形如图 6-11 所示，最大输出电压可达 $\pm U_m$。此时、输出电压与积分时间成正比，即使输入电压很小，经过一段时间后输出电压也会积累到一定数值。积分电路的这种特性在自动调节系统和测量系统中得到了

很多应用。

根据该特性,当输入方波时,输出电压波形可转换为三角波。因此、利用积分电路还可以实现方波——三角波的波形变换,如图 6-12 所示。

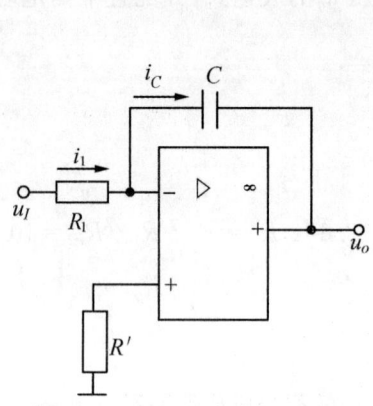

图 6-10　基本积分运算电路示意图

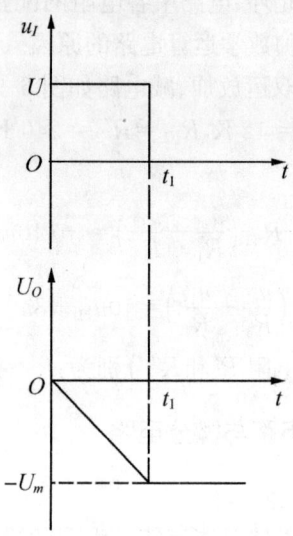

图 6-11　基本积分电路阶跃响应示意图

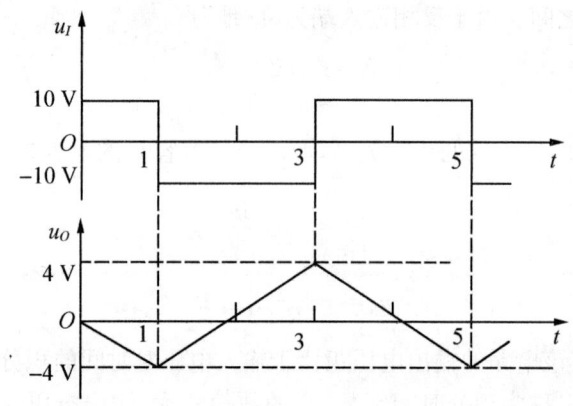

图 6-12　基本积分电路的方波——三角波变换示意图

【例 6-2】:基本积分电路如图 6-10 示。已知 $R_1=100\text{ K}, C=10\text{ μF}$ 集成运放的最大输出电压 $U_{OM}=\pm 12\text{ V}, u_1=-6\text{ V}$ 且初始 0 时刻电容的电压初始值为 0。求时间 t 分别是 1 s、2 s、3 s 时输出电压 U_o 的值。

解:$U_o=-\dfrac{U}{R_1C}(t_2-t_1)u_o=-\dfrac{U}{R_1C}\Delta t=6\Delta t$

则　$t=1\text{ s}$ 时,$U_o=6\text{ V}$
　　$t=2\text{ s}$ 时,$U_o=12\text{ V}$
　　$t=3\text{ s}$ 时,由于 2 s 时 u_o 已经达到最大值、超过 2 s 后输出电压不再变化,故 $U_o=12\text{ V}$

在上面介绍的基本反相积分运算电路的基础之上,对运算放大器外部电路和元件进行适当的调整还可构成其它形式的积分运算电路,如求和积分运算电路、同相积分运算电路、差动积分运算电路等,有兴趣的读者可参阅有关参考书籍。

2. 微分运算电路

微分运算是积分运算的逆运算，只需将反相输入端的电阻和反馈电容调换位置，就可以将积分运算电路改为微分运算电路。如图 6-13 所示：输入信号 u_I 经电容 C 接以集成运算放大器的反相输入端，反馈电路接电阻 R_F。由于反相输入端为"虚地"点，输入电压 u_1 几乎全部加在电容 C 上，根据电容元件的伏安关系，有 $i_C = C\dfrac{\mathrm{d}u_1}{\mathrm{d}t}$

因为 $i_- = 0$，所以 $i_C = i_F$

则：
$$u_o = -i_F R_F = -R_F C \dfrac{\mathrm{d}u_1}{\mathrm{d}t} \tag{6-2-12}$$

从该式可以看到：该电路的输出电压正比于输入电压对时间的微分，可以用来对输入信号进行微分运算。$R_F C$ 称为微分时间常数。

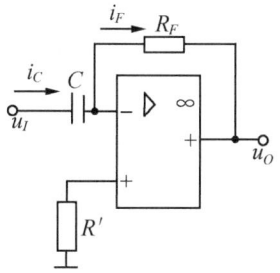

图 6-13 基本微分电路示意图

由于微分电路对输入电压的突变很敏感，所以很容易接受外来高频干扰信号，工作稳定性不高。实际应用时很少使用，常采用积分运算电路与加法运算电路的适当组合来得到微分运算，有兴趣的读者可参阅有关参考书籍。

6.3 模拟乘法器及其应用

模拟乘法器是实现两个模拟量相乘的非线性电子器件，它不仅应用于模拟信号运算、而且可以进行模拟信号处理。模拟乘法器与集成运放结合，再加上不同的外接电路，可组成平方、开方、高次方和高次方根的运算电路。因此它在通信系统、信号处理、仪表和自动控制系统等领域得到了越来越广泛的应用、发展很快，成为模拟集成电路的重要分支之一。

6.3.1 模拟乘法器及集成芯片介绍

1. 模拟乘法器的基本知识

模拟乘法器是实现两个模拟量相乘功能的器件。理想乘法器的输出电压与同一时刻两个输入电压瞬时值的乘积成正比，而且输入电压的波形、幅度、极性和频率可以是任意的。其符号如图 6-14 所示，它与运放一样、有两个输入端和一个输出端。若输入信号分别为 u_X、u_Y，则输出信号 u_O 为：

$$u_O = K u_X u_Y \tag{6-3-1}$$

式中 K 为乘法器的增益系数,单位为 V^{-1}。

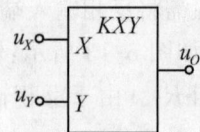

图 6-14　模拟乘法器的符号示意图

由该式可知:输入信号 u_X、u_Y 的极性不同,模拟乘法器将工作在不同的工作区域。我们把输入信号 u_X、u_Y 都仅能适应一种极性的模拟乘法器称为单象限乘法器;输入信号 u_X、u_Y 中一个只能适应一种极性,而另一个能适应正、负极性的模拟乘法器称为双象限乘法器;输入信号 u_X、u_Y 都能适应正、负极性组合的模拟乘法器称为四象限乘法器。

在理想情况下,输入信号 u_X、u_Y 中有一个或两个为零时,输出为零。但对实际的模拟乘法器来说,由于元件特性、制造工艺和工作环境的非理想性,使得上述情况下输出 $u_O\neq 0$。我们把 $u_X=0$、$u_Y=0$,$u_O\neq 0$ 时的输出电压称为输出失调电压;把 $u_X=0$,$u_Y\neq 0$,$u_O\neq 0$(或 $u_X\neq 0$,$u_Y=0$,$u_O\neq 0$)时的输出电压称为输出馈通电压;实际应用时,输出失调电压和输出馈通电压越小越好。此外,实际应用时模拟乘法器的增益系数 K 不能完全保持不变,这将引起输出信号的非线性失真。这些都是我们应用模拟乘法器集成芯片时应该注意的问题。

2. 模拟乘法器集成芯片 MC1496

常见的模拟乘法器被称为变跨导型模拟乘法器,它是在带恒流源的差放电路的基础上发展起来的。该电路利用输入电压控制差动放大电路差动管的发射极电流,使之跨导作相应的变化,从而达到与输入差模信号相乘的目的。通过两个差动放大电路可以构成较理想的模拟乘法器,被称为双差动对模拟乘法器。以双差动对模拟乘法器基本原理可以构成单片集成模拟乘法器 MC1496、MC1595 等。

MC1496 是四象限模拟乘法器,其芯片示意图和引脚图如图 6-15 所示。该芯片的主要参数及其典型数值为:

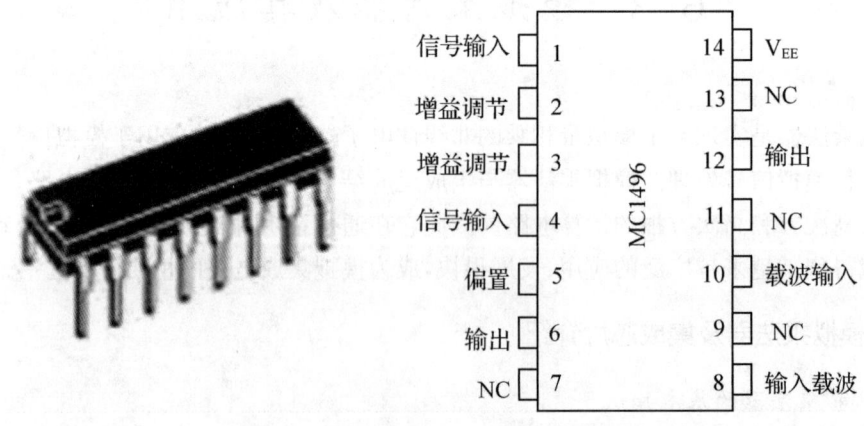

图 6-15　MC1496 的芯片示意图和引脚图

工作电压 $V_{EE}=-8$ V;
载波抑制大于 50 dB;
平衡式输入输出,带宽大于 80 MHz;
输入偏置电流 12 μA;

输入失调电流 0.7 μA；

输出失调电流 14 μA；

$K_{CMRR} = 85$ dB；

电源电流 3.0 mA。

由于在高频电子线路中，振幅调制、同步检波、混频、倍频、鉴频、鉴相等调制与解调的过程，均可视为两个信号相乘或包含相乘的过程。采用集成模拟乘法器实现上述功能比采用分离器件如二极管和三极管要简单的多，而且性能优越，目前在无级通信、广播电视等方面应用较多。所以，在实际应用时通常由 MC1496 等模拟乘法器集成芯片外接适当元件实现上述应用电路。

6.3.2 模拟乘法器的应用分析

模拟乘法器在实现乘法运算的基础上，还可以实现平方、除法、平方根等运算。

1. 平方运算电路

如图 6-16 所示，将模拟乘法器的两个输入端输入相同的信号，即实现了平方运算。此时该电路的输出电压为：

$$u_O = K u_X u_Y = K u_I^2 \tag{6-3-2}$$

图 6-16　平方运算电路示意图

2. 除法运算电路

除法电路如图 6-17 所示，该电路由集成运放和模拟乘法器组成。与仅由集成运放构成的运算电路一样，通过集成运放和模拟乘法器共同组成的运算电路也必须工作在负反馈条件下。在本电路中，K 和 u_{I2} 的符号相同才能保证电路工作在负反馈条件下。

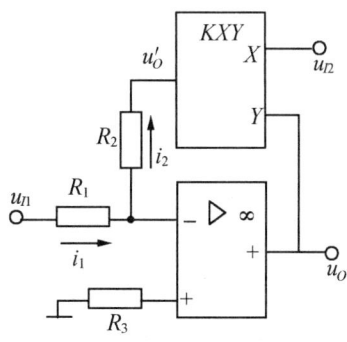

图 6-17　除法运算电路示意图

由模拟乘法器的公式可知：$u'_O = K u_O u_{I2}$

再由理想运放的虚短路法可知：$i_1 = i_2$，即

$$\frac{u_{I1}}{R_1} = \frac{0 - u'_O}{R_2} = -K \frac{u_{I2} u_O}{R_2}$$

整理上式，可得输出电压

$$u_O = -\frac{R_2}{R_1 K}\frac{u_{I1}}{u_{I2}} \tag{6-3-3}$$

式(6-3-3)表明：输出电压 u_O 与两个输入电压 u_{I1}、u_{I2} 的商成比例，实现了除法运算。在本电路中，由于输入端电压 u_{I2} 的极性受 K 的限制，因此该电路也被称为两象限除法电路。若 K 或 u_{I2} 的极性发生变化，应按照引入负反馈的原则适当地改变电路的接法。

3. 开方运算电路

开方运算电路如图 6-18 所示，该电路可由除法运算电路改造而成，仅将图 6-17 的除法电路中的 u_{I2} 接至 u_O 端即可构成开方运算电路。本电路也必须工作在负反馈条件下，K 和 u_O 的符号相同才能保证电路的正常工作。

由模拟乘法器构成的除法电路运算公式可知：$u_O^2 = -\frac{R_2 u_{I1}}{K R_1}$

因此

$$|u_O| = \sqrt{-\frac{R_2 u_{I1}}{K R_1}}$$

综上所述，在 $u_{I1} > 0$，$K < 0$ 时输出电压的表达式为：

$$u_O = -\sqrt{-\frac{R_2 u_{I1}}{K R_1}} \tag{6-3-4}$$

而当 $u_{I1} < 0$，$K > 0$ 时输出电压的表达式则为：

$$u_O = \sqrt{-\frac{R_2 u_{I1}}{K R_1}} \tag{6-3-5}$$

由于模拟乘法器选定后 K 的极性即被唯一确定，所以开方运算电路的实际运算关系只能在式(6-3-4)或式(6-3-5)中选择其一。

按照平方根运算电路的构成思路，将两个模拟乘法器串联作为集成运放的反馈通路，就可以实现立方根的运算。但多个模拟乘法器串联实现高次根运算时，将产生较大的误差。为提高精度，可以通过模拟乘法器与集成对数运算电路和指数运算电路组合实现。

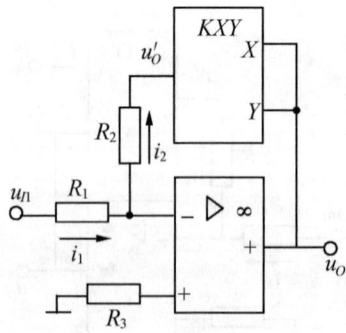

图 6-18 开方运算电路示意图

4. 压控增益电路

压控增益电路如图 6-19 所示，将模拟乘法器的两个输入端的输入信号分别设为 u_X 和一个直流控制电压 U_{YQ}，根据模拟乘法器的输出电压表达式则有：

$$u_O = K u_X u_Y = (K U_{YQ}) u_X \tag{6-3-6}$$

通过式(6-3-6)可知:改变直流电压 U_{YQ} 的大小,就可以调节该电路的增益。

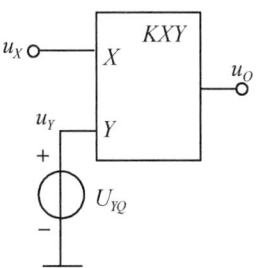

图 6-19 压控增益电路示意图

5. 倍频电路

对于图 6-16 所示的平方运算电路来说,当输入信号 $u_I=U_{im}\cos\omega t$ 时,该电路的输出电压为:

$$u_O=Ku_Xu_Y=Ku_I^2=K(U_{im}^2\cos^2\omega t)=\frac{1}{2}KU_{im}^2(1+2\cos 2\omega t) \quad (6-3-7)$$

此时乘法器输出电压含有直流成分 $\frac{1}{2}KU_{im}^2$ 和输入信号的二次谐波成分 $KU_{im}^2\cos 2\omega t$,只要在该电路的输出端接一隔直电容,就可得到二次谐波输出、实现二倍频功能。

7. 混频电路

对于图 6-14 所示的模拟乘法器电路来说,当输入信号 $u_X=U_{Xm}\cos\omega_X t$、$u_Y=U_{Ym}\cos\omega_Y t$ 时,该电路的输出电压为:

$$\begin{aligned}u_O &= Ku_Xu_Y=KU_{Xm}U_{Ym}\cos\omega_X t\cos\omega_Y t\\ &=\frac{1}{2}KU_{Xm}U_{Ym}[\cos(\omega_X+\omega_Y)t+\cos(\omega_X-\omega_Y)t]\end{aligned} \quad (6-3-8)$$

此时乘法器输出电压为两个输入信号的和频($\omega_X+\omega_Y$)及差频($\omega_X-\omega_Y$)信号,只要通过滤波器取出和频(或差频)信号、即可实现混频功能。

6.4 信号处理电路

在自动控制系统中,信号滤波和信号比较式是两种常见的信号处理情况。本节我们将讨论集成运放在电压比较器、有源滤波器这两种信号处理方面的应用。

6.4.1 有源滤波电路

1. 滤波电路及其种类

滤波器是一种选频网络,它对于所选定的频率范围内的信号衰减较小、能使其顺利通过;而对于频率超出此范围的信号则衰减较大、使其不易通过。滤波器在无线电通信、信号检测和自动控制中对信号处理、数据传输和干扰抑制方面都获得了广泛的应用。

根据滤波器能够通过或阻止的信号频率范围的不同,滤波器大致可分为低通、高通、带通和带阻四种不同类型,其理想的幅频特性如图 6-20 所示。这里我们将能够通过的信号频率范围定义为通带,把衰减或阻止通过的信号频率范围定义为阻带,通带和阻带的分界点频率 f_c 定义为截止频率。图 6-20 中、A_{up} 被称为通带电压增益,f_o 被称为中心频率,f_{cL} 和 f_{cM} 分别称为下限和上限截止频率。

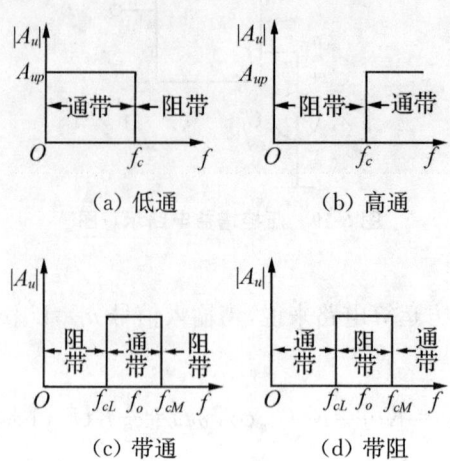

图 6-20 各种滤波器的理想幅频特性

仅由无源元件 R、C 构成的滤波器称为无源滤波器。无源滤波器与负载间没有隔离,当在输出端接上负载时,负载也将成为滤波器的一部分、无放大能力。因此、无源滤波电路对输入信号总是衰减的,其带负载能力较差。

由无源元件 R、C 和放大器构成的滤波器称为有源滤波器。放大器广泛采用带有深度负反馈的集成运算放大器。由于集成运算放大器具有高输入阻抗、低输出阻抗的特性,使滤波器输出和输入间有良好的隔离,便于级联,以构成滤波特性好或频率特性有特殊要求的滤波器。不过,由于集成运算放大器高频特性一般较差,上限频率一般不超过几千赫兹。所以,由集成运算放大器构成的有源滤波器在高频运用时将受到限制。

2. 低通滤波电路(LPF)简要分析

图 6-21 为同相/反相输入一阶低通有源滤波器,由无源一阶低通滤波器和同相/反相输入比例运算放大器组成。由于同相比例运算放大电路输入电阻极高,输入电流为零,所以下面我们以同相输入一阶低通滤波器为例讨论其频率特性。

因为:$A_u(j\omega) = \dfrac{\dot{U}_O}{\dot{U}_I} = \dfrac{\dot{U}_O}{\dot{U}_+} \cdot \dfrac{\dot{U}_+}{\dot{U}_I}$

其中 $\dfrac{\dot{U}_O}{\dot{U}_+} = 1 + \dfrac{R_F}{R_1} = A_{un}$ 为通频带放大倍数

$\dfrac{\dot{U}_+}{\dot{U}_I} = \dfrac{1}{1 + \dfrac{1}{j\omega C}} = \dfrac{1}{1 + \omega RC}$

设 $\omega_c = \dfrac{1}{RC}$ 称为截止角频率

则 $\dfrac{\dot{U}_1}{\dot{U}_I} = \dfrac{1}{1 + j\dfrac{\omega}{\omega_c}}$

得 $A_u(j\omega) = A_{un} \dfrac{1}{1+j\dfrac{\omega}{\omega_c}}$

所以、幅频特性为

$$|A_u(j\omega)| = A_{un} \dfrac{1}{\sqrt{1+\left(\dfrac{\omega}{\omega_C}\right)^2}} \qquad (6\text{-}4\text{-}1)$$

当 $\omega=0$ 时,$|A_u(j\omega)|=A_{un}$

当 $\omega=\omega_C$ 时,$|A_u(j\omega)|=\dfrac{A_{un}}{\sqrt{2}}$

当 $\omega=\infty$ 时,$|A_u(j\omega)|=0$

根据上述分析、可得出同相输入一阶低通滤波器的对数幅频特性曲线,如图 6-22 所示。可见:当信号的 ω 在 $0\sim\omega_C$ 频率段时,$u_o \approx u_i$,而当信号的 ω 大于 ω_C 时,特性曲线按照 $-20\,\text{dB}$/十倍频的斜率衰减,因此这类信号将被有效被阻止、其 $u_o \approx 0$

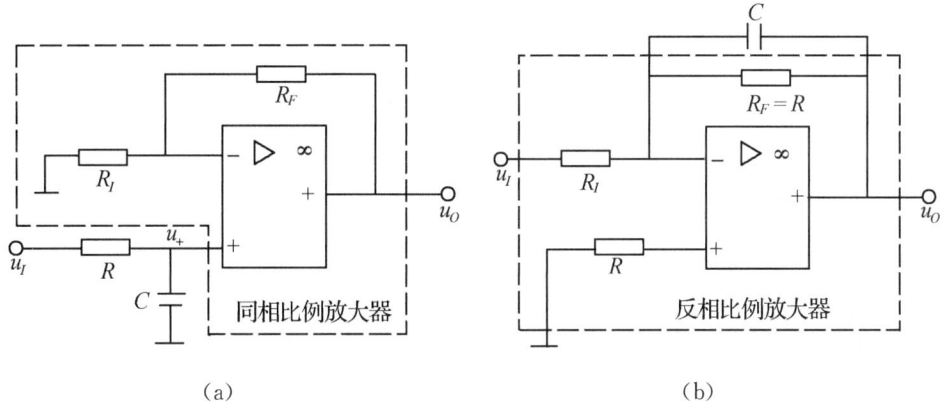

图 6-21 一阶低通滤波器示意图

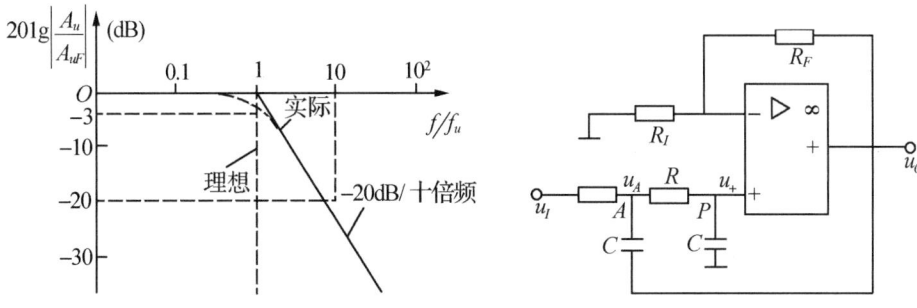

图 6-22 一阶低通滤波器对数幅频特性曲线   图 6-23 二阶低通滤波器示意图

通过上述分析也可以看出:一阶有源低通滤波器的幅频特性与理想特性相差较大,衰减速度为 $-20\,\text{dB}$/十倍频,滤波效果不够理想,采用二阶或高阶有源滤波器可明显改善滤波效果。二阶有源滤波器可以用两个一阶有源滤波器级联实现、也可以用二级 RC 低通电路串联后联入集成运算放大器实现,如图 6-23 所示。

3. 其他有源滤波电路简介

高通滤波器和低通滤波器一样,有一阶和高阶滤波器。将图 6-21 一阶低通滤波器中的

电阻 R 和电容 C 对调即成为一阶高通滤波器，其结构图和幅频特性分别如图 6-24 和图 6-25 所示。对高通滤波器而言，频率大于 ω_C 的信号可以通过，而小于 ω_C 的信号被阻止。

将低通滤波器和高通滤波器串联，并使低通滤波器的截止频率大于高通滤波器的截止频率，则构成有源带通滤波器。频率在通频带范围内的信号可以通过，通频带以外的信号被阻止。将低通滤波器和高通滤波器并联，并使高通滤波器的截止频率大于低通滤波器的截止频率，则构成有源带阻滤波器。一定频率范围内的信号被阻止而不能通过，其他频率的信号可以通过。对这些内容感兴趣的读者，可以参阅有关参考书籍。

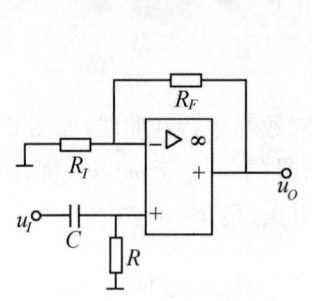

图 6-24　一阶高通滤波器

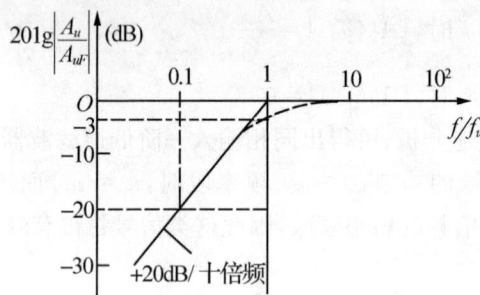

图 6-25　一阶高通滤波器对数幅频特性曲线

4. 有源滤波电路中阻容元件的选择

为确保有源滤波电路符合频率特性的要求，必需选择好合适的阻容元件。计算阻容元件参数的一般步骤和方法如下：

（1）按照特征频率 f_n 或中心频率 $f_o = \dfrac{1}{2\pi RC}$ 公式，首先在几百皮法～$1\ \mu F$ 范围内选取一个电容，再根据本公式选用一个千欧级的电阻、并确定该电阻的相近标称值。

（2）根据通带电压放大倍数 A_{un} 要求的已知条件，通过运放的同相和反相输入端的直流通路外接电阻平衡的要求，建立联立方程式求解其他阻值。

【例 6-3】已知一阶低通滤波器的电路如图 6-21(a)所示，且 $A_{un}=2$，$f_n=1\ kHz$，试确定该电路的电阻、电容值。

解：1. 已知 $f_n=1\ kHz$，先取 $C=0.01\ \mu F$，由 $f_n=\dfrac{1}{2\pi RC}$ 求取 R 值，因此

$$R=\frac{1}{2\pi f_n C}=\frac{1}{2\pi \times 1 \times 10^3 \times 0.01 \times 10^{-6}}=15.9\ k\Omega$$

取标称值 $R=16\ k\Omega$

2. 已知 $A_{un}=1+\dfrac{R_f}{R_1}=2$，根据运放的同相和反相输入端的直流通路外接电阻平衡的要求，即 $R_1 // R_f = R = 16\ k\Omega$。则可求得 $R_1 = R_f = 32\ k\Omega$

但标称值电阻无 $32\ k\Omega$，故 R_1、R_f 均采用二个电阻标称值为 $10\ k\Omega$ 和 $22\ k\Omega$ 的电阻串联来实现。

6.4.2　电压比较器

电压比较器要完成的功能是对两个模拟信号进行比较，然后按比较的结果去决定执行机构的动作。在电压比较器中，集成运放工作在传输特性的非线性区域，这时电路处于开环

或正反馈工作状态。本小节将着重讨论运放在这方面的应用。

1. 简单电压比较器的基本原理

简单电压比较电路如图 6-26(a)所示,该电路实现了输入信号电压 u_s 与基准电压 U_{REF} 进行比较的功能。现设运放的最大输出电压为 $U_{OM}=\pm 10$ V(由运放的电源电压决定),集成运放按理想条件考虑:在 $u_s \gg U_{REF}$ 时、$u_o=-U_{OM}$;在 $u_s \geqslant U_{REF}$ 时、$u_o=-U_{OM}$。据此、可得出该电路的电压传输特性如图 6-26(b)所示。如果不接基准电压、即 $U_{REF}=0$,则该电路被称为称为过零比较器。

由上述分析可知,电压比较器输出电压比翻转的临界条件是运放的两个输入端电位相等,即 $u_+ = u_-$。图 6-26 所示电路是 u_s 与 U_{REF} 比较,结果达到 $u_s = U_{REF}$ 时翻转。我们把比较器输出电压从一个电平跳变到另一电平时所对应的输入电压值称为阈值电压 U_{TH}。本电路的阈值电压 $U_{TH} = U_{REF}$,而且只有一个阈值电压. 因此也称单值电压比较器。在电压比较器电路中,阈值电压 U_{TH} 是分析输出电压翻转的关键参数。

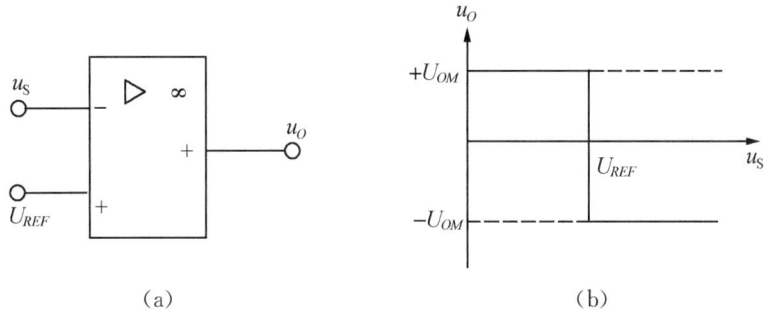

图 6-26 简单电压比较器

2. 具有限幅措施的电压比较器

由于电压比较器中的运放输入端可出现 u_+ 不等于 u_-,为了避免 u_s 过大损坏运放,除在输入回路串接电阻外,还应在运放的两个输入端并联二极管,如图 6-27 所示。当 u_s 过大使二极管导通后. 由于其导通压降较低,可有效地保护运放输入回路不被损坏。

另外,为了减小输出电压,以适应后级电路的需要,可在比较器的输出回路加限幅电路。图 6-27 中右边的电路就是利用稳压管的限幅电路,此时输出电压的最大值为 $U_{OM} \approx \pm U_Z$。

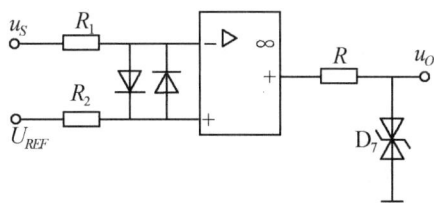

图 6-27 具有限幅环节的电压比较器

3. 滞回比较器

当集成运放的放大倍数不是很大时,前面介绍的单阈值电压电压比较器由一个输出状态向另一个输出状态的转换部分不够陡峭,不能很灵敏地判断输入电压和阈值电压的相对大小;此外、当输入电压叠加有干扰信号时,输出电压有可能在 $-U_{OM}$ 和 $+U_{OM}$ 之间跳动。因此、利用这种输出电压去控制电机,电机会出现频繁的启动、停止现象。这是绝对不能允许的,必须改善电压比较电路的性能。

滞回比较器如图 6-28 所示：图中输入信号 u_S 由反相端输入；R_2、R_3 既能构成电压串联正反馈加速输出高、低电平的转换，又能对 u_O 分压，为同相端提供两种基准电压。

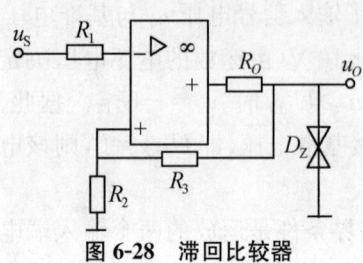

图 6-28　滞回比较器

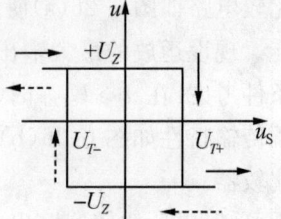

图 6-29　滞回比较器的电压传输特性

由图 6-28 可知：

$$U_+ = \frac{R_2}{R_2+R_3} u_O = \frac{R_2}{R_2+R_3}(\pm U_{om}) \tag{6-4-2}$$

在本电路中 $\pm U_{om} = \pm U_Z$，则当输出为 $+U_Z$ 时，$U_+ = \frac{R_2}{R_2+R_3} U_Z = U_{T+}$，称为上限阈值电压；当输出为 $-U_Z$ 时，$U_+ = -\frac{R_2}{R_2+R_3} U_Z = U_{T-}$，称为下限阈值电压。

设开始时 $u_O = +U_Z$，当 u_S 由负向正变化，且使 u_S 稍大于 U_{T+} 时，输出电压由 $+U_Z$ 跳变为 $-U_Z$，电路输出翻转一次；当 u_S 由正向负变化，回到 U_{T+} 时，由于此时阈值电压是 U_{T-}，电路输出并不翻转，只有在 u_S 稍小于 U_{T-} 时，输出电压由 $-U_Z$ 跳变为 $+U_Z$，电路输出才翻转一次。同理、u_S 再次由负向正变化回到 U_{T-} 时，电路输出也不翻转，只有在 u_S 稍大于 U_{T+} 时，输出电压由 $+U_Z$ 再次跳变为 $-U_Z$，电路输出又翻转一次。因此该电路具有回差特性，其电压传输特性如图 6-29 所示。

由于该电路存在正反馈，因而输出高、低电平的转换较快。

我们通常把两个阈值的差值称为回差电压，即

$$\Delta U_T = U_{T+} - U_{T-} \tag{6-4-3}$$

调节 R_2、R_3 的比值，可以改变回差电压的数值。随着回差电压的增大，抗干扰能力将增强，延时也会增加。在实际应用中，往往通过调整回差电压来改变电路的某些性能。

【例 6-4】　滞回比较器电路如图 6-28 所示，已知 $R_1 = R_2 = 10\ \text{k}\Omega$，$R_3 = 20\ \text{k}\Omega$，$\pm U_Z = \pm 6\ \text{V}$。

试求：该电路的回差电压，并画出电压传输特性。

解：回差电压：$\Delta U_T = U_{T+} - U_{T-} = \frac{10}{10+20} \times 6 - \frac{10}{10+20} \times (-6) = 4\ \text{V}$

根据滞回比较器的基本原理，画出该电路的电压传输特性，如图 6-30 所示。

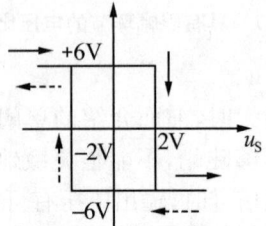

图 6-30　例 6-4 的电压传输特性

4. 电压比较器的简单应用

电压比较器主要用于波形变换、整形以及电平检测等方面,下面我们仅以电压比较器在波形变换中的应用为例进行说明。图 6-31(a)所示电路是一个过零比较器,其传输特性如图 6-31(b)所示;设输入信号 u_s 为正弦波,如图 6-31(c)所示;在 u_s 过零时,电压比较器的输出即跳变一次,故 u_o 为正、负相间的方波电压。

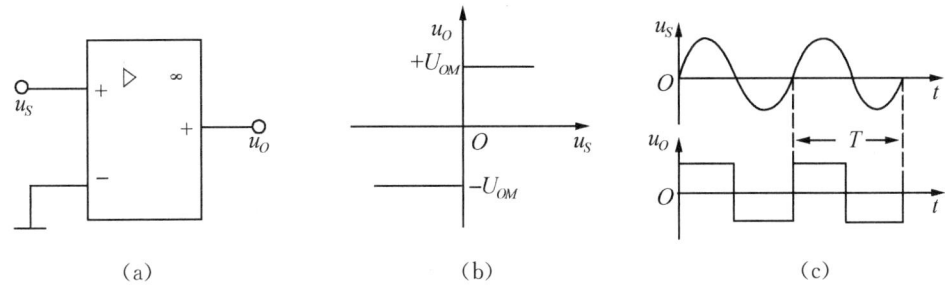

图 6-31 电压比较器在波形变换上的应用举例

实验项目五 集成运放放大电路的设计与测试

一、实验目的
1. 掌握以运算电路为主的集成运放应用电路的结构特点与功能分析方法。
2. 熟练电子电路的分析与设计方法,了解电子产品研制开发过程。
3. 进一步提高电子电路实验技能及仪器使用能力。

二、实验原理
集成运算放大器是一种集成化的半导体器件,它与外部元件可组成各种应用电路,广泛应用在信号的放大、运算、处理等各个方面。实现比例、加、减、积分、微分等信号运算功能是集成运放最典型、最基础的应用。

此外,集成运放与外部元件组成有源滤波电路和电压比较器电路实现集成运放在信号检测和处理方面的基本应用。

三、实验用仪器与设备
(1) 直流稳压电源
(2) 函数信号发生器
(3) 双踪示波器
(4) 交流毫伏表
(5) 数字万用表
(6) 模拟电路实验箱

四、实验方法与步骤
1. 设计集成运放应用电路,实现 $u_o = 0.5u_i$ 的运算关系。

2. 利用模拟电子实验箱获取+2 V的直流输入信号,测量输出信号、并与理论值进行比较。

3. 输入1 V,1000 Hz的正弦交流信号,测量输出信号的有效值,并用示波器观测输入、输出波形。

4. 在此基础上设计电路,实现正弦波转换为矩形波的转换,并用示波器观测输入、输出波形。

5. 在上面基础上设计电路,实现矩形波转换为三角波的转换,并用示波器观测输入、输出波形。

五、实验原始数据记录

1. 实验电路设计及元器件选择
2. +2 V直流输入信号的获取方法及输出结果记录

表 S5-1　直流输入信号的检测记录

输入测量值	输出理论值	输出测量值

3. 交流输入时的数据记录

表 S5-2　交流输入时的数据记录

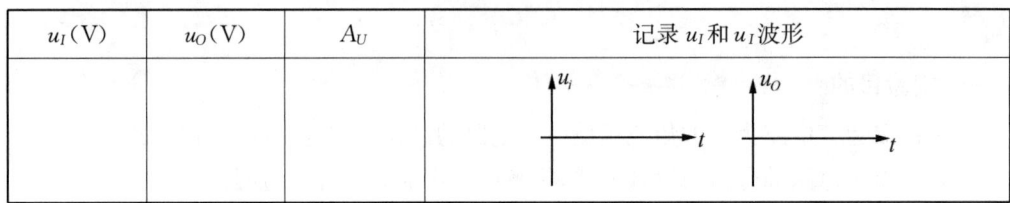

4. 5两项实验内容自己设计原始数据记录表格。

六、内容补充:基本运算电路的测试

(1) 反相求和电路

1) 按图 S5-1 连接实验电路,使 $V_{I1}=-2\text{ V}$(直流), $V_{I2}=-0.5\text{ V}$(直流)。测量 V_O,并与理论估算值比较。

若 V_{i2} 是 $f=500\text{ Hz}$,有效值为 0.5 V 的正弦信号,用示波器观察 V_O 波形(V_O 送示波器时用 DC 输入方式,预先调好扫描在荧光屏上的零位置)。记录输出波形。标明瞬时最大值和最小值。

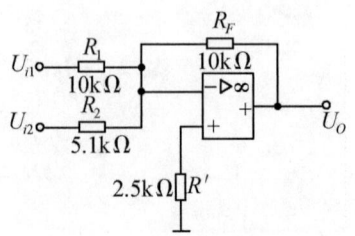 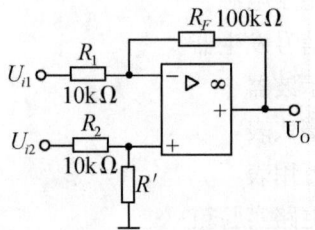

图 S5-1　反相求和电路　　　　图 S5-2　加减运算电路

(2) 加、减运算电路,电路如图 S5-2 所示

使 $V_{I1}=-+1\text{ V}$(直流),$V_{I2}=+0.5\text{ V}$(直流)。测量 V_O,与理论估算值比较。测量电路中的 V_+ 与 V_-。分析电路的工作原理。

(3) 积分电路,如图 S5-3 所示

1) 正弦波积分。输入信号为 $3V_{P-P}$,$f=160\text{ Hz}$ 的正弦波,用示波器双踪显示观察 V_i 与 V_o 的波形,测量它们的相位差。用 V_i 做触发信号,说明 V_o 是超前还是滞后。

在观察双踪波形时,将 V_i 的一个周期调成八格,即 45°/格。读出 V_i 与 V_o 波形的过零点之间相差的水平格数×45°/格,即得到相位差。

2) 方波积分。输入 250 Hz±1 V 的方波。用示波器双踪显示方式观察 V_i 与 V_o 的波形及其相位关系。

(4) 微分电路,电路如图 S5-4 所示。

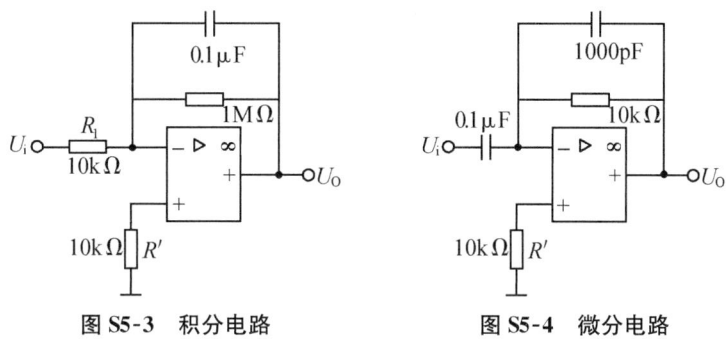

图 S5-3　积分电路　　　图 S5-4　微分电路

1) 输入 $3V_{P-P}$,$f=160\text{ Hz}$ 的正弦波。用示波器双踪观察 V_i 与 V_o 的波形。测量二者的相位差,用 V_i 做触发信号,说明 V_o 是超前还是滞后。改变 V_i 的频率,V_o 幅值是否有变化?

2) 输入三角波 $3V_{P-P}=\pm 3\text{ V}$,$f=250\text{ Hz}$。用示波器双踪观察 V_i 与 V_o 的波形。将 R 两端并联的 1000 pF 小电容摘开,V_o 会出现什么现象?若将 1000 pF 改为 2200 pF,V_o 波形又如何?请说明小电容的作用。

3) 输入方波:$3V_{P-P}=\pm 50\text{ mV}$,$f=250\text{ Hz}$,用示波器观察并记录 V_i 与 V_o 的波形,标明 V_o 的幅值。

本章习题

6-1　理想运算放大器有哪些特点?为什么分析运放应用电路时,通常将运算放大器看作理想运算放大器?

6-2　理想运放工作在线性区和非线性区时各有什么特点,什么是"虚短"、"虚断"、"虚地"?

6-3　在题 6-3 图所示的电路中,求下列情况下输出电压 u_o 与输入电压 u_i 的关系式。

(1) k_1 和 k_3 闭合,k_2 断开;　　(2) k_1 和 k_2 闭合,k_3 断开;

(3) k_1 和 k_3 断开,k_2 闭合;　　(4) k_1、k_2、k_3 都闭合;

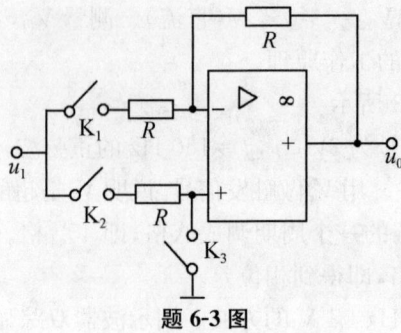

题 6-3 图

6-4 在题 6-4 图所示的两个电路中,试分别推导出输出电压 u_o 与输入电压 u_i 的关系式。

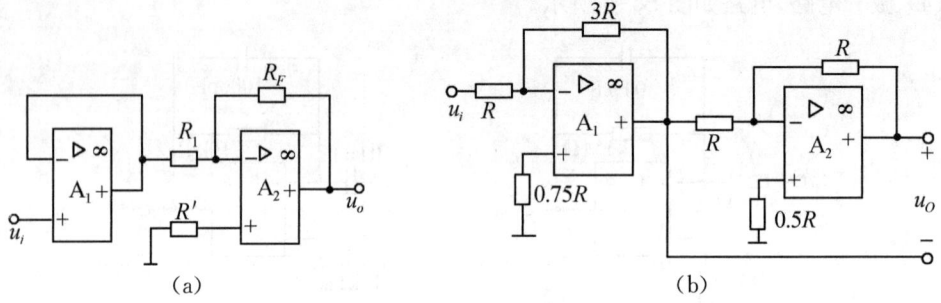

题 6-4 图

6-5 题 6-5 图所示电路,如果 $R_2=2R_1$,$R_3=5R_4$,$u_{i2}=4u_{i1}$,求电路输出电压 u_o。

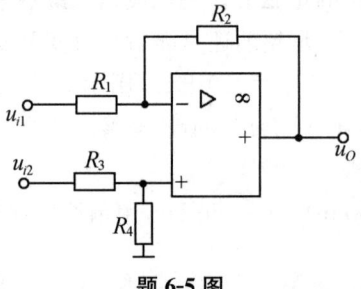

题 6-5 图

6-6 在题 6-6 图的所示的各电路中,电路参数已在图中表明,试确定各电路输出电压 u_o 的表达式。

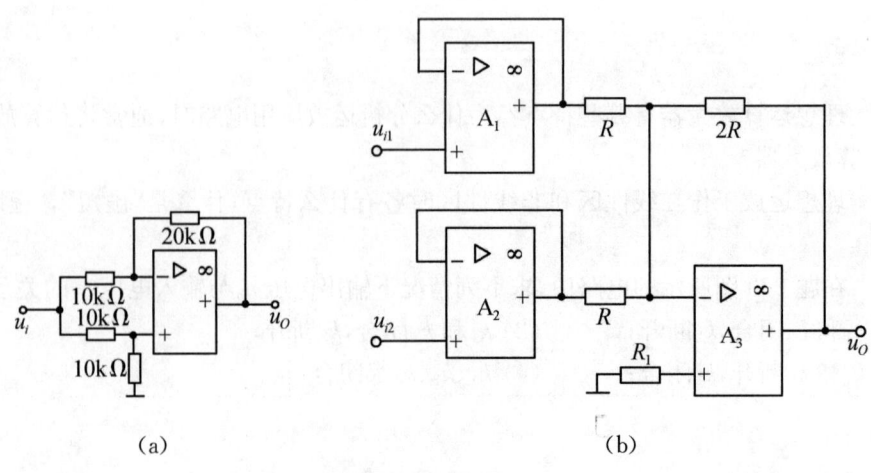

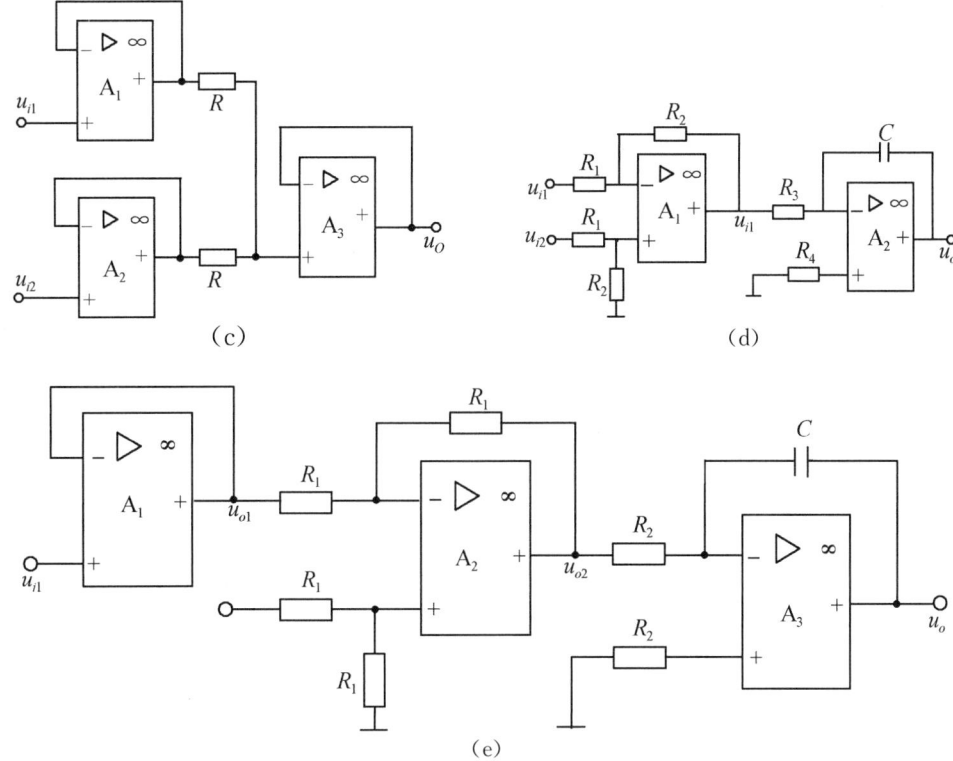

题 6-6 图

6-7 在题 6-7 图(a)所示的积分电路中,已知 $R_1 = 500\ \text{K}, C_F = 1\ \mu\text{F}$,该运放的最大输出电压为 $\pm 10\ \text{V}$,输入电压波形如题 6-7 图(b)所示,试画出输出电压 u_o 的波形。

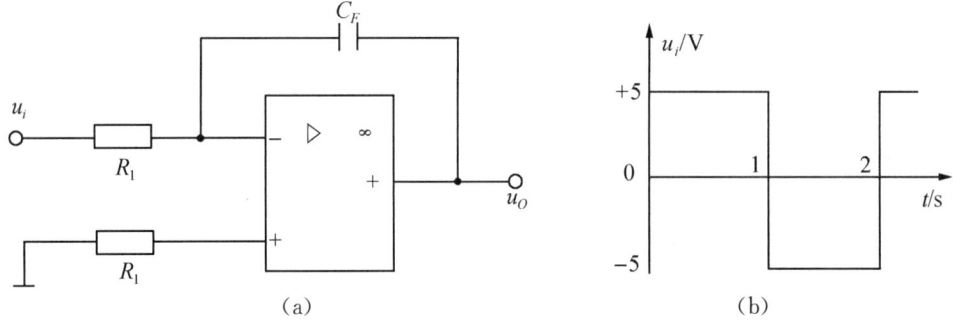

题 6-7 图

6-8 如题 6-8 图所示,已知 $u_{i2} < 0$,为使该图所示电路实现除法运算:

(1) 标出该运放的同相输入端和反相输入端;

(2) 求出电路输出电压 u_o 与 u_{i1}、u_{i2} 运算关系式。

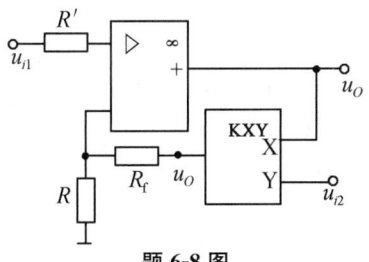

题 6-8 图

6-9 在下列情况下,应分别采取哪种类型(低通、高通、带通、带阻)的滤波电路。
(1) 抑制 50 Hz 交流电源的干扰;
(2) 处理具有 1 Hz 固定频率的有用信号;
(3) 从输入信号中取出低于 2 kHz 的信号;
(4) 抑制频率为 100 kHz 以上的高频干扰。

6-10 已知一阶低通滤波器的电路如题 6-10 图所示,已知 $R_1=10\text{ k}\Omega, R_f=1000\text{ k}\Omega, R=10\text{ k}\Omega$,通带截止频率 $f_c=50\text{ Hz}$,试确定该电路的滤波电容值和通带电压放大倍数 A_{un}。

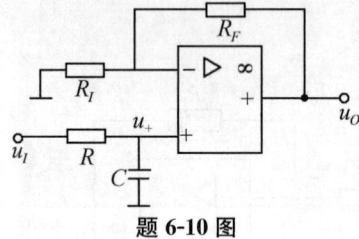

题 6-10 图

6-11 在题 6-11 图所示电压比较器电路中,已知运放的最大输出电压为 ±10 V,各稳压管的稳压值为 6 V,二极管的导通压降约为 0.7 V。试求:这些电路的电压传输特性曲线。

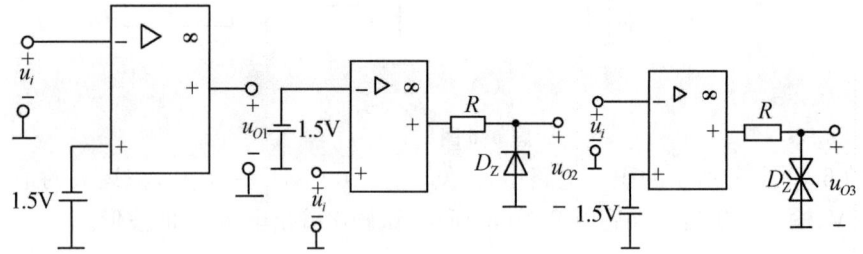

题 6-11 图

6-12 滞回比较器电路如题 6-12 图所示,已知 $R_1=5.1\text{ k}\Omega, R_2=10\text{ k}\Omega, R_3=10\text{ k}\Omega, R_0=1\text{ k}\Omega$,稳压管的稳压值 $U_Z=6\text{ V}$,基准电压源 $U_{REF}=2\text{ V}$。
(1) 计算阈值电压 U_{T+}、U_{T-} (2) 画出电压传输特性。

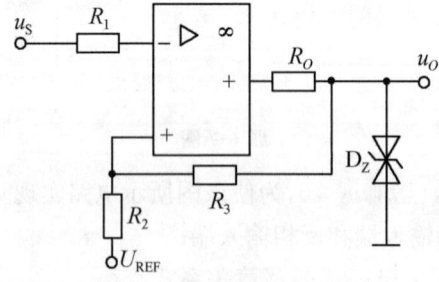

题 6-12 图

6-13 试设计一个运算电路,要求实现 $u_O=0.5u_I$ 的运算关系。

6-14 试从以下几个方面对有源滤波器和电压比较器进行比较:
(1) 电路中集成运放的工作区域(线性区,非线性区);
(2) 集成运放的作用(开关元件,放大元件);
(3) 电路中是否引入反馈以及反馈的极性(开环,负反馈,正反馈)。

第7章 信号发生器

本章导学

在模拟电子电路中,常常需要各种类型的信号作为测试信号或控制信号,产生这种信号的电路就是信号发生器。信号发生器有正弦波信号发生器和非正弦波信号发生器。它们不需要输入信号便能产生各种周期性的波形,如正弦波、矩形波和锯齿波等。本章以正弦波自激振荡的基本原理为起点,接着按照选频网络的特点分别讨论了 RC、LC 正弦波产生电路和石英晶体振荡电路。最后介绍了由运放构成的方波、三角波、锯齿波等非正弦波信号产生电路。通过本章对各种信号产生电路的学习应掌握这些电路的组成和工作原理,并会分析他们的振荡频率和输出幅度。

7.1 正弦波信号发生器

前面介绍的放大电路通常都是在输入端接上信号源的情况下才有信号输出。正弦波信号发生器是在没有外加输入信号的情况下,依靠电路自激振荡而产生正弦波信号输出的电路,因此也叫正弦波振荡电路或正弦波振荡器。

7.1.1 正弦波自激振荡的基本原理

1. 正弦波振荡电路的组成

正弦波振荡电路一般由放大电路、反馈网络、选频网络和稳幅电路四部分组成。

(1) 放大电路 放大电路是维持振荡器连续工作的主要环节,保证电路从起振过渡到动态平衡,使电路获得一定幅值的输出量,实现能量的控制。

(2) 反馈网络 引入正反馈,使放大电路的输入信号等于反馈信号。

(3) 选频网络 选频网络的主要作用是产生单一频率的振荡信号,一般情况下,这个频率就是振荡器的振荡频率。在很多振荡电路中,选频网络和反馈网络结合在一起。

(4) 稳幅电路 稳幅电路的主要作用是使振荡信号的幅值稳定,它是非线性环节。

2. 产生正弦波振荡的条件

正弦波振荡电路的方框图如图 7-1 所示,图中,$\dot{X}_i$ 为外输入信号,$\dot{X}_o$ 为输出信号,$\dot{X}_f$ 为反馈信号,$\dot{X}_{id}$ 为放大电路的输入信号,$\dot{A}$ 表示放大电路的放大倍数,引入正反馈的反馈网络的反馈系数为 $\dot{F}$。

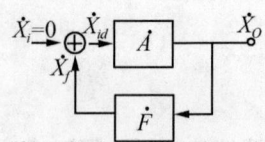

图 7-1　正弦波振荡电路的方框图

不难看出，$\dot{X}_o = \dot{A}\dot{X}_{id}$，$\dot{X}_f = \dot{F}\dot{X}_o$。因为振荡电路不需要外界输入信号，即 $\dot{X}_i = 0$，因此 $\dot{X}_f = \dot{X}_{id}$，所以

$$\dot{A}\dot{F} = 1 \tag{7-1-1}$$

我们将式(7-1-1)称为正弦波振荡的平衡条件。

(1) 幅值平衡条件

$$|\dot{A}\dot{F}| = 1 \tag{7-1-2}$$

幅值平衡条件是对放大电路和反馈网络在信号幅度方面的要求，表示振荡电路已经达到了稳幅振荡的状态。

(2) 相位平衡条件

应该引入正反馈，因此反馈信号和输入信号要同相，即放大电路的相移与反馈网络的相移之和

$$\varphi_A + \varphi_F = 2n\pi \;(n \text{ 为整数}) \tag{7-1-3}$$

实际上，为了能够自行起振，电路起始时要满足如下条件

$$|\dot{A}\dot{F}| > 1 \tag{7-1-4}$$

只有 $|\dot{A}\dot{F}| > 1$，电路在合闸后，信号的幅度才能由小变大；随着振幅的增大，由于电路中非线性元件的限制，$|\dot{A}\dot{F}|$ 值会逐渐减小，最后达到 $|\dot{A}\dot{F}| = 1$，电路就处于稳幅振荡状态，输出信号的幅值就稳定在某一值上。因此，式(7-1-4)又称作振荡电路的起振条件。

按选频网络的元件类型，把正弦波信号发生器分为：RC 正弦波信号发生器、LC 正弦波信号发生器和晶体振荡器。

7.1.2　RC 桥式正弦波信号发生器

RC 正弦波振荡器的振荡频率比较低，一般在零点几赫兹到数百千赫兹，用作低频正弦波信号源。常见的类型有移相式和桥式。我们在这里只介绍 RC 桥式正弦波信号发生器。

RC 桥式正弦波信号发生器如图 7-2 所示，由 RC 串并联选频网络和同相比例运算电路构成。引入负反馈的电阻 R_f、R_1 和 RC 串联臂、并联臂组成一个电桥的四个臂，因此又将这种电路称为文氏桥正弦波振荡电路。

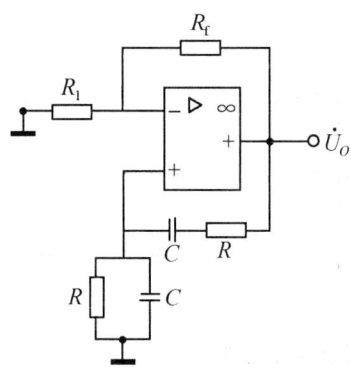
图 7-2 RC 桥式正弦波信号发生器

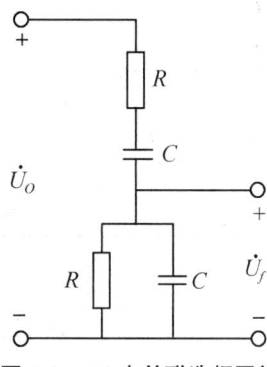
图 7-3 RC 串并联选频网络

1. RC 串并联选频网络

RC 串并联选频网络电路如图 7-3 所示。在 RC 振荡电路中，RC 串并联选频网络既是选频网络，又是正反馈网络，其输入为振荡电路的输出电压 $\dot{U}_o$，而其输出电压为反馈信号 $\dot{U}_f$，就是振荡电路的输入信号，$\dot{U}_+ = \dot{U}_f$。RC 串联臂的阻抗为 $Z_1 = R + \dfrac{1}{j\omega C}$，RC 并联臂的阻抗为 $Z_2 = R // \dfrac{1}{j\omega C}$，则选频网络的反馈系数

$$\dot{F} = \dfrac{\dot{U}_f}{\dot{U}_o} = \dfrac{Z_2}{Z_1 + Z_2} = \dfrac{R // \dfrac{1}{j\omega C}}{R + \dfrac{1}{j\omega C} + R // \dfrac{1}{j\omega C}} = \dfrac{1}{3 + j\left(\omega RC - \dfrac{1}{j\omega X}\right)}$$

令 $\omega_o = \dfrac{1}{RC}$，代入上式，则

$$\dot{F} = \dfrac{1}{3 + j\left(\dfrac{\omega}{\omega_o} - \dfrac{\omega_o}{\omega}\right)} \tag{7-1-5}$$

由式(7-1-5)可得 RC 串并联选频网络的幅频特性和相频特性。

幅频特性

$$|\dot{F}| = \dfrac{1}{\sqrt{3^2 + \left(\dfrac{\omega}{\omega_o} - \dfrac{\omega_o}{\omega}\right)^2}} \tag{7-1-6}$$

相频特性

$$\varphi_F = -\arctan\dfrac{1}{3}\left(\dfrac{\omega}{\omega_o} - \dfrac{\omega_o}{\omega}\right) \tag{7-1-7}$$

通过式(7-1-6)、(7-1-7)可画出 RC 串并联网络的反馈系数的频率特性如图 7-4；当 $\omega = \omega_o = \dfrac{1}{RC}$，即 $f = f_o = \dfrac{1}{2\pi RC}$ 时，RC 串并联网络的反馈系数最大，且其相位等于零，即

$$\left|\dot{F}\right|_{\max} = \left|\dfrac{\dot{U}_f}{\dot{U}_o}\right| = \dfrac{1}{3} \tag{7-1-8}$$

$$\varphi_F = 0 \tag{7-1-9}$$

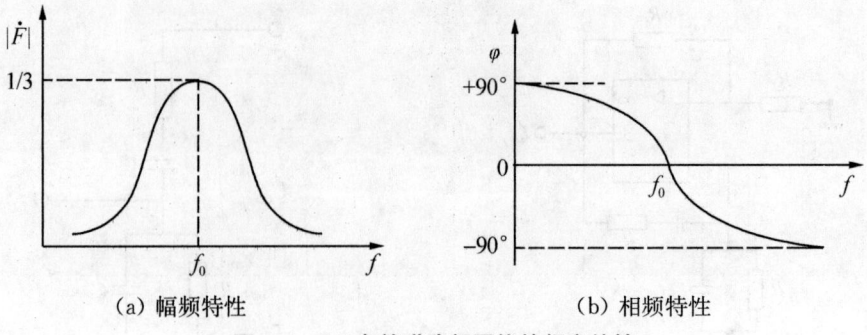

(a) 幅频特性　　　　　　　(b) 相频特性

图 7-4　RC 串并联选频网络的频率特性

2. RC 桥式正弦波信号发生器

(1) 相位平衡条件

RC 桥式正弦波信号发生器由 RC 串并联选频网络和同相比例运算电路构成。同相比例运算电路的输出电压与输入电压是同相,即 $\varphi_A=0$,因此,为了满足相位平衡条件,要求反馈网络的 $\varphi_F=0$。通过上面的选频网络的分析可知,RC 串并联选频网络即为反馈网络,且只有 $\omega=\omega_o=\dfrac{1}{RC}$,即 $f=f_o=\dfrac{1}{2\pi RC}$ 时,其相位等于零。可见,在该频率上电路满足相位平衡条件;同时说明该信号发生器的振荡频率为

$$f_o=\frac{1}{2\pi RC} \qquad (7\text{-}1\text{-}10)$$

(2) 起振条件

RC 串并联网络电路在 $f=f_o=\dfrac{1}{2\pi RC}$ 时反馈系数最大,且等于 $\dfrac{1}{3}$。为了满足起振条件,$|\dot{A}\dot{F}|>1$,因此 $|\dot{A}|>3$。而放大环节为同相比例运算电路,其电压放大倍数为 $\dot{A}_u=\dfrac{\dot{U}_o}{\dot{U}_f}=1+\dfrac{R_f}{R_1}$,为了使 $|\dot{A}|=\dot{A}_u>3$,负反馈支路中的两个电阻之间应满足如下的关系,即

$$R_f \geqslant 2R_1 \qquad (7\text{-}1\text{-}11)$$

RC 桥式正弦波信号发生器以 R 串并联网络为选频网络和正反馈网络,放大环节中引入了电压串联负反馈,具有振荡频率稳定、带负载能力强、输出失真小等优点。但是只适用于低振荡频率的信号的产生,如果要求振荡频率较高时,应采用 LC 振荡电路。

7-1-3　LC 正弦波信号发生器

LC 正弦波信号发生器是由 LC 并联回路作为选频网络的振荡电路,能产生几十兆赫以上的正弦波信号。根据引入反馈的网络不同,LC 正弦波信号发生器分为变压器反馈式、电感三点式和电容三点式。

1. LC 并联谐振回路的频率特性

LC 并联谐振回路如图 7-5 所示,其中 R 表示回路各种等效损耗电阻。

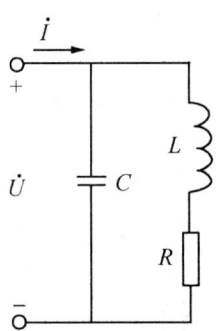

图 7-5　LC 并联谐振回路

LC 并联谐振回路的等效阻抗为

$$Z = \frac{1}{j\omega C} // (R + j\omega L) = \frac{\frac{1}{j\omega C}(R + j\omega L)}{\frac{1}{j\omega C} + R + j\omega L}$$

通常，$R \ll \omega L$，所以

$$Z = \frac{\frac{L}{C}}{R + j\left(\omega L - \frac{1}{\omega C}\right)} \tag{7-1-12}$$

所以，回路的谐振频率为

$$\omega_o = \frac{1}{\sqrt{LC}} \text{ 或 } f_o = \frac{1}{2\pi \sqrt{LC}} \tag{7-1-13}$$

谐振时，回路的等效阻抗最大，且为纯电阻，即

$$Z_o = \frac{1}{RC} = Q\omega_o L = \frac{Q}{\omega_o C} \tag{7-1-14}$$

式中，$Q = \omega_o \frac{L}{R} = \frac{1}{\omega_o CR} = \frac{1}{R}\sqrt{\frac{L}{C}}$ 称为回路品质因数，其值一般在几十至几百范围内，Q 值愈大，幅频特性曲线愈陡峭，选频特性就愈好。LC 并联谐振回路的频率特性如图 7-6 所示。

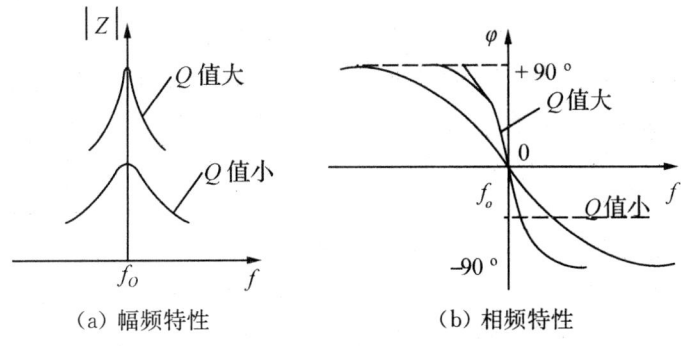

(a) 幅频特性　　(b) 相频特性

图 7-6　LC 并联谐振回路的频率特性

2. 变压器反馈式振荡电路

(1) 电路组成

变压器反馈式振荡电路如图 7-7 所示,它是由放大电路、变压器反馈电路和 LC 选频电路三部分组成。图中,三个线圈作变压器耦合,线圈 L_1 与电容 C 成选频网络,构成放大电路的集电极负载;L_2 是反馈线圈,线圈 L_3 与负载相连。组成电路时要注意线圈的同名端。

(2) 相位平衡条件

放大电路采用的是典型的分压式工作点稳定电路,而 LC 并联谐振回路在其谐振频率上阻抗最大,且是纯电阻,因此,在此谐振频率上,三极管的集电极和基极电压极性相反。根据同名端的规定,L_3 引入的反馈电压极性也为正。可见,反馈网络引入了正反馈,满足相位平衡条件。

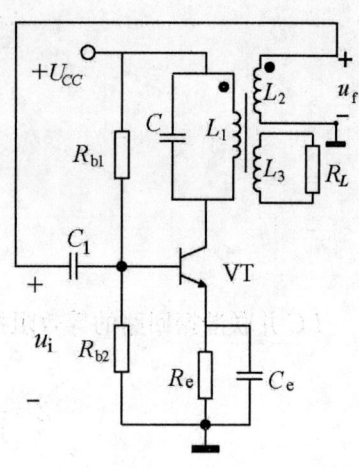

图 7-7 变压器反馈式振荡电路

(3) 振荡频率和起振条件

从相位平衡条件的分析过程可以知道,电路在 L_1C 并联谐振回路的谐振频率上才满足相位平衡条件,因此,振荡器的振荡频率必是 L_1C 并联谐振回路的谐振频率,即

$$f_o \approx \frac{1}{2\pi\sqrt{L_1C}} \tag{7-1-15}$$

理论分析可得到该电路的起振条件为

$$B > \frac{RCr_{be}}{M} \tag{7-1-16}$$

式中,M 为 L_1 和 L_2 两个绕组之间的等效互感,R 为回路各种等效损耗电阻。

变压器反馈式振荡电路易于起振,改变电容的大小方便地调节振荡频率,因此它的应用范围比较广泛。其缺点是损耗比较大,振荡频率不宜太高。

3. 电感三点式振荡电路

(1) 电路组成

电感三点式振荡电路如图 7-8 所示。电路中,电容 C_1 为耦合电容,C_e 为旁路电容,都采用足够大的大电容,对交流可视为短路。因此,对交流信号而言,电感的三个端子分别与三极管的三个极连接,故称为电感三点式。L_1 和 L_2 自耦变压器,与电容 C 并联,构成谐振回路,作为选频网络,连接到三极管的集电极上。

(2) 相位平衡条件

放大电路采用的仍是典型的分压式工作点稳定电路,在 L_1、L_2、C 并联谐振回路的谐振频率上,三极管的集电极和基极电压极性相反。而自耦变压器的中间抽头交流接地,线圈两端电压极性相反,故经 L_2 引入的反馈电压 u_f 极性与输入 u_i 极性相同,所以,满足相位平衡条件。

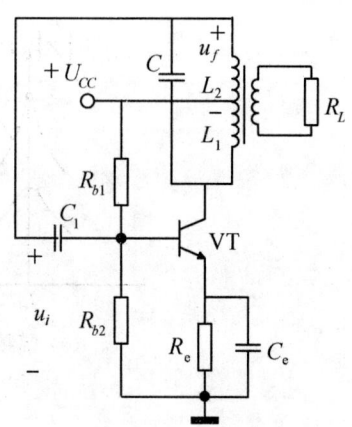

图 7-8 电感三点式振荡电路

(3) 振荡频率

从相位平衡条件的分析过程可以知道,电路在 L_1、L_2、C 并联谐振回路的谐振频率上才满足相位平衡条件,因此,振荡器的振荡频率必是该谐振回路的谐振频率,

$$f_o = \frac{1}{2\pi\sqrt{LC}} = \frac{1}{2\pi\sqrt{(L_1+L_2+2M)C}} \tag{7-1-17}$$

其中,M 是电感 L_1 和 L_2 的互感系数。

电感三点式振荡电路具有电路简单,易于起振,调节振荡频率方便,当采用可变电容时,可获得一个较宽的频率范围。其缺点是输出波形中含有较多的高次谐波,所以常用于对波形要求不高的设备中。

3. 电容三点式振荡电路

(1) 电路组成

电容三点式振荡电路如图 7-9 所示。电路中,电容 C_3 为耦合电容,C_e 为旁路电容,都采用足够大的大电容,对交流可视为短路。因此,对交流信号而言,电容的三个端分别连接在三极管的三个极上,故称为电容三点式。选频网络由电容 C_1 和 C_2,并与电感 L 并联构成;反馈元件由 C_2 担当。

(2) 相位平衡条件

在 C_1、C_2、L 并联谐振回路的谐振频率上,三极管的集电极和基极电压极性相反。电感线圈两端电压极性相反,故电容 C_2 的下端电压极性与三极管的基极电压相同,所以,满足相位平衡条件。

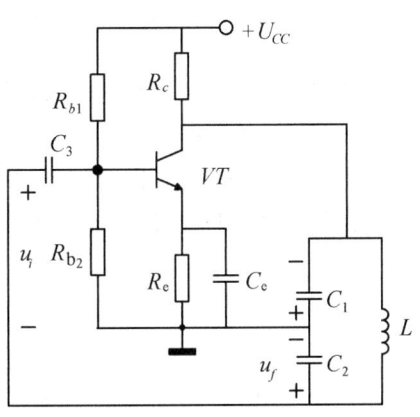

图 7-9 电容三点式振荡电路

(3) 振荡频率和起振条件

与上述电路一样,电路只有在 C_1、C_2、L 并联谐振回路的谐振频率上才满足相位平衡条件,因此,振荡器的振荡频率必是该谐振回路的谐振频率,

$$f_o = \frac{1}{2\pi\sqrt{LC}} = \frac{1}{2\pi\sqrt{L\frac{C_1 C_2}{C_1+C_2}}} \tag{7-1-18}$$

在三极管的电流放大系数和电路的其他参数配合得当的话,很容易满足幅度配合条件和起振条件。

与电感三点式振荡器相比较,电容三点式振荡器的反馈电压取自电容,而电容对于高次谐波的阻抗很小,因此,输出波形中高次谐波成分很小,所以输出波形比较好。一般,电容三点式振荡器的振荡频率较高,可以达到 100 MHz 以上。但是,该电路频率调节不方便,不能实现频率的连续调节。

7.1.4 晶体振荡器

石英晶体是一种各向异性结晶体,具有非常稳定的固有频率。对于振荡频率的稳定性要求的电路,应选择石英晶体作选频网络。

1. 石英晶体谐振器

石英晶体的化学成分是二氧化硅,从一块晶体上按一定的方位角切下的薄片称为晶片,

在晶片的两个面上镀上银层作为电极,就成了石英晶体振荡器。通常称为石英晶振。

(1) 压电效应与压电谐振

石英晶体在两侧加交变电场时,产生一定频率的机械变形,而这种机械运动又会产生交变电场,这种物理现象称为压电效应。一般情形下,压电效应的幅度非常小。但是,当交变电场的频率与晶片的固有频率相等时,振幅陡然增大,产生共振,这种现象我们称为压电谐振。晶片的固有频率称为谐振频率,它取决于晶片形状和切片方向,具有很高的稳定性。

(2) 石英晶体的等效电路

石英晶体的符号和等效电路如图 7-10 所示。晶片不振动时,等效于一平行板电容 C_0,称为静态电容,其值决定于晶片的几何尺寸。晶片振动时的等效电感、等效电容和等效电阻分别用 L、C 和 R 来表示,它们与晶片的切割方向、形状和几何尺寸有关。晶片的等效电感很大,等效电容和等效电阻都很小,因此回路的品质因数 Q 很大,约为 $^4 \sim 10^6$,所以,利用石英晶体组成振荡电路,可获得很高的频率稳定性。

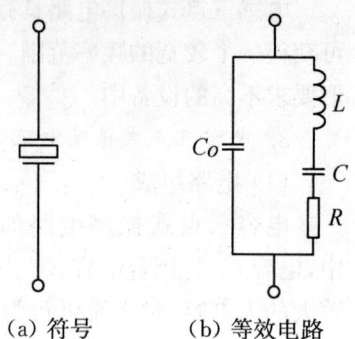

(a) 符号　　(b) 等效电路

图 7-10　石英晶体的符号和等效电路

(3) 石英晶体的谐振频率

由石英晶体的等效电路可以看出,它有两个谐振频率,即串联谐振频率 f_s 和并联谐振频率 f_p。

$$f_s = \frac{1}{2\pi\sqrt{LC}} \tag{7-1-19}$$

$$f_p = \frac{1}{2\pi\sqrt{LC}} = \frac{1}{2\pi\sqrt{L\dfrac{CC_o}{C+C_o}}} = f_s\sqrt{1+\frac{C}{C_o}} \tag{7-1-20}$$

通常 $C_o \gg C$,所以两个谐振频率非常接近,并联谐振频率 f_p 稍大于串联谐振频率 f_s。石英晶体的电抗频率特性如图 7-11 所示。在频率很低时,两个支路的容抗起主要作用,电路呈容抗性;在 $f_s < f < f_p$ 的情况下,电路呈感性;当 $f > f_p$ 时,C_o 起主要作用,电路又呈容抗性。因此,在晶体振荡器中,常把石英晶体当作一个电感器件,由于品质因数 Q 高,振荡器的频率稳定性也很高。

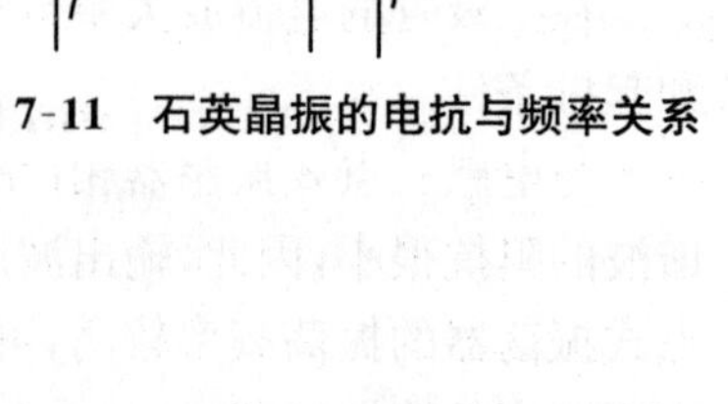

2. 晶体振荡器

石英晶体振荡器有两类,并联型晶体振荡器和串联型晶体振荡器。

(1) 并联型晶体振荡器

石英晶体在频率为 $f_s < f < f_p$ 的情况下,电路呈感性,所以用石英晶体来代替电容三点式振荡电路中的电感,即可得到并联型晶体振荡器,如图 7-12 所示。图中电容 C_1 和 C_2 与石英晶体中的 C_o 并联,等效电容远大于石英晶体的 C,所以电路的振荡频率接近于并联谐振频率 f_p。

图 7-11　石英晶振的电抗与频率关系

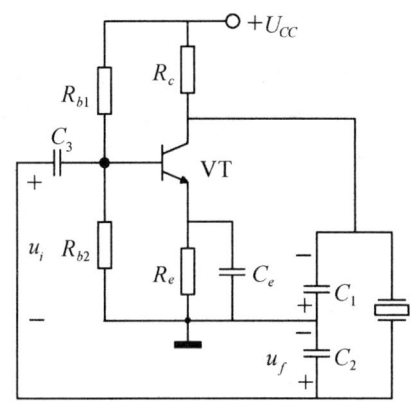
图 7-12 并联型晶体振荡器图

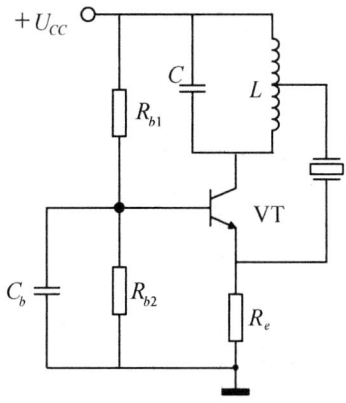
7-13 串联型晶体振荡器

(2) 串联型晶体振荡器

图 7-13 所示为串联型晶体振荡器，它是共基连接的电感三点式振荡器。通过石英晶体将反馈信号回授至三极管的发射极，石英晶体作为反馈通路。当振荡频率等于石英晶体的串联谐振频率 f_s 时，阻抗呈最小电阻，反馈量最大，且相移为零。故只有在该频率上，才满足相位平衡条件。

7.2 非正弦波信号发生器

在实用电路中，除了正弦波信号以外，我们还常常用到各种类型的非正弦波信号。本节主要介绍矩形波发生器、三角波发生器和锯齿波发生器。

7.2.1 矩形波发生器

矩形波发生器是一种能够直接产生矩形波的非正弦信号发生电路。由于矩形波包含极丰富的谐波，因此，这种电路又称为多谐振荡器。矩形波发生器是其它非正弦波发生器的基础。

1. 电路组成

矩形波发生器如图 7-14 所示。该电路由滞回比较器和 RC 充放电回路组成。RC 回路是延迟环节，同时将输出电压反馈到集成运放的反向输入端；利用电阻 R_3 的限流作用和稳压管 VZ 的限幅作用，将电路的输出限制在稳压管的稳压值 $\pm U_Z$。

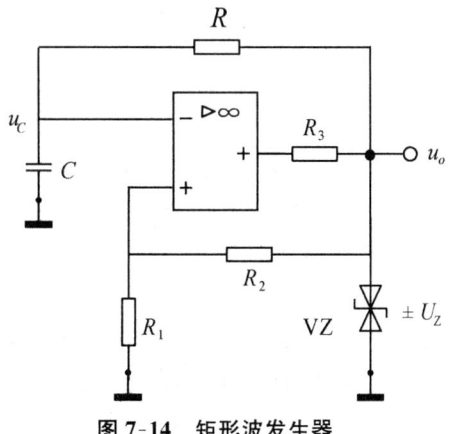
图 7-14 矩形波发生器

2. 工作原理

设某一时刻的输出电压是 $u_o = +U_Z$，则集成运

放的同相输入端电位为

$$u_p = +U_T = +\frac{R_1}{R_1+R_2}U_Z$$

此时，u_o 通过 R 对电容 C 充电，因此，集成运放反向输入端电位 u_N，也是电容两端电压 u_C 随时间 t 的增长而逐渐升高，直到 $u_C = u_N = +U_T$。此时，电容上的电压再略有增加，滞回比较器的输出 u_o 将发生跃变，由高电平跃变为低电平，即 $u_o = -U_Z$，同时，集成运放的同相输入端电位也立即变为

$$u_p = -U_T = -\frac{R_1}{R_1+R_2}U_Z$$

这时，电容两端电压 u_C 高于输出电压 $u_o = -U_Z$。随后，电容 C 经过 R 放电，因此，集成运放反向输入端电位 u_N，也是电容两端电压 u_C 随时间 t 的增长而逐渐降低，直到 $u_C = u_N = -U_T$。此时，电容上的电压再略有下降，滞回比较器的输出 u_o 将发生跃变，由低电平跃变为高电平，即 $u_o = +U_Z$。

上述过程周而复始，电容反复进行充电和放电，滞回比较器的输出反复在高电平和低电平之间跃变，于是发生了自激振荡，产生如图 7-15 所示的矩形波。

3. 振荡周期

通过电路原理的分析可以看出，电容充电和放电的时间相等，时间常数均为 $\tau = RC$，所以输出电压在高电平和低电平维持的时间一致，u_o 为对称的方波。理论分析可以求出矩形波发生器的振荡周期为

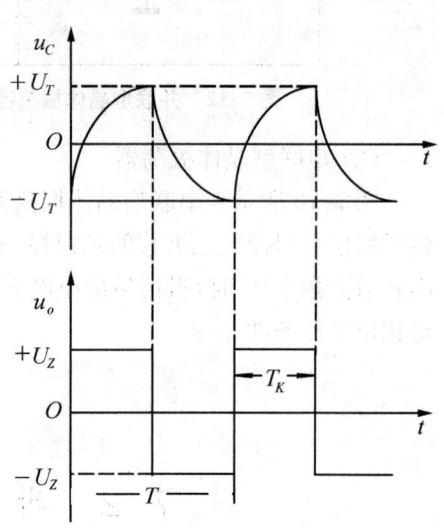

图 7-15 矩形波发生器的波形图

$$T = 2\tau \ln\left(1+\frac{2R_1}{R_2}\right) = 2RC\ln\left(1+\frac{2R_1}{R_2}\right) \tag{7-2-1}$$

调整滞回比较器的电路参数 R_1、R_2 和 U_Z 可以改变信号发生器的振荡波形的振幅；调整 R_1、R_2、R 和 C 的值可以改变电路的振荡周期即振荡频率。

我们将矩形波的宽度 T_K 与周期 T 的比值称为占空比。图 7-14 电路中，由于电容的充电时间常数和放电时间常数相等，该电路的占空比为 50%，且是不可调的。如果要得到占空比可调的振荡电路，只需改变 RC 充放电回路，使电容的充电时间常数与放电时间常数不一致即可。

如图 7-16 所示电路是占空比可调的矩形波发生器。利用二极管的单向导电性可以引导电流流经不同的通路，图中，改变电位器的滑动端可以改变充电、放电时间常数。

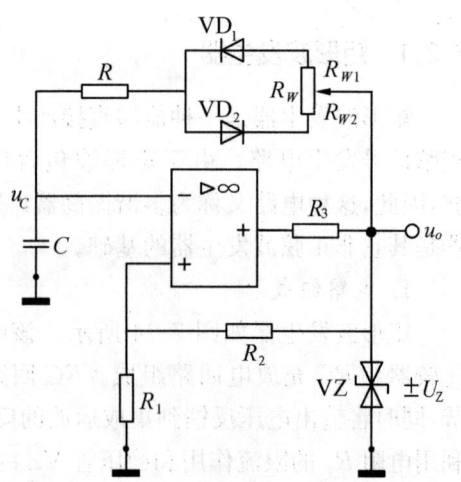

图 7-16 占空比可调的矩形波发生器的波形图

当输出电压 $u_o=+U_Z$ 时,u_o 通过电阻 R_{W1}、二极管 VD_1 和 R 对电容 C 充电,充电时间常数为

$$\tau_1=(R_{W1}+R)C \qquad (7\text{-}2\text{-}2)$$

当输出电压 $u_o=-U_Z$ 时,电容 C 上的电压 u_C 通过电阻 R、二极管 VD_2 和电阻 R_{W2} 放电,放电时间常数为

$$\tau_2=(R_{W2}+R)C \qquad (7\text{-}2\text{-}3)$$

因此,电路输出高电平的时间为

$$T_1=\tau_1\ln\left(1+\frac{2R_1}{R_2}\right)=(R+R_{W1})C\ln\left(1+\frac{2R_1}{R_2}\right) \qquad (7\text{-}2\text{-}4)$$

电路输出低电平的时间为

$$T_2=\tau_2\ln\left(1+\frac{2R_1}{R_2}\right)=(R+R_{W2})C\ln\left(1+\frac{2R_1}{R_2}\right) \qquad (7\text{-}2\text{-}5)$$

所以,振荡周期为

$$T=T_1+T_2=(2R+R_W)C\ln\left(1+\frac{2R_1}{R_2}\right) \qquad (7\text{-}2\text{-}6)$$

7.2.2 三角波和锯齿波发生器

如果将方波信号作为积分运算电路的输入,那么在积分运算电路的输出可得到三角波信号;将占空比远小于50%的矩形波作为积分运算电路的输入,那么在积分运算电路的输出端可得到锯齿波信号。所以,理论上可以用波形变换的手段获得三角波和锯齿波。下面我们要介绍的是实用电路中经常采用的三角波发生器和锯齿波发生器。

1. 三角波发生器

(1) 电路组成

三角波发生器如图 7-17 所示,由以集成运放 A_1 为中心的滞回比较器和以集成运放 A_2 为中心的积分运算电路组成。滞回比较器的输出作为积分运算电路的输入;而积分运算电路的输出信号又连接到滞回比较器的同相输入端上。

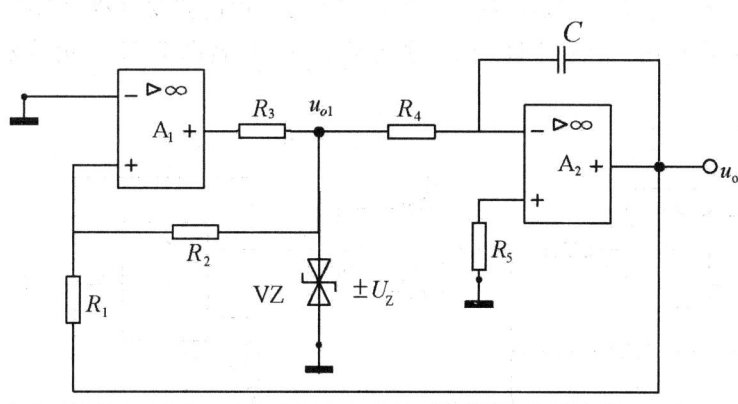

7-17 三角波发生器

(2) 工作原理

图中,滞回比较器的输出电压为 $u_{o1}=\pm U_Z$,而其输入电压是积分运算电路的输出电压

u_o,根据叠加原理,集成运放 A_1 同相输入端的电位为

$$u_{p1}=\frac{R_2}{R_1+R_2}u_o+\frac{R_1}{R_1+R_2}u_{o1}=\frac{R_2}{R_1+R_2}u_o\pm\frac{R_1}{R_1+R_2}U_Z$$

令 $u_{p1}=u_{N1}=0$,则比较器的门限电压为

$$\pm U_T=\pm\frac{R_1}{R_2}U_Z \qquad (7\text{-}2\text{-}7)$$

当 $u_{o1}=+U_Z$ 时,积分电路反向积分,输出电压 u_o 随着时间的增长线性下降,一旦 $u_o=-U_T$,则此时输出电压略有下降,比较器的输出电压 u_{o1} 将会从 $+U_Z$ 跃变为 $-U_Z$,即 $u_{o1}=-U_Z$。当 $u_{o1}=-U_Z$ 时,积分电路正向积分,输出电压 u_o 随着时间的增长线性增加,一旦 $u_o=+U_T$,则此时输出电压略有增加,比较器的输出电压 u_{o1} 将会从 $-U_Z$ 跃变为 $+U_Z$,即 $u_{o1}=+U_Z$,电路回到原来的状态,积分电路又开始反向积分。如此循环往复,就可以得到三角波信号。积分电路和滞回比较器的输出电压波形如图 7-18 所示。

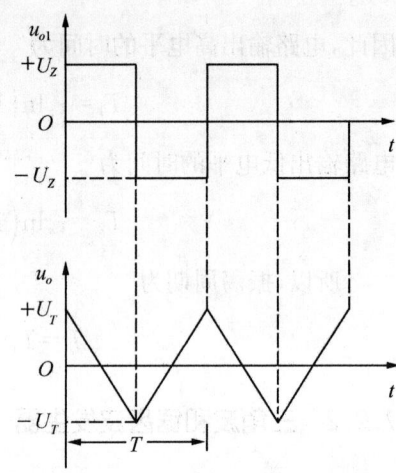

图 7-18 三角波发生器的波形图

(3) 振荡频率

可以证明,上面所述的三角波信号的周期为

$$T=\frac{4R_1R_4C}{R_2} \qquad (7\text{-}2\text{-}8)$$

振荡频率为

$$f=\frac{R_2}{4R_1R_4C} \qquad (7\text{-}2\text{-}9)$$

2. 锯齿波发生器

(1) 电路组成

在三角波发生器中,如果改变积分运算电路的正向积分和反向积分的时间常数,令其两者相差悬殊,即可在积分电路的输出端得到锯齿波信号。锯齿波发生器如图 7-19 所示。为了改变积分常数,我们用二极管 VD_1、VD_2 和电位器 R_W 代替图 7-17 三角波发生器中的积分电阻 R_4。

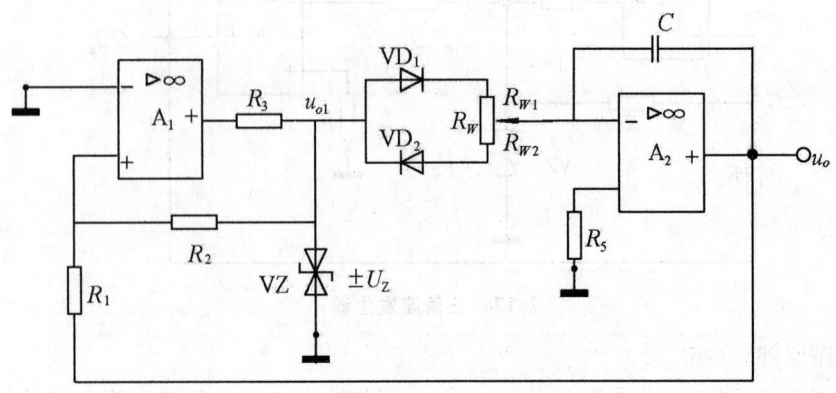

图 7-19 锯齿波发生器

（2）工作原理

二极管具有单向导电性,因此,当 $u_{o1}=+U_Z$ 时,u_{o1} 通过二极管 VD_1、电阻 R_{w1}、对电容 C 充电,进行反向积分;而当 $u_{o1}=-U_Z$ 时,电容 C 上的电压通过电阻 R_{w2} 和二极管 VD_2 放电,进行正向积分。调节电位器 R_w,使 $R_{w1} \ll R_{w2}$,则电容的充电时间常数将比放电时间常数小得多,于是充电很快,放电过程很慢,此时积分电路的输出端即可得到锯齿波信号,波形如图 7-20 所示。

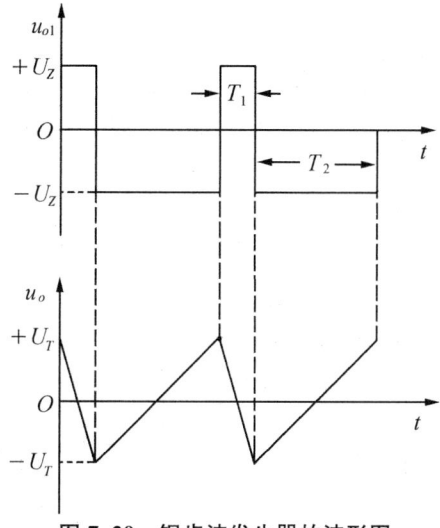

图 7-20 锯齿波发生器的波形图

（3）振荡周期

如果忽略二极管的导通电阻,可以证明,电容的充电时间为

$$T_1 = \frac{2R_1 R_{w1} C}{R_2} \tag{7-2-10}$$

放电时间为

$$T_2 = \frac{2R_1 R_{w2} C}{R_2} \tag{7-2-11}$$

所以锯齿波的振荡周期为

$$T = T_1 + T_2 = \frac{2R_1 R_w C}{R_2} \tag{7-2-12}$$

振荡频率为

$$f = \frac{R_2}{4R_1 R_4 C} \tag{7-2-13}$$

本章习题

7-1 正弦波振荡器由哪几部分组成?各部分的作用是什么?

7-2 如何理解正弦波振荡器的平衡条件?

7-3 正弦波振荡器的振荡频率和电路的哪些常数有关?

7-4 非正弦波振荡器主要有哪几部分组成？

7-5 晶体振荡器由哪些类型？

7-6 正弦波振荡器如题 7-6 图所示，$R=16\ \text{k}\Omega$，$C=0.01\ \mu\text{F}$，集成运放为理想运放：

(1) 请画出集成运放的同相输入端"+"和反相输入端"−"；

(2) 若电路起振，估算振荡频率 f_o。

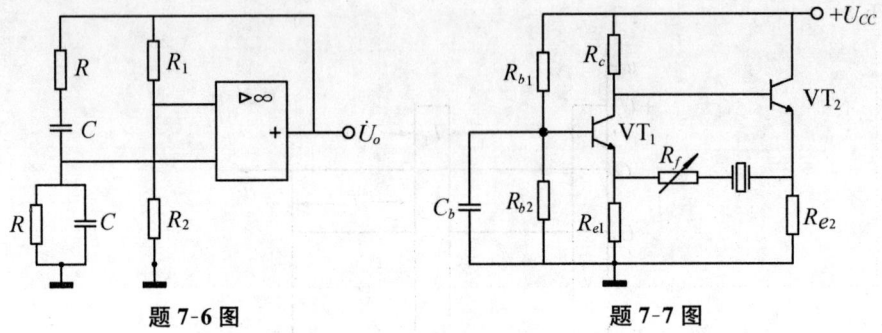

题 7-6 图   题 7-7 图

7-7 试判断题 7-7 图所示电路是否为正弦波信号发生器。

7-8 试判断题 7-8 图中的各电路是否能满足正弦波振荡的相位平衡条件。

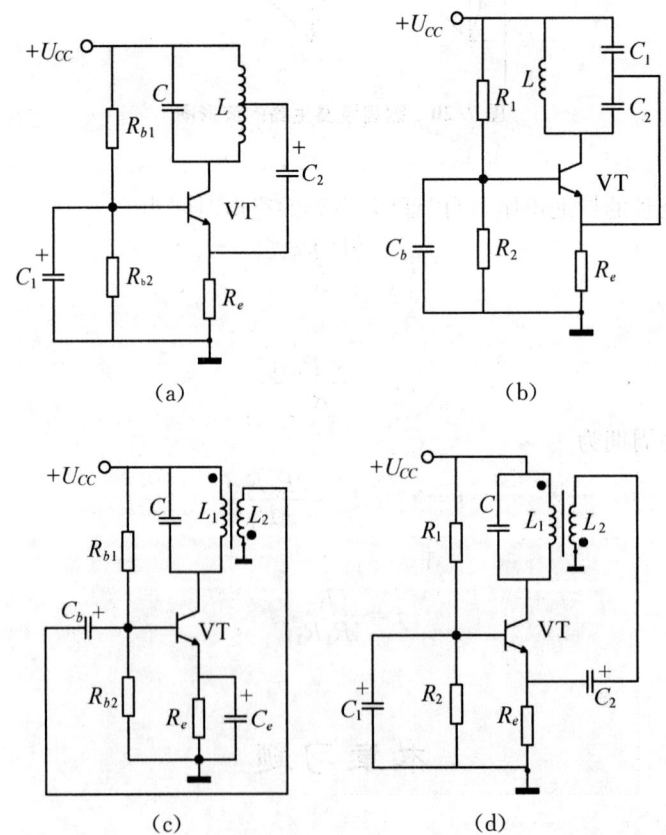

题 7-8 图

第 8 章 直流稳压电源

本章导学

本章以直流稳压电源的组成结构为起点,首先讨论了单相整流和电容滤波电路的工作原理及其性能分析,并简要介绍了倍压整流电路。然后分析了串联型直流稳压电路的工作原理。对于应用日益广泛的集成稳压器,本章也从应用的角度进行了详细的分析。

8.1 概述

各种电子电路和电子设备都需要稳定的直流电源提供能量,在电子电器等设备中,直流电源起着重要的作用,是电子电器设备不可缺少的重要组成部分,其性能良好直接影响到电子电器设备工作的稳定性和可靠性。由于电网提供的是 50 Hz 的正弦交流电,这就需要将电网的交流电转换成稳定的直流电,实现这种转换的电子电路就是直流稳压电源。它是能量转换电路,可将 220 V(或 380 V)50 Hz 的交流电转换为直流电。

8.1.1 直流稳压电源的组成

直流稳压电源通常先把交流电转换成脉动的直流电,再通过滤波电路和稳压电路得到稳定的直流输出电压。根据上述要求可将一个直流稳压电源电路划分为电源变压器、整流电路、滤波电路、稳压电路四个组成部分,并画出如图 8-1 所示的直流稳压电源电路方框图。

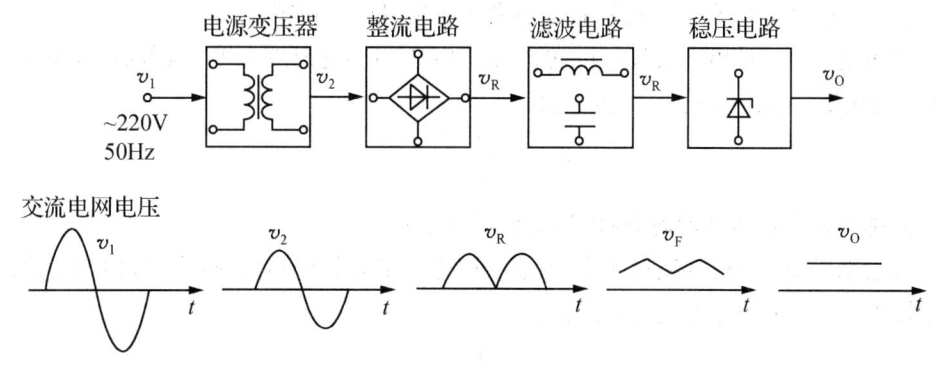

图 8-1 直流稳压电源电路方框图

直流稳压电源电路四个组成部分的作用如下所示:

1. 电源变压器

由于所需的直流电压比电网的交流电压相差较大,因此常利用电源变压器降压得到合适的交流电压进行转换,将交流电网电压变为合适的交流电压。

2. 整流电路

利用具有单向导电性能的半导体二极管作为整流元件,将正负交替的正弦交流电压整流成为单方向的脉动电压。将交流电压变为脉动的直流电压。

3. 滤波电路

由 C、L 储能元件组成,尽可能将单向脉动电压中的脉动成分滤掉,使输出电压成为比较平滑的直流电压。将脉动直流电压转变为平滑的直流电压。

4. 稳压电路

稳压电路采取某些措施,使输出电压在电网电压波动或负载电流变化时,能够清除电网波动及负载变化的影响,保持输出电压的稳定。

8.1.2 直流稳压电源的技术指标

直流稳压电源的主要技术指标包括额定输入电压、输出电压范围、输出电流范围、稳压系数、等效内阻、温度系数等。

1. 额定输入电压:是指使直流稳压电源正常工作的输入交流电压大小和频率。如 220 V/50 Hz。

2. 输出电压范围:是指直流稳压电源能够稳定输出的直流电压范围。如固定输出 6 V、9 V、12 V 24 V 等等。连续可调的直流电源可在一定电压范围内输出,如集成稳压器 CW317 的输出电压可在 1.25~35 V 内连续可调。

3. 输出电流范围:是指直流稳压电源在正常工作条件下所允许输出的电流范围。如由集成稳压器 CW317 构成的直流稳压电源,最小输出电流为 10 mA,最大输出电流为 0.5 A。

4. 稳压系数 S_r:是指当负载和环境温度不变时,输出电压的相对变化量与输入电压的相对变化量之比值。

即:
$$S_r = \frac{\Delta U_o / U_o}{\Delta U_I / U_I}\bigg|_{R_L} = \frac{\Delta U_o}{\Delta U_I} \cdot \frac{U_I}{U_o}\bigg|_{R_L} \quad (8\text{-}1\text{-}1)$$

S_r 是衡量直流稳压电源对电网电压(即输入交流电压)波动的适应能力,即稳压性能好坏的标志。一般情况下 $S_r \leqslant 1$,其数值越小表明输出电压越稳定。

5. 输出电阻 R_o:是指直流稳压电源的输入电压和环境温度不变,当负载 R_L 变化时,输出电压的变化量与输出电流变化量的比值。

即:
$$R_o = \left|\frac{\Delta U_o}{\Delta I_o}\right|\bigg|_{u_i=C} \quad (8\text{-}1\text{-}2)$$

R_o 值越小表明稳压性能越好,即带负载能力越强。

6. 温度系数 S_t:是指直流稳压电源的输入电压和负载均不变时,由于环境温度变化引起的输出电压变化量与温度变化量之比。

即:
$$S_t = \left|\frac{\Delta U_o}{\Delta T}\right|\bigg|_{u_i=C} \quad (8\text{-}1\text{-}3)$$

S_t 越小,表明直流稳压电源受环境温度的影响也越小,输出电压越稳定。

8.2 单相整流电路

将交流电变为直流电的过程称为整流,通常利用半导体二极管的单向导电性组成整流电路。此方法简单、方便、经济,下面着重分析单相半波整流电路和单相桥式全波整流电路。这类电路中,加在电路两端的信号电压幅值大于二极管的导通电压;整流电流大于二极管的反向饱和电流,所以可用半导体二极管的理想模型来分析这类电路。

8.2.1 单相半波整流电路

单相半波整流电路如图 8-2 所示:它由电源变压器 T,整流二极管 D 和负载电阻 R_L 组成。

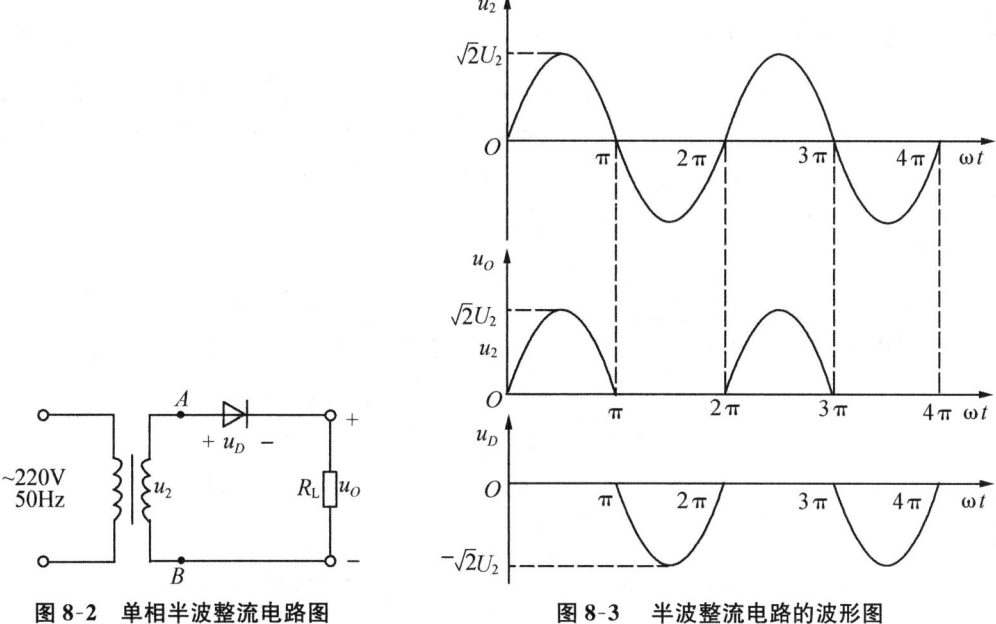

图 8-2 单相半波整流电路图　　图 8-3 半波整流电路的波形图

设变压器副边电压为 $u_2 = \sqrt{2}U_2 \sin\omega t$

在 u_2 的正半周期间,A 端为正、B 端为负,二极管因正向电压作用而导通。电流从 A 端流出,经二极管 D 流过负载电阻 R_L 回到 B 端。如果略去二极管的正向压降,则在负载两端的电压就等于 U_2。其电压波形如图 8-3 所示。

在 u_2 的负半周期间,二极管承受反向电压而截止,负载中没有电流,电压为 0。这时二极管承受了全部 u_2,其波形如图 8-3 所示。

尽管 u_2 是交变的,但因二极管的单向导电作用,使得负载上的电流和电压都是单一方向。这种电路只有在 u_2 的半个周期内负载上才有电流,故称为半波整流电路。

由于负载电压 uo 为半波脉动,在整个周期中负载电压平均值为:

$$U_{o(AV)} = \frac{1}{2\pi}\int_0^\pi \sqrt{2}U_2 \sin\omega t \, d(\omega t) = \frac{\sqrt{2}U_2}{\pi} \approx 0.45U_2 \qquad (8\text{-}2\text{-}1)$$

负载上的电流平均值为:
$$I_{L(AV)} = \frac{U_{O(AV)}}{R_L} \approx \frac{0.45U_2}{R_L} \qquad (8\text{-}2\text{-}2)$$

由于二极管与负载串联,所以流经二极管的电流平均值为:
$$I_{D(AV)} = I_{L(AV)} \approx \frac{0.45U_2}{R_L} \qquad (8\text{-}2\text{-}3)$$

二极管在截止时所承受的最大反向电压就是 u_2 的最大值,即:
$$U_{R\max} = \sqrt{2}U_2 \qquad (8\text{-}2\text{-}4)$$

考虑到电网电压波动范围为±10%,二极管的极限参数应满足: $\begin{cases} I_F > 1.1 \times \dfrac{0.45U_2}{R_L} \\ U_R > 1.1\sqrt{2}U_2 \end{cases}$

半波整流电路结构简单,但只利用交流电压半个周期,直流输出电压低,波动大,整流效率低。

8.2.2 单相桥式整流电路

为了克服半波整流电路的缺点,实际中多采用单相全波整流电路和单相桥式整流电路。单相全波整流电路是由两个单相半波整流电路有机组合而成的,其工作原理与半波整流相同。单相桥式整流电路如图 8-4(a)所示,图 8-4(b)是其简化画法,图 8-5 是桥式整流电路的另外一种常见画法。

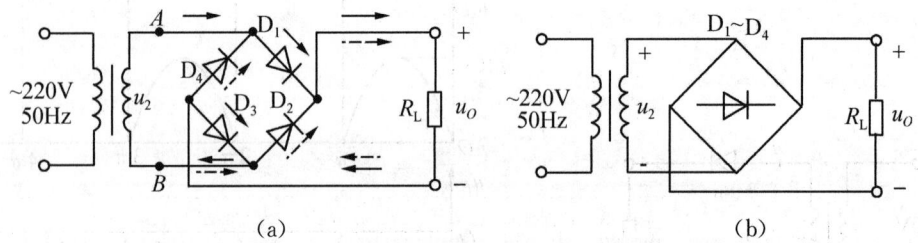

图 8-4 单相桥式整流电路

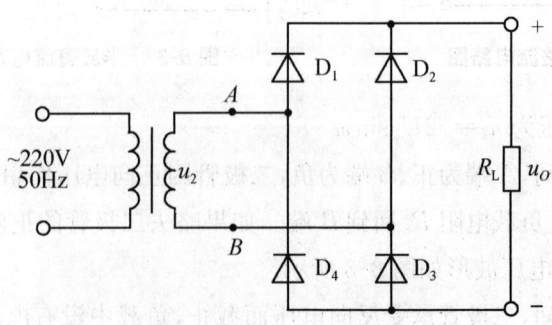

图 8-5 单相桥式整流电路另一种常见画法

设 $u_2 = \sqrt{2}U_2 \sin\omega t$:在 u_2 的正半周,变压器的副边 A 端为正,B 端为负,二极管 D_1、D_3 受正向电压作用而导通。D_2、D_4 受反向电压作用而截止,电流路径为 $A \to D_1 \to D_3 \to B$。在 u_2 的负半周期间,A 端为负,B 端为正,二极管 D_2、D_4 受正向电压作用而导通,D_1、D_3 受反向电压作用而截止。电流路径为 $b \to D_2 \to D_4 \to a$。可见,在整个周期内,负载上得到同一方向的全波脉动电压和电流,其波形如图 8-6 所示

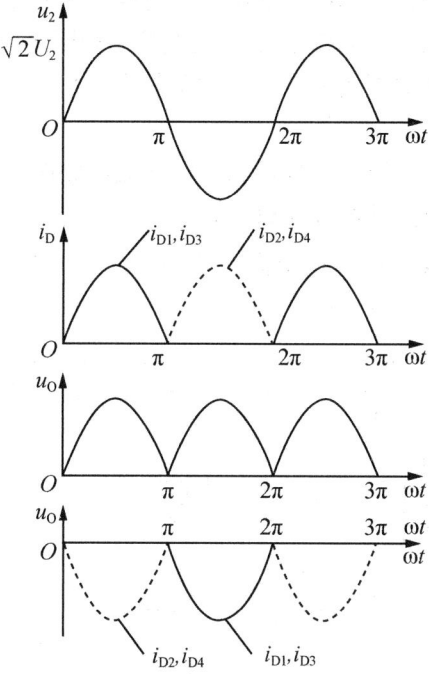

图 8-6 单相桥式整流电路波形图

由图 8-6 可见,桥式整流负载上的电压和电流的平均值为半波整流时的两倍,

即:$U_{O(AV)} = \dfrac{2\sqrt{2}U_2}{\pi} \approx 0.9U_2$ \hfill (8-2-5)

$$I_{O(AV)} = \dfrac{U_{O(AV)}}{R_L} = \dfrac{0.9U_2}{R_L} \quad (8\text{-}2\text{-}6)$$

在相同的 u_2 作用下,桥式整流电路中输出的直流电压是半波整流的两倍,电压的脉动程度较小,同时在整个周期内变压器组中均有电流,变压器的利用率提高了,因此,桥式整流电路得到了广泛的应用。为了使用方便,现已生产硅桥式整流器—硅桥堆,它应用集成电路技术将 4 个二极管集中在同一硅片上,具有体积小、使用方便等优点。

在整个周期内,每个二极管只有半个周期导通,且在导通期间 D_1 与 D_3 相串联,D_2 与 D_4 相串联,故流经每个二极管的电流平均值为负载电流的一半。

即:$I_{D(AV)} = \dfrac{I_{O(AV)}}{2} \approx \dfrac{0.45U_2}{R_L}$ \hfill (8-2-7)

每个二极管截止时所承受的最高反向电压为 u_2 的最大值。

即:$U_{R\max} = \sqrt{2}U_2$ \hfill (8-2-8)

考虑到电网电压波动范围为 $\pm 10\%$,二极管的极限参数应满足:$I_F > 1.1 \times \dfrac{0.45U_2}{R_L}$ 和 $U_R > 1.1\sqrt{2}$。

8.2.3 倍压整流电路

倍压整流电路主要由二极管和电容器组成。这种电路利用二极管的整流和导引作用、将较低的直流电压分别存在多个电容器上,再将其按照相同的极性相串联、从而得到较高的输出直流电压。实现在变压器副边电压一定的条件下,得到高出变压器副边电压若干倍的直流电压。

二倍压整流电路如图 8-7 所示。分析二倍压整流电路时要注意两个要点:首先要设负载处于开状态路,其次,该电路已经进入稳态。

u_2 正半周 C_1 充电:$A \rightarrow D_1 \rightarrow C_1 \rightarrow B$,最终 $U_{C1} = \sqrt{2} U_2$;u_2 负半周,u_2 加 C_1 上电压对 C_2 充电:$P \rightarrow D_2 \rightarrow C_2 \rightarrow A$。最终 $U_{C2} = 2\sqrt{2} U_2$。

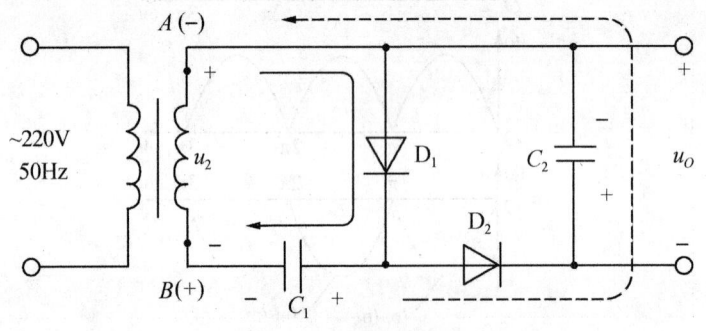

图 8-7 二倍压整流电路

同理,将更多的电容相串联、同时放置相应的二极管进行充电,即可得到多倍压整流电路,如图 8-8 所示。

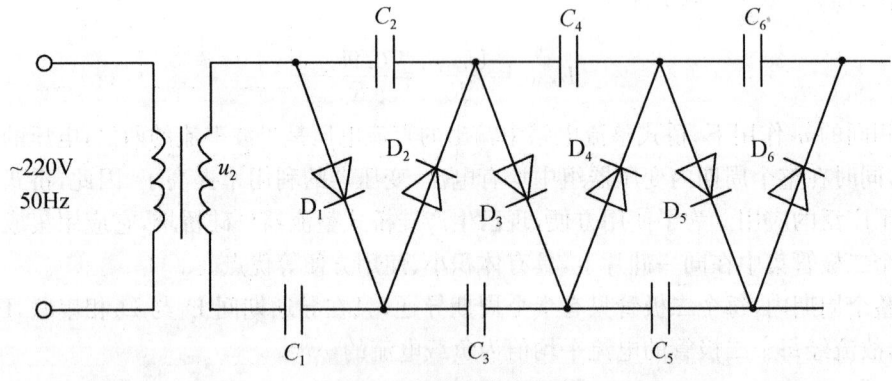

图 8-8 多倍压整流电路

鉴于负载电阻 R_L 越小、电容就放电越快,造成输出直流电压越低、同时脉动成分越大的现象,因此倍压整流电路主要用于要求输出电压较高、同时负载电流较小的场合。

8.3 滤波电路

通过整流得到的直流电,由于其脉动程度大,只能作为电镀电解、充电设备或对直流电源要求不高的负载的电源,如果用于电子设备(如电视机、计算机),则电压中的交流成分将对设备的工作产生严重的干扰。为了得到脉动程度小的直流电,必须在整流电路与负载之间加上平滑脉动电压的滤波电路。构成滤波电路的主要元件是电容和电感,利用它们的储能作用,可以降低输出电压中的交流成分,保留直流成分,实现滤波。

8.3.1 电容滤波电路

利用电容器对直流开路,对交流短路的特点,将电容与负载并联,交流成份将被电容滤掉,负载便得到平滑的直流电压。图 8-9 为单相半波整流电容滤波电路,其中与负载并联的电容器就是一个最简单的滤波器。

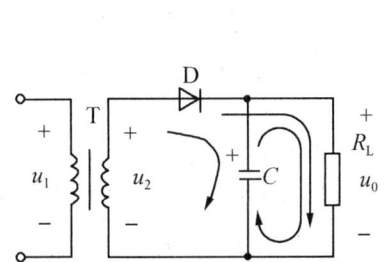

图 8-9 单相半波整流电容滤波电路

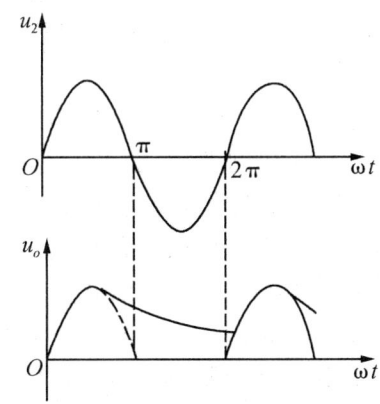

图 8-10 单相半波整流电容滤波波形

在 u_2 的正半周期开始时,输入电压上升,二极管 D 导通,电源经二极管向负载供电。随后,u_2 由最大值开始下降,当 $u_2 < u_C$ 时,二极管承受反向电压而提前截止,电容 C 通过 R_L 放电。u_2 为负半周期时,加在二极管上的反向电压更大,二极管仍处于截止状态,电容继续向 R_L 放电,u_C 随之下降,直到 u_2 进入下个正半周。当 $u_2 > u_C$ 时,二极管重新导通。重复以上过程,便形成了比较平稳的输出电压,其波形图 8-10 所示。滤波后,输出电压平均值增大,脉动变小。

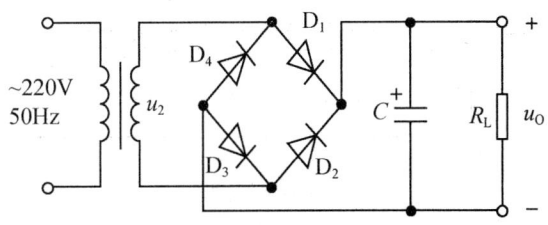

图 8-11 单相桥式整流电容滤波电路

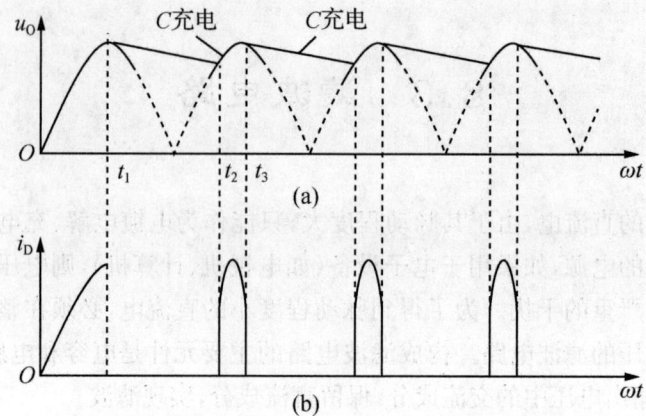

图 8-12 单相桥式整流电容滤波电路波形

单相桥式整流电容滤波电路如图 8-11 所示。在 u_2 正半周，u_2 通过 D_1、D_3 对电容充电，这一段时间 $u_o=u_2$，当 $t=t_1$ 时，$u_2=\sqrt{2}U_2$，电容电压达到最大值之后 u_2 下降，$D_1\sim D_4$ 均反向截止，电容通过 R_L 放电，当放电的时间常数较大时，电容两端的电压下降较慢，直至下一个周期 $u_2>u_C$ 的时刻。当 $u_2>u_C$ 时，u_2 通过 D_2、D_4 对 C 充电，直到 $t=t_3$ 二极管又截止，电容再次放电，重复前述的过程。如此循环，形成周期性的电容器充放电过程，其波形如图 8-12 所示。

通过上述分析，可得到下面四点结论：

（1）利用电容的储能作用，加入滤波电容后输出电压的直流成分提高、脉动成分减小。当二极管导通时，电容将能量储存起来；二极管截止时，电容把储存的能量释放给负载。通过电容的充放电，使输出电压波形变得平滑。

（2）电容滤波能够提高直流输出电压。输出直流电压与放电时间常数有关，R_LC 变化对电容滤波的影响如图 8-13，当 $R_LC=\infty$ 时，滤波效果最佳。因此，应选择大容量的电容作为滤波电容，而且要求负载电阻 R_L 也要大。电容滤波常适宜于大负载场合下运用。

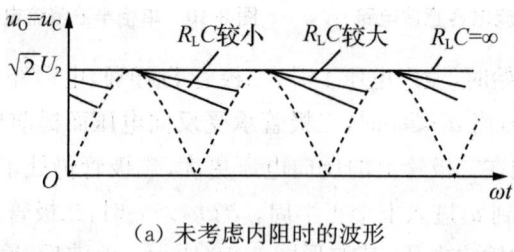

（a）未考虑内阻时的波形

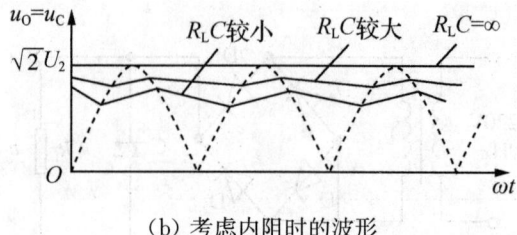

（b）考虑内阻时的波形

图 8-13 R_LC 对电容滤波输出电压的影响

(3) 电容滤波的输出电压 U_o 随输出电流 i_o 而变化。当负载开路,即 $i_o=0$ 时,电容充电,电压到达最大值 $\sqrt{2}U_2$ 后不再放电,故 $u_o=\sqrt{2}U_2$。当 i_o 增大(即 R_L 减小)时,电容放电加快,使 u_o 下降。忽略整流电路的内阻,桥式整流电容滤波输出电压的平均值 u_o 在 $\sqrt{2}U_2$ 至 $0.9U_2$ 小范围内变化。若考虑内阻,则 u_o 下降。输出电压与输出电流的关系曲线称电容滤波电路的外特性,如图 8-14 所示。

由图 8-14 可知,电容滤波电路的输出电压随输出电流的增大下降很快,即外特性较软,所以电容滤波适用于负载电流变化不大的场合。

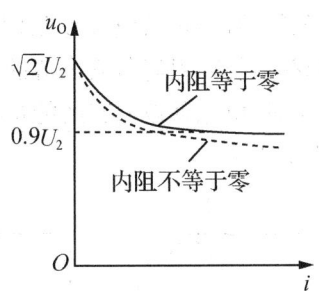

图 8-14 电容滤波电路的外特性

(4) 电容滤波电路中,整流二极管的导通角小于 $180°$,而且电容放电时间常数越大,导通角越小。二极管在短暂的导电时间内,有很大的浪涌电流流过,这对于二极管的寿命是不利的,所以选择二极管时,应考虑到它能承受最大冲击电流的情况。通常要求二极管承受正向电流的能力应大于输出平均电流的 2~3 倍。为了获得较好的滤波效果,实际工作中按下式选择滤波电容的容量:

$$R_L C = (3 \sim 5) \frac{T}{2} \qquad (8\text{-}3\text{-}1)$$

其中 T 为交流电网电压的周期。由于电容值较大(几十至几千微法),故选用电解电容器,使用时应注意电解电容的正、负极性,不能接错,否则电容器将被击穿。

电容的耐压值应大于 $\sqrt{2}U_2$,考虑到电网的波动,通常按超过电源额定电压 10% 来计算。

电容滤波电路满足条件式 (8-3-1) 时,其输出电压可按下式估算

半波整流电容滤波 $\qquad\qquad U_o \approx U_2 \qquad (8\text{-}3\text{-}2)$

桥式整流电容滤波 $\qquad\qquad U_o \approx 1.2 U_2 \qquad (8\text{-}3\text{-}3)$

【例 8-1】 已知单相桥式整流电容滤波电路中的负载电阻 $R_L=100\ \Omega$,输出电压 $U_O=12\ \text{V}$,交流电源频率 $f=50\ \text{Hz}$,试确定整流变压器的副边电压,并选择整流二极管和滤波电容。

解: 由 $U_O = 1.2 U_2$,得变压器副边电压有效值:$U_2 = \dfrac{U_O}{1.2} = \dfrac{12}{1.2} = 10\ \text{V}$

二极管的平均电流:$I_D = \dfrac{1}{2} I_O = \dfrac{1}{2} \dfrac{U_O}{R_L} = \dfrac{12}{2 \times 100} = 60\ \text{mA}$

二极管承受的最高反压:$U_{R\max} = \sqrt{2} U_2 = \sqrt{2} \times 10 = 14\ \text{V}$

选用 1N4001,其参数为 $I_D = 1\ \text{A}$,$U_{RM} = 50\ \text{V}$

滤波电容由式 $R_L C = (3 \sim 5) \dfrac{T}{2}$ 估算,取 5 倍系数,

得：$C = \dfrac{5T}{2R_L} = \dfrac{5}{2R_L f} = \dfrac{5}{2\times 100 \times 50} = 500\ \mu F$

选择为 680 μF，耐压为 50 V 的电解电容。

8.3.2 其他形式滤波电路简介

1. 电感滤波电路

图 8-15 是一个桥式整流电感滤波电路，滤波电感与负载 R_L 相串联，这种滤波电路又称串联滤波器。

由于电感具有阻碍电流变化的特性，当负载电流增加时，通过电感 L 的电流也增加，电感产生与负载电流方向相反的自感电动势，阻碍负载电流的增加，同时将一部分电能转变为磁场能储存起来。当负载电流减小时，电感释放储存的能量补偿流过负载的电流，使负载电流的脉动程度减小，负载电压变得更平滑。

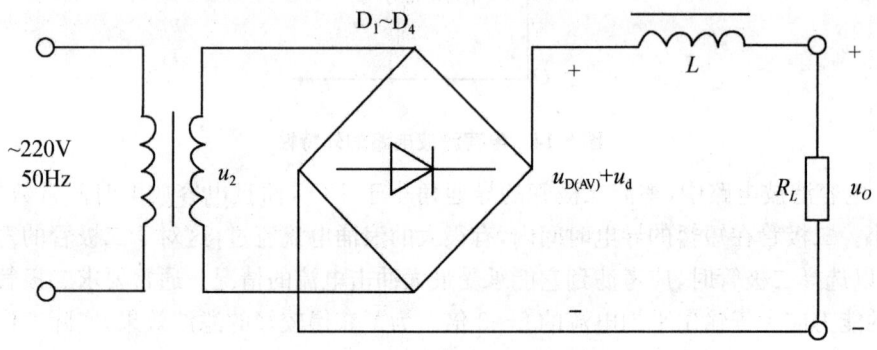

图 8-15 桥式整流电感滤波电路

整流输出的电压可以看成是直流分量和交流分量的叠加。由于电感的直流电阻很小，而交流电抗较大，所以可认为直流分量全部降在负载电阻上，交流分量几乎都降在电感上，输出的直流电压近似为 $0.9U_2$。显然，L 越大，滤波效果越好。

一般要求：
$$L \geqslant \dfrac{10R_L}{\omega} \tag{8-3-4}$$

由于负载的变化对输出电压影响较小，因此，电感滤波器常用于负载电流大及负载变化大的场合，但电感元件的体积和重量都较大，故在晶体管电子器件中很少应用。

2. 复式滤波电路

当单独使用电容或电感滤波效果仍不理想时，可考虑采用复式滤波电路。所谓复式滤波电路就是利用电容、电感对直流量和交流量呈现不同电抗的特点，将它们适当组合后合理地接入整流电路与负载之间，以达到比较理想的滤波效果。常见的复式滤波电路有 LC 滤波电路、$LC\pi$ 型滤波电路、$RC\pi$ 型滤波电路等。

(1) LC 滤波电路

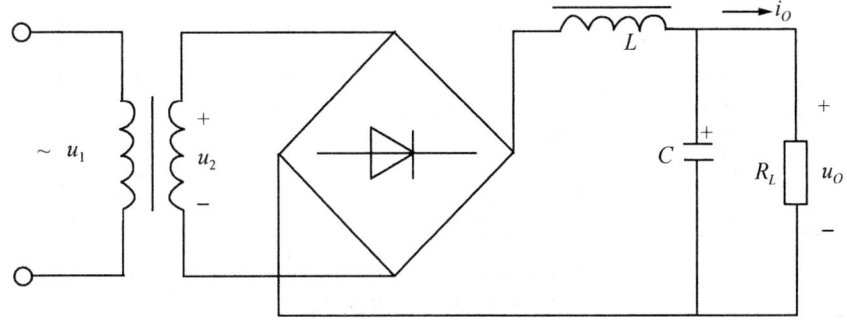

图 8-16　LC 滤波电路

LC 滤波电路如图 8-16 所示,该电路是在电感滤波电路的基础上,再在 R_L 旁并联一个电容所构成的,具有输出电流大、带负载能力强、滤波效果好的优点,适用于负载变动大、负载电流大的场合。但在 LC 滤波电路中,如果电感 L 值太小,或 R_L 太大,则将呈现出电容滤波的特性。为了保证整流的导通角仍为 180°,参数之间要恰当配合,近似的条件是 $R_L < 3\omega L$。

(2) LCπ 型滤波电路

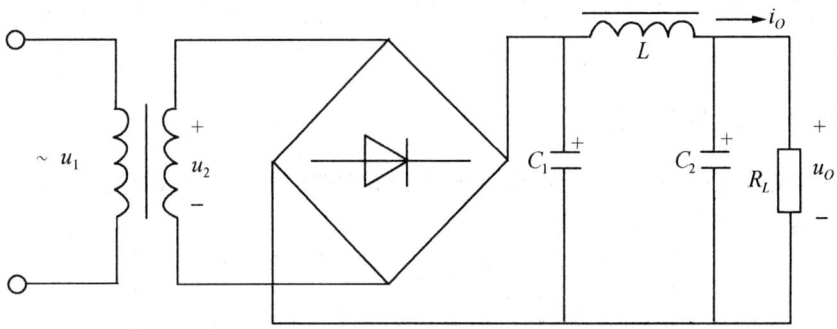

图 8-17　LCπ 型滤波电路

LCπ 电路如图 8-17 所示,经整流后的电压包括直流分量及交流分量。对于直流分量来说,L 呈现很小的阻抗,可视为短路,因此,经 C_1 滤波后的直流量大部分降落在负载两端,对于交流分量,由于电感 L 呈现很大的感抗,C_2 呈现很小的容抗,因此,交流分量大部分降落在 L 上,负载上的交流分量很小,达到滤除交流分量的目的。这种电路常用于负载电流较小或电源频率较高的场合。缺点是电感体积大、笨重、成本高。

(3) RCπ 型滤波电路

RCπ 型滤波电路如图 8-18 所示,它是在电容滤波基础上加一级 RC 滤波电路构成的。这种电路采用简单的电阻、电容元件进一步降低输出电压的脉动程度,但这种滤波电路的缺点是在 R 上有直流压降,必须提高变压器次级电压;而且整流管冲击电流仍然比较大。由于 R 上产生压降,外特性比电容滤波更软,只适应于小电流的场合。在负载电流较大的情况下,不宜采用这种滤波电路形式。

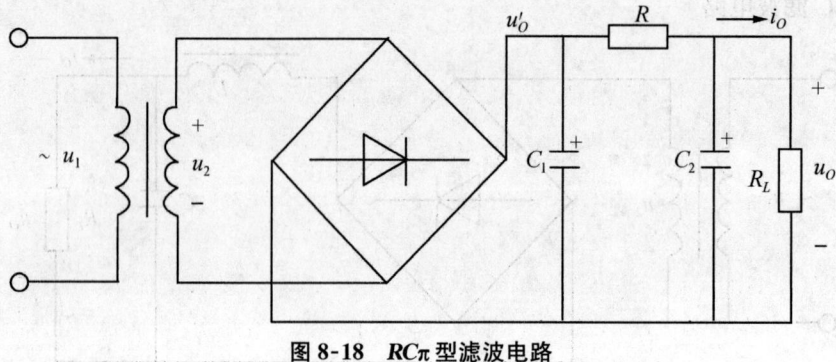

图 8-18 $RC\pi$ 型滤波电路

8.4 直流稳压电路

经过整流和滤波后的电压往往会随着交流电源电压的波动和负载的变化而变化。电压的不稳定有时会引起测量和计算的误差,造成控制装置的工作不稳定、甚至是无法正常工作。因此,需要直流稳压电路将不稳定或不可控的直流电压变换成稳定且可调的直流电压。本节将介绍最基本的串联型直流稳压电路和输出电压固定的三端集成稳压器。

8.4.1 串联型直流稳压电路

串联型直流稳压电路如图 8-19 所示,该电路包括以下四个组成部分。

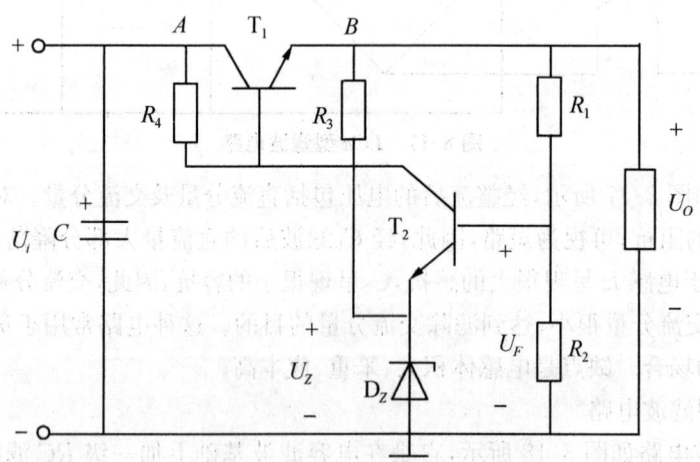

图 8-19 晶体管串联型稳压电路

1. **取样环节**:是由 R_1、R_2 构成的分压电路所组成,可将输出电压 U_O 分出一部分作为取样电压 U_F 送到比较放大环节。

2. **基准电压**:是由稳压二极管 D_Z 和电阻 R_3 构成的稳压电路组成,能为电路提供一个稳定的基准电压 U_Z,作为调整、比较的标准。

设 T_2 发射结电压 U_{BE2} 可忽略,

则：$U_F = U_Z = \dfrac{R_2}{R_1+R_2}U_O$ （8-4-1）

其中 $\dfrac{R_2}{R_1+R_2}$ 称为取样电路的取样比。改变电路的取样比，可以调节输出电压 U_o 的大小。当 U_o 经常需要调节时，可在分压电阻之间串接电位器 R_P。

3. 比较放大环节：由 T_2 和 R_4 构成比较放大环节，该环节为一个直流放大器，能够将取样电压 U_F 与基准电压 U_Z 之差放大后去控制调整管 T_1。

4. 调整环节：由工作在线性放大区的功率管 T_1 组成，T_1 的基极电流 I_{B1} 受比较放大电路输出的控制，它的改变又可使集电极电流 I_{C1} 和集、射电压 U_{CE1} 改变，从而达到自动调整稳定输出电压的目的。由于调整管与负载串联，流过管子的电流很大，要选用功率管调整管、或采用复合管来改善单管的性能。

当输入电压 U_i（或输出电流 I_o）变化引起输出电压 U_o 增加时，取样电压 U_F 相应增大，使 T_2 管的基极电流 I_{B2} 和集电极电流 I_{C2} 随之增加，T_2 管的集电极电位 U_{C2} 下降，因此 T_1 管的基极电流 I_{B1} 下降，使得 I_{C1} 下降，U_{CE1} 增加，U_o 下降，使 U_o 保持基本稳定。这一自动调压过程可表示如下：

$U_o\uparrow \to U_F\uparrow \to I_{B2}\uparrow \to I_{C2}\uparrow \to U_{C2}\uparrow \to I_{B1}\downarrow \to U_{CE1}\uparrow \to U_o\downarrow$

同理，当 U_i 或 I_o 变化使 U_o 降低时，调整过程相反，U_{CE1} 将减小使 U_o 保持不变。

从上述调整过程可以看出，该电路是依靠电压负反馈来稳定输出电压的。

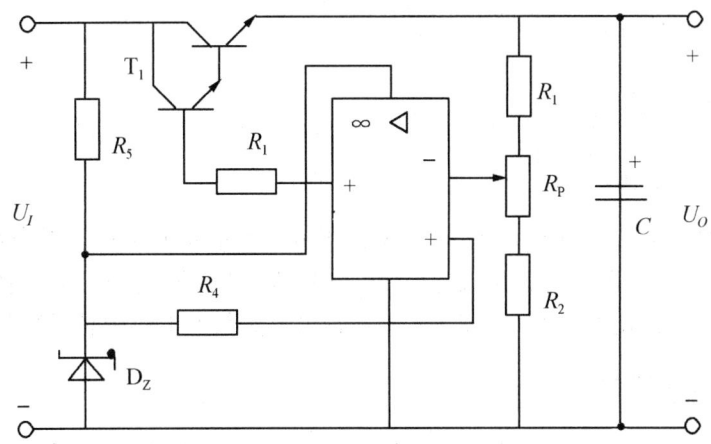

图 8-20 集成运放和复合管构成的串联型直流稳压电路

串联型稳压电路的比较放大电路还可以用集成运放来组成；由于集成运放的放大倍数高，输入电流极小，提高了稳压电路的稳定性，因而使用集成运算放大器甲稳压电路愈来愈多。图 8-20 就是用集成运算放大器作比较放大电路的一个串联型稳压电路实例。该稳压电路输出电压的调整范围是：

$$U_{omax} = \dfrac{R_1+R_P+R_2}{R_2}U_Z（对应 R_P 调到下端）\quad (8\text{-}4\text{-}2)$$

$$U_{omin} = \dfrac{R_1+R_P+R_2}{R_2+R_P}U_Z（对应 R_P 调到上端）\quad (8\text{-}4\text{-}3)$$

串联型稳压电源输出电压稳定、可调，输出电流范围较大，技术经济指标好，在小功率稳压电源中应用很广，并且是高精度稳压电源的基础。

【例 8-2】 串联型稳压电路如图 8-21 所示,$U_Z=2\ \text{V}$,$R_1=R_2=2\ \text{k}\Omega$,$R_p$ 为 $10\ \text{k}\Omega$ 的电位器,试求:(1) 输出电压 U_o 的最大值、最小值各为多少?(2) 如果把接到 U_i 上的 T_2 管的集电阻 R_4 接到较稳定的输出电压 U_o 上,电路能否正常工作?为什么?

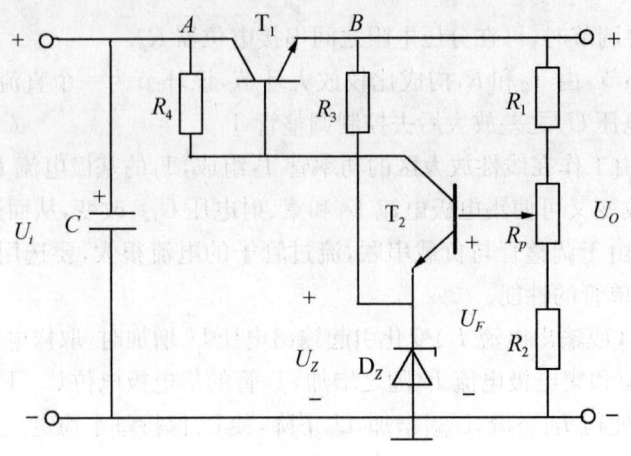

图 8-21 例 8-2 电路图

解:如果忽略 T_2 的管压降 $U_{BE2}\approx 0$,则:$U_{B2}\approx U_Z$ $I_{B2}\approx 0$

当 R_p 调至最上端时,有 $\dfrac{U_Z}{R_P+R_2}=\dfrac{U_o}{R_1+R_P+R_3}$

此时 U_o 取最小值,即 $U_{o\min}=\dfrac{R_1+R_P+R_2}{R_2+R_P}U_Z=2.4\ \text{V}$

当 R_p 调至最下端时,$\dfrac{U_Z}{R_2}=\dfrac{U_o}{R_1+R_P+R_2}$

此时 U_o 取最大值:$U_{o\max}=\dfrac{R_1+R_P+R_2}{R_2}U_Z=14\ \text{V}$

如果将 R_4 的上端 A 点移至 B 点,串联型稳压电源不能正常工作。因为在这种接法下,若 T_2 管导通,将使调整管 T_1 的发射极电位大于集电极电位,即 $U_{E1}>U_{B1}$,使发射结反偏,调整管不能正常工作,而调整管的不正常工作,T_2 管也不能获得工作所需要的电压。

8.4.2 集成稳压电路

串联型稳压电路输出电流较大,稳压精度较高,曾得到较广泛的应用。但由分立元件组成的串联型稳压电路,即便采用了集成运算放大器,仍需外接不少元件,体积大,使用不方便。集成稳压电路是将稳压电路的主要元件甚至全部元件制作在一块硅基片上的电路,具有体积小、使用方便、工作可靠等优点,目前已广泛应用。

集成稳压器多采用串联型稳压电路,组成框图如图 8-22 所示。除基本稳压电路外,常接有各种保护电路,当集成稳压器过载时,使其免于损坏。

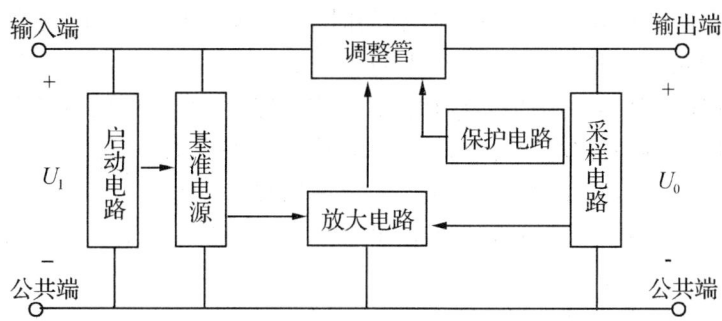

图 8-22 三端稳压器原理框图

集成稳压器的种类很多,作为小功率的直流稳压电源,应用最为普遍的是三端式串联型集成稳压器。三端式是指稳压器仅有输入端、输出端和公共端 3 个接线端子,图 8-23 所示为 W7800 系列三端集成稳压器的电路符号和外形图。W78 系列输出正电压有 5 V、6 V、8 V、9 V、10 V、12 V、15 V、18 V、24 V 等多种,若要获得负输出电压选 W79×× 系列即可。型号(也记为 W78××)的后两位数字表示其输出电压的挡次值。例如,型号为 W7805 和 W7812 其输出电压分别为 5 V 和 12 V。输出电流有 0.1 A、0.5 A 和 1.5 A 三个挡次,分别用 L、M 和无字母标记表示。例如:W7805 输出 +5 V 电压,W7905 则输出 -5 V 电压。

要特别注意:不同型号、不同封装的集成稳压器,它们三个电极的位置是不同的,要查手册确定。

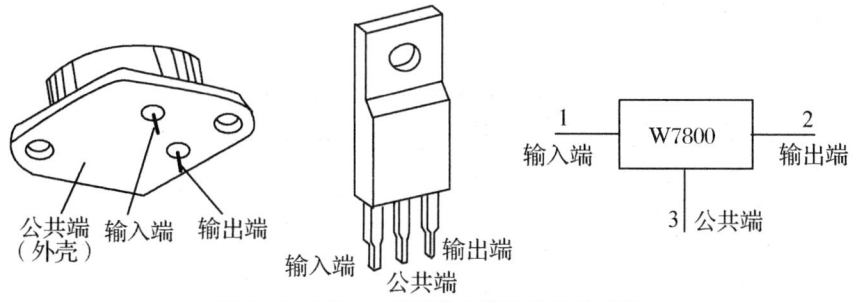

图 8-23 W7800 系列的电路符号和外形图

1. 输出固定电压的稳压电路

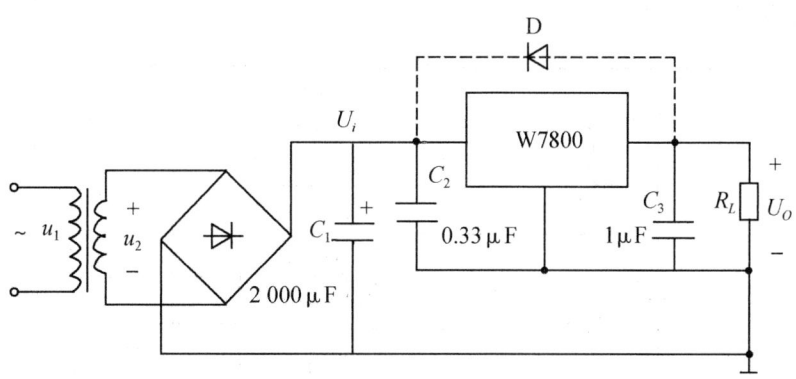

图 8-24 输出固定电压的稳压电路

图 8-24 是 W7800 系列集成稳压器输出固定电压的稳压电路。输入端的电容 C_2 用以抵消其较长接线的电感效应,防止产生自激振荡,(接线不长时可以不用),C_2 一般在 (0.1,1)

uF。输出端的电容 C_3 用来改善暂态响应,使瞬时增减负载电流时不致引起输出电压有较大的波动,削弱电路的高频噪声,C_3 可用 1 uF 电容。

W7900 系列输出固定负电压稳压电路,其工作原理及电路的组成与 W7800 系列基本相同,实际中,可根据负载所需电压及电流的大小选择不同型号的集成稳压器。

若输出电压比较高,应在输入端与输出端之间跨接一个保护二极管 D,如图 8-24 中的虚线所示。其作用是在输入端短路时,使输出通过二极管放电,以保护集成稳压器内部的调整管。输入直流电压 U_i 的值应至少比 U_o 高 3 V。

2. 提高输出电压的电路

如果实际需要的直流电压超过集成稳压器的电压数值,可外接一些元件提高输出电压,如图 8-25 所示电路。图中 R_1、R_2 为外接电阻,R_1 两端的电压为集成稳压器的额定电压 U_{00},R_1 上流过的电流 $I_{R1} = U_{00}/R_1$,集成稳压器的静态电流为 I_Q。

可以看出:$I_{R2} = I_{R1} + I_Q$

稳压电路的输出电压为:

$$U_O = U_{00} + I_{R2}R_2 = I_{R1}R_1 + I_{R1}R_2 + I_Q R_2 = \left(1 + \frac{R_2}{R_2}\right)U_{00} + I_Q R_2 \qquad (8\text{-}4\text{-}4)$$

由于 I_Q 一般很小,$I_{R2}, I_{R2} \gg I_Q$,

因此输出电压为 $U_O \approx \left(\dfrac{1+R_2}{R_1}\right)U_{00}$ \qquad\qquad (8-4-5)

因此、改变外接电阻 R_1,R_2 可以提高输出电压。

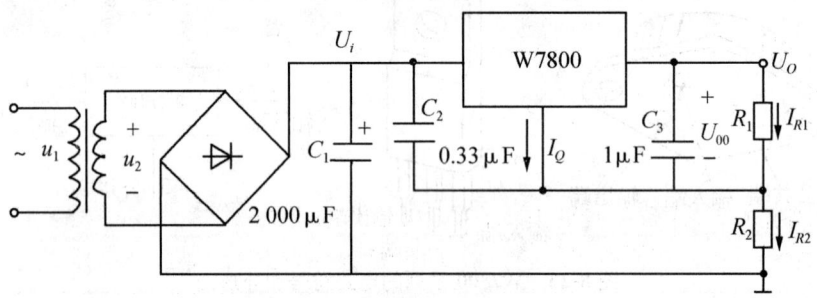

图 8-25 提高输出电压的电路

3. 扩大输出电流电路

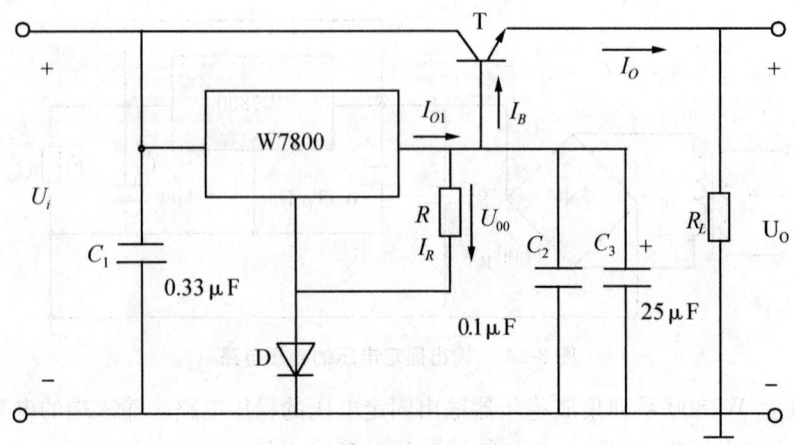

图 8-26 扩大输出电流的电路

三端集成稳压器的输出电流有一定限制(1.5 A、0.5 A 或 0.1 A),在此基础上扩大输出电流可以通过外接大功率三极管的方法实现,如图 8-26 所示。

图 8-26 中输出电压 $U_o = U_{00} + U_D - U_{BE}$,$U_{00}$ 为稳压器的输出电压,适当选取二极管,使 $U_D = U_{BE}$ 时,则有 $U_o = U_{00}$。若三端集成稳压器的输出电流为 I_{o1},则有:

$$I_o = (1+\beta)(I_{o1} - I_R) = (1+\beta)\left(I_{o1} - \frac{U_{00}}{R}\right) \tag{8-4-6}$$

4. 输出电压可调电路

由三端集成稳压器构成的输出电压可调稳压电路如图 8-27 所示,这里运放起电压跟随作用,由于运算放大器具有很高的输入电阻和很低的输出电阻,输入电流可忽略。因此当移动电位器 R_P 的滑动端时,即可调节输出电压。

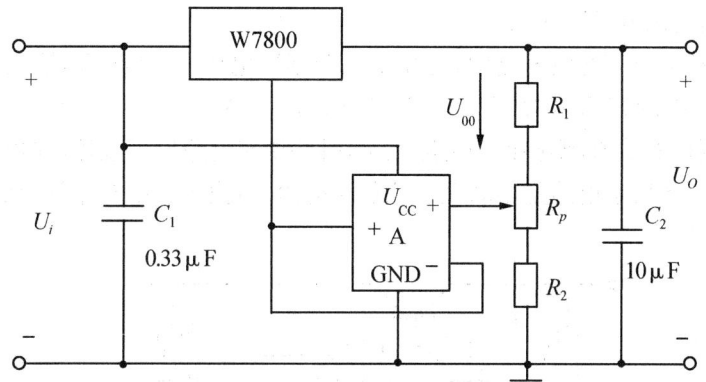

图 8-27 输出电压可调的稳压电路

输出电压范围为:$\dfrac{R_1 + R_P + R_2}{R_1 + R_P} \cdot U_{00} \leqslant U_O \leqslant \dfrac{R_1 + R_P + R_2}{R_1} \cdot U_{00}$。 (8-4-7)

5. 输出正、负电压的稳压电路

在电子电路中常需要同时输出正、负电压的双向直流电源。图 8-28 是由 W7800 系列和 W7900 系列集成稳压器组成的同时输出正、负电压的稳压电路。

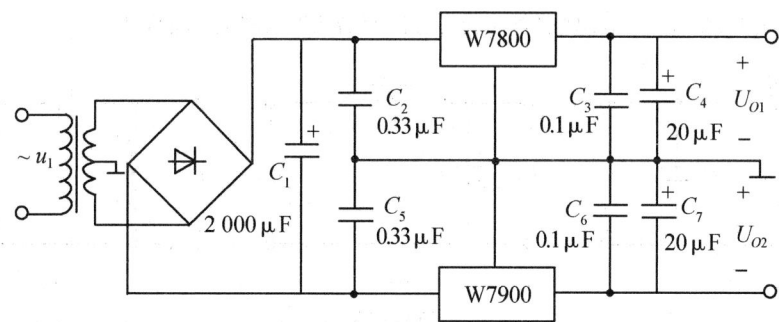

图 8-28 输出正、负电压的稳压电路

本章习题

8-1 已知单相桥式整流电路中的负载电阻 $R_L=200\ \Omega$,变压器副边电压有效值 $U_2=36\ V$,试求:

(1) 负载上的平均电压和平均电流;

(2) 二极管随的最高反压和通过的平均电流,并选择二极管。

8-2 半波整流电容滤波电路中,已知变压器二次电压 $U_2=12\ V$,(1) 正常工作情况下 $U_O=?$ (2) 若电容断开,$U_O=?$

8-3 桥式整流电容滤波电路中,已知变压器副边电压 $U_2=20\ V$,输出电压 U_O 分别出现如下情况:(1) $U_O=28\ V$,(2) $U_O=18\ V$,(3) $U_O=24\ V$,(4) $U_O=9\ V$。

试分析所测得的数值,哪些说明电路正常,哪些说明电路出了故障,并指出原因。

8-4 题 8-4 图所示电路是串联型直流稳压电源,请找出图中有错误,请改正、画出正确电路。

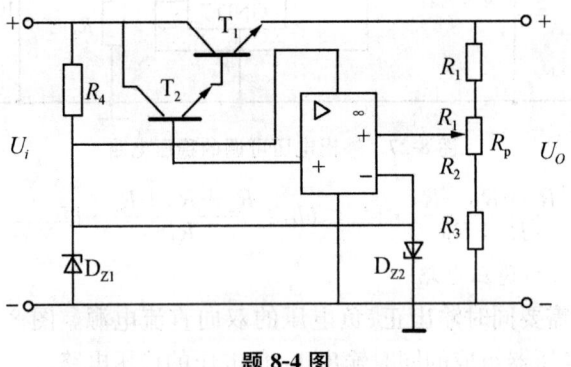

题 8-4 图

8-5 分别判断题 8-5 图所示各电路能否作为滤波电路,简述理由。

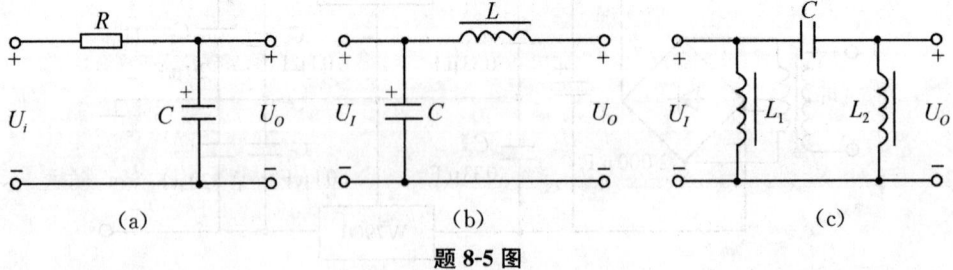

题 8-5 图

8-6 电路如题 8-6 图所示。合理连线,构成 6 V 的直流电源。

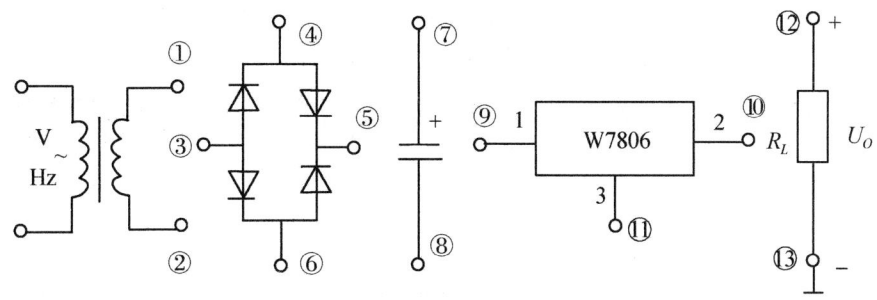

题 8-6 图

8-7 题 8-7 图所示为三端集成稳压器的两种应用电路,试说明其特点。

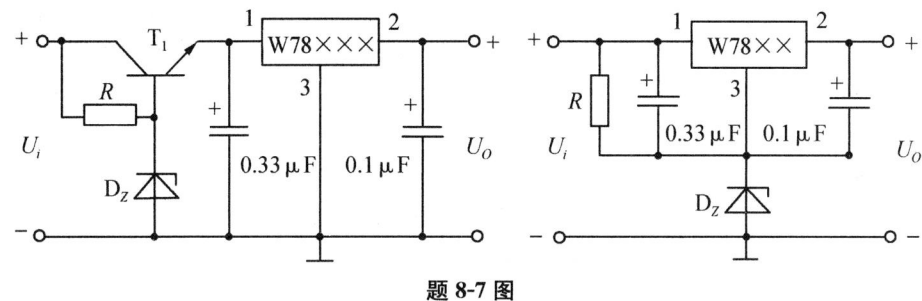

题 8-7 图

8-8 电路如题 8-8 图所示:试:(1) 写出电路名称;(2) 指出它由哪几部分组成,并在图中用虚线框指示出相应电路;(3) 当电路正常工作时,$U_O=$?

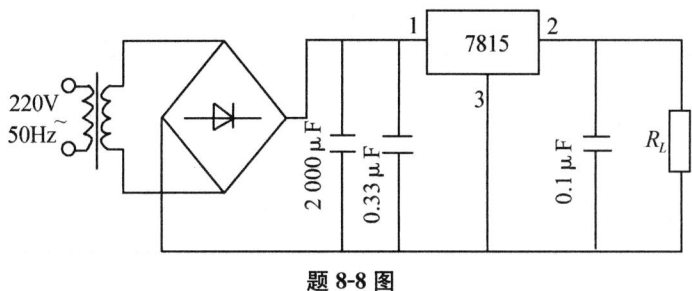

题 8-8 图

第9章 模拟电子系统综合实践指导

本章导学

> 本章以模拟电子系统的特点和设计方法与步骤为起点,讨论了模拟电子系统电子电路图的识读方法,焊接技术与印刷线路板的设计与制作方法等实现模拟电子电路制作的电子工艺基础知识。在此基础上介绍了直流稳压电源、半导体调幅收音机和集成运算放大器应用三个典型模拟电子系统的设计和制作过程。

9.1 模拟电子系统的设计步骤

进行模拟电子系统的设计,首先应掌握模拟电子系统的特点。

首先、工作在模拟领域中单元电路的种类多。例如,各种传感器电路、电源电路、放大电路、音响电路、视频电路,性能各异的振荡、调制、解调等。

其次、模拟电路一般要求工作在线性状态,因此电路的工作点选择、工作点的稳定,运行范围的线性程度,单元之间的耦合等都很重要。

第三、要注意系统的输入单元与信号源之间的匹配、系统的输出单元与负载(执行机构)之间匹配。模拟系统的输入单元要考虑输入阻抗匹配,提高信噪比,抑制各种干扰和噪声。输出单元与负载的匹配,且输出最大功率和提高效率等。

最后、模拟电子系统的电路调试难度较大。一般来说模拟系统的调试难度要大于数字系统的调试难度,特别是对于高频系统或高精度的微弱信号系统难度更大。这类系统中的元器件布置、连线、接地、供电、去耦等对性能指标影响很大。要想完成模拟系统的设计,除了设计正确外,设计人员具备细致的工作作风和丰富的实际工作经验显得非常重要。

模拟电子线路设计是综合运用模拟电子技术理论知识的过程。首先必须明确设计任务,对设计任务进行具体分析,对系统功能、性能、体积、成本等多方面作权衡比较,根据任务选择方案,然后对方案中各部分进行单元电路设计、参数计算和器件选择。最后将各部分连接在一起。由于电子元器件参数的离散性,加之设计者缺乏经验,理论上实践出来的电路可能存在这样那样的问题,这就要求通过实验、调试来发现和纠正实践中存在的问题,使设计方案逐步完善,以达到设计要求。

模拟电子线路设计应按照以下五个步骤进行。

一、确定设计方案

设计方案根据实际问题的要求和性能指标把要完成的任务分配给若干单元电路,并画出一个能反映出各单元功能的整体原理框图。方案设计与选择必须优先考虑以下问题：

1. 原理的可行性：解决一个问题，可能有许多种方法，但有的方法不能达到设计要求的，千万要注意。

2. 元器件的可行性：如采用什么元器件、什么微控制器、什么可编程逻辑器件，能否采购得到。

3. 测试的可行性：有无所需要的测量仪器仪表。

4. 设计、制作的可行性：难度如何，如何积累。

5. 时间的可行性：研制周期多长。

完成设计任务有多种途径，确定设计方案就要从多个方案中选择一个最优方案。方案选择要合理、可靠、经济、功能齐全。

二、设计单元电路

在确定设计方案后，便开始着手单元电路的设计。单元电路是构成整个系统的基础，只有把各单元电路设计好才能提高整体设计水平。在单元电路设计前，首先应根据各单元应完成的任务，确定单元电路的功能及性能指标、与前后级之间的关系，并分析单元电路的工作原理，然后选择设计单元电路的结构形式。可以通过查找资料，寻找现成的电路，或者相近电路，再调整电路参数。也可以在成熟电路的基础上进行改进和创新，以求保证良好的性能要求。要注意，在每个单元电路的设计过程中，不仅要注意本单元电路的合理性，还应考虑各单元之间的相互影响，前后之间的互相配合，尽量减少元器件的数量、类型、电平转换和接口电路，以使电路简单可靠。同时注意各部分输入信号和输出信号之间的关系。另外，模拟电子电路设计中要特别注意阻抗的匹配。

三、计算电路参数

为保证单元电路达到功能指标要求，在电路基本形式确定之后，运用模拟电子技术的理论知识，对各单元电路的有关元器件参数进行分析计算。例如放大电路，应根据增益或输出电压、输入电阻、输出电阻、通频带、失真度和稳定性等指标，计算电源电压、各电阻的阻值和功率、各电容器的容量及工作电压等参数。在进行元件参数计算时，应在正确理解电路原理的基础上，正确运用计算公式，有的可以采用近似计算公式。对于计算的结果还要善于分析，并进行必要的处理，然后确定元器件的有关参数。

计算电路参数时应注意下列问题：

1. 元器件的工作电流、电压、频率和功耗等参数应能满足电路指标的要求；

2. 元器件的极限参数必须留有足够充裕量，一般应大于额定值的 1.5 倍；

3. 对于环境温度、交流电网电压等工作条件应按最不利的情况考虑；

4. 选用的元器件参数值都必须采用计算值附近的标称值。

根据电路的需要、元器件的参数要求、供货渠道和使用的方便性等方面来选择元器件，一般优先选择集成电路。

四、选择元器件

在电子电路设计过程中，选择好元器件是很重要的一步。实践证明，电子电路的各种故障，往往以元器件的故障、损坏的形式表现出来。究其原因，并非都是元器件本身缺陷所造成的，而是由于元器件选用不当所致。因此，要多查资料，更多地了解元器件的性能、特点与使用要点。一般来说,选择元器件应考虑两个方面的问题。

1. 从具体问题和电路的总体方案出发,确定需要哪些元器件,每个元器件应具备哪些功能。在计算单元电路的参数时,应根据电路指标要求、工作环境等,确定所选元器件参数的额定值,并留有足够的富裕量,使其在低于额定值的条件下工作。

2. 在保证满足电路设计指标要求的前提下,尽可能减少元器件的品种和规格,以提高它们的复用率。要在仔细分析比较同类元器件在品种、规格、型号和制造厂商之间的差异后,选用便于安装、货源充足、价格低廉、信誉好、产品质量高的制造厂生产的元器件。在模拟电子电路设计中,有大量的模拟信号需要处理,如交、直流放大、线性检波、振荡、有源滤波、运算等,可以选用功能齐全的各类模拟集成电路,但是不要以为集成电路一定比分立元件好,有些功能简单的电路,选用分立元件会更方便。

3. 元器件选择时需注意以下三点:

(1) 阻容元器件的选择:不同的电路对电阻和电容的性能要求也不同,有些电路对电容的漏电要求很严;还有些电路对电阻、电容的性能和容量要求很高。例如,滤波电路中常用大容量(100～3000 μF)铝电解电容,为滤掉高频通常还需并联小容量(0.01～0.1 μF)瓷片电容。设计时要根据电路的要求选择性能和参数合适的阻容元器件,并要注意功耗、容量、频率和耐压范围是否满足要求。

(2) 分立元器件的选择:分立元器件包括二极管、晶体三极管、场效应管、光电二(三)极管、晶闸管等。根据其用途分别进行选择。例如,选择晶体三极管时,首先注意选择 NPN 型还是 PNP 型管,高频管还是低频管,大功率管还是小功率管,并且注意管子的参数是否满足电路设计指标的要求;

(3) 集成电路的选择:由于集成电路可以实现很多单元电路甚至整机电路的功能,所以选用集成电路来设计单元电路和总体电路既方便又灵活,它不仅使系统体积缩小,而且性能可靠,便于调试及运用。集成电路有模拟集成电路和数字集成电路之分。选择的集成电路不仅要在功能和特性上实现设计方案,而且还要满足功耗、电压、速度、价格等多方面的要求。

五、绘制电路图

完成上述各个步骤后,应画出总电路图,以便为电路的组装、调试和维护提供依据。当画出总体电路图后,还要注意仔细地全面地审图,找出错误或不合理的地方进行修改。在绘制电路图的过程中应注意以下几点:

1. 电路图中的信号流向,一般从输入端或信号源画起,由左到右、自下而上,按信号的流向依次画出各单元电路,而且要尽量画在同一张图上。如果电路比较复杂,也可分开画成几张图,但应把主电路图画在同一张图上,把一些相对独立或次要的部分画在另外的图上,并要适当标注。

2. 图形符号要标准,并加适当标注。元器件图形符号的排列方向应与图样的底边平行或垂直,尽量避免斜线排列。

3. 图中的每个元器件应写明其文字符号和主要参数,中大规模集成电路在电路图中一般只用框表示,但框中应标出其型号,框边线的两侧标出引脚编号及其功能名称。

4. 电路图的总体布局要合理,元器件和连线的排列必须均匀,连线画成水平线或竖线,在折弯处要画成直角。两条连线相交时,如果两线在电气上是相通的,则在两线的交点处要打上黑点。

5. 电路图画好后要仔细检查有无错误,特别是二极管的方向、有极性电容器的极性和电源的极性等容易发生错误的地方更要认真检查。

9.2 模拟电子电路制作基础

9.2.1 模拟电子系统电子电路图的识读

一、电子电路图的种类

在电子技术中,大量使用电气图来表示一项电气工程或一种装置的功能、用途、原理、安装和使用等内容。电气图的种类繁多,常用的有下列几种。

1. 系统图

系统图(或框图)是一种使用非常广泛的说明性图形,是用符号或带注释的框概略表示系统或分系统的基本组成、相互关系及其主要特征的一种图。它用来说明基本组成、相互关系、功能和特征。因为任何复杂的电路都是由若干个具有完整基本功能的单元电路组成的,它用简单的方框代表一组元器件、一个部件或一个功能单元电路,用它们之间的连线表达信号通过电路的途径或电路的动作顺序,具有简单明了的特点,对电路的全貌、主要组成部分及各级的功能等一目了然,因此,一般较复杂的电路图都附有框图说明。系统图或框图作为技术文件通常都排列在整个电气系统文件的前面,用作为绘制其较低层次的其他各种电气图(主要是电路图)的主要依据。

但框图只能说明机器的轮廓和类型以及大致工作原理,看不出电路的具体连接方法,也看不出元器件的型号与数值,所以,必须得有电路原理图。

2. 电路原理图

电路原理图也称电子线路图,是表示电路工作原理的,用图形符号绘制并按工作顺序排列,详细表示电路、设备或成套装置的全部基本组成部分和连接关系,而不考虑实际位置的一种简图。在电子技术中,电路原理图的用途很广。它为我们详细理解电路、仪器设备或成套装置及其组成部分的工作原理、分析和计算电路的特征、测试和寻找故障提供大量信息,并为编制接线图提供依据

3. 接线图

用图形符号表示电路、仪器设备或成套装置的内部、外部各连接关系的一种简图称为接线图。将简图的全部内容改用简表的形式表示,就成了接线表。接线图和接线表只是表达相同内容的两种不同形式,而两者的功能却是完全相同的。接线图和接线表既可单独使用,也可组合在一起使用。一般以接线图为主,接线表用作补充。

按照功能不同,接线图和接线表可分为以下几种:

(1) 单元接线图和单元接线表;

(2) 互连接线图和互连接线表;

(3) 端子接线图和端子接线表;

(4) 电缆配置图和电缆配置表。

接线图和接线表是进行安装接线、线路检查、维修和故障分析的主要依据。在实际应用中,接线图通常要和电路图、位置图对照使用,以确保接线无误或较快地寻找故障。

4. 印制电路板图

印制电路板由覆有铜箔的层压环氧塑料基板制成,它可将电路图中各有关图形符号之间的电气连接转变成所对应的实际元器件之间的电气连接,同时也起着结构支撑的作用。印制电路板是现代电子产品必不可少的器件,也是电气图中不可缺少的一部分内容。按照机械制图的分类方法,印制电路板图可分为印制电路板零件图和印制电路板装配图两类。

(1) 印制电路板零件图是用以表示导电图形、结构要素、标记符号、技术要求和有关说明的图样。单面印制电路板零件图可以用一个视图来表示,面向导电图形的一面按比例画成即可。双面印制电路板零件图包括主视和后视两个视图,在后视图的上方,应标注"后视"字样。当后视图上的导线图形能够在主视图上表示清楚时,也可以绘一个视图,但背面的导电图形因不可见,应用虚线画出。

(2) 印制电路板装配图是用于表示各种元器件和结构件等与印制板连接关系的图样。在印制电路板装配图中,应将有元器件的一面,画成视图形式。若印制电路板两面都有元器件时,主视图表示的应是有较多元器件的一面,另一面在图样上应有"后视"标记字样。

(3) 运用印制电路板的零件图和装配图,再结合相应的电路图,则可以方便地对该单元的线路进行检修维护或者寻找故障。

5. 逻辑图

在数字系统中,用以表示数字元器件逻辑功能的图形符号叫做逻辑图。逻辑图主要用二进制逻辑单元图形符号绘制,以表达可以实现一定目的的元器件的逻辑功能。其中器件可以是一种组件,也可以是几个组件的组合。逻辑图可分为理论逻辑图和工程逻辑图。只表示功能而不涉及实现方法的逻辑图称为理论逻辑图(亦称为纯逻辑图),它是进一步绘制工程逻辑图的依据。由于理论逻辑图不涉及实现逻辑功能的元器件,只能反映逻辑状态,而不能反映逻辑电平,因而也不涉及逻辑约定的问题。所以理论逻辑图不能用极性指示符号来绘制,而只能用逻辑"非"符号来描述。但理论逻辑图正因如此,而可在一个逻辑单元的图形符号上安排任意多的输入和输出端。工程逻辑图(亦称详细逻辑图)也是用二进制逻辑单元图形符号绘制的一种简图。但由于它不仅要表明数字系统的逻辑功能、逻辑关系和工作原理,而且要确定用以实现其逻辑功能的元器件的产品型号,各元器件间的连接,未使用单元的处理及某些单元多余输入端的处理及一些与工程相关的问题。工程逻辑图是数字系统产品的生产、检验、调试、使用和维修的基本技术文件。

二、电子技术读图的一般方法

所谓读图是指在认识图形符号和掌握电子技术基础理论知识的前提下,利用读图一般方法,对图形所描述的功能、特点、工作原理等逐一分析与理解,掌握图中所绘出的全部信息。

1. 弄清功能、划分方框——看懂与电路图对应的系统图

系统图或框图是用符号或带注释的框,概略地表示系统或分系统的基本组成、相互关系及主要特征的一种简图,读电路图时,可利用系统图(或框图)作为参考。如分析半导体收音机电路图时,可根据无线电基本知识,将其分解为基本单元电路,如:共射电路、共基电路、射极跟随器、振荡器、检波器及开关电路等,再根据其基本单元的功能,将整个电路分别用功能方框和单线联系起来。

如果手头没有系统图(或框图),读图时则可根据整个电路的作用,从电路中三极管和集成电路器件入手,找出其所构成的各基本单元电路,并由此推至整个电路,弄清功能、划分方框。

2. 化繁为简、突出重点——找出核心单元电路和关键点

对复杂电路的分析,要善于抓住其核心单元电路和关键点。在电子线路中,通常把三极管和集成电路作为电路的核心,围绕引出脚来分析外围元件的作用。要善于看出各基本单元电路的公共部分,电源端和参考电位。要善于抓住电路的输入和输出两头。要注意了解清楚集成电路各引出脚的功能、用途和去向及外接可调元件(电位器、可调磁芯和电容器等)的作用。这样才能简化繁杂电路,找出核心单元电路。图中往往标出 IC 各脚的对地电压、电阻和测试关键点波形图以及晶体管各工作电压、电流的数值,这些都会对分析电路原理和故障原因有很大的帮助。

3. 从静到动、逐级分析——明确电路的工作状态

在各单元电路中,通常都把三极管和集成电路作为电路的核心。依据晶体管的工作原理可知,直流(静态工作点)是放大的基础,交梳(信号)是放大的对象,交直流相辅相成,两者共存于同一电路中才能实现放大功能。

此外,直流通常是指无信号输入时的偏置电流和电压。应通过读图看出,无论是晶体管还是集成电路,它们对电源(或对地)都必须存在直流通路,否则就不能进行正常的放大。交流通常就是指信号(变化量)的动态工作情况。在模拟电路中先要善于分析清楚各级电路的静态工作点,后要善于区分高、中、低频信号的通路和流向,顺着不同频率信号的流程,逐级弄清各自的来龙去脉。在数字电路中亦然。

4. 从头到尾、联系整体——归纳、总结全电路的工作原理和特性

当局部电路分析清楚以后,再根据信号流程,从电路图的输入端起逐步与输出端贯穿起来,理清信号的传递流程及类别,以便对整个电路的原理与功能有一个完整的正确认识。

5. 注意电路图中的接地线

在识读电子电路图时要明确接地线的概念,电路图中的接地线,对电路而言只是一个共用的参考点,并非真正意义上的接地,这和电子设备的外壳接地是两个完全不同的概念。

为了对电路进行分析。我们将这个共用参考点(接地线)的电位看做 0 V,电路中其他各点电位(电压,下同)的高低都是以这一参考点为基准的。电路图中所标注各点电压的数值都是相对于接地端的大小。

在一些电子设备中,存在着"热地"与"冷地"之分,即"电源地"和"信号地"。例如彩色电视机、计算机显示器等,这些电子设备由于采用了串联型开关电源,省去了与电网起隔离作用的电源变压器,所以,电网输入的 220 V 交流电压直接与整流电路相连,这样就会导致底板带电(俗称热底板,简称热板),当不慎触摸到底板时,220 V 交流电将会通过人体与大地形成回路,造成触电事故。

若采用并联型开关电源,利用开关变压器实现整机与交流电网的隔离,此类底板称为"冷底板",简称冷板。但是,开关变压器初级绕组及其相关电路仍没有被隔离(也无法实施隔离),这部分就属于热底板而依然带电,检修这部分电路时仍应注意安全。这一部分的接

地就被称为"电源地",而整机其他接地点就称为"信号地"。

9.2.2 印刷线路板的设计与制作

一、印制电路板基本知识

1. 印制电路板简介

印制电路板(Printed Circuie Board)或印制线路板简称为印制板或PCB。通常把在绝缘材料上,按预定设计,制成印制线路、印制元件或两者组合而成的导电图形称为印制电路。而在绝缘基材上提供元器件之间电气连接的导电图形,称为印制线路。这样就把印制电路或印制线路的成品板称为印制线路板,亦称为印制板或印制电路板。在制成最终产品时,其上会安装集成电路、电晶体、二极管、被动元件(如:电阻、电容、连接器等)及其他各种各样的电子零件。因此,印制电路板是一种提供元件连结的平台,用以承接联系零件的基础。在电子整机设备中由于采用了印制电路板,避免了人工接线的差错,实现了自动插装、焊接和检测。从而保证了电子整机产品的质量和可靠性,还提高了劳动生产率,降低了生产成本,方便了维修。

2. 印制电路板分类

(1) 单面板:仅一面上有导电图形的PCB叫做单面板。单面板在设计线路上有许多严格的限制。因为只有一面,布线间不能交叉而必须绕独自的路径。

(2) 双面板:两面都有导电图形的PCB。

(3) 多面板:有三层或三层以上导电图形和绝缘材料层压合成的PCB。

二、印制电路板的设计原则

1. 印刷电路板图设计的基本原则要求

(1) 印刷电路板的设计概述

从确定板的尺寸大小开始,印刷电路板的尺寸因受机箱外壳大小限制,以能恰好安放在外壳内为宜,其次,应考虑印刷电路板与外接元器件(主要是电位器、插口或另外印刷电路板)的连接方式。印刷电路板与外接组件一般是通过塑料导线或金属隔离线进行连接。但有时也设计成插座形式。即:在设备内安装一个插入式印刷电路板要留出充当插口的接触位置。对于安装在印刷电路板上的较大的组件,要加金属附件固定,以提高耐振、耐冲击性能。

(2) 布线图设计的基本方法

首先需要对所选用组件器及各种插座的规格、尺寸、面积等有完全的了解;对各部件的位置安排作合理的、仔细的考虑,主要是从电磁场兼容性、抗干扰的角度,走线短,交叉少,电源、地的路径及去耦等方面考虑。各部件位置定出后,就是各部件的联机,按照电路图连接有关引脚,完成的方法有多种,印刷线路图的设计有计算机辅助设计与手工设计方法两种。

最原始的是手工排列布图。这比较费事,往往要反复几次,才能最后完成,这在没有其它绘图设备时也可以,这种手工排列布图方法对刚学习印刷板图设计者来说也是很有帮助的。计算机辅助制图,现在有多种绘图软件,功能各异,但总的说来,绘制、修改较方便,并且可以存盘贮存和打印。

接着,确定印刷电路板所需的尺寸,并按原理图,将各个元器件位置初步确定下来,然后

经过不断调整使布局更加合理,印刷电路板中各组件之间的接线安排方式如下:

① 印刷电路中不允许有交叉电路,对于可能交叉的线条,可以用"钻"、"绕"两种办法解决。即,让某引线从别的电阻、电容、三极管脚下的空隙处"钻"过去,或从可能交叉的某条引线的一端"绕"过去,在特殊情况下如果电路很复杂,为简化设计也允许用导线跨接,解决交叉电路问题。

② 电阻、二极管、管状电容器等组件有"立式","卧式"两种安装方式。立式指的是组件体垂直于电路板安装、焊接,其优点是节省空间,卧式指的是组件体平行并紧贴于电路板安装、焊接,其优点是组件安装的机械强度较好。这两种不同的安装组件,印刷电路板上的组件孔距是不一样的。

③ 同一级电路的接地点应尽量靠近,并且本级电路的电源滤波电容也应接在该级接地点上。特别是本级晶体管基极、发射极的接地点不能离得太远,否则因两个接地点间的铜箔太长会引起干扰与自激,采用这样"一点接地法"的电路,工作较稳定,不易自激。

④ 总地线必须严格按高频-中频-低频一级级地按弱电到强电的顺序排列原则,切不可随便翻来复去乱接,级与级间宁肯可接线长点,也要遵守这一规定。特别是变频头、再生头、调频头的接地线安排要求更为严格,如有不当就会产生自激以致无法工作。

⑤ 强电流引线(公共地线,功放电源引线等)应尽可能宽些,以降低布线电阻及其电压降,可减小寄生耦合而产生的自激。

⑥ 阻抗高的走线尽量短,阻抗低的走线可长一些,因为阻抗高的走线容易发射和吸收信号,引起电路不稳定。电源线、地线、无反馈组件的基极走线、发射极引线等均属低阻抗走线,射极跟随器的基极走线、收录机两个声道的地线必须分开,各自成一路,一直到功效末端再合起来,如两路地线连来连去,极易产生串音,使分离度下降。

2. 印刷板图设计的注意事项:

(1) 布线方向:从焊接面看,组件的排列方位尽可能保持与原理图一致,布线方向最好与电路图走线方向相一致,因生产过程中通常需要在焊接面进行各种参数的检测,故这样做便于生产中的检查,调试及检修(注:指在满足电路性能及整机安装与面板布局要求的前提下)。

(2) 各组件排列符合分布合理和均匀,整齐,美观,结构严谨的工艺要求。

(3) 电阻,二极管的放置方式:分为平放与竖放两种:

① 平放:当电路组件数量不多,而且电路板尺寸较大的情况下,一般是采用平放较好;对于1/4W以下的电阻平放时,两个焊盘间的距离一般取 4/10 英寸,1/2W 的电阻平放时,两焊盘的间距一般取 5/10 英寸;二极管平放时,1N400X 系列整流管,一般取 3/10 英寸;1N540X 系列整流管,一般取 4~5/10 英寸。

② 竖放:当电路组件数较多,而且电路板尺寸不大的情况下,一般是采用竖放,竖放时两个焊盘的间距一般取 1~2/10 英寸。

(4) 电位器、IC 座的放置原则

① 电位器:电位器安放位置应满足整机结构安装及面板布局的要求,因此应尽可能放在板的边缘,旋转柄朝外。

② IC 座:设计印刷板图时,在使用 IC 座的场合下,一定要特别注意 IC 座上定位槽放置的方位是否正确,并注意各个 IC 脚位是否正确,例如第 1 脚只能位于 IC 座的右下角线或者

左上角,而且紧靠定位槽(从焊接面看)。

(5) 进出接线端布置

① 相关联的两引线端不要距离太大,一般为2~3/10英寸左右较合适。

② 进出线端尽可能集中在1至2个侧面,不要太过离散。

(6) 设计布线图时要注意管脚排列顺序,组件脚间距要合理。

(7) 在保证电路性能要求的前提下,设计时应尽量走线合理,少用外接跨线,并按一定顺序要求走线,力求直观,便于安装,高度和检修。

(8) 设计布线图时走线尽量少拐弯,力求线条简单明了。

(9) 布线条宽窄和线条间距要适中,电容器两焊盘间距应尽可能与电容引线脚的间距相符。

(10) 设计应按一定顺序方向进行,例如可以由左往右和由上而下的顺序进行。

(三) 印制电路板的制作

印制电路板的制作分为专业制作与两种方式。专业制作适用于设计出来的印制电路板图要进行大批量的生产,由印制板专业厂家来生产(简称为专业制作);手工制作适用于在实验阶段和样品生产,或者不要求较高的制作精度时,可以考虑手工制作印制电路板或者借助相对较简单的设备来制作印制板,以降低成本。

1. 印制电路板制作的基本步骤与方法

(1) 制作印制电路板的基本过程:

首先在敷铜板上画好电路图形,再将要保留的部分涂上抗腐材料,然后放到腐蚀液中腐蚀掉多余的铜,最后除去抗腐蚀材料、钻孔、涂助焊剂即可作为焊接电路元件使用了。

(2) 印制电路板的手工制作过程

① 选择敷铜板,清洁板面

② 复制印制电路图案

③ 描板

④ 腐蚀电路板

⑤ 修板

⑥ 钻孔

⑦ 涂助焊剂

(3) 印制电路板的专业制作过程

① 落料:按板图的形状和尺寸进行下料。

② 钻孔

③ 清洗:用化学方法清洗板面的油腻及化学层。

④ 网印:丝网漏印法是在丝网上粘附一层漆膜或胶膜,然后按技术要求将印制电路图制成镂空图形,漏印时只需将覆铜板在底板上定位,将印刷料倒在固定丝网的框内,用橡皮板刮压印料,使丝网与覆铜板直接接触,即可在覆铜板上形成由印料组成的图形,漏印后需烘干、修板。

⑤ 电镀:为了提高板子的电气性能,确保电气连通。

⑥ 腐蚀:用塑料泵将腐蚀液送到喷头,喷成雾状微粒,并高速喷淋到覆铜板上,对印制板进行腐蚀。

⑦热熔

⑧涂助焊剂。

9.2.3 焊接工艺

一、焊接标准

1. 金属表面焊锡充足,焊点要有足够的机械强度,保证被焊件在受振动或冲击时不致脱落、松动。不能用过多焊料堆积,这样容易造成虚焊、焊点与焊点的短路。

2. 焊接可靠,具有良好导电性,必须防止虚焊。虚焊是指焊料与被焊件表面没有形成合金结构,只是简单地依附在被焊金属表面上。

3. 焊点表面要光滑、清洁,焊点表面应有良好光泽,不应有毛刺、空隙,无污垢,尤其是焊剂的有害残留物质,要选择合适的焊料与焊剂。

二、焊接的基本操作方法

电气工程实践中焊接技术是一项基本功,焊接技术可以归纳为下列流程:

1. 锡焊前的准备工作:焊接前的准备包括焊接部位的清洁处理,焊料和工具的准备。

锡焊前焊件表面的任何污垢、杂质和氧化膜都必须清除,否则难以保证焊接质量。首先用砂纸或用利器将焊件表面的氧化物及污垢处理干净,使焊件露出金色光泽,将处理好的焊件放置在有松香的烙铁板上,然后用烧热的烙铁头沾上锡,在焊件表面均匀地涂上一层锡,良好的镀层应均匀发亮,无颗粒及凸凹不平现象。

2. 手工锡焊的操作:

焊接时,工具要放整齐,电烙铁要拿稳,保持烙铁头的清洁。

(1) 五步操作法

①准备施焊:一手拿电烙铁,一手拿焊锡,处于可施焊状态。这时要注意电烙铁的握法、焊丝的拿法以及焊接操作姿势。

②加热焊接点:将电烙铁放置于焊件与焊盘形成的直角处,烙铁头加热焊接部位,使连接点的温度加热到焊接需要的温度。加热时烙铁头和连接点要有一定的接触压力,并要注意加热整个焊接部位。

③送入焊丝:当加热到一定温度后,即可在烙铁头和焊接点的结合部位加上适当的焊料。焊料融化后,用烙铁头将焊料移动一个距离,以保证焊料覆盖整个焊接部位。

④移开焊丝:在焊接点上的焊料适量后,应迅速移开焊锡丝。

⑤移开电烙铁:在焊接点上的焊料接近饱满,焊锡丝充分浸润焊盘和焊件,焊锡最光亮,流动性最强时,及时移开电烙铁。

移开电烙铁有讲究,移开的时间、方向和速度直接影响焊接点的质量和外形美观。正确的操作是:电烙铁沿焊点的水平方向移动,在将要离开焊点时,快速往回带一下,然后再迅速离开焊接点(完成焊接全过程所用时间约 3~5 s)。

(2) 三步操作法(用于热容量小的焊件)

① 准备施焊(同上)

② 加热焊件和送入焊锡丝:电烙铁放置在焊件处,立即送入焊锡丝。

③ 移开焊锡,移开电烙铁:当焊料在焊点处充分扩散后,移开焊锡丝的同时也移开电

烙铁。

3. 冷却焊点和清洁焊面

(1) 冷却焊点：当焊料和烙铁头离开连接点(焊点)后,焊点要自然冷却,严禁用嘴吹或其他强制冷却的方法。在焊料凝固过程中不受到任何外力的影响而改变位置。

(2) 清洁焊面：检查焊点质量合格后,用工业酒精把焊剂清洗干净,进行导线焊接部位绝缘层的恢复。

注意：焊接时一定要掌握好焊接的温度和时间。

4. 拆焊技术

在安装与调试过程中,会出现错焊或更换元器件的情况,这时必须采用拆焊技术。在进行拆焊时,应既要保证不破坏印刷电路板,还要使拆焊下来的元器件不失效。

一般电阻、电容、晶体管等分立元器件,可以直接用电烙铁拆焊。拆焊可通过下面的步骤来完成。

(1) 将印刷板竖立起来夹住。

(2) 一手用电烙铁加热待拆元器件的引脚焊点,另一手用镊子夹住元器件、并轻轻拉出(镊子还可以起到散热和保护元件的作用)。

重新焊接时、先将镊子尖放置在焊孔的内径上,待电烙铁加热熔化锡焊时,再用镊子尖扎通焊孔,再将元器件重新焊接。

注意：进行拆焊操作时最好使用吸锡电烙铁。这样做既可以拆下待换的元件,又可使焊孔不被堵塞。

5. 焊接操作注意事项

(1) 检查电烙铁有无漏电情况：用万用表 $R×1$ k 挡及 $R×10$ k 挡测量插头和外壳之间的电阻,测得 $R=\infty$,说明没有漏电现象。再用 $R×100$ Ω 挡,测量插头两端电阻,如 30 W 的电烙铁,因为 $R=\infty$,如 $U=220$ V,$P=30$ W,应测得 $R=1.6$ kΩ 左右,则电烙铁芯良好,可以使用。

(2) 不要用烙铁头作为载焊料的工具,因为烙铁头温度一般都在 300℃ 左右. 焊锡丝中的焊剂在高温下容易分解失效。

(3) 当焊点的焊锡凝固前不要使焊件移动或振动,更不要为了加快冷却而用嘴去吹焊点,否则会影响焊接质量产生虚焊点。

(4) 为了保证焊点的质量,必须保持烙铁头的清洁,做到焊接过程中随时擦去烙铁头的松香渣等杂质,其方法是把烙铁头的焊接面在湿抹布或海绵上来回擦几次。

9.3 模拟电子系统设计制作实例

9.3.1 项目1:直流稳压电源

一、目的

1. 掌握直流稳压电源的设计方法。
2. 掌握对自行制作的稳压电源会进行调试的方法。
3. 掌握根据测试结果对安装电路进行故障分析的方法。

二、主要仪器与设备

1. 指针式万用表一台
2. 双踪示波器一台
3. 自耦调压器一台
4. 常用电子安装工具一套

三、步骤与内容

1. 实训原理

电子设备一般都需要直流电源供电。这些直流电除了少数直接利用干电池和直流发电机外,大多数是采用把交流电(市电)转变为直流电的直流稳压电源。

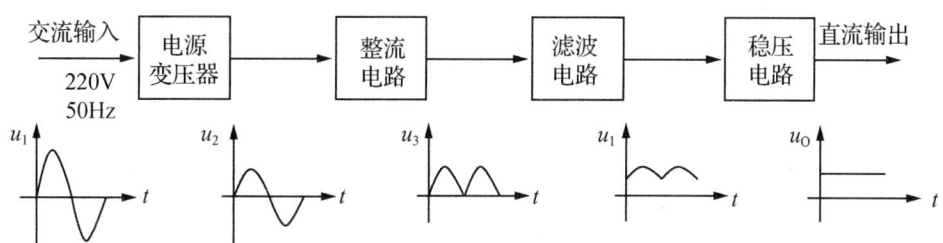

图 9-1 直流稳压电源框图

直流稳压电源由电源变压器、整流、滤波和稳压电路四部分组成,其原理框图如图 9-1 所示。电网供给的交流电压 u_1(220 V,50 Hz)经电源变压器降压后,得到符合电路需要的交流电压 u_2,然后由整流电路变换成方向不变、大小随时间变化的脉动电压 u_3,再用滤波器滤去其交流分量,就可得到比较平直的直流电压 u_I。但这样的直流输出电压,还会随交流电网电压的波动或负载的变动而变化。在对直流供电要求较高的场合,还需要使用稳压电路,以保证输出直流电压更加稳定。

图 9-2 是由分立元件组成的串联型稳压电源的电路图。这种串联型直流稳压电源由整流滤波、基准电压、取样电路、比较放大电路和调整器件等五部分组成。

(1) 整流滤波电路:由二极管 $D_1 \sim D_4$ 和电容器 C_1 组成,它为稳压电路提供了一个波形比较平滑的直流输入电压。

(2) 基准电压:由电阻器 R_3 和稳压二极管 D_Z 组成,其中 R_3 是 D_Z 的限流电阻。

（3）取样电路：由电阻器 R_1、R_2 组成，将输出电压变化量的一部分取出，加到晶体管 T_2 的基极。

（4）比较放大电路：由电阻器 R_C 和晶体管 T_2 组成。

（5）调整器件：由复合管 T_1 构成。

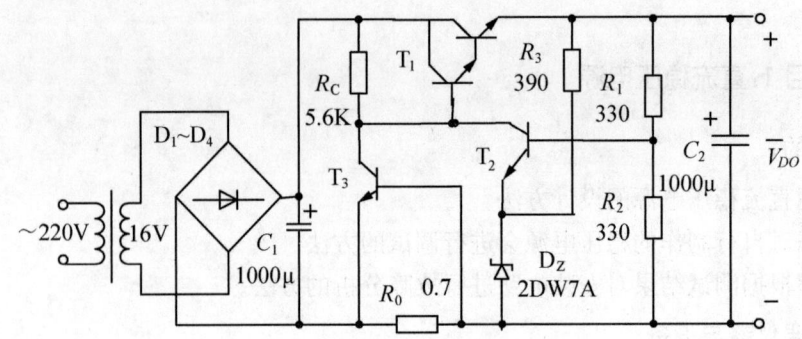

图 9-2 串联型稳压电源电路图

稳压过程分析如下：

（1）负载 R_L 不变，电网电压变化时，其稳压过程如下：

由于电网电压变化使输入电压 $\overline{V}_{DI}$ 发生变化，假如 $\overline{V}_{DI}$ 增大，输出电压 $\overline{V}_{DO}$ 随之增大。此时取样电阻 R_2 的电压也增大。因为 T_2 发射极接有稳压管 D_Z，而 D_Z 上的电压是不变的，所以 T_2 发射结的电压增大，基极电流 I_{B2} 增大，集电极电流 I_{C2} 随之增大。R_C 上的压降 V_{RC} 也因之增大，从而使 T_2 集电极电位 V_{C2} 也就是 T_1 的基极电位 V_{B1} 下降。由于 T_1 的射极跟随作用，使得 V_{E1}（即 $\overline{V}_{DO}$ 下降），抵消了 $\overline{V}_{DI}$ 增大对 $\overline{V}_{DO}$ 的影响。达到了维持输出电压恒定的目的。上述过程可以表述为：

$$\overline{V}_{DI}\uparrow \to \overline{V}_{DO}\uparrow \to V_{B2}\uparrow \to I_{B2}\uparrow \to I_{C2}\uparrow \to V_{C2}\downarrow \to V_{B1}\downarrow \to V_{E1}\downarrow \to \overline{V}_{DO}\downarrow$$

当 $\overline{V}_{DI}$ 下降时，情况正好相反，也可起到稳压作用。

可见，稳压电路能使输入电压变化引起的输出电压变化减小，这种功能称为电压调整作用。其性能优劣通常用稳压系数 S_r 来量度。S_r 越小，表明同样输入电压变化所对应的输出电压变化越小，稳压效果越好。

（2）输入电压不变，负载 R_L 变化时的情况分析：

$\overline{V}_{DI}$ 不变，当 R_L 改变时，输出电流 $\overline{I}_{DO}=\overline{V}_{DO}/R_L$ 随之变化，因稳压电源内阻上压降要改变，所以引起 $\overline{V}_{DO}$ 变化。

假设 R_L 增大，$\overline{I}_{DO}$ 随之减小使输出电压 $\overline{V}_{DO}$ 增大，这样便发生和前面相同的调整过程

$$R_L\uparrow \to \overline{I}_{DO}\downarrow \to \overline{V}_{DO}\uparrow \to V_{B2}\uparrow \to I_{B2}\uparrow \to I_{C2}\uparrow \to V_{C2}\downarrow \to V_{B1}\downarrow \to \overline{V}_{DO}\downarrow$$

同理，当 R_L 减小时，由于 $\overline{I}_{DO}\uparrow$ 引起的 $\overline{V}_{DO}\downarrow$ 也可得到调整结果使输出电压恒定。稳压电路对负载引起输出电压变化的调整作用称为对负载的调整作用，其性能优劣用内阻来量度。

$$r_o=\left|\frac{\Delta \overline{V}_{DO}}{\Delta \overline{i}_{DO}}\right. \text{（当 }\overline{V}_{DI}=\text{常数时）}$$

r_o 越小,表明同样的负载电流变化($\Delta \bar{I}_{DO}$),引起输出电压变化($\Delta \bar{V}_{DO}$)越小,稳压效果越好。

通过上述分析可知:串联型稳压电源的稳压过程是一个闭环负反馈调整过程,输出电压的变化量就是误差信号。当输入电压或负载电流引起输出电压变化时,这个变化通过取样电阻按比例取出,经比较放大器放大后反方向送回调整管的基极,控制调整管抵消原来的影响,达到稳定输出电压的目的。

2. 电路元器件选择

(1) 变压器次级电压计算

为保证调整管不饱和,则 $\bar{V}_{DI\,min}$ 应满足

$$\bar{V}_{DI\,min} - \bar{V}_{Do\,max} > (1.5 \sim 2)V_{CES}$$

本例取 $2V_{CES}=4\text{ V}$,则 $\bar{V}_{DI\,min} > \bar{V}_{Do\,max} + 2V_{CES} = 16\text{ V}$

根据全波整流电路 V_2 与滤波输出电压 $\bar{V}_{DI}$ 的关系:$\bar{V}_{DI} = 1.2\,V_2$ 再考虑电网电压变化值:

$$\bar{V}_{DI\,min} = 1.2\,V_{2\,min} = 1.2(1-10\%)V_2 = 1.08\,V_2$$

$$\therefore V_2 = \frac{\bar{V}_{DI\,min}}{1.08} \approx 16\text{ V}$$

(2) 整流管 $D_1 \sim D_4$

∵ 在桥整流电路中,流过每一只二极管的电流是负载电流一半,考虑到过流最大值

$$\therefore I_D = 0.5\,I_{Lmax} = 0.5(1.5 I_L) = 375\text{ mA}$$

考虑到电网电压最大值,每只管上最大反向电压为:

$$V_{RM} = \sqrt{2}\,V_{2max} = \sqrt{2}(1+10\%)V_2 = 25\text{ V}$$

选用 2CZ54B,其参数为:$I_D = 0.5\text{ A}$ $V_{RM} = 50\text{ V}$ 满足要求。

(3) 滤波电容

整流电路的滤波电容根据 $C = \dfrac{I_C \times t}{\Delta V_C}$

I_C 为电容放电电流,可取最大负载 $I_L = 0.5\text{ A}$

t 放电时间,桥式整流为交流电半周期 $1/100$ 秒

ΔV_C 为滤波电容在平均值上下的总波动量,一般取 $\pm 2\text{ V}$ 左右。本题负载电流较大取 $\pm 2.5\text{ V}$,则总波动量 $\Delta V_C = 5\text{ V}$

$$\therefore C_1 = \frac{I_C \times t}{\Delta V_C} = \frac{0.5 \times \dfrac{1}{100}}{5} = 1000\,\mu\text{F}$$

电容的最大反向电压 $V_{C\,max} = \sqrt{2}\,V_2 \cdot 1.1 = 25\text{ V}$,取 $C_1 = C_2 = 1000\,\mu\text{F}$ 耐压 25 V 即满足要求。

(4) 选择调整管 T_1, T_1'

若保证调整管 T 在最不利的情况下仍能正常工作,则调整管的击穿电压 V_{CEO} 满足下列条件

$$BV_{CEO} \geqslant (\bar{V}_{DI\,max} - \bar{V}_{Do\,min}) = \bar{V}_{DI\,max} = 25\text{ V}(过流保护时可能出现 \bar{V}_{Do} = 0)$$

$$I_{CM} > 1.5 I_L = 750\text{ mA}$$

最大耗散功率:$P_{CM} > 1.5 I_L (\bar{V}_{DI\,min} - \bar{V}_{Do\,min}) = 1.5 \times 0.5 \times (25-12) = 9.8\text{ W}$

查手册选型号为 DD01 的三极管,其参数为:$BV_{CEO} \geqslant 30$ V,$I_{CM} = 1.5$ A,$P_{CM} = 15$ W。在考虑输出负载为 0 时流过调整电流很大的情况,所以应考虑使用复合管,复合管的放大倍数 $\beta = \beta_1 \times \beta_1'$。

(5) 采样电阻计算

采样电阻的选取,应使 R_1、R_2 上电流 I_R 满足 $I_{B2} \leqslant I_R < \dfrac{I_L}{10}$

取 $I_R = 18$ mA $R_1 + R_2 = \dfrac{\overline{V}_{DO}}{I_R} = 667$ Ω

由 $n = 0.5 = \dfrac{R_1}{R_1 + R_2}$ 得 $R_1 = R_2 = 334$ Ω 取 $R_1 = R_2 = 330$ Ω

(6) 确定基准电压

为了提高稳定度,取样分压比一般取(0.5~0.8),由 $\overline{V}_{Do} = V_Z/n = 12$ V 可知,V_Z 应在 6~9.6 V 间,为了减小 V_Z 随温度的变化,采用温度系数小的稳压管为好,因此选用 6 V 的稳压管,此时 $n = 0.5$。选用 2DW7A 其参数为:$V_Z = 5.8 \sim 6.6$ V,$I_Z = 10$ mA,$I_{ZM} = 30$ mA 满足要求。

取稳压管工作电流 $I_Z = 15$ mA

则 $R_3 = \dfrac{\overline{V}_{DO} - V_Z}{I_Z} = \dfrac{(12-6) \text{V}}{15 \text{ mA}} = 400$ Ω 取 390 Ω

(7) 比较放大器元件计算

由于 T_2 功耗不大,一般小功率管均能满足要求,尽量取 β 值大些,r_{be} 小些的管子以提高放大器的增益,选 3DG6,实测 $\beta = 100$,$r_{be} = 2.5$ kΩ

∵ $I_{B1\max} = I_{L\max}/(\beta_1 \times \beta_1') = 0.08$ mA,$I_{C2} = 2I_{B1\max}$ 很容易满足,但为防止 T_2 工作在截止区取 $I_{C2} = 1.2$ mA

则 $R_C = (\overline{V}_{DI} - \overline{V}_{Do})/I_{C2} = 5.8$ K 取 $R_C = 5.6$ K

(8) 保护电路参数

T_3 选 3DG6 穿透电流小的,以减少对稳压电路正常工作的影响。

$$R_O = V_{BE3}/I_L\max = \dfrac{0.5}{0.75} = 0.7 \text{ Ω}$$

3. 直流稳压电源的安装

(1) 根据上述计算列出元器件明细表,配齐元器件;并应用 Multisim/Proteus 对所设计直流稳压电源电路完成电子电路仿真。

(2) 用万用表检测各元器件的性能和好坏,并消除元器件引脚处的氧化层。

(3) 完成印刷电路板的制作。

(4) 在自行做好的印刷电路板上安装元件、并进行焊接。

4. 直流稳压电源的调试

调试前需要注意,认真检查元器件是否有错接、漏接,极性是否接反,有无短路。焊接是否有漏焊、虚焊等。确认无误后接通电源进行调试。

调试时电源输入端接自耦调压器,输出端接滑线电阻器做负载。

调试从电网电压变化输出是否稳定和负载变化输出是否稳定两方面进行调试。结果符合要求,便可测量电源的技术指标。

(1) 测稳压系数 S_r：调自耦调压器使输入电压为 220 V，再调滑线电阻器，使输出电压 $\overline{V}_{DO}=12$ V，输出电流 $I_L=0.5$ A。再调自耦调压器模拟电网电压变化±10%即使输入电压分别为 242 V 和 198 V 测出相应的 $\overline{V}_{DO}$ 按 $S_r = \dfrac{\Delta \overline{V}_{DO}}{\Delta \overline{V}_{DI}} \dfrac{\overline{V}_{DI}}{\overline{V}_{DO}}$ (R_L 为常数)计算稳压系数。

(2) 测内阻 r_o：保持输入电压为 220 V，在输出电流分别为 0.5 A 行 0 A 时，测出相应的输出电压 $\overline{V}_{DO}$，按 $r_o = \left|\dfrac{\Delta \overline{V}_{DO}}{\Delta \overline{i}_{DO}}\right|$ （当 $\overline{V}_{DI}$ = 常数时）计算稳压电源的内阻。

四、准备及预习要求

1. 复习和总结归纳本课程中关于直流稳压电源的理论分析部分知识，为完成本项目实训任务奠定良好基础。
2. 查阅电子工艺中关于电阻、电容、二极管、三极管等元器件的选择和检测方法。
3. 熟悉电子电路的焊接方法及电烙铁的使用，焊接电路前做好必要的焊接练习。
4. 熟练利用 Multisim/Proteus 软件进行电子电路仿真的方法，串联型直流稳压电源电路设计完成后应首先进行电路仿真。

五、注意事项

1. 对于取样环节和基准电压环节中使用的电阻，要选用金属膜电阻。
2. 不可以出现虚焊和漏焊现象。
3. 测量电压时，万用表必须选用适宜的量程，测量直流值时正、负极性不能接反。
4. 操作时要注意安全。

六、思考题

1. 总结直流稳压电源的设计方法及元件选择。
2. 叙述印刷电路板的制作过程。
3. 根据自己实训过程，说明直流稳压电源安装及调试步骤。
4. 写出实训心得。

9.3.2 项目2：半导体调幅收音机

一、目的

1. 会分析收音机电路图；对照收音机原理图能看懂印制电路版图和接线图。
2. 认识电路图上的各种元器件符号，并与实物相对照；会测试各种元器件的主要参数。
3. 掌握按照工艺要求进行产品的安装和焊接的方法。
4. 掌握按照技术指标对产品进行调试的方法。

二、主要仪器与设备

1. 标准超外差式六管中波段调幅收音机套件一套
2. 指针式万用表一块
3. 焊接工具一套
4. 无感起子，十字起子各一把

三、步骤与内容

1. 超外差式收音机基本原理

所谓超外差式,就是通过输入回路先将电台高频调制波接收下来,和本地振荡回路产生的本地信号一并送入混频器(利用晶体管的非线性作用导致混频的结果产生许多新的频率),再经中频回路进行频率选择,得到一固定的中频载波(如:调幅中频国际上统一为465 kHz或455 kHz)调制波,这个过程称为变频。

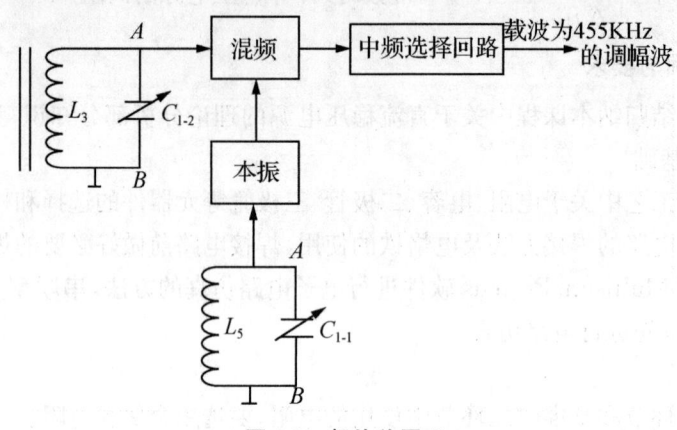

图 9-3 超外差原理

超外差的实质就是将调制波不同频率的载波,变成固定的且频率较低的中频载波(简称中频)。在广播、电视、通讯领域,超外差接收方式被广泛采用,如图 9-3。通过变频,将所要收听的电台的高频信号变成另外一个预先确定好的频率,然后再进行中频放大和检波。

由于谐振回路谐振频率 $f=\dfrac{1}{2\pi\sqrt{LC}}$,$f$ 与 C 不成线性变化,因此必须有补偿电容对其特性进行修正,以获得在收听范围内 f 与 C 近似成线性变化,保证 $f_{本振}-f_{信号}=f_{中频}$ 为一固定中频信号。超外差方式使接收的调制信号变为统一的中频调制信号,在作高频放大时,就可以得到稳定且倍数较高的放大,从而大大提高收音机的品质。

比较起来,超外差式收音机具有以下优点:接收高低端电台(不同载波频率)的灵敏度一致;灵敏度高;选择性好(不易串台)。超外差式收音机包括调频与调幅两种,本项目仅介绍调幅式超外差式收音机的组成、原理、安装与调试方法。

2. 中夏牌 S66D(E)型收音机电路组成及原理

图 9-4 是中夏 S66D 型收音机的原理电路图。为了分析方便,它的工作过程可以画成方框图,如图 9-5。

第 9 章 模拟电子系统综合实践指导

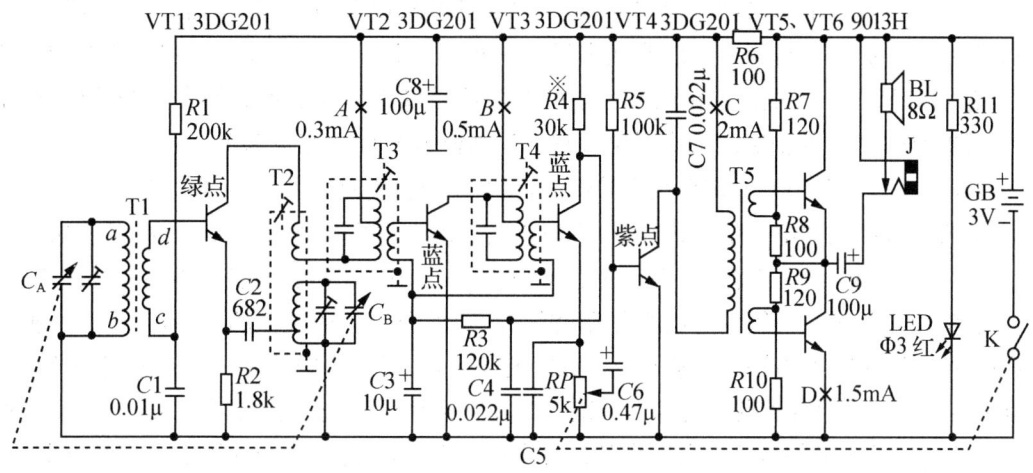

图 9-4 S66D 电路原理图

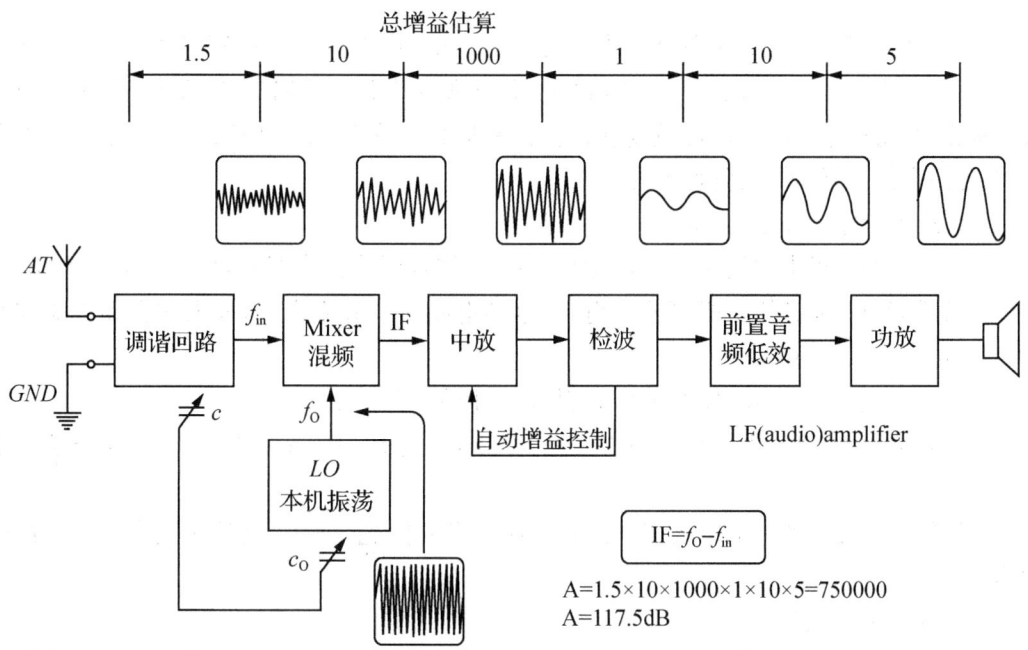

图 9-5 S66D 组成框图

（1）输入调谐电路

输入调谐电路由双连可变电容器的 C_A 和 T_1 的初级线圈 L_{ab} 组成，是一并联谐振电路，$T1$ 是磁性天线线圈，从天线接收进来的高频信号，通过输入调谐电路的谐振选出需要的电台信号，电台信号频率是 $f = \dfrac{1}{2\pi \sqrt{L_{ab}CA}}$，当改变 C_A 时，就能收到不同频率的电台信号。

（2）变频电路

本机振荡和混频合起来称为变频电路。变频电路是以 VT_1 为中心，它的作用是把通过输入调谐电路收到的不同频率电台信号（高频信号）变换成固定的 465 kHz 的中频信号。

VT_1、T_2、C_B 等元件组成本机振荡电路，它的任务是产生一个比输入信号频率高 465 kHz 的等幅高频振荡信号。由于 C_1 对高频信号相当短路，T_1 的次级 L_{cd} 的电感量又很小，对高频信号提供了通路，所以本机振荡电路是共基极电路，振荡频率由 T_2、C_B 控制，C_B 是双连电容器的另一连，调节它以改变本机振荡频率。T_2 是振荡线圈，其初次绕在同一磁芯上，它们把 VT_1 的等电极输出的放大了的振荡信号以正反馈的形式耦合到振荡回路，本机振荡的电压由 T_2 的初级的抽头引出，通过 C_2 耦合到 VT_1 的发射极上。

混频电路由 VT_1、T_3 的初级线圈等组成，是共发射极电路。其工作过程是：

（磁性天线接收的电台信号）通过输入调谐电路接收到的电台信号，通过 T_1 的次级线圈 L_{cd} 送到 VT_1 的基极，本机振荡信号又通过 C_2 送到 VT_1 和发射极，两种频率的信号在 T_1 中进行混频，由于晶体三极管的非线性作用，混合的结果产生各种频率的信号，其中有一种是本机振荡频率和电台频率的差等于 465 kHz 的信号，这就是中频信号。混频电路的负载是中频变压器，T_3 的初级线圈和内部电容组成的并联谐振电路，它的谐振频率是 465 kHz，可以把 465 kHz 的中频信号从多种频率的信号中选择出来，并通过 T_3 的次级线圈耦合到下一级去，而其它信号几乎被滤掉。

(3) 中频放大电路

它主要由 VT_2、VT_3 组成的两级中频放大器。第一中放电路中的 VT_2 负载是中频变压器 T_4 和内部电容组成，它们构成并联谐振电路，谐振频率是 465 kHz，与前面介绍的直放式收音机相比，超外差式收音机灵敏度和选择性都提高了许多，主要原因是有了中频放大电路，它比高频信号更容易调谐和放大。

(4) 检波和自动增益控制电路

中频信号经一级中频放大器充分放大后由 T_4 耦合到检波管 VT_3，VT_3 既起放大作用，又是检波管，VT_3 构成的三极管检波电路，这种电路检波效率高，有较强的自动增益控制（AGC）作用。

AGC 控制电压通过 R_3 加到 VT_2 的基极，其控制过程是：

外信号电压↑→V_{b3}↑—I_{b3}↑→I_{c3}↑→V_{c3}↓，通过 R_3，V_{b2}↓→I_{b2}↓→I_{c2}↓→信号电压↓。

检波级的主要任务是把中频调幅信号还原成音频信号，C_4、C_5 起滤去残余的中频成分的作用。

(5) 前置低放电路

检波滤波后的音频信号由电位器 RP 送到前置低放管 VT_4，经过低放可将音频信号电压放大几十到几百倍，但是音频信号经过放大后带负载能力还很差，不能直接推动扬声器工作，还需进行功率放大。旋转电位器 RP 可以改变 VT_4 的基极对地的信号电压的大小，可达到控制音量的目的。

(6) 功率放大器（OTL 电路）

功率放大器的任务是不仅要输出较大的电压，而且能够输出较大的电流。本电路采用无输出变压器功率放大器，可以消除输出变压器引起的失真和损耗，频率特性好，还可以减小放大器的体积和重量。

VT_5、VT_6 组成同类型晶体管的推挽电路，R_7、R_8 和 R_9、R_{10} 分别是 VT_5、VT_6 的偏量电阻。变压器 T_5 做倒相耦合，C_9 是隔直电容，也是耦合电容。为了减少低频失真，电容 C_9 选得越大越好。无输出变压器的功率放大器的输出阻抗低，可以直接推动扬声器工作。

3. S66D 的安装

(1) S66D 所用元器件介绍

S66D 为六管超外差收音机,所用元器件较为简单,下面对主要器件作一简单介绍。

磁性天线采用 5mm×13mm×55mm 的中波扁磁棒,初级 L_{ab} 用线经 0.17 毫米的漆包线绕 100 圈,次级用同规格的线绕 10 圈。其外形见图 9-6。

可变电容器 C_A,C_B 采用 CMB-223 型的密封双连。T_2 是振荡线圈,型号为 LF10-1(红色),T_3、T_4 是中频变压器,中频变压器也叫作中周。它的初级线圈有三根引线,次级有二根引线。线圈绕在 I 型碾芯上,磁芯外面有磁帽。调节磁帽可改变线圈的电感量。中周外面有金属屏蔽外壳,把外壳接地,可减小互相干扰。T_3 是第一中放用中周,型号为 TF10-1(白色),T_4 是第二中放用中周,型号为 TF10-2(黑色)。T_2、T_3、T_4 在出厂前均已调在规定频率上,装好图 9-6 磁性天线示意图后可以不调。如要调整只需微调,请不要调乱。中周外壳除起屏蔽作用外,本电路还起导线的作用,所以安装中周时外壳必须焊接在相应处。各种元器件如图 9-7 所示。

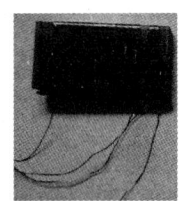
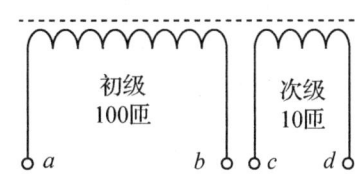

图 9-6 磁棒线圈

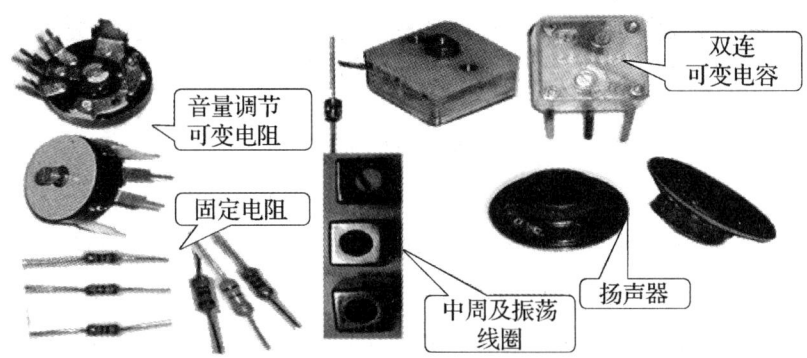

图 9-7 元器件外形

T_5 是输入变压器,型号是 E14,有六个引出脚,线圈骨架上有凸点标记的为初级。

$VT_1 \sim VT_4$ 是高频小功率三极管,VT_1 选用低 β 值(如绿点或黄点),β:40~80 间;VT_2、VT_3 选用中 β 值(如兰点和紫点),β:80~180 间;VT_4 选用高 β 值(紫点或灰点),β:120~270 间,$VT_1 \sim VT_4$ 的型号一般是 3DG201,9014;VT_5、VT_6 选用 9013 属于中功率三极管,请不要与 $VT_1 \sim VT_4$ 相混淆。

电容要求容量准确,C_1、C_2、C_4、C_5、C_7 一般选用瓷片电容,C_3、C_6、C_8、C_9 选用电解电容,耐压一般不低于 6 V,漏电要小。电阻器采用同规格的碳膜电阻器。误差在 ±5% 以内。其余的元器件和附件见元件清单。

(2) S66D 的印刷电路板

S66D 的印刷电路图见图 9-8。印刷电路板上有元件面和焊接面之分。一般将元件安装面称为正面,覆铜焊接面称为反面。正面上的各个孔位都标明了应安装元件的图形符号和文字符号,制作者只需按照印刷电路板上标明的符号,再通过原理电路图查找其规格,将相应元件对号入座即可。

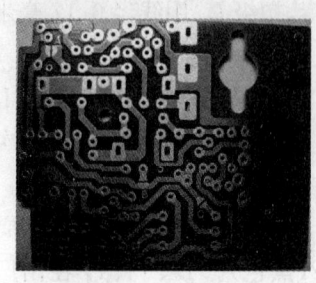
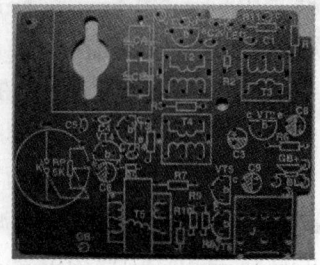

图 9-8　S66D 印制板

(3) 安装焊接工艺

安装时请先装低矮或耐热的元件(如电阻),然后再装大一点的元件(如中周、变压器),最后装怕热的元件(如三极管)。焊接时两手各持烙铁、焊锡,从两侧先后依次各以 45 度角接近所焊元器件管脚与焊盘铜箔交点处。待融化的焊锡均匀覆盖焊盘和元件管脚后,撤出焊锡并将烙铁头沿管脚向上撤出。待焊点冷却凝固后,剪掉多余的管脚引线。如图 9-9 所示。

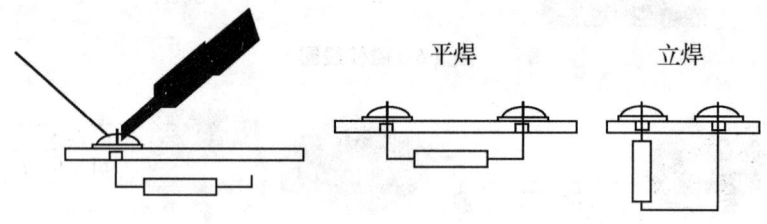

图 9-9　焊接示意图

焊接时的注意点:①元件视情况立式焊装或卧式焊装均可;②有字元件的有字一面要尽量在同一方向;③连接导线要先镀锡再焊接,剥线裸露部位不要大于 1 mm;④焊接所用时间尽量短,焊好后不要拨弄元件以免焊盘脱落;⑤焊点大小均匀,表面光亮,无毛刺无虚焊;⑥元件管脚应留出焊点外 0.2～1 mm;⑦焊接过程中,一定要注意焊接面的清洁。

总之,装配焊接过程中我们应当特别细心,不可有虚焊、错焊、漏焊等现象发生。初学者比较容易发生的错误是:

① 电阻色环认错。色环中红、棕、橙容易混淆,在不能确定时,请用万用表检测其阻值。

② 将电解电容器和发光二极管等有极性的元件焊反。电解电容器长脚为正极,短脚为负极,其外壳圆周上也标有"一"号,说明靠近"一"号的那根引线是负极。发光二极管的长脚为正极,短脚为负极,将管体透过光线来看,电极小那根引线是正极,另一个引线是负极。

③ 中周、振荡线圈弄混。振荡线圈 T_2 的磁帽是红色,T_3 是第一中周磁帽是白色,T_4 是第二中周磁帽是黑色,它们之间千万不要弄混。

④ 输入变压器 T_5 装反。T_5 的塑料骨架上有凸点的一边为初级,印刷板上也有圆点作为标记,将它们一一对应即可。

⑤ 磁性线圈的线头未上锡就焊接。

4. S66D 六管超外差式收音机的调试

收音机装焊完成后,必须先检测装焊有无问题,如用万用表测量整机工作电流和各工作点电压来判断电路工作是否正常。一台不经过调整的收音机可能收不到电台或声音很小,要提高收音机的灵敏度、选择性和收听频率范围,还必须经过调整。在通电调试之前,要对照印刷电路图认真检查元器件有无错漏的地方,焊点之间有没有短路现象,元器件引线之间有无相碰现象等。

(1) 调静态工作点

目的:使各级三极管都处在工作状态。

方法:所谓工作状态的调整主要是指集电极电流的调整。图 2.3.3 中有"×"的地方为电流表接入处,线路板上留有四个测量电流的缺口,分别是 A、B、C、D 四个点,将电位器的开关打开(音量旋至最小即测量静态电流),用万用表的 10 mA 档测量各点的三极管静态电流是 $I_{c1} \approx 0.3$ mA,$I_{c2} \approx 0.5$ mA,$I_{c4} \approx 2$ mA,$I_{c5,6} \approx 1.5$ mA,测量值与上述值差不多时可用。若测量电流过小,则有可能元器件脱焊或虚焊;若测量电流过大,则有可能焊点之间短路或元器件装配错误,应立即断开电源,否则可能造成元器件的损坏。

当电路正常后,用电烙铁将这四个缺口依次连接,再把音量开到最大,调双连拨盘即可收到电台声音。如果遇到某一级电流太大或太小时首先重点检查这一级三极管的极性和质量,然后检查三极管周围元件是否有问题。

(2) 调整中频频率

目的是通过调整中周的磁帽,使它谐振在 465 kHz 上。调中周的工具应该使用无感改锥,调中周最好使用高频信号发生器,在无仪器设备时可按照下面步骤进行中频频率调整。打开收音机、随便找一个本地电台,按顺序先调黑中周 T_4,然后调白中周 T_3,调到声音响亮为止;当本地电台已调到很响时,改收弱的外地电台,用第一步的方法调整、再调到声音最响为止。按上述方法从后向前的次序,反复细调二、三遍。

调整中频变压器时动作要轻而且调整幅度不能太大。因为中频变压器的磁芯很脆,一般它在出厂时都已调准在于 465 kHz 上,装机以后,由于谐振电容的误差和分布电容的影响,会使谐振频率偏移,但不会偏离太远,所以只要左右稍微调一下即可。

(3) 调整频率范围(对刻度)

目的是使双联电容全部旋入到全部旋出时,收音机所接收的频率范围恰好是整个中波波段,即 525~1605 kHz。在无仪器设备时可按下面两个步骤进行调整:

① 调低端

在 550~700 kHz 范围内选一个电台、如中央人民广播电台 640 kHz,此时调整红色磁帽的振荡线圈 T_2,调到 640 kHz 电台声音出现并最强。

② 调高端

在 1400~1600 kHz 范围内选一个电台,如 1500 kHz,将协调盘指针指在周率板刻度 1500 kHz 的位置,此时调节双联左上角的微调电容,使电台声音最大。当双连电容器全部旋出容量最小时,接收频率必定在 1620~1640 kHz 附近,高端刻度就对准了。

以上①、②两步需反复二到三次,频率刻度才能调准。

(4) 统调(调收音机的灵敏度和跟踪调整)

目的:使本机的振荡频率始终比输入回路的谐振频率高出一个固定的中频频率

465 kHz。

在没有专业仪器的情况下,可以用收到的电台信号来完成统调工作。先在低端接收一个电台广播,例如 639 kHz 的广播,移动磁性天线线圈 T_1 在磁棒上的位置,使扬声器中的声音最响,低端统调就算初步完成;接着在高端接收一个电台广播,例如 1476 kHz 的广播,调整调节双联右下角的微调电容,使扬声器中声音最响,高端统调初步完成。由于高、低端相互有影响,因此要反复调几次。为检查是否统调好,可采用铜铁棒来加以鉴别。

希望每位同学都能通过组装 S66D 型超外差收音机,增加自己的理论知识,提高焊接和调试的能力,为今后继续学习电子技术打下坚实的基础。

四、准备及预习要求

1. 标准超外差式调幅收音机简介

标准超外差式调幅收音机一般为六管中波段收音机,采用全硅管线路,具有机内磁性天线,收音效果良好,并设有外接耳机插口。

2. 中夏牌 S66D(E)型超外差式收音机的技术指标

频率范围:535～1605 kHz

输出功率:50 mW(不失真)、150 mW(最大)

扬声器:Φ57 mm、8 Ω

电　　源:3 V(两节五号电池)

体　　积:宽 122×高 65×厚 25 mm

重　　量:约 175 克(不带电池)

五、注意事项

1. 安装注意事项

安装前要认真认真学习实验指导书,仔细阅读安装说明书,先熟悉各个元器件的型号、参数、管脚分布及性能,检查各个元器件,了解焊接注意事项,将所有元件排列整齐,注意排除因裸线相碰造成的短路。具体如下:

(1) 电阻的检查:通过电阻的色环读出各电阻的电阻值并用万用表进行验证,检查其数量与参数是否与清单一致。

(2) 天线线圈及中周的检查:注意磁性天线线圈的导线较细,刮去漆皮时不要弄断导线。其中匝数多的为原边,与双连电容 $C1A$ 相接,匝数少的为副边,与混频管 $BG1$ 相接。检查中周时主要应注意分清振荡线圈和中周,千万不要弄错。

(3) 电容的检查:因 10pF 以下的固定电容器容量太小,用万用表进行测量,只能定性的检查其是否有漏电,内部短路或击穿现象。测量时,可选用万用表 $R×10k$ 挡,用两表棒分别任意接电容的两个引脚,阻值应为无穷大。若测出阻值(指针向右摆动)为零,则说明电容漏电损坏或内部击穿。检测 10pF-0.01 μF 固定电容器可选用万用表 $R×1$ k 挡。对于 0.01 μF 以上的固定电容,可用万用表的 $R×10$ k 挡直接测试电容器有无充电过程以及有无内部短路或漏电,并可根据指针向右摆动的幅度大小估计出电容器的容量。电解电容的容量较一般固定电容大得多,所以,测量时,应针对不同容量选用合适的量程。一般情况下,1～47 μF 间的电容可用 $R×1$ k 挡测量,大于 47 μF 的电容可用 $R×100$ 挡位测量。

(4) 二极管的检查:选择万用表 $R×1$ k 的欧姆档,其中黑表棒作为电源正极,红表棒作为电源负极,根据二极管正向导通、反向阻断的单向导电性将表棒对调一次即可测出其极性及好坏。

(5) 三极管的检查:①三极管的基极和管型的辨识:先将万用表置于 $R \times 1$ k 欧姆档,将红表棒接假定的基极 B,黑表棒分别与另两个极相接触,观测到指针偏转很小(或很大),再将红黑两表棒对换,观测指针偏转都很大(或很小),则假定的基极是正确的;且晶体管的管型为 PNP 型(或 NPN 型)。用同样的方法可检测出 NPN 型三极管的基极和管型。②三极管集电极、发射极的辨识:若被测管为 NPN 三极管,让黑表棒接假定的集电极 C,红表棒接假定的发射极 E。两手分别捏住 B、C 两极充当基极电阻 R_B,注意不要让两手相接触。注意观察电表指针的偏转大小;之后,再将两检测极反过来假定,仍然注意观察电表指针偏转的大小。指针偏转较大的假定极是正确的。但是,如果两次测得的电阻相差不大,则说明管子的性能较差。

对照原理图检查印刷电路板布线图及各元器件位置图,看元器件摆放的位置是否正确。要求组装之前能够清楚地将原理图和印刷电路的连线及元器件对应起来。焊接完毕,仔细检查电路是否有虚焊、假焊和短路的地方。电阻是否有阻值接错的,电容、发光二极管是否有正负极反了的,三极管的 e、b、c 脚接对了没有,中周的型号是否有误等。逐步分析,发现错误及时纠正,以免通电后烧坏元件。

2. 收音机的验收标准:
(1) 外观:机壳及频率盘清洁完整,不得有划伤及缺损。
(2) 印制板安装整齐美观,焊接质量好,无损伤。
(3) 导线焊接要可靠,不得有虚焊,特别是导线与正负极片间的焊接位置和焊接质量。
(4) 整机安装合格;转动部分灵活,固定部分可靠,后盖松紧合适。
(5) 性能指标要求为:频率范围在 525~1605 kHz,灵敏度相对较高,音质清晰、宏亮、噪音低。
3. 测量电压时,万用表必须选用适宜的量程,测量直流值时正、负极性不能接反。
4. 操作时要注意安全。

六、思考题
1. 按实训内容要求整理实验数据,分析出现故障的原因和最终的解决措施。
2. 画出实训内容中的电路图,接线图。
3. 总结装配标准超外差式六管中波段调幅收音机的体会。

9.3.3 项目 3:电子脉搏计

一、目的
1. 了解所制作电子脉搏计必需的理论知识;理解电子脉搏计电路的设计方法。
2. 掌握应用 Multisim/Proteus 软件对电子脉搏计电路进行仿真的方法。
3. 掌握电子脉搏计电路的安装、调试方法及根据测试结果进行故障分析的方法。
4. 理解撰写电子工程实习总结报告的原则与基本步骤。

二、主要仪器与设备
1. 指针式万用表一台

2. 双踪示波器一台
3. 面包板一个
4. 直流稳压电源一台
5. 常用电子工具一套

三、步骤与内容

1. 实习内容及技术指标要求

利用插接法在面包板上完成电子脉搏计的安装制作及系统调试。

要求该电路能在 15 s 内测量人在一分钟的脉搏数，并以数字显示。测量的脉搏数范围 40～200 次/分钟。（常人脉搏数 60～80 次/min，婴儿 90～100 次/min，老人 100～150 次/min）。

2. 电路设计与参考电路

（1）系统结构图

电子脉搏计是用来测量一个人心脏跳动次数的电子仪器，也是心电图的主要组成部分。由给出的设计技术指标可知，脉搏计是用来测量频率较低的小信号（传感器输出电压一般为几个毫伏），它的基本功能是：

①用传感器将脉搏的跳动转换为电压信号，并加以放大、整形和滤波；

②在短时间内（15 s 内）测出每分钟的脉搏数。

满足上述设计功能可以实施的方案很多，现提出下面一种结构简单，易于实现的方案，如图 9-10 所示。

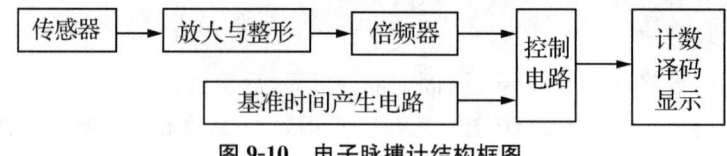

图 9-10　电子脉搏计结构框图

图中各部分的作用如下：

①传感器将脉搏跳动信号转换为与此相对应的电脉冲信号。

②放大与整形电路将传感器的微弱信号放大，整形除去杂散信号。

③倍频器将整形后所得到的脉冲信号的频率提高。如将 15 s 内传感器所获得的信号频率 4 倍频，即可得到对应一分钟的脉冲数，从而缩短测量时间。

④基准时间产生电路产生短时间的控制信号，以控制测量时间。

⑤控制电路用以保证在基准时间控制下，使 4 倍频后的脉冲信号送到计数、显示电路中。

⑥计数、译码、显示电路用来读出脉搏数，并以十进制数的形式由数码管显示出来。

⑦电源电路按电路要求提供符合要求的直流电源。

上述测量过程中，由于对脉冲进行了 4 倍频，计数时间也相应地缩短了 4 倍（15 s），而数码管显示的数字却是 1 min 的脉搏跳动次数。用这种方案测量的误差为±4 次/min，测量时间越短，误差也就越大。

（2）放大与整形电路

如上所述，此部分电路的功能是由传感器将脉搏信号转换为电信号，一般为几十毫伏，必须加以放大，以达到整形电路所需的电压，一般为几伏。放大后的信号波形是不规则的脉冲信号,因此必须加以滤波整形,整形电路的输出电压应满足计数器的要求。

选择电路:所选放大整形电路框图如图 9-11 所示。

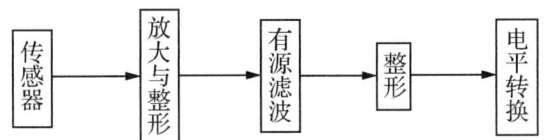

图 9-11　放大整形电路框图

① 传感器

传感器采用了红外光电转换器,作用是通过红外光照射人的手指的血脉流动情况,把脉搏跳动转换为电信号,其原理电路如图 9-12 所示。

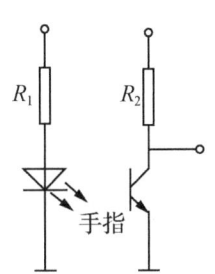 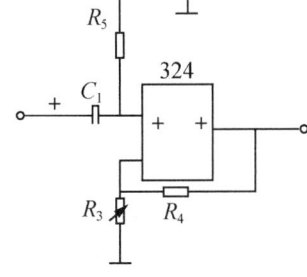

图 9-12　传感器信号调节原理电路　　图 9-13　相同放大器电路

图中,红外线发光管 VD 采用 TLN104,接收三极管 TLP104。用 +5 V 电源供电,R_1 取 500 Ω,R_2 取 10 kΩ。

② 放大电路

传感器输出电阻较高,放大电路采用同相放大器,如图 9-13 所示,运放采用 LM324,电源电压 ±5 V,放大电路电压放大倍数为 10 倍左右,电路参数为:$R_4=100$ kΩ,$R_5=910$ kΩ,R_3 为 10 kΩ 电位器,$C_1=100$ μF。

③ 有源滤波电路

采用了二阶压控有源低通滤波电路,如图 9-14 所示,作用是把脉搏信号中的高频干扰信号去掉,同时把脉搏信号加以放大,考虑到去掉脉搏信号中的干扰尖脉冲,所以有源滤波电路的截止频率为 1 kHz 左右。为了使脉搏信号放大到整形电路所需的电压值,通常电压放大倍数选用 1.6 倍左右。集成运放采用 LM324。

④ 整形电路

经过放大滤波后的脉搏信号仍是不规则的脉冲信号,且有低频干扰,仍不满足计数器的要求,必须采用整形电路,这里选用了滞回电压比较器,如图 9-15 所示,其目的是为了提高抗干扰能力。集成运放采用了 LM339,其电路参数如下:$R_{10}=5.1$ kΩ,$R_{11}=100$ kΩ,$R_{12}=5.1$ kΩ。电源电压 ±5 V。由于 LM339 属于集电极开路输出,使用时输出端应加 2 kΩ 的上拉电阻。

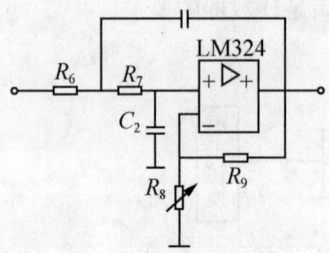 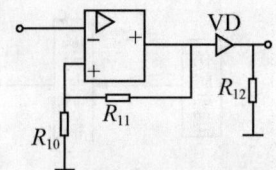

图 9-14 二阶有源滤波电路　　图 9-15 施密特整形电路和电平转换电路

⑤电平转换电路

由比较器输出的脉冲信号是一个正负脉冲信号,不满足计数器要求的脉冲信号,故采用电平转换电路,见图 9-15。

放大与整形部分电路如图 9-16 所示。

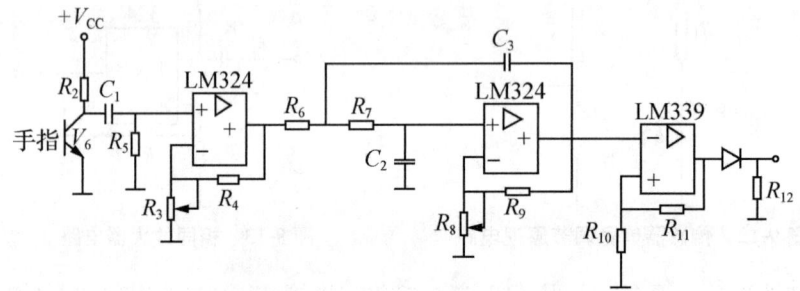

图 9-16 放大与整形部分电路

(3) 倍频电路

该电路的作用是对放大整形后的脉搏信号进行 4 倍频,以便在 15 s 内测出 1 min 内的人体脉搏跳动次数,从而缩短测量时间,以提高诊断效率。

倍频电路的形式很多,如锁相倍频器、异或门倍频器等,由于锁相倍频器电路比较复杂,成本比较高,所以这里采用了能满足设计要求的异或门组成的 4 倍频电路,如图 9-17 所示。

G_1 和 G_2 构成二倍频电路,利用第一个异或门的延迟时间对第二个异或门产生作用,当输入由"0"变成"1"或由"1"变成"0"时,都会产生脉冲输出。

电容器 c 的作用是为了增加延迟时间,从而加大输出脉冲宽度。根据实验结果选用 C_4 =33 μF,R_{13}=10 kΩ,R_{14}=10 kΩ,C_5=6.8 μF。由两个二倍频电路就构成了四倍频电路。其中异或门选用了 CC4070。

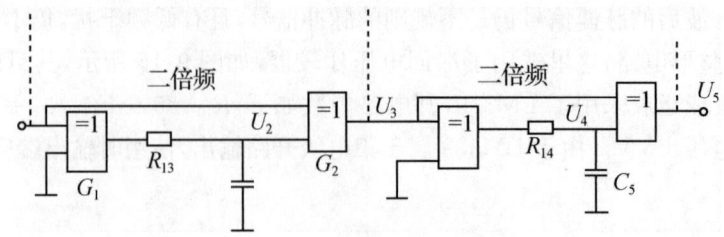

图 9-17 四倍频电路

(4) 基准时间产生电路

基准时间产生电路的功能是产生一个周期为 30 s(即脉冲宽度为 15 s)的脉冲信号,以控制在 15 s 内完成一分钟的测量任务。实现这一功能的方案很多,可采用如图 9-18 的方案。

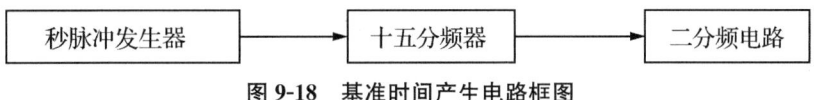

图 9-18 基准时间产生电路框图

由框图可知,该电路由秒脉冲发生器、十五分频电路和二分频电路组成。

① 秒脉冲发生器

电路如图 9-19 所示。为了保证基准时间的准确,采用了石英晶体振荡电路,石英晶体的主频为 32.768 kHz,反相器采用 CMOS 器件,R_{15} 可在 5～30 MΩ 范围内选择,R_{16} 可在 10～150 kΩ 范围内选择,振荡频率基本等于石英晶体的谐振频率,改变 C_7 的大小对振荡频率有微调的作用。这里选用 R_{15} 为 5.1 MΩ,R_{16} 为 51 kΩ,C_6 为 56 pF,C_7 为 3～56 pF,反相器利用了 CC4060 中的反相器,如图 9-19 和 9-20 所示。选用 CC4060 14 位二进制计数器对 32.768 kHz 进行 14 次二分频,产生一个频率为 2 Hz 的脉冲信号,然后用双 D 触发器 CC4013 进行二分频得到周期为 1 s 的脉冲信号。

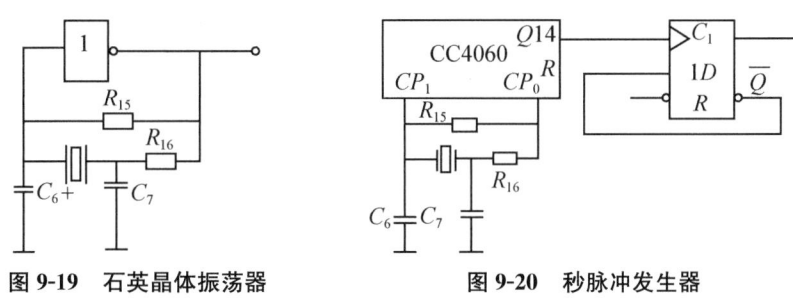

图 9-19 石英晶体振荡器　　　图 9-20 秒脉冲发生器

② 十五分频和二分频器

电路如图 9-21 所示,由 SN74161 组成十五进制计数器,进行十五分频,然后用 CC4013 组成二分频电路,产生一个周期为 30 s 的方波,即一个脉宽为 15 s 的脉冲信号。

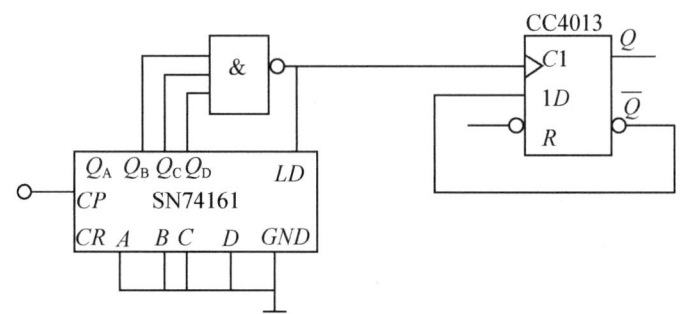

图 9-21 十五分频和二分频电路

③基准时间产生电路如图 9-22 所示。

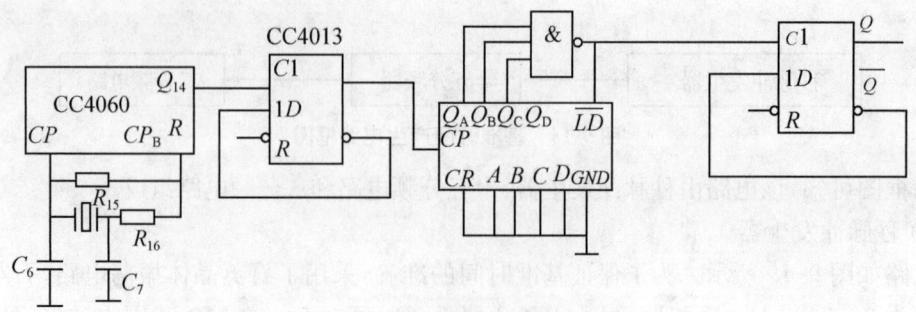

图 9-22　基准时间产生电路图

(5) 计数、译码、显示电路

该电路的功能是读出脉搏数,以十进制数形式用数码管显示出来,如图 9-23 所示:

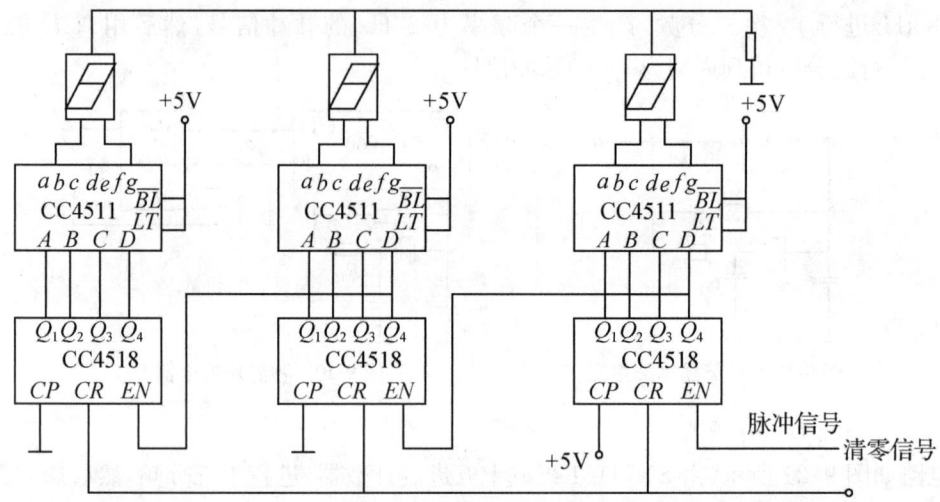

图 9-23　计数、译码、显示电路

因为人的脉搏数最高是 150 次/min,所以采用 3 位十进制计数器即可。该电路用双 BCD 同步十进制计数器 CC4518 构成 3 位十进制加法计数器,用 CC4511BCD-七段译码器译码,用七段数码管 LT547R 完成七段显示。

(6) 控制电路

控制电路的作用主要是控制脉搏信号经放大、整形、倍频后进入计数器的时间,另外还应具有为各部分电路清零等功能,如图 9-24 所示:

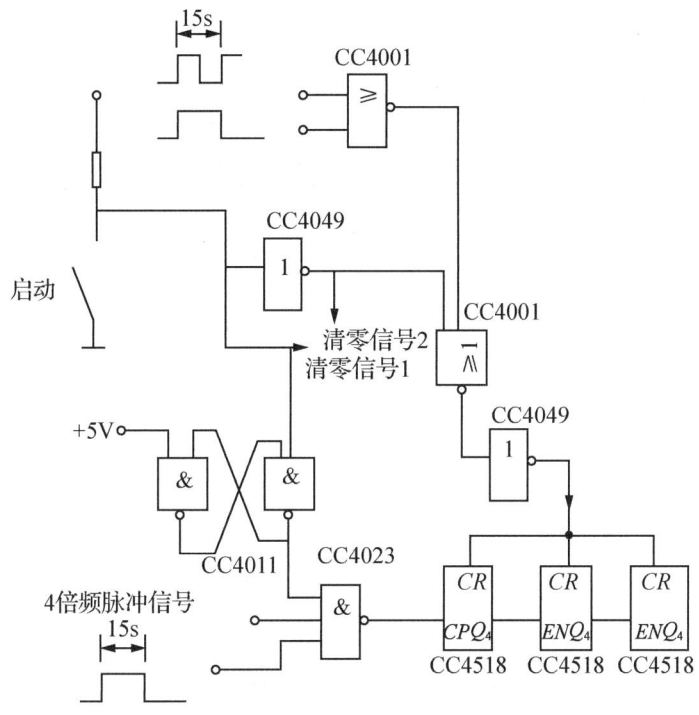

图 9-24 控制电路

(7) 整体参考电路,如图 9-25

3. 应用 Multisim/Proteus 软件对所设计的电子脉搏计电路进行仿真。

4. 画安装接线图,进行系统安装接线。

5. 安装调试要求:

(1) 检查电路接线

(2) 测试放大整形电路

(3) 测试四倍频电路

(4) 测试基准时基电路

(5) 调试计数、译码、显示电路

(6) 整机调试

四、准备及预习要求

1. 复习和总结归纳本课程课程中关于电子脉搏计的理论分析部分知识,为完成本项目实训任务奠定良好基础。

2. 查阅电子工艺中关于电阻、电容、二极管、三极管等元器件的选择和检测方法。

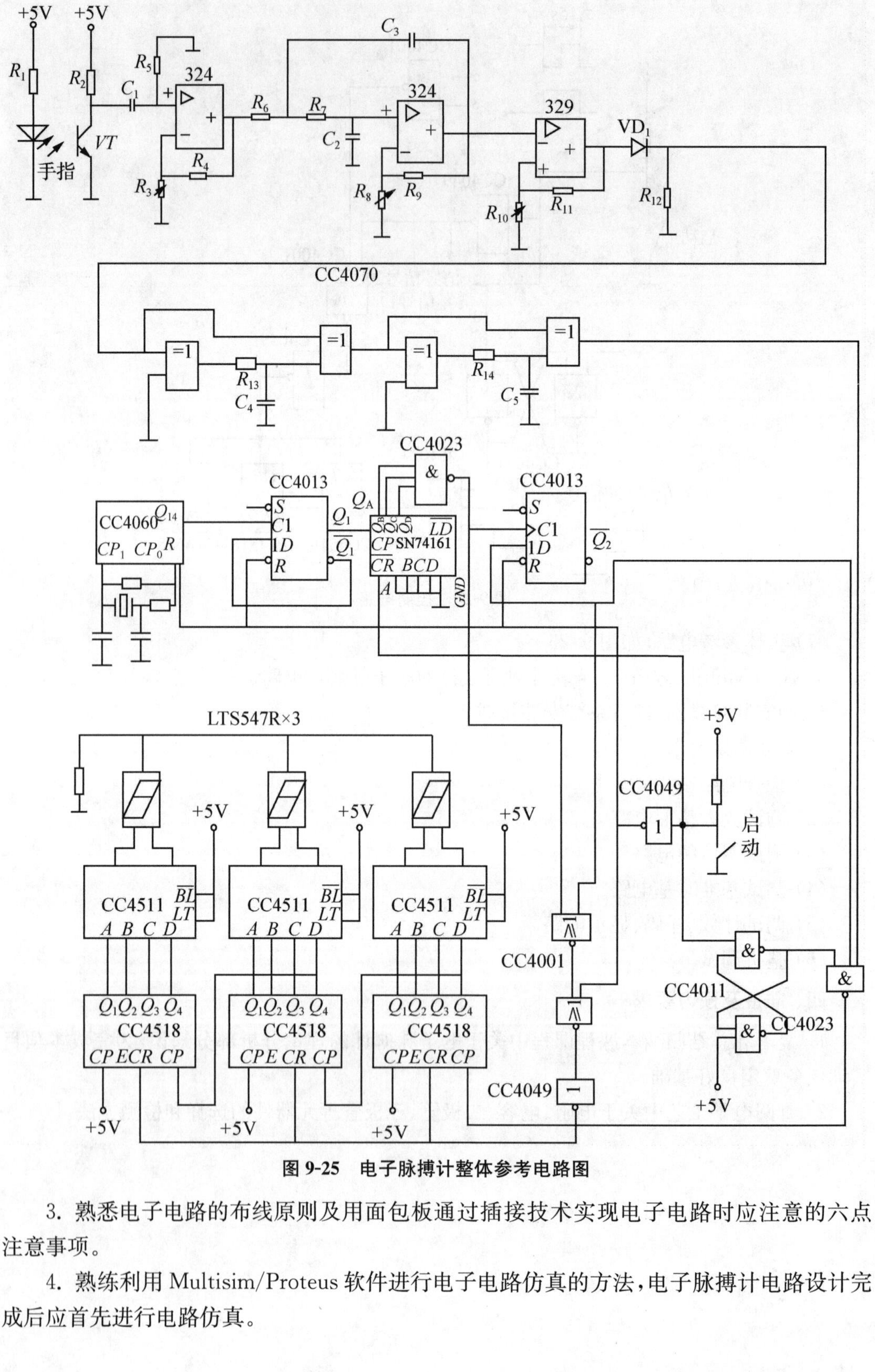

图 9-25　电子脉搏计整体参考电路图

3. 熟悉电子电路的布线原则及用面包板通过插接技术实现电子电路时应注意的六点注意事项。

4. 熟练利用 Multisim/Proteus 软件进行电子电路仿真的方法,电子脉搏计电路设计完成后应首先进行电路仿真。

五、注意事项

1. 连线不能跨元器件，信号走线尽可能短，要求安装接线整齐美观，便于修改和测量。大信号部分和小信号部分应分开布线，地线连接要可靠、合理。

2. 安装接线完毕后应认真检查电路中集成芯片插的方向是否正确，分立元器件有无接错，连线有没有漏接、多接、输入和输出端有没有短路现象；用万用表×1 Ω档测量电源端与地间的电阻，以保证电源不被短路，确认没有错误后可接通电源。

3. 测试放大整形电路时，应先断开传感器，在放大整形电路部分输入 50 Hz 幅度为 0.5 V的正弦信号测试电路工作是否正常，只有工作正常才能接入传感器观察输出。

4. 测试基准时基电路时，应首先调试 4060 和 4013 组成的秒脉冲产生电路输出是否为 $T=1$ s 的矩形脉冲，然后再调试十五倍频和二倍频电路工作是否正常。

5. 操作时要注意安全。

六、思考题

1. 总结电子脉搏计的设计方法及元件选择。
2. 叙述用面包板通过插接技术实现电子电路时应注意的六点注意事项。
3. 根据自己实训过程，说明电子脉搏计安装、调试步骤，以及实训中所出现故障的解决措施。
4. 写出实训心得。

附录　部分习题参考答案

第1章

1-1　$-4\text{ W},-6\text{ W},30\text{ W},-60\text{ W},-40\text{ W}$

1-2　$-12\text{ V},4\text{ V},50\text{ V},0.8\text{ A}$

1-3　0.5 A

1-4　-1 A

1-5　$1.5\text{ A},2\text{ A},2\text{ A}$

1-6　$0.01\text{ A},18.4\text{ V},-3.68\text{ mA}$

1-7　$u_C(t)=30-26e^{-33.3t}\text{ V}\ \ t\geqslant 0;i_C(t)=8.658e^{-33.3t}\text{ mA}\ \ t\geqslant 0$

1-8　$i_L(t)=2-e^{-100t}\text{ A}\ \ t\geqslant 0;u_L(t)=30e^{-100t}\text{ V}\ \ t\geqslant 0$

1-9　$5\text{ A},6\text{ A},100\text{ V},30\text{ V}$

1-10　$40\ \Omega,0.120\text{ H}$

1-11　$1175.7\text{ W},0.955(\text{滞后})$

1-12　$66\text{ kW},0.768,1.7\ \mu\text{F};$

1-13　$32\ \Omega,0.1223\text{ H},200\text{ VA},0.64;$

1-14　$10^3\text{ kHz},790.6,400\ \Omega$

1-15　$0.312\ \mu\text{F},0.2\text{ A}$

1-16　$i_U=110.23\sin(\omega t-45°)\text{A};i_V=110.23\sin(\omega t-165°)\text{A}$
　　　$i_W=110.23\sin(\omega t+75°)\text{A}$；图略。

1-17　(1) 220 V　(2) 11 A　(3) $P=3\ 620\text{W}$

1-18　(1) $\dot{I}_U=11\angle 0°\text{ A};\dot{I}_V=44\angle-120°\text{ A};\dot{I}_W=22\angle 120°\text{ A};\dot{I}_N=29.1\angle-139.1°\text{ A}$
　　　(2) V 相和 W 相承受的相电压不变,负载电流也不变。
　　　(3) V 相:电流 25.33 A,电压 126.7 V；W 相:电流 25.33 A,电压 253.3 V

第2章

2-3　$V_{O1}\approx 2\text{ V}$(二极管正向导通)，$V_{O2}=0$(二极管反向截止)，$V_{O3}\approx-2\text{ V}$(二极管正向导通)，$V_{O4}\approx 2\text{ V}$(二极管反向截止)，$V_{O5}\approx 2\text{ V}$(二极管正向导通)，$V_{O6}\approx-2\text{ V}$(二极管反向截止)。

2-4　(1) $U_{AO}=-12\text{ V}$　(2) $U_{AO}=-0.7\text{ V}$　(3) $U_{AO}=7.3\text{ V}$；

2-6　(1) 4 种，$1.4\text{ V}、3.7\text{ V}、7.7\text{ V}、10\text{ V}$(24 种，$0.7\text{ V}、3\text{ V}$

2-7　$0.36\sim 1.8\text{ k}\Omega$

2-8　S 闭合，$233\sim 700\ \Omega$

2-10　选第一种管子，因为 I_{CBO} 越小,管子的工作性能越稳定。

附录　部分习题参考答案

2-12　(1) 能正常工作

2-13　(1) 截止状态；(2) 饱和状态；(3) 放大状态

2-14　(1) 放大状态；(1) 饱和状态；(3) 截止状态

2-15　$\beta=90, I_{CBO}=2\ \mu A, I_{CEO}=182\ \mu A$

2-17　(a) P 沟道耗尽型 MOSFET；(b) N 沟道增强型 MOSFET

第 3 章

3-9　(a) 无　(b) 无

3-10　(1) 静态工作点的估算：$I_{BQ}=40\ \mu A; I_{CQ}=4\ mA; U_{CEQ}=7\ V$

　　　(3) $\dot{A}_u=-\dfrac{\beta R'_L}{r_{be}}\approx -1053; r_i=R_b//r_{be}=0.95\ k\Omega; r_o\approx R_c=2\ k\Omega$

3-11　(1) $I_{BQ}=40\ \mu A; I_{CQ}=2\ mA; U_{CEQ}=6.3\ V$；

　　　(2) $\dot{A}_u=-\dfrac{\beta R'_L}{r_{be}}\approx -80; r_i=R_{b1}//R_{b2}//r_{be}=0.52\ k\Omega; r_o\approx R_c=2\ k\Omega$

　　　(3) 若负载开路，电压放大倍数变大。

3-12　(1) $I_{BQ}=35.4\ \mu A; I_{EQ}=2.2\ mA; U_{CEQ}=7.7\ V$

　　　(2) $\dot{A}_u=-\dfrac{(1+\beta)R'_L}{r_{be}+(1+\beta)R'_L}=0.99$；

　　　$r_i=R_b//[r_{be}+(1+\beta)R'_L]=54.1\ k\Omega$；

　　　$r_o=R_e//\left(\dfrac{r_{be}+R_b//R_s}{1+\beta}\right)=16.8\ \Omega$

3-13　(1) $I_{BQ}=40\ \mu A; I_{CQ}=2\ mA; U_{CEQ}=6.3\ V$

　　　(2) $\dot{A}_u=-\dfrac{\beta R'_L}{r_{be}+(1+\beta)R_{e1}}=-10.2$；

　　　$r_i=R_{b1}//R_{b2}//[r_{be}+(1+\beta)R_{e1}]=1.3\ k\Omega$；

　　　$r_o\approx R_c=2\ k\Omega$

3-14　(1) $I_{BQ1}=23\ \mu A; I_{CQ1}=1.1\ mA; U_{CEQ1}=8.6\ V$

　　　$I_{BQ2}=40\ \mu A; I_{CQ2}=2\ mA; U_{CEQ2}=7\ V$

　　　(2) $\dot{A}_{u1}=-\dfrac{\beta(R_3//R_{i2})}{r_{be1}+(1+\beta)R_4}=-5.8$；

　　　$\dot{A}_{u2}=-\dfrac{\beta(R_8//R_L)}{r_{be2}}=-39.1$

　　　$\dot{A}=\dot{A}_{u1}\cdot\dot{A}_{u2}=227$

　　　$r_i=R_1//R_2[r_{be1}+(1+\beta)R_4]=4.4\ k\Omega$

　　　$r_o\approx R_8=3\ k\Omega$

3-15　(1) $I_{BQ1}=12\ \mu A; I_{CQ1}=0.61\ mA; U_{CEQ1}=2.8\ V$

　　　$I_{BQ2}=22\ \mu A; I_{CQ2}=2.2\ mA; U_{CEQ2}=6.2\ V$

　　　(2) $\dot{A}_{u1}\approx 1; \dot{A}_{u2}=-\dfrac{\beta_2(R_{c2}//R_L)}{r_{be2}}=-66; \dot{A}_u=\dot{A}_{u1}\cdot\dot{A}_{u2}=-66$

　　　$r_i=R_{b1}//[r_{be1}+(1+\beta_1)(R_{e1}//r_{i2})]=47.4\ k\Omega$

　　　$r_o\approx R_{c2}=3\ k\Omega$

3-16　(2) $\dot{A}_u=-g_m(R_d//R_L)=-1.57$;

$r_i=R_{g3}+R_{g1}//R_{g2}\approx 10\text{ M}\Omega$

$r_o\approx R_d=15\text{ k}\Omega$

3-17　(2) $A_u=-g_m(R_d//R_L)=-3.3$;

$r_i=r_g=1\text{ M}\Omega$

$r_o\approx R_d=5\text{ k}\Omega$

3-18　$\dot{A}_{usm}=\dfrac{\dot{U}_o}{\dot{U}_S}=-\dfrac{r_i}{R_S+r_i}\cdot\dfrac{r_{b'e}}{r_{be}}g_mR'_L\approx -85$;

$f_L=\dfrac{1}{2\pi(R_C+R_L)C}\approx 3.2\text{ Hz}$

$f_H=\dfrac{1}{2\pi(r_{b'e}//(r_{tb'}+R_S//R_b))C_\pi}\approx 263\text{ Hz}$

第 4 章

4-2　$I_{C2}=0.85\text{ mA}、0.28\text{ mA}$

4-3　$I_{C2}=0.5\text{ mA}、I_{C3}=0.25\text{ mA}$

4-4　(1) $I_{CQ}=0.465\text{ mA},U_{CQ}=7.1\text{ V}$　(2) $A_{ud}=-93$　(3) $R_{id}=11.7\text{ k}\Omega$　$R_o=24\text{ k}\Omega$

4-5　(1) $I_{B1}=I_{B2}=5.1\text{ μA},I_{C1}=I_{C2}=0.255\text{ mA},U_{C1}=2.45\text{ V}$　$U_{C2}=7.5\text{ V}$

(2) $A_{ud}=-47,R_{id}=10.6\text{ k}\Omega,R_o=30\text{ k}\Omega$　(3) $U_i=35\text{ mA}$　(4) $U_{omax}=5\text{ V}$

4-6　(1) $I_{CQ1}=0.27\text{ mA}、U_{CQ1}=2.48\text{ V}$　(2) $A_{ud(单)}=-36.8,R_{id}=10.2\text{ k}\Omega、R_o=20\text{ k}\Omega$　(3) $A_{uc(单)}=-0.375,K_{CMR}=98(39.8\text{ dB})$

4-7　$P_{CM}\geqslant 0.2P_{OM}=0.48\text{ W},U_{(BR)CEO}\geqslant 2U_{CC}=36\text{ V},I_{CM}\geqslant U_{CC}/R_L=3.6\text{ A}$

4-8　(1) 0;(3) $Uim=10\text{ V},U_{im}=7.6\text{ V}$

4-10　在 OTL 电路中,$P_{OM}\approx 2\text{ W},P_V\approx 3\text{ W},\eta\approx 67\%$

在 OCL 电路中,$P_{OM}\approx 9.8\text{ W},P_V\approx 13.4\text{ W},\eta\approx 73\%$

第 5 章

5-1　$U_o=0.91\text{ mA}$

5-2　$i_i=275\sin\omega t(\text{μA})、i_f=250\sin\omega t(\text{μA})、i'=25\sin\omega t(\text{μA})$

5-3　(a) 导线,负反馈,交、直流反馈;(b) R_3,正反馈,直流反馈

(c) R_E,负反馈,直流反馈;(d) A_2:导线,负反馈,交、直流反馈;

A_1:A_2 与 R_2,正反馈,交、直流反馈。

5-4　$A=60\text{ dB},F=9\times 10^{-3}$

5-7　电流串联负反馈　$\dot{A}_{uf}\approx\dfrac{R_L}{R_4}$

5-8　(1) R_1、R_{E1} 构成级间交流电压串联负反馈,R_2、R_{E2}、C_{E2} 构成级间直流电流并联负反馈;(3) $F_u=\dfrac{R_{E1}}{R_{E1}+R_1}$;(4) $\dot{A}_{uf}\approx\dfrac{1}{\dot{F}_u}=1+\dfrac{R_1}{R_{E1}}$

5-9　该电路应电压串联负反馈

$|U_{omax}|=15\text{ V},|A_u|=\left|\dfrac{|U_{omax}|}{U_i}\right|=1+\dfrac{R_F}{R_1}=50,\therefore R_F=49\text{ k}\Omega$

$$P_{omax} = \frac{U_{omax}^2}{2R_L} = 14 \text{ W}$$

5-10　该电路应电压串联负反馈，$R_4 = 140 \text{ k}\Omega$

第 6 章

6-1　理想运算放大器必须具备下列三个条件：(1) $A = \infty$；(2) $r_i = \infty$；(3) $r_o = 0$

6-2　线性区：$u_+ = u_-$，$i_I = 0$；
　　非线性区：$i_I = 0$；$u_+ > u_-$ 时 $u_o = +V_{OM}$，$u_+ < u_-$，$u_o = +-V_{OM}$
　　虚断：$i_I = 0$；虚短：$u_+ = u_-$；虚地 $u_+ = u_- = 0$

6-3　(1) $u_o = -u_i$，(2) $u_o = u_i$，(3) $u_o = u_i$，(4) $u_o = -u_i$

6-4　(a) $u_o = -\dfrac{R_F}{R_1} u_I$　(b) $u_o = 6 u_I$

6-5　$u_o = 0$

6-6　(a) $u_o = 0.5 u_i$　(b) $u_o = -2(u_{i2} + u_{i1})$　(c) $u_o = \dfrac{1}{2}(u_{i2} + u_{i1})$

　　(d) $u_o = -\dfrac{R_2}{R_1 R_3} \int_0^t (u_{i12} - u_{i1}) \text{d}t$　(e) $u_o = -\dfrac{1}{R_2 C} \int_0^t (u_{i12} - u_{i1}) \text{d}t$

6-7　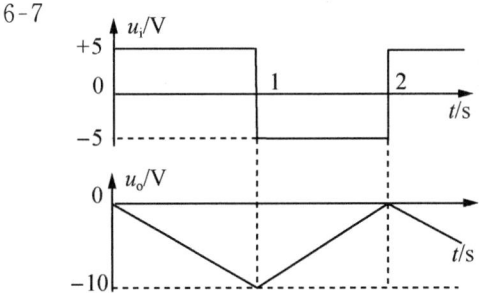

6-8　(1) 运放的输入端为上＋下－

　　(2) $u_o = -\dfrac{10(R + R_F)}{R} \cdot \dfrac{u_{i1}}{u_{i2}}$

6-9　(1) 带阻滤波器　(2) 带通滤波器　(3) 低通滤波器　(4) 低通滤波器

6-10　(1) $C = 0.318 \text{ }\mu\text{F}$　(2) $A_{un} = -10$

6-11　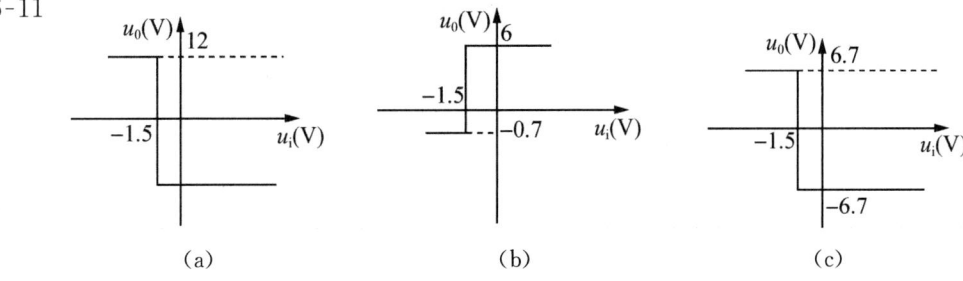

　　　　(a)　　　　　　　　(b)　　　　　　　　(c)

6-12　(1) $U_{T+}=4\text{ V}$、$U_{T-}=-2\text{ V}$

　　　(2) 电压传输特性：

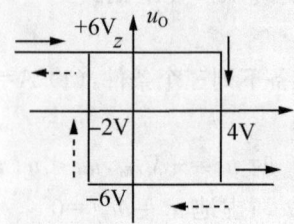

6-13　提示：用两级反相比例电路实现

6-14　有源滤波电路：线性区，放大元件，负反馈

　　　电压比较器：非线性区，开关元件，开环或正反馈

第 7 章

7-6　(1) 集成运放的上端为同相输入端"＋"，下端为反相输入端"－"；

　　　(2) $f_o=\dfrac{1}{2\pi RC}=\dfrac{1}{2\pi\times 16\times 10^3\times 0.01\times 10^{-6}}\approx 1000\text{ Hz}=1\text{ kHZ}$

7-7　该电路是正弦波信号发生器，是串联型晶体振荡器。

7-8　(a) 能　(b) 能　(c) 不能　(d) 能

第 8 章

8-1　$U_O=32.4\text{ V}$，二极管 $U_{RM}=50.9\text{ V}$、$I_D=0.081\text{ A}$，选择整流二极管 1N4002

8-2　5.4 V，12 V

8-3　(1) $U_O=28\text{ V}$；∵ $U_O=1.4\,U_2$ ∴ R_L 开路

　　　(2) $U_O=18\text{ V}$；∵ $U_O=0.9\,U_2$ ∴ 无滤波电容 C

　　　(3) $U_O=24\text{ V}$；∵ $U_O=1.2\,U_2$ ∴ 正常

　　　(4) $U_O=9\text{ V}$；∵ $U_O=0.45\,U_2$ ∴ 某一二极管坏、且无滤波电容 C

8-5　图(a)、(b)所示电路可用于滤波，图(c)所示电路不能用于滤波。

8-7　图(a)所示电路是简单的串联型稳压电路，其特点是将输入较高电压 U_i 降压变为适合集成稳压器工作的电压 U_Z-U_{BE}。

　　　图(b)所示电路特点是可以提高输出电压，因为 W78×× 的最高输出电压为 24 V，该电路输出电压为 $U_O=U_{23}+U_Z$。

8-8　$U_O=15\text{ V}$

参考文献

[1] 童诗白,华成英. 模拟电子技术基础[M]. 第 4 版. 北京:高等教育出版社,2006.

[2] 杨素行. 模拟电子技术基础简明教程[M]. 第 3 版. 北京:高等教育出版社,2006.

[3] 杨拴科. 模拟电子技术基础[M]. 第 2 版. 北京:高等教育出版社,2010.

[4] 胡宴如. 模拟电子技术 [M]. 第 4 版. 北京:高等教育出版社,2013.

[5] 刘全忠,刘艳莉. 电子技术(电工学Ⅱ)[M]. 第 3 版. 北京:高等教育出版社,2008.

[6] 付家才. 电子实验与实践[M]. 北京:高等教育出版社,2004.

[7] 杨志忠. 电子技术课程设计[M]. 北京:机械工业出版社,2008.

[8] 邱关源,罗先觉. 电路[M]. 第 5 版. 北京:高等教育出版社,2006.

[9] 石生. 电路分析基础[M]. 第 2 版. 北京:高等教育出版社,2003.

[10] Allan R. Hambley. Electronics [M]. 2nd ed. 影印版. 北京:高等教育出版社,2004.